高等职业教育"十三五"精品规划教材

Linux 系统与应用

主　编　刘兰青　王　飞

副主编　齐英兰　李　浩

U0302301

中国水利水电出版社
www.waterpub.com.cn

内 容 提 要

本书以当前最流行的 Red Hat Enterprise Linux 6.4 为基础,分为认识 Linux、基本应用和综合应用三个教学情景,采用理论结合实践的项目化教学方式,结合完整清晰的任务操作步骤,全面介绍了 Linux 的相关知识及常用服务的配置、维护方法。

本书分为 12 个项目,内容涉及 Linux 操作系统安装与基本配置、Linux 常用命令、Linux 用户与组群管理、配置与管理磁盘、网络配置、架设 Samba 服务器、架设 DHCP 服务器、架设 DNS 服务器、架设 Apache 服务器、架设电子邮件服务器、架设 FTP 服务器、网络安全。

本书实例丰富,结构清晰,可以作为高职高专院校相关专业的教材,也可以作为 Linux 爱好者的培训或学习材料,还可以作为计算机网络管理和开发应用的专业技术人员的参考书。

本书配有电子教案,读者可以从中国水利水电出版社网站和万水书苑免费下载,网址为:
http://www.waterpub.com.cn/softdown/和 http://www.wsbookshow.com。

图书在版编目(CIP)数据

Linux系统与应用 / 刘兰青,王飞主编. -- 北京 :
中国水利水电出版社,2016.3(2018.1重印)
高等职业教育"十三五"精品规划教材
ISBN 978-7-5170-4136-8

Ⅰ. ①L… Ⅱ. ①刘… ②王… Ⅲ. ①Linux操作系统
—高等职业教育—教材 Ⅳ. ①TP316.89

中国版本图书馆CIP数据核字(2016)第037204号

策划编辑:祝智敏/向辉　责任编辑:宋俊娥　加工编辑:高双春　封面设计:李　佳

书　　名	高等职业教育"十三五"精品规划教材 Linux 系统与应用
作　　者	主　编　刘兰青　王　飞 副主编　齐英兰　李　浩
出版发行	中国水利水电出版社 (北京市海淀区玉渊潭南路 1 号 D 座　100038) 网址:www.waterpub.com.cn E-mail:mchannel@263.net(万水) 　　　　sales@waterpub.com.cn 电话:(010)68367658(发行部)、82562819(万水)
经　　售	北京科水图书销售中心(零售) 电话:(010)88383994、63202643、68545874 全国各地新华书店和相关出版物销售网点
排　　版	北京万水电子信息有限公司
印　　刷	三河市鑫金马印装有限公司
规　　格	184mm×260mm　16 开本　24.25 印张　599 千字
版　　次	2016 年 3 月第 1 版　2018 年 1 月第 2 次印刷
印　　数	3001—6000 册
定　　价	49.00 元

前　　言

　　Linux 是由 UNIX 发展而来的多用户多任务操作系统，它继承了 UNIX 操作系统的强大功能和极高的稳定性。随着 Linux 技术和产品的不断发展和完善，其影响和应用日益广泛，特别是在中小型信息化技术应用中，Linux 系统正占据越来越重要的地位。

　　学会使用 Linux 操作系统，实现对 Linux 系统的有效管理，已经成为计算机相关专业学生及从业人员的必备知识及专业技能。为了帮助对 Linux 系统感兴趣的人员更好地学习，作者结合多年 Linux 相关课程的教学经验及市场人才技能需求的分析，编写了此书。

1．本书的主要内容

　　本书以 Red Hat Enterprise Linux 6.4（RHEL 6.4，即 Red Hat 6.4 企业版）为载体进行编写，以学习情境和工作项目导入教学内容，从易用性和实用性角度出发，主要介绍 Red Hat Enterprise Linux 6.4 的安装使用方法，共分为 3 个教学情境、12 个工作项目、41 个任务，内容有 Linux 操作系统安装与基本配置、Linux 常用命令、Linux 用户与组群管理、配置与管理磁盘、网络配置、架设 Samba 服务器、架设 DHCP 服务器、架设 DNS 服务器、架设 Apache 服务器、架设电子邮件服务器、架设 FTP 服务器、网络安全。本书内容丰富、全面，涵盖了 Linux 中的绝大多数服务和应用，可以满足从事 Linux 日常管理工作的知识和技能需要。

2．本书的适用对象

　　本书介绍了 Red Hat Enterprise Linux 操作系统的相关理论知识及常用服务的安装配置方法，做到了理论与实践相结合。全书结构编排合理、图文并茂、实例丰富，每章都安排若干操作任务，与知识点有机结合，读者可以通过完成项目任务掌握相关学习内容和操作技能。本书可以作为 Linux 操作系统相关课程的学习教材，也可以作为学习 Linux 操作系统的参考资料，适用于 Linux 系统的初学者及有一定实践经验的专业从业人员。

3．本书特色

　　（1）教学内容项目化

　　以系统管理员工作岗位所需技能为依据提取教材知识点，以工作项目为背景组织教学内容，以项目任务载体融合教学内容，让读者在明确所学知识的用途、原理后，通过一个个教学任务将所学知识融会贯通，做到学以致用。本书详细地介绍了 Red Hat Enterprise Linux 的相关知识、系统的安装及使用方法、磁盘的管理方法、常用服务的配置管理方法及 Linux 安全维护等内容，以安装系统、使用系统、管理系统为主线，注重实践操作，强化实际应用能力。

　　（2）实践性强，示例丰富

　　本书结构合理、内容新颖、实践性强，既注重基础理论又突出实用性，力求体现教材的系统性、先进性和使用性，调整理论与操作任务的比例，以理论够用为标准，重点讲解网络服务的搭建、配置、管理及安全维护的方法。

　　（3）紧密结合认证体系

　　本书涵盖了 Red Hat Enterprise Linux 的初中级认证中所要求的知识点，重点突出，可操作性强。通过学习，有利于读者掌握红帽认证考试中所要求的知识技能，对读者通过认证有很大帮助。

　　本书由郑州轻工业学院轻工职业学院计算机系刘兰青、王飞任主编，齐英兰、李浩任副主编。其中刘兰青编写了项目一、项目四、项目五、项目六和项目十二，王飞编写了项目二、项目三、项目七和项目九，李浩编写了项目八、项目十和项目十一，齐英兰负责全书的审稿工作。另外，郑州棉麻工程技术设计研究所的夏彬，中州大学王嫣和商丘职业技术学院鲁丰玲参与了部分章节的内容整理。

　　由于作者水平有限，疏漏之处在所难免，恳请广大读者批评指正。

编　者

2015 年 11 月 14 日

目　　录

学习情境三　综合应用

学习情境一　认识 Linux

1

Linux 操作系统安装与基本配置

【项目导入】

某高校组建了校园网，需要架设一台具有 DHCP、Samba、Web、FTP、DNS、E-mail 等功能的服务器为校园网用户提供服务,现需要选择一种既稳定又易于管理的网络操作系统搭建此服务器。

【知识目标】

☞ 了解 Linux 的发展历程
☞ 理解 Linux 系统的特点
☞ 理解 Linux 操作系统的体系结构
☞ 掌握磁盘分区原则

【能力目标】

☞ 掌握虚拟机的创建过程
☞ 掌握 Red Hat Enterprise Linux 6.4 的安装方法
☞ 掌握 Linux 登录、退出及运行级别的设置
☞ 掌握管理员密码的初始化方法
☞ 了解桌面系统的使用

1.1 Linux 的简介

Linux 是一个类似UNIX 的操作系统,是 UNIX 在微机上的完整实现,但又不等同于 UNIX,Linux 有其发展历史和特点。

1.1.1 Linux 起源

1. UNIX 操作系统的出现

1969 年, 美国贝尔实验室的 K.Thompson 和 D.M.Richie 开发了名为 UNIX 的多用户多任

务操作系统。UNIX 操作系统相当可靠并运行稳定，至今仍广泛应用于银行、航空、保险、金融等领域的大中型计算机和高端服务器中。UNIX 的商业版本包括 Sun 公司的 Solaris、IBM 公司的 AIX、惠普公司的 HP-UX 等。但 UNIX 致命的弱点是，作为可靠稳定的操作系统，其昂贵的价格虽然恰当地反映出 UNIX 令人信服的性能价格比，却把个人用户拒于千里之外，使其无法应用于家庭。

2．Windows 操作系统的出现

从 20 世纪 80 年代开始，随着计算机硬件和软件技术的发展，计算机逐步进入千家万户。一系列适合个人计算机的操作系统也应运而生，其中微软公司的产品便是其中杰出的代表。从 MS-DOS 到 Windows，Windows 系列操作系统提供给用户人性化的图形用户界面，使得操作非常简捷方便。但是 Windows 操作系统在商业与技术上的垄断性在一定程度上也阻碍了信息技术的普及与发展。

3．自由软件的兴起

1984 年，麻省理工学院（MIT）的研究员 Richard Stallman 提出："计算机产业不应以技术垄断为基础赚取高额利润，而应以服务为中心。在计算机软件源代码开发的基础上，为用户提供综合的服务，与此同时取得相应的报酬。"Richard Stallman 在此思想基础上提出了自由软件（Free Software）的概念，并成立自由软件基金会（Free Software Foundation，FSF）实施 GNU 计划。GNU 的标志是角马，如图 1-1 所示。

自由软件基金会还提出了通用公共许可证（General Public License，GPL）原则，它与软件保密协议截然不同。通用公共许可证允许用户自由下载、分发、修改和再分发源代码公开的自由软件，并可在分发软件的过程中收取适当的成本和服务费用，但不允许任何人将该软件据为己有。

图 1-1　GUN 标志

GNU 计划包括操作系统和开发工具两大类产品。目前全世界范围内有无数自由软件开发志愿者已加入 GNU 计划，并已推出一系列自由软件来满足用户在各个方面的需求。

4．Linux 操作系统的出现

1991 年，芬兰赫尔辛基大学的大学生 Linus Torvalds（见图 1-2）为完成自己操作系统课程的作业，开始基于 Minix（一种免费的小型 UNIX 操作系统）编写一些程序，最后他惊奇地发现自己的这些程序已经足够实现一个操作系统的基本功能。于是，他将这个操作系统的源码程序发布到 Internet，并邀请所有有兴趣的人发表评论或者共同修改代码。随后，Linus Torvalds 将这个操作系统命名为 Linux，也就是 Linus's UNIX 的意思，并且以可爱的胖企鹅作为其标志，如图 1-3 所示。现在，Linux 凭借其优秀的设计、不凡的性能，加上 IBM、Intel、AMD、Dell、Oracle、Sybase 等国际知名企业的大力支持，市场份额逐步扩大，逐渐成为主流操作系统之一。

5．Linux 系统的特点

Linux 操作系统作为一个免费、自由、开放的操作系统，其发展势不可挡，它拥有如下特点。

（1）完全免费。由于 Linux 遵循通用公共许可证，因此任何人都有使用、复制和修改 Linux 的自由，可以放心地使用 Linux，不必担心成为"盗版"用户。

图 1-2 Linus Torvalds

图 1-3 Linux 的标志

（2）多用户多任务。Linux 支持多个用户从相同或不同的终端上同时使用同一台计算机，共享系统的磁盘、外设、处理器等系统资源。Linux 系统中的每个用户对自己的资源（如文件、设备）有特定的使用权限，不会相互影响。

（3）高效安全稳定。Linux 继承了 UNIX 核心的设计思想，具有执行效率高、安全性高和稳定性好的特点，可以连续运行数月、数年而不需要重启系统。系统健壮的基础架构使得 Linux 具有较强的免疫性，极少被病毒感染。

（4）良好的兼容性和可移植性。Linux 完全符合 IEEE 的 POSIX（Portable Operating System for UNIX，面向 UNIX 的可移植操作系统）标准，在主流的 UNIX 系统（System V 和 BSD）上运行的程序都能在 Linux 运行。Linux 能在笔记本电脑、PC、工作站甚至大型机上运行，并能在 x86、MIPS、PowerPC、SPARC、Alpha 等主流的体系结构上运行，可以说 Linux 是迄今支持的硬件平台最多的操作系统。

（5）漂亮的用户界面。Linux 提供了类似 Windows 图形界面的 X-Window 系统，用户可以使用鼠标方便、直观和快捷地进行操作。经过多年的发展，Linux 的图形界面技术已经非常成熟，它整合了大量的应用程序和系统管理工具，可方便地使用各种资源，完成各项工作。

（6）强大的网络功能。网络就是 Linux 的生命，完善的网络支持是 Linux 与生俱来的能力，所以 Linux 在通信和网络功能方面优于其他操作系统，其他操作系统不包含如此紧密地和内核结合在一起的连接网络的能力，也没有内置这些网络特性的灵活性。

1.1.2 Linux 体系结构

Linux 一般有 3 个主要部分：内核（Kernel）、命令解释层（Shell 或其他操作环境）、应用程序。

1. 内核

内核是系统的核心，是运行程序和管理像磁盘、打印机等硬件设备的主要程序。操作环境向用户提供一个操作界面，它从用户那里接收命令，并且把命令送给内核去执行。由于内核提供的都是系统最基本的功能，如果内核发生问题，整个计算机系统就可能会崩溃。

Linux 内核的源代码主要用 C 语言编写，只有部分与驱动相关的用汇编语言 Assembly 编写。Linux 内核采用模块化的结构，其主要模块包括存储管理、CPU 和进程管理、文件系统管理、设备管理和驱动、网络通信以及系统的引导、系统调用等。Linux 内核的源代码通常安装在/usr/src 目录，可供用户查看和修改。

当 Linux 安装完毕之后，一个通用的内核就被安装到计算机中。这个通用内核能满足绝大部分用户的需求,但也因为内核的这种普遍适用性使得对具体的某一台计算机来说可能并不需要的内核程序（如一些硬件驱动程序）也被安装并运行。Linux 允许用户根据自己计算机的实际配置定制 Linux 的内核，从而有效地简化 Linux 内核，提高系统启动速度，并释放更多的内存资源。

在 Linus Torvalds 领导的内核开发小组的不懈努力下，Linux 内核的更新速度非常快。用户在安装 Linux 后可以下载最新版本的 Linux 内核，进行内核编译后升级计算机的内核，就可以使用到内核最新的功能。由于内核定制和升级的成败关系到整个计算机系统能否正常运行，因此用户对此必须非常谨慎。

2. 命令解释层 Shell

Linux 的内核并不能直接接收来自终端的用户命令，也就不能直接与用户进行交互操作，这就需要 Shell 这一交互式命令解释程序来充当用户和内核之间的桥梁。Shell 负责将用户的命令解释为内核能够接受的低级语言，并将操作系统响应的信息以用户能够理解的方式显示出来，其作用如图 1-4 所示。

图 1-4　内核、Shell 和用户的关系

当用户启动 Linux，并成功登录系统后，系统就会自动启动 Shell。从用户登录到用户退出登录的期间，用户输入的每个命令都要由 Shell 接收，并由 Shell 解释。如果用户输入的命令正确，Shell 会去调用相应的命令或程序，并由内核负责其执行，从而实现用户所要求的功能。

Linux 中可使用的 Shell 有许多种，Linux 的各发行版本皆能同时提供两种以上的 Shell 供用户自行选择使用。各种 Shell 的最基本功能相同，但也有一些差别。比较常用的 Shell 有：

（1）Bourne Shell：是贝尔实验室开发的版本。

（2）BASH：GNU 的 Bourne Again Shell，是 GNU 操作系统上默认的 Shell。

（3）Korn Shell：是对 Bourne Shell 的发展，在大部分情况下与 Bourne Shell 兼容。

（4）C Shell：是 Sun 公司 Shell 的 BSD 版本。

Shell 不仅是一种交互式命令解释程序，而且还是一种程序设计语言，它跟 MS-DOS 中的批处理命令类似，但比批处理命令功能强大。在 Shell 脚本程序中可以定义和使用变量，进行参数传递、流程控制、函数调用等。

Shell 脚本程序是解释型的，也就是说 Shell 脚本程序不需要进行编译，就能直接逐条解释、逐条执行脚本程序的源语句。Shell 脚本程序的处理对象只能是文件、字符串或者命令语句，而不像其他的高级语言有丰富的数据类型和数据结构。

作为命令行操作界面的替代选择，Linux 还提供了像 Microsoft Windows 那样的可视化图形用户界面（GUI）——X-Window。它提供了很多窗口管理器，其操作就像 Windows 一样，有窗口、图标和菜单，所有的管理都通过鼠标控制。现在比较流行的窗口管理器是 KDE 和 GNOME（其中 GNOME 是 Red Hat Linux 默认使用的界面），两种桌面都能够免费获得。

3. 应用程序

Linux 环境下可使用的应用程序种类丰富、数量繁多，包括办公软件、多媒体软件、Internet 相关软件等，如表 1-1 所示。它们有的运行在字符界面，有的运行在 X-Window 图形界面。

表 1-1　部分常用的 Linux 应用程序

类别	软件名称
办公软件	OpenOffice.org、KOffice
文本编辑器	vi、vim、Emacs、gedit、Kedit、AbiWord
网页浏览器	Firefox、Netscape
邮件收发软件	KMail、Evolution
上传下载工具	BitTorrent、WebDownloader、gFTP
即时聊天软件	GAIM、Xchat、Kicq
多媒体播放器	XMMS、MPlayer、RealOne、超级解霸 3000
图像查看与处理软件	GIMP、gThumb Image View、Electric Eyes、KuickShow
刻录软件	Xcdroast、cdrecord
游戏	荣誉勋章、Quake III: Team Arena
编程语言	Java、Python、Perl、PHP

各 Linux 发行版本均包含大量的应用程序，在安装 Linux 时可以一并安装所需要的应用程序。当然也可以在安装好 Linux 以后，再安装 Linux 发行版本附带的应用程序，更可以从网站下载最新的应用软件。

1.1.3　Linux 的版本

Linux 的版本分为内核版本和发行版本两种。

1. 内核版本

内核是系统的心脏，是运行程序和管理像磁盘和打印机等硬件设备的核心程序，它提供了一个在裸设备与应用程序间的抽象层。例如，程序本身不需要了解用户的主板芯片集或磁盘控制器的细节就能在高层次上读写磁盘。

内核的开发和规范一直由 Linus 领导的开发小组控制着，版本也是唯一的。开发小组每隔一段时间公布新的版本或其修订版，从 1991 年 10 月 Linus 向世界公开发布的内核 0.0.2 版本（0.0.1 版本功能相当简陋所以没有公开发布）到目前最新的内核 3.19.1 版本，Linux 的功能越来越强大。

Linux 内核使用三种不同的版本编号方式。

第一种方式用于 1.0 版本之前（包括 1.0）。第一个版本是 0.01，紧接着是 0.02、0.03、0.10、0.11、0.12、0.95、0.96、0.97、0.98、0.99 和之后的 1.0。

第二种方式用于 1.0 之后到 2.6，数字由三部分"A.B.C"，A 代表主版本号，B 代表次版本号，C 代表修改号，C 值越大，表明修改的次数越多，版本相对更完善。只有在内核发生很大变化时（历史上只发生过两次，1994 年的 1.0，1996 年的 2.0），A 才变化。可以通过数字 B 来判断 Linux 是否稳定，偶数的 B 代表稳定版，奇数的 B 代表测试版。C 代表一些 bug 修复、安全更新、添加新特性和驱动的次数。以版本 2.6.32 为例，2 代表主版本号，6 代表次版本号，32 代表修改次数。在版本号中，序号的第二位为偶数的版本表明是一个可以使用的稳定版本，如 2.2.5，而序号的第二位为奇数的版本一般有一些新的东西加入，是个不一定很稳定的测试版本，如 2.3.1。这样稳定版本来源于上一个测试版升级版本号，而一个稳定版本发展到完全成熟后就不再发展。

第三种方式从 2004 年 2.6.0 版本开始，使用一种"time-based"的方式。3.0 版本之前，是一种"A.B.C.D"的格式。七年里，前两个数字 A.B 即"2.6"保持不变，C 随着新版本的发布而增加，D 代表一些 bug 修复、安全更新、添加新特性和驱动的次数。3.0 版本之后是"A.B.C"格式，B 随着新版本的发布而增加，C 代表一些 bug 修复、安全更新、添加新特性和驱动的次数。第三种方式中不再使用偶数代表稳定版、奇数代表开发版这样的命名方式。举个例子：3.7.0 代表的不是开发版，而是稳定版。

2. 发行版本

仅有内核而没有应用软件的操作系统是无法使用的，所以许多公司或社团将内核、源代码及相关的应用程序组织成一个完整的操作系统，让一般的用户可以简便地安装和使用 Linux，这就是所谓的发行版本（Distribution），一般谈论的 Linux 系统便是针对这些发行版本而言的。现有各种发行版本超过 300 种，它们的发行版本号各不相同，使用的内核版本号也可能不一样，最流行的套件有 Red Hat（红帽子）、SUSE、Ubuntu、红旗 Linux 等，如表 1-2 所示。

表 1-2 常见的 Linux 发行版本

名称与图标	说明
Red Hat 	Red Hat 是目前最成功的商业 Linux 套件发布商。它从 1999 年在美国纳斯达克上市以来，发展良好，目前已经成为 Linux 商界事实上的龙头。 一直以来，Red Hat Linux 就以安装最简单、适合初级用户使用著称，目前它旗下的 Linux 包括了两种版本，一种是个人版本的 Fedora（由 Red Hat 公司赞助，并且由技术社区维护和驱动，Red Hat 并不提供技术支持），另一种是商业版的 Red Hat Enterprise Linux，最新版本为 Red Hat Enterprise Linux 7。 官网网站：http://www.redhat.com/ 下载地址：https://access.redhat.com/downloads/
openSUSE 	openSUSE 项目是由 Novell 发起的开源社区计划。旨在推进 Linux 的广泛使用。openSUSE.org 提供了自由简单的方法来获得世界上最好用的 Linux 发行版，SUSE Linux。openSUSE 项目为 Linux 开发者和爱好者提供了开始使用 Linux 所需要的一切。openSUSE 原名 SUSE Linux，10.2 版本以后的 SUSE Linux 改名 openSUSE。openSUSE 项目由 Novell 公司赞助。openSUSE 操作系统和相关的开源程序会被 Novell 使用，作为 Novell 企业版 Linux（比如 SLES 和 SLED）的基础。总之，openSUSE 对个人来说是完全免费的，包括使用和在线更新。 官网网站：http://www.opensuse.org/zh-cn/ 下载地址：http://software.opensuse.org/122/zh_CN
Ubuntu 	Ubuntu（乌班图）是一个以桌面应用为主的 Linux 操作系统，其名称来自非洲南部祖鲁语或豪萨语的"ubuntu"一词，意思是"人性"、"我的存在是因为大家的存在"，是非洲一种传统的价值观，类似华人社会的"仁爱"思想。Ubuntu 基于 Debian 发行版和 GNOME 桌面环境，与 Debian 的不同在于它每 6 个月会发布一个新版本

续表

名称与图标	说明
	Ubuntu 的目标在于为一般用户提供一个最新的、同时又相当稳定的主要由自由软件构建而成的操作系统。Ubuntu 具有庞大的社区力量，用户可以方便地从社区获得帮助。2013 年 1 月 3 日，Ubuntu 正式发布面向智能手机的移动操作系统。 官网网站：http://www.ubuntu.org.cn/ 下载地址：http://www.ubuntu.org.cn/download
Debian debian	Debian 是一款能安装在计算机上使用的操作系统（OS）。操作系统就是能让您的计算机工作的一系列基本程序和实用工具。由于 Debian 采用了 Linux Kernel（操作系统的核心），但是大部分基础的操作系统工具都来自于 GNU 工程，因此又称为 GNU/Linux。Debian GNU/Linux 附带了超过 29000 个软件包，这些预先编译好的软件被包裹成一种良好的格式以便于在机器上进行安装。让 Debian 支持其他内核的工作也正在进行，最主要的就是 Hurd。Hurd 是一组在微内核（例如 Mach）上运行的提供各种不同功能的守护进程。 官网网站：http://www.debian.org/ 下载地址：http://www.debian.org/distrib/
红旗 Linux 红旗®Linux	红旗 Linux 是由北京中科红旗软件技术有限公司开发的一系列 Linux 发行版，包括桌面版、工作站版、数据中心服务器版、HA 集群版和红旗嵌入式 Linux 等产品。目前在中国各软件专卖店可以购买到光盘版，同时官方网站也提供光盘镜像免费下载。红旗 Linux 是国内较大、较成熟的 Linux 发行版之一。 官网网站：http://www.redflag-linux.com/ 下载地址：http://www.redflag-linux.com/d/iso/

1.1.4 Red Hat 的家族产品

Red Hat 有两大 Linux 产品系列，其一是免费的 Fedora Core 系列，主要用于桌面版本，提供了较多新特性的支持；其二是收费的 Enterprise 系列，即 RHEL（Red Hat Enterprise Linux），这个系列分成 AS/ES/WS 等分支。

1. Red Hat Enterprise Linux AS

Red Hat Enterprise Linux AS（Advanced Server）是企业 Linux 解决方案中最高端的产品，它专为企业的关键应用和数据中心而设计。AS 主要版本有 2.x/3.x/4.x，也就是我们常说的 AS3/AS4 每一个版本还有若干个升级。

典型的 Red Hat 企业 Linux AS 应用环境如下：

（1）数据库和数据库应用软件。

（2）Web 和中间件。

（3）CRM、ERP、SCM。

2. Red Hat Enterprise Linux ES

Red Hat Enterprise Linux ES（Entry Server）为 Intel x86 市场提供了一个从企业门户到企业中层应用的服务器操作系统。ES 是 AS 的精简版本。它与常见的 AS 系列的区别是，AS 支持到 4 路以上 CPU，而 ES 只能支持两路 CPU。AS 和 ES 在大多数程序包上并无区别，只在内核等少数软件包上有差异。

典型的 Red Hat Enterprise Linux ES 应用环境如下：

（1）公司 Web 架构。

（2）网络边缘应用（DHCP、DNS、防火墙等）。

（3）邮件和文件/打印服务。

（4）中小规模数据库和部门应用软件。

3．Red Hat Enterprise Linux WS

Red Hat Enterprise Linux WS（Work Station）是 Red Hat Enterprise Linux AS 和 ES 的桌面/客户端合作伙伴。Red Hat Enterprise Linux WS 支持 1～2 个 CPU 的 Intel（包括 Itanium、EM64T）和 AMD64 系统，是桌面应用的最佳环境。它包含各种常用的桌面应用软件（Office 工具、邮件、即时信息、浏览器等），可以运行各种客户/服务器配置工具、软件开发工具和各种应用软件（例如 EDA 和 Oil/Gas 应用软件）。WS 是 ES 的进一步简化版，主要针对企业内部的桌面办公市场，国内较少采用。

4．Red Hat Desktop

Red Hat Desktop 是 Red Hat 企业 Linux 家族的桌面端产品，它支持 32 位的 Intel x86 和 64 位的 Intel EM64T 处理器以及 AMD64 平台，它最多只能支持 1 个 CPU 和 4GB 内存，提供和 Red Hat 企业 Linux WS 同样的软件功能，但适合比 WS 更小的硬件环境，同时提供了比 WS 更便宜的价格。

1.2　Red Hat Enterprise Linux 6.4 系统安装

1.2.1　安装前的准备知识

1．硬件的基本要求

在安装 Red Hat Enterprise Linux 6.4 之前，我们首先要了解它的最低硬件配置需求，以保证主机可以正常运行。

（1）CPU：需要 Pentium 以上处理器。

（2）内存：对于 x86、AMD64/Intel64 和 Itanium2 架构的主机，最少需要 512MB 的内存，如果主机是 IBM Power 系列，则至少需要 1GB 的内存（推荐 2GB）。

（3）硬盘：完全安装至少需要 5GB 以上的硬盘空间，推荐使用大于 10GB 的硬盘空间。

（4）显卡：需要 VGA 兼容显卡。

（5）光驱：CD-ROM 或者 DVD-ROM。

（6）其他：兼容声卡、网卡和 Modem 等。

2．安装方式

Red Hat Enterprise Linux 6.4 支持多种安装方式，根据安装软件的来源不同，可以从 CD-ROM/DVD 启动安装、从硬盘安装、从 NFS 服务器安装或者从 FTP/HTTP 服务器安装。

（1）从光盘安装。直接使用安装光盘的方式进行安装。只要设置启动顺序为光驱优先，然后将 Red Hat Enterprise Linux 6.4 DVD 放入光驱启动即可进入安装向导。

（2）从硬盘安装。将下载到的 ISO 镜像文件拷贝到硬盘上，在安装的时候选择硬盘安装，然后选择镜像位置即可。

（3）从网络服务器安装。在网络速度较快的环境中，通过网络安装也是不错的选择。目前 Red Hat Enterprise Linux 6.4 的网络安装支持 NFS、FTP 和 HTTP 三种方式。

注意：在通过网络安装 Red Hat Enterprise Linux 6.4 时，一定要保证光驱中不能有安装光盘，否则有可能会出现不可预料的错误。

在以上三种安装方式中，光盘安装及硬盘安装比较常见。

3. 磁盘分区

（1）磁盘分区介绍。

硬盘上最多只能有四个主分区，其中一个主分区可以用一个扩展分区来替换。也就是说主分区可以有 1～4 个，扩展分区可以有 0～1 个，如图 1-5 所示，扩展分区中又可以划分出若干个逻辑分区。

目前常用的硬盘主要有两大类：IDE 接口硬盘和 SCSI 接口硬盘。IDE 接口硬盘的读写速度比较慢，但价格相对便宜，是家庭用 PC 常用的硬盘类型。SCSI 接口硬盘的读写速度比较快，但价格相对较贵。通常，要求较高的服务器会采用 SCSI 接口硬盘。Linux 的所有设备均表示为/dev 目录中的一个文件，如：

第一块 IDE 磁盘称为/dev/hda；

第二块 IDE 磁盘称为/dev/hdb；

第三块 IDE 磁盘称为/dev/hdc；

第四块 IDE 磁盘称为/dev/hdd；

第一块 SCSI 硬盘称为/dev/sda；

第二块 SCSI 硬盘称为/dev/sdb；

光驱：/dev/sr0 或/dev/cdrom。

（2）命名分区。

如果磁盘中包含有扩展分区，扩展分区占用最后一个主分区的位置。对于 IDE 硬盘，主分区编号为 hda1～hda4；逻辑分区从 hda5 开始，如图 1-6 所示。

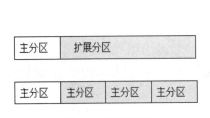

图 1-5 磁盘分区

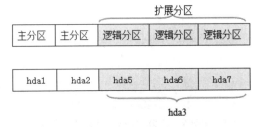

图 1-6 Linux 的分区及命名

分区的命名方式为：磁盘名+x+y（x 为 a、b、c、......，y 为 1、2、3、......）。如：

第一块 IDE 硬盘的第一个主分区：hda1；

第一块 IDE 硬盘的第二个主分区：hda2；

第一块 IDE 硬盘的第一个逻辑分区：hda5；

第一块 IDE 硬盘的第二个逻辑分区：hda6；

第二块 IDE 硬盘的第一个主分区：hdb1；

第二块 IDE 硬盘的第二个主分区：hdb2。

由此可知，/dev 目录下"hd"开头的设备是 IDE 硬盘，"sd"开头的设备是 SCSI 硬盘。设备名称中第 3 个字母为 a，表示该硬盘是系统中的第一块硬盘，也称主盘，而 b 则表示该硬盘是系统中的第二块硬盘，也称从盘。分区则使用数字来表示，数字 1～4 用于表示主分区或扩展分区，逻辑分区的编号从 5 开始。

（3）分区方案。

在安装 Linux 系统时，必须建立两个分区：根分区（/）和交换分区（swap）。其他分区可以根据实际需要进行创建。在实际应用中，建议创建 4 个分区，分别为根分区、交换分区、/var 分区和/home 分区。初学者建议使用默认分区。

1）swap：交换分区，一般是内存的 1.5～2 倍。

2）/home：如果用户多，且各有各的应用，建议把它单独挂在一个分区上，且空间大一些。

3）/：根分区，剩下的所有空间。

4）/var：一般来说，用户的邮件及网页会放在/var 文件夹下，建议将/var 单独挂在一个分区上，便于对用户空间的管理。

1.2.2　任务 1-1：安装与配置 RHEL 6.4 系统

1．VMware 软件的介绍

VMware 虚拟机软件，是"虚拟 PC"软件公司 VMware,Inc.（Virtual Machine ware）的产品，提供服务器、桌面虚拟化的解决方案。可以在一台机器上同时运行两个或更多个 Windows、DOS、Linux 系统，各个操作系统之间互不干扰，并且可以搭建网络环境，便于初学者学习服务器的搭建和测试。

2．任务 1-1-1：创建虚拟机

创建虚拟机的主要步骤如下：

（1）在 VMware 的主窗口，单击"创建新的虚拟机"按钮（如图 1-7 所示），打开新建虚拟机向导对话框。

图 1-7　虚拟机主窗口

（2）在新建虚拟机向导对话框中，选择"典型"（如图 1-8 所示），单击"下一步"按钮。

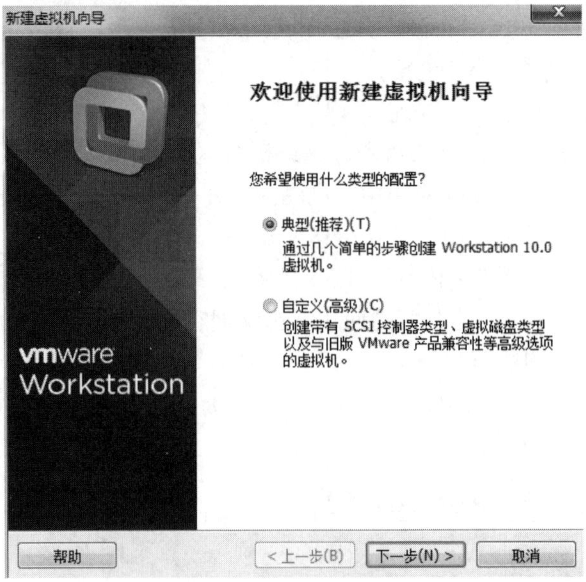

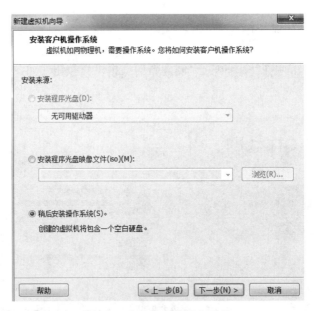

图 1-8　新建虚拟机向导

（3）在"安装客户机操作系统"对话框中，选择"稍后安装操作系统"（如图 1-9 所示），单击"下一步"按钮。

图 1-9　安装客户机操作系统

（4）在"选择客户机操作系统"对话框中，选择"Linux（L）"，"版本"在下拉框中选择"Red Hat Enterprise Linux 6 "（如图 1-10 所示），然后单击"下一步"按钮。

（5）在"命名虚拟机"对话框中，定义虚拟机的名字和位置（如图 1-11 所示），然后单击"下一步"按钮。

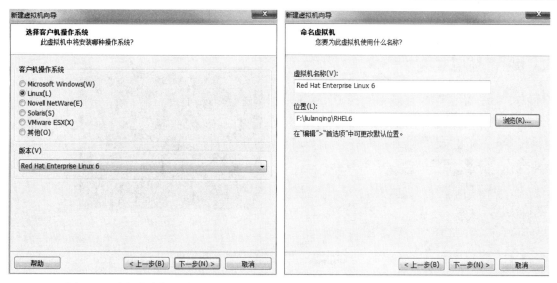

图 1-10   选择客户机操作系统   图 1-11   命名虚拟机

（6）在"指定磁盘容量"对话框中，根据 RHEL 6.4 对磁盘容量大于 10G 的要求，这里填写 20G（如图 1-12 所示），单击"下一步"按钮。

（7）在"已准备好创建虚拟机"对话框中，列出了虚拟机的配置（如图 1-13 所示），单击"自定义硬件（C）..."按钮，还可以继续修改虚拟机的硬件配置，无需更改时，单击"完成"按钮创建虚拟机。

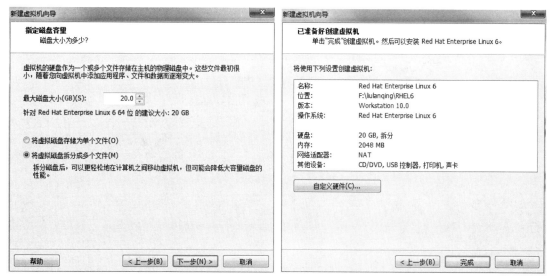

图 1-12   指定磁盘容量   图 1-13   已准备好创建虚拟机

（8）打开虚拟机主页，如图 1-14 所示，显示刚创建好的虚拟机。单击"编辑虚拟机设置"按钮，可继续编辑虚拟机硬件；单击"开启此虚拟机"按钮可以启动虚拟机；并在虚拟机详细信息栏显示虚拟机的状态、位置、版本信息，便于在系统中查找虚拟机配置文件。

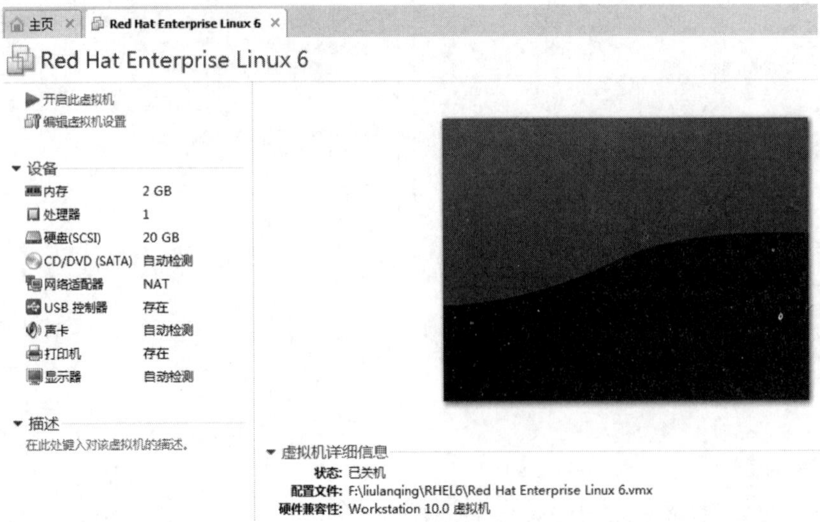

图 1-14　虚拟机主页

3. 任务 1-1-2：安装 RHEL 6.4 系统

这里采用的是镜像文件的安装方法，主要步骤如下：

（1）在图 1-14 中，首先单击"CD/DVD"加载镜像文件。如图 1-15 所示，选择"使用 ISO 映像文件（M）"，单击"浏览（B）"按钮选择镜像文件。然后单击"开启此虚拟机"进入引导界面。

图 1-15　虚拟机设置

（2）在图 1-16 所示引导界面，缺省选中的是第一项，直接按回车键进入检测安装光盘的界面。

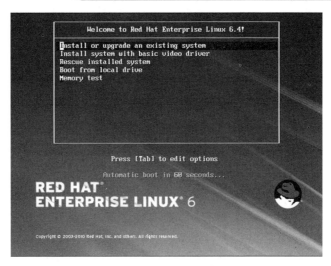

图 1-16   引导界面

（3）在图 1-17 所示光盘检测界面，单击 OK 按钮开始检测，单击 Skip 跳过检测。光盘检测主要是测试 Red Hat Enterprise Linux 6.4 光盘的完整性。建议没有使用过的光盘在安装前先测试一下，避免在安装过程中因光盘数据丢失而导致退出安装。这里单击 OK 按钮，按回车键，进入图 1-18 所示的光盘检测进度界面。

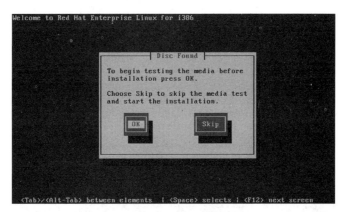

图 1-17   光盘检测选择界面

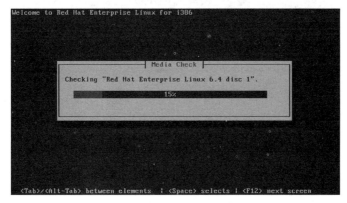

图 1-18   光盘检测进度界面

（4）图 1-19 显示光盘检测结果正常可以使用，单击 OK 按钮。

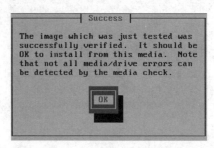

图 1-19　光盘检测完成

（5）在图 1-20 所示对话框中，若还要检测其他光盘，可将另一张盘放入光驱，单击 Test 按钮开始检测，如 RHEL 5 共有 5 张光盘，可逐一检测。若不再检测其他光盘，例如 RHEL 6.4 只有一张盘，单击 Continue 按钮进行系统安装。注意，此时光盘驱动器被弹出，需要连接一下。

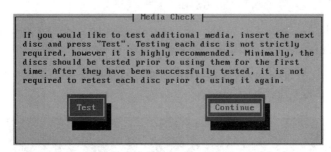

图 1-20　光盘测试询问界面

（6）图 1-21 所示为系统安装欢迎界面，单击 Next 按钮进入下一步安装。

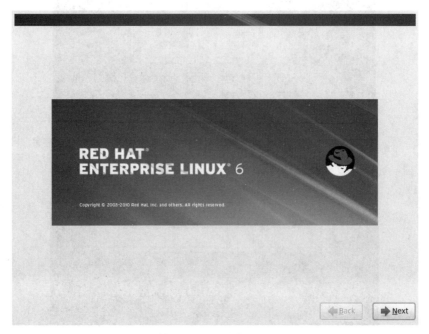

图 1-21　图形安装界面

（7）图 1-22 所示为系统安装的语言选择界面，其中内置了数十种语言，根据自己的需求选择语言种类，这里选择"简体中文"，单击 Next 按钮后，整个安装界面就变成简体中文显示了。

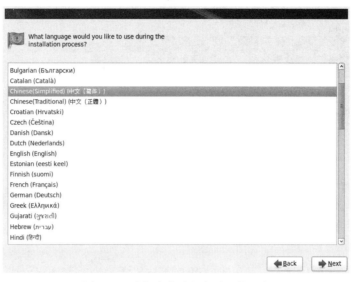

图 1-22   选择安装过程中采用的语言

（8）图 1-23 所示是键盘布局窗口，建议使用标准键盘，选择"美国英语式"选项，单击"下一步"按钮。

图 1-23   键盘选择界面

（9）选择存储设备。"基本存储设备"指直接连接到本地系统中的硬盘驱动器或固定驱动器；"指定的存储设备"用于配置 Internet 小型计算机接口（iSCSI）及以太网光纤通道（FCoE），包括网络存储设备（SANs）、直接访问存储设备（DASDs）、硬件 RAID 设备及多路径设备。这里选择第一项"基本存储设备"（如图 1-24 所示），单击"下一步"按钮。

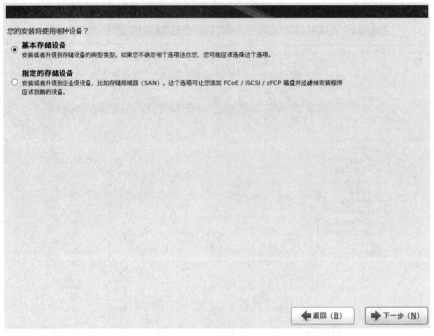

图 1-24　存储设备选择界面

（10）在图 1-25 所示存储设备警告中，单击"是，忽略所有数据"按钮，因为在虚拟磁盘中安装系统，不会影响到真实机器中的数据。

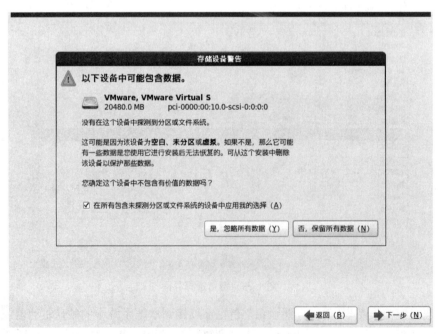

图 1-25　存储设备警告界面

（11）在图 1-26 所示界面中，输入主机名称，默认为 localhost.localdomain；这里设置主机名为 localhost，单击"下一步"按钮。

图 1-26　设置主机名界面

（12）图 1-27 所示为时区设置界面。这里使用默认选择"亚洲/上海"，单击"下一步"按钮。

图 1-27　时区设置

（13）图 1-28 所示为根账户口令设置界面。Linux 中的根用户 root 即系统的超级管理员，默认要求密码长度大于等于 6 位并具有一定的复杂性。这里设置密码为"123456"，单击"下一步"按钮，系统弹出"脆弱密码"的提示框，单击"无论如何都使用"按钮。

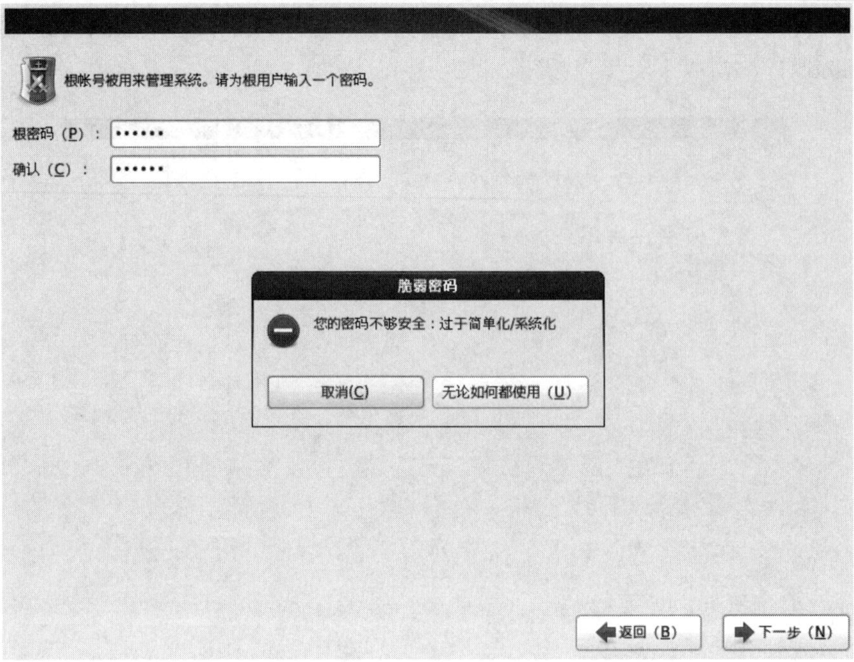

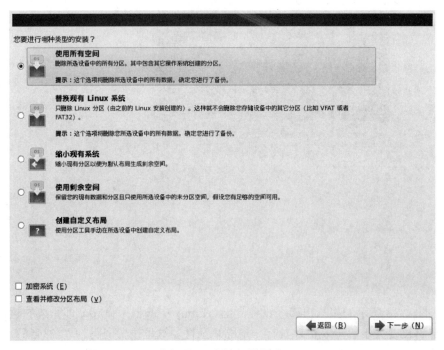

图 1-28　密码设置及脆弱密码提示对话框

（14）在图 1-29 所示选择安装类型的对话框中，RHEL6.4 提供了 5 种安装类型，分别为"使用所有空间""替换现有 Linux 系统""缩小现有系统""使用剩余空间"和"创建自定义布局"。对于初学者首次在虚拟机中安装系统，建议选择"使用所有空间"选项。在安装过程中若需要加密系统或修改分区布局，可勾选左下方的复选框。单击"下一步"按钮。

图 1-29　选择安装类型

（15）在图 1-30 中单击"将修改写入磁盘"按钮，系统开始自动分区并格式化磁盘。

图 1-30　将存储配置写入磁盘

（16）在图 1-31 所示的选择软件组对话框中，默认的基本服务选项不包含桌面。用户除了选择定制好的软件组，还可以自定义。这里选择"桌面"，其他组件可以在使用过程中再安装。单击"下一步"按钮开始安装系统。

图 1-31　选择软件组

（17）安装完成，单击"重新引导"按钮，如图 1-32 所示。

图 1-32　系统完成

（18）图 1-33 为首次启动 RHEL6.4 的设置界面。这里有以下内容需要设置。

图 1-33　首次启动系统的设置界面

1)"许可证信息"：使用 RHEL 系统时所需要遵守的内容，此处必须选择"是的，我同意许可证协议"单选按钮，才能进一步安装。

2)"设置软件更新"：用于从 Red Hat 官方网站接收软件更新及安全更新，此项目需要支付一定的服务费用，对于非商业用户可不使用此项服务。

3）"创建用户"：用于为系统创建一个普通用户。

4）"日期和时间"：用于设置系统的日期及时间，若网络中存在 NTP 服务器，此处也可将"在网络上同步日期和时间"复选框选中。

5）Kdump：主要用来做灾难恢复。Kdump 是一个内核崩溃转储机制，在系统崩溃的时候，Kdump 将捕获系统信息，这对于诊断崩溃的原因非常有用，Kdump 需要预留一部分系统内存，这部分内存对于其他用户是不可用的。

（19）以上设置完成后，单击"重新引导"进行第二次重启系统，进入到图 1-34 所示的输入用户名界面。

图 1-34　输入用户名

（20）在图 1-34 中单击"其他"，输入账户 root 和密码 123456，就可以登录系统了，如图 1-35 所示。

图 1-35　GNOME 桌面环境

1.2.3　注销、关机与重启

1．桌面环境下注销、关机与重启

单击 GNOME 桌面"系统"菜单（见图 1-36），选中"关机"选项，出现如图 1-37 所示的对话框。系统将在 60 秒后自动关机，也可单击"关闭系统"或"重启"按钮立即关机或重启计算机，如图 1-36 所示。在 GNOME 桌面"系统"菜单中选择"注销"选项，出现如图 1-38 所示的对话框。系统将在 60 秒后自动注销，单击"注销"或"切换用户"按钮立即回到图 1-34 所示界面，等待其他用户登录。

2．登录界面下关机与重新启动

在图 1-34 所示界面的右下方，单击图 1-39 中的电源按钮也可以关机或重新启动。

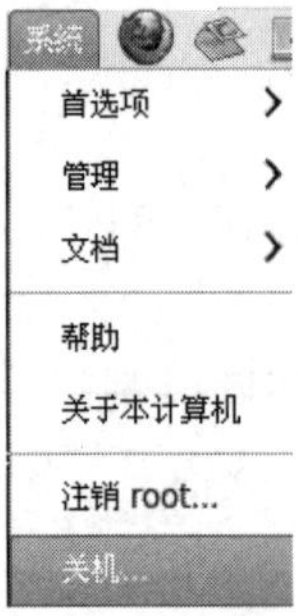

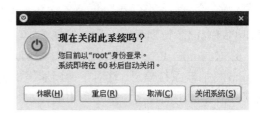

图 1-36　系统菜单

图 1-37　确认关机

图 1-38　确认注销

图 1-39　关机或重新启动

3. 字符界面的登录

若安装了 Linux 的图形界面，系统会自动进入图形界面，并显示用户登录界面，输入正确的用户名和密码即可登录系统。

若未安装图形界面，则系统会进入文本界面，在显示登录提示符时输入 root 用户名和密码，进入 Linux 的命令行文本界面，如图 1-40 所示。通过使用 Linux 操作命令，实现对 Linux 系统的操作。Linux 的操作命令提示符含义如图 1-41 所示。

图 1-40　命令行界面

图 1-41　提示符含义

注意： 在 Linux 系统中，超级用户登录提示符为#，普通用户登录提示符为$。在命令行文本界面下能完成的命令，在图形模式下的终端中都可以完成。

1.3　系统设置

1.3.1　认识 Linux 启动过程和运行级别

1. 启动过程

Red Hat Enterprise Linux 6.4 的启动过程包括以下几个阶段。

（1）主机启动并进行硬件自检后，读取硬盘 MBR 中的启动引导器程序，并进行加载。

（2）启动引导器程序负责引导硬盘中的操作系统，根据用户在启动菜单中选择的启动项不同，可以引导不同的操作系统启动。对于 Linux 操作系统，启动引导器直接加载 Linux 内核程序。

（3）Linux 内核程序负责操作系统启动的前期工作，并进一步加载系统的 INIT 进程。

（4）INIT 进程是 Linux 系统中运行的第一个进程，该进程将根据其配置文件执行相应的启动程序，并进入指定的系统运行级别。

（5）在不同的运行级别中，根据系统的设置将启动相应的服务程序。

（6）在启动过程的最后，将运行控制台程序提示并允许用户输入账号和口令进行登录。

2．INIT 进程

INIT 进程是由 Linux 内核引导运行的，是系统中运行的第一个进程，其进程号（PID）永远为 "1"。INIT 进程运行后将作为这些进程的父进程并按其配置文件引导运行系统所需的其他进程。INIT 配置文件的全路径名为 "/etc/inittab"，INIT 进程运行后将按照该文件中的配置内容运行系统启动程序。

inittab 文件作为 INIT 进程的配置文件，用于描述系统启动时和正常运行中所运行的那些进程。文件内容如下：

```
[root@localhost ~ ]#cat /etc/inittab
id：3：initdefault：
si：：sysinit：/etc/rc.sysinit
10:0:wait:/etc/rc.d/rc0
11:1:wait:/etc/rc.d/rc1
12:2:wait:/etc/rc.d/rc2
13:3:wait:/etc/rc.d/rc3
14:4:wait:/etc/rc.d/rc4
15:5:wait:/etc/rc.d/rc5
16:6:wait:/etc/rc.d/rc6
ca：ctrlaltdel:/sbin/shutdown-t3-r    now
pf：powerfail：/sbin/shutdown-f-h+2"PowerFailure;SystemShuttingDown"
pr:12345：powerokwait:/sbin/shutdown-c"PowerRestored;ShutdownCancelled"
1：2345：respawn：/sbin/mingetty    ttyl
2：2345：respawn：/sbin/mingetty    tty2
3：2345：respawn：/sbin/mingetty    tty3
4：2345：respawn：/sbin/mingetty    tty4
5：2345：respawn：/sbin/mingetty    tty5
6：2345：respawn：/sbin/mingetty    tty6
X：5：respawn：/etc/Xll/prefdm-nodaemon
```

inittab 文件中的每行是一个设置记录，每个记录中有 id、runlevels、action 和 process 四个字段，各字段间用 ":" 分隔，它们共同确定了某进程在哪些运行级别以何种方式运行。

3．系统运行级别

运行级别就是操作系统当前正在运行的功能级别。在 Linux 系统中，这个级别从 0～6，共 7 个级别，各自具有不同的功能。这些级别在/etc/inittab 文件里指定。各运行级别的含义如表 1-3 所示。

表 1-3　运行级别

运行级别	说明
0	停机,不要把系统的默认运行级别设置为 0,否则系统不能正常启动
1	单用户模式,用于 root 用户对系统进行维护,不允许其他用户使用主机
2	字符界面的多用户模式,在该模式下不能使用 NFS
3	字符界面的完全多用户模式,主机作为服务器时通常在该模式下
4	未分配
5	图形界面的多用户模式,用户在该模式下可以进入图形登录界面
6	重新启动,不要把系统的默认运行级别设置为 6,否则系统不能正常启动

（1）查看系统运行级别。

run level 命令用于显示系统当前的和上一次的运行级别。例如:

```
[root @localhost ~]#run   level
N3
```

（2）改变系统运行级别。

使用 init 命令,后跟相应的运行级别作为参数,可以从当前的运行级别转换为其他运行级别。例如:

```
[root@localhost ~]#init    2
[root@localhost ~]#run    level
5  2
```

1.3.2　启动 Shell

操作系统的核心功能就是管理和控制计算机硬件、软件资源,以尽量合理、有效的方法组织多个用户共享多种资源,而 Shell 则是介于使用者和操作系统核心程序（Kernel）间的一个接口。在各种 Linux 发行套件中,目前虽然已经提供了丰富的图形化接口,但 Shell 仍旧是一种非常方便、灵活的途径。

Linux 中的 Shell 又被称为命令行,在这个命令行窗口中,用户输入指令,操作系统执行并将结果回显在屏幕上。

1. 使用 Linux 系统的终端窗口

现在的 Red Hat Enterprise Linux 6.4 操作系统默认采用的都是图形界面的 GNOME 或者 KDE 操作方式,要想使用 Shell 功能,就必须像在 Windows 中那样打开一个命令行窗口。一般用户,可以执行"应用程序"→"系统工具"→"终端"命令来打开终端窗口（或者直接右键单击桌面,选择"在终端中打开"命令）,如图 1-42 所示。

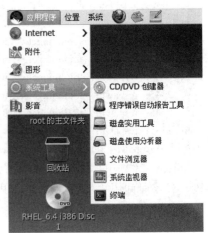

图 1-42　打开终端

执行以上命令后,就打开了一个白底黑字的命令行窗口,在这里我们可以使用 Red Hat Enterprise Linux 6.4 支持的所有命令行指令。

2．使用 Shell 提示符

在 Red Hat Enterprise Linux 6.4 中，还可以更方便地直接打开纯命令行窗口。Linux 启动过程的最后定义了 6 个虚拟终端，可使用 Ctrl+Alt+F1～Ctrl+Alt+F6 组合键从图形用户界面切换到其中任意一个虚拟终端。不过，此时就需要重新登录了。Linux 登录成功后将出现 Shell 命令提示符。

提示：进入纯命令行窗口之后，还可以使用 Alt+Fl～Alt+F6 组合键在 6 个终端之间切换，每个终端可以执行不同的指令，进行不一样的操作。

```
[helen@localhost ~]$              ；一般用户以 "$" 号结尾
[helen@localhost ~]$su    root    ；切换到 root 账号
Password：
[root@localhost ~]#               ；命令行提示符变成以 "#" 号结尾了
```

提示：~符号代表的是 "用户的家目录" 的意思，它是个变量。举例来说，root 的家目录在/root，所以~就代表/root 的意思。而 helen 的家目录在/home/helen，所以如果以 helen 登入时，看到的~就等于/home/helen。

当用户需要返回图形桌面环境时，也只需要按下 Alt+F7 组合键，就可以返回到刚才切换出来的桌面环境。

若要 Red Hat Enterprise Linux 6.4 启动后就直接进入纯命令行窗口，则使用文本编辑器打开/etc/inittab 文件，找到如下所示的行：

```
id:5:initdefault
```

将它修改为

```
id:3:initdefault
```

重新启动系统就会发现，它登录的是命令行而不是图形界面。

提示：要想让 Red Hat Enterprise Linux 6.4 直接启动到图形界面，可以按照上述操作将 "id:3" 中的 "3" 修改为 "5"；也可以在纯命令行模式，直接执行 "startx" 命令打开图形模式。

1.3.3　引导方式

Linux 下最常用的多重启动软件就是 LILO 和 GRUB。

LILO 是现在许多 Linux 缺省的引导程序，它的全称是 Linux Loader，拥有很强大的功能。GRUB 也是一个多重启动管理器，它的全称是 Grand Unified Bootloader。GRUB 的功能与 LILO 一样，也是在多个操作系统共存时选择引导哪个系统。它可以引导很多 PC 上常用的操作系统，其中就有 Linux、FreeBSD、Solaris、Windows 9x、Windows NT；可以载入操作系统的内核和初始化操作系统；可以把引导权直接交给操作系统来完成引导；可以直接从 FAT、minix、FFS、ext3 或 ext4 分区读取 Linux 内核。GRUB 有一个特殊的交互式控制台方式，可以手工装入内核并选择引导分区。

1.3.4　任务 1-2：使用 GRUB 引导方式初始化密码

GRUB 主要有三个强大的操作界面，它们提供了不同级别的功能。每个操作界面都允许用户引导操作系统，甚至可以在处于 GRUB 环境下的不同操作界面之间进行切换。

（1）菜单界面。

在系统第一次启动后，按任意键，出现 GNU GRUB 的菜单，如图 1-43 所示。一个操作系统或内核的菜单（事先已经用它们各自的引导命令配置好）将一个按名称排列的列表保存在这个操作界面中。

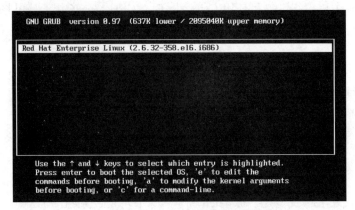

图 1-43　GRUB 菜单界面

在该界面中可以使用箭头键选择一个非默认选项（本例只有一个系统），然后按回车键来引导它。如果不是这样，一个计时器可能已经被设置，那么 GRUB 将启动装载那个默认的选项。

在菜单界面下，可以执行如下菜单命令：

● 按 e 键可以对高亮菜单项中的命令进行编辑。
● 按 a 键可以对高亮菜单项中的命令追加内核启动参数。
● 按 c 键可以进入命令行操作界面。

（2）菜单项编辑器界面。

在 GRUB 菜单中按 e 键就进入了菜单项编辑界面，如图 1-44 所示。

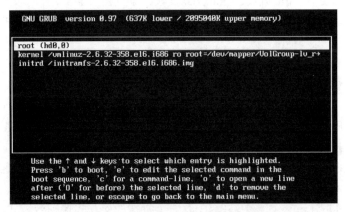

图 1-44　GRUB 的菜单项编辑界面

该界面提供了灵活的配置接口，对于调试操作系统启动配置非常有用。

在引导操作系统之前，可以在此界面下执行如下菜单项编辑命令：

● 按 e 键编辑当前选中的行。
● 按 c 键进入 GRUB 的命令行界面。
● 按 o 键在当前行后面插入一行。
● 按 O 键在当前行前面插入一行。

- 按 d 键删除当前行。
- 按 b 键启动当前的菜单项命令并引导操作系统。
- 按 Esc 键返回菜单界面，取消对当前菜单项所做的任何修改。

（3）在图 1-44 所示的 GRUB 菜单项编辑界面中，选择 kernel/vmlinuz-2.6.32-358.el6.i686 ro root=/dev/mapper/VolGroup，然后按 e 键，进入此命令行的菜单编辑状态，如图 1-45 所示。

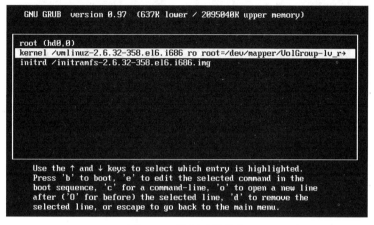

图 1-45　编辑引导菜单

（4）在图 1-46 所示命令编辑状态中，修改 GRUB 的引导信息，在 ro 与 root 之间加入"1"或"single"，按回车键返回引导界面。

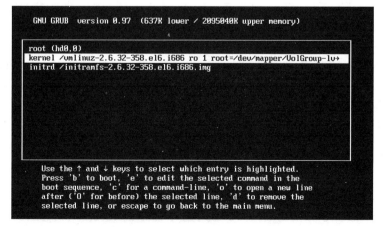

图 1-46　修改后的 GRUB 引导信息

（5）在图 1-47 所示的 GRUB 引导界面，按 b 键引导，进入单用户模式。

图 1-47　修改后的 GRUB 引导界面

（6）在图 1-48 所示的单用户模式中，输入 passwd 命令，就可以重新设置超级用户 root 的口令，不需要提供原始口令。这里重新将 root 的口令设置为 111111。

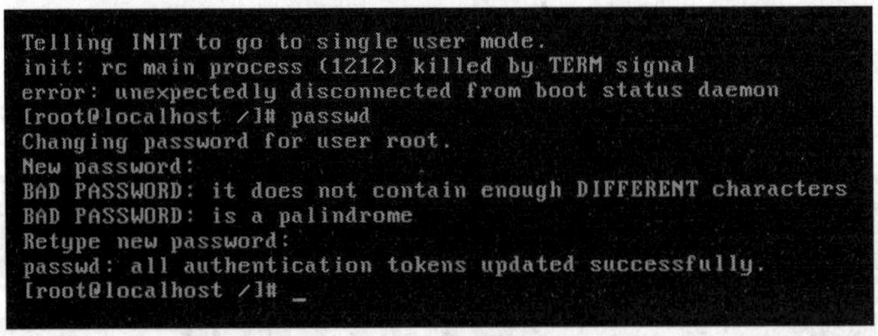

```
Telling INIT to go to single user mode.
init: rc main process (1212) killed by TERM signal
error: unexpectedly disconnected from boot status daemon
[root@localhost /]# passwd
Changing password for user root.
New password:
BAD PASSWORD: it does not contain enough DIFFERENT characters
BAD PASSWORD: is a palindrome
Retype new password:
passwd: all authentication tokens updated successfully.
[root@localhost /]# _
```

图 1-48　单用户模式

至此，root 的密码已被重新设置，重新登录系统，输入刚设置的 111111 密码便可以登录系统。

注意：若不希望别人在开机时进入单用户模式，可以在/etc/grub.conf 文件中加入 "password xxxx"，xxxx 可以是任意数字或字母，重新启动系统后，修改引导菜单时需要输入 password 后面的密码，否则无法进入单用户模式。

1.4　桌面系统的使用

尽管大多数 UNIX 专业人员喜欢命令行界面，但是初学者往往更喜欢图形用户界面（GUI）。或者某些用户使用 Linux 的目的只是办公和娱乐，这时 GUI 是更好的选择。Linux 提供的 GUI 解决方案是 X-Window 系统。

1.4.1　认识 X-Window 系统

X-Window 系统是一套工作在 UNIX 计算机上的优良的窗口系统，最初是麻省理工学院一个研究项目，现在是类 UNIX 系统中图形用户界面的工业标准。X-Window 系统最重要的特征之一是它与设备无关的结构。任何硬件只要和 X 协议兼容，就可以执行 X 程序并显示一系列含图文的窗口，而不需要重新编译和链接。这种与设备无关的特征使得依据 X 标准开发的应用程序可以在不同环境下执行，因而奠定了 X-Window 系统成为工业标准的地位。

注意：在 X-Window 系统中的 Window 不要误用 Windows，因为 Windows 是系统名，专有名词，是微软公司的注册商标。

X-Window 系统于 1984 年在麻省理工学院（MIT）开始发展，之后成为开源项目。后来成立了 MIT X 协会用于研究发展 X-Window 系统和控制相关标准。现在使用的 X-Window 系统是第 11 版的第 6 次发行，通常称之为 X11R6。

提示：很多人使用计算机是从微软的 Windows（视窗）操作系统开始的，但实际上，UNIX 系统中使用窗口形式的 GUI 环境要早于微软 Windows 操作系统。

X-Window 系统的主要特征如下。

（1）X-Window 系统本身就是基于 Client/Server 的结构建立的，具有网络操作的透明性。应用程序的窗口可以显示在自己的计算机上，也可以通过网络显示在其他计算机的屏幕上。

（2）支持许多不同风格的操作界面。X-Window 系统只提供建立窗口的一个标准，至于具体的窗口形式则由窗口管理器决定。在 X-Window 系统上可以使用各种窗口管理器。

（3）X-Window 系统不是操作系统必需的构成部分。对操作系统而言，X-Window 系统只是一个可选的应用程序组件。

（4）X-Window 系统现在是开源项目，可以通过网络或者其他途径免费获得源代码。

1.4.2　认识 GNOME 环境

GNOME 是 GNU 网络对象模型环境（The GNU Network Object Model Environment）的缩写，是开放源码运动的一个重要组成部分，是一种基于 X-Window 系统的、让使用者容易操作和设定计算机环境的、非常友好的桌面软件，包括菜单、桌面、面板、工作区、文件管理器等，可以帮助用户更容易地管理计算机并允许用户定制桌面，是 Red Hat Enterprise Linux 的默认选择。GNOME 主要提供两项内容：一是 GNOME 桌面环境，二是 GNOME 开发平台。默认的 GNOME 桌面环境包括一个计算机图标、一个用户主文件夹图标和一个回收站图标，如图 1-49 所示。

图 1-49　GNOME 桌面环境

（1）计算机：可以让用户访问光驱、软盘类的可移动介质，以及整个文件系统（根文件系统）。

（2）用户主文件夹：存放用户的文件，也可以从"位置"菜单中打开自己的主文件夹。

（3）回收站：是一个特殊文件夹，存放着不再需要的文件。

注意：当插入光盘、U 盘或其他可移动设备时，桌面上会显示相应的设备图标。快捷键 Ctrl+Alt+D 可用于快速最小化/恢复所有窗口。

1.4.3　使用 GNOME 桌面

1. 设置桌面背景、主题及字体

在桌面的空白处右击，在弹出的快捷菜单中选择"更改桌面背景"命令，弹出如图 1-50

所示的对话框，在"背景"选项卡中单击背景图片，桌面的背景随即会被更新；在"主题"选项卡中可以设置窗口的样式；"字体"选项卡可以设置显示字体的样式，例如可将窗体的标题设置为粗体。

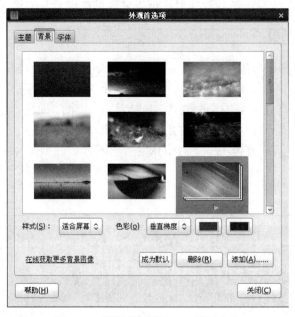

图 1-50 设置桌面背景、主题及字体

2. gedit 的使用

gedit 是 GNOME 桌面的小型文本编辑器，提供了较好的文本编辑环境，可以实现文本的复制、粘贴、查找、替换等操作。可以通过"应用程序"→"附件"→"gedit 文本编辑器"菜单命令或在终端中输入"gedit"命令打开，其窗口如图 1-51 所示。

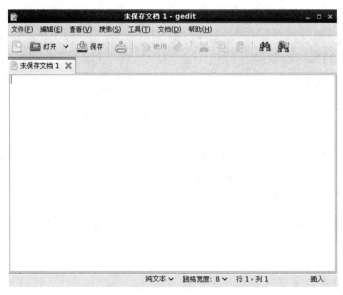

图 1-51 gedit 文本编辑器

3. 上网工具的使用

在 Red Hat Enterprise Linux 6.4 中默认的网页浏览器为火狐浏览器（Mozilla Firefox），由 Mozilla 开发，采用 Gecko 网页排版引擎，支持多种操作系统，在浏览器市场上占有较高的份额，可通过"应用程序"→Internet→Firefox Web Browser 菜单命令（或快捷按钮）打开，也可以在终端中输入"firefox"命令打开，其窗口如图 1-52 所示。

图 1-52　火狐浏览器界面

4. 抓图工具的使用

抓图工具用于抓取屏幕上的整个或部分区域，文件保存为".png"格式，可通过"应用程序"→"附件"→"抓图"菜单命令打开，如图 1-53 所示。

图 1-53　抓图工具的使用

抓图功能也可以在终端中使用"gnome-screenshot"命令抓取整个屏幕，其参数如表 1-4 所示。

表 1-4　gnome-screenshot 命令参数

选项	功能
--windows	对当前窗口抓图
--delay=秒	在预先设定的秒数后抓图
--include-border	抓图时包括窗口边框
--remove-border	去除屏幕截图的窗口边框
--border-effect=效果	抓图时添加边框的特效（例如 shadow、border 等）
--area	抓取一个用鼠标选中的屏幕区域
--help	帮助

注意：抓图时也可以使用快捷键，Print Screen 键用于抓取整个屏幕，Alt+Print Screen 组合键用于抓取当前窗口。

5. 光盘刻录工具的使用

Red Hat Enterprise Linux 6.4 中提供了光盘的刻录工具，可用于刻录 VCD/DVD 光盘或用于检查光盘及光盘镜像的完整性，可通过 "应用程序" → "影音" → "Brasero 光盘刻录器"菜单命令打开，也可以通过在终端中输入 "brasero" 命令打开，如图 1-54 所示。

图 1-54　光盘刻录工具

使用 Brasero 工具可以刻录多种格式的光盘，此处以刻录数据盘为例进行说明，刻录数据 CD 的方法如下：

（1）将空白的 CD-R/W 或 DVD-R/W 放入光驱。

（2）在主窗口中单击 "数据项目" 选项或选择 "项目" → "新项目" → "新数据项目"菜单命令。

（3）使用左侧边栏寻找要添加的项目中的文件，从顶部的下拉菜单中选择 "浏览文件系统"，若左侧边栏被隐藏，可选择 "查看" → "显示侧边栏" 或按 F7 键显示侧边栏。

（4）添加数据，可以选中要刻录的文件，单击工具栏左上方的 "添加" 按钮或双击被选文件实现。

（5）在文本框中输入光盘的标签。

（6）当所有数据都被添加以后，单击"刻录"按钮。

注意：当光驱中没有光盘时，系统会自动将所选内容刻录为 ISO 镜像文件。

6. 屏幕保护工具的使用

当计算机不使用时（默认时间为 5 分钟），可启动屏幕保护程序，系统会显示一个移动图像，单击鼠标或按键盘上的任意键可以停止屏幕保护程序，通过"系统"→"首选项"→"屏幕保护程序"菜单命令可以打开屏幕保护程序设置窗口，如图 1-55 所示。

图 1-55　屏幕保护程序设置界面

7. 自启动程序的设置

自启动程序是指在登录时启动的程序，在系统退出或注销时由会话管理器自动保存并关闭，可通过"系统"→"首选项"→"启动应用程序"菜单命令打开，如图 1-56 所示，在此对话框中可添加、删除、编辑启动项。若不希望某程序在启动时被执行，可取消选择相应程序前面的复选框。

8. 时间/日期的设置

设置系统的时间与日期，可通过"系统"→"管理"→"日期和时间"菜单命令打开，如图 1-57 所示。

9. 添加/删除程序

通过"系统"→"管理"→"添加/删除软件"菜单命令打开，如图 1-58 所示。在"过滤"菜单中可以对系统已安装的软件、开发包、图形界面软件、自由软件进行过滤。

图 1-56　启动应用程序首选项

图 1-57　时间和日期的设置

图 1-58　添加/删除软件

10．系统监视工具的使用

系统监视工具用于对系统、进程、资源、文件系统进行监视，可通过"应用程序"→"系统工具"→"系统监视器"菜单命令打开，如图 1-59 所示。

11．磁盘使用分析器的使用

磁盘使用分析器用于在 GNOME 环境下分析本地或远程的磁盘使用情况，通过"应用程序"→"系统工具"→"磁盘使用分析器"菜单命令打开，如图 1-60 所示。在此窗口中也可以针对某个文件夹进行分析，选择"分析器"→"扫描文件夹"菜单命令，选择希望扫描的文件夹即可。

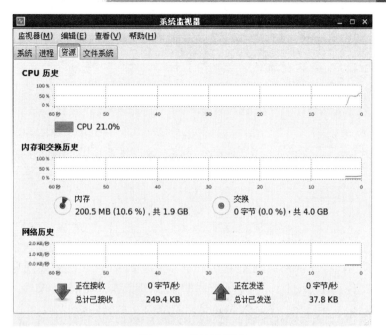

图 1-59　系统监视器

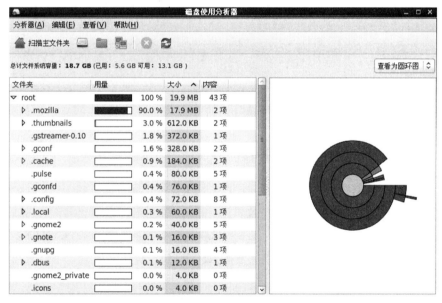

图 1-60　磁盘使用分析器

12.　抽屉工具的使用

抽屉工具是面板的扩展，可用于存放一些常用的工具，添加抽屉工具的方法为右击顶部面板选择"添加到面板"命令，单击"抽屉"按钮，抽屉工具会被添加到顶部面板中。此时可将其他工具拖动到"抽屉"中或右击抽屉图标，选择"添加到抽屉"命令，即可实现将工具放入"抽屉"的操作，单击抽屉图标可将"抽屉"打开，如图 1-61 所示。

图 1-61　抽屉工具

1.5　小结

本项目介绍了 Linux 的发展史、特点、虚拟机创建方法、系统安装方法、分区原则、恢复密码的方法、启动方式、桌面系统的使用方法等内容。安装 Linux 之前要规划好分区，最好将存放用户信息的文件夹单独分区，以便于日后的维护和管理，如/home 文件夹和/var 文件夹，建议初学者选择默认安装方式。熟悉 X-Window 的结构及系统启动过程，可以调整系统的启动模式，熟练使用 Linux 的桌面环境。GNOME 是基于 X -Window 的图形桌面软件，是 Red Hat Enterprise Linux 6.4（即 RHEL6.4）默认的桌面系统，GNOME 提供了非常友好的界面及很多使用工具，通过 GNOME 可以实现对系统的简单管理，例如设置桌面背景、屏幕保护程序、监视系统等。

1.6　习题与操作

一、选择题

1. Linux 中安装程序提供的两个引导装载程序是（　　）。
　　A．GROUP 和 LLTO　　　　　　　　B．DIR 和 COID
　　C．GRUB 和 LILO　　　　　　　　　D．以上都不是
2. Linux 的根分区系统类型是（　　）。
　　A．FAT16　　　　B．FAT32　　　　C．ext4　　　　　　　D．NTFS
3. 在安装 Linux 操作系统时，必须创建的两个分区是（　　）。
　　A．/home 和/usr　　　　　　　　　B．/和/usr
　　C．/和 swap　　　　　　　　　　　D．/home 和/swap
4. 一台 PC 的基本配置为主频 1GB、硬盘存储容量 120GB、内存 512MB。在安装 Linux 系统时，交换分区大小应为（　　）。
　　A．100MB　　　　B．512MB　　　　C．1024MB　　　　D．300MB
5. 在 Red Hat Linux 中管理员的名称是（　　）。
　　A．root　　　　　B．user　　　　　C．FTPuser　　　　D．administrator
6. inittab 文件存放在（　　）目录下面。
　　A．/etc　　　　　B．/home　　　　C．/var　　　　　　D．/boot

7．Linux 的创始人是（　　）。

    A．Make jane　　　B．Tangnade　　　C．Jane Lu　　　　　D．Linus Torvalds

8．Linux 的内核版本 2.4.32 是（　　）的版本。

    A．不稳定　　　　　B．稳定的　　　　C．第三次修订　　D．第二次修订

9．以下不属于服务器操作系统的是（　　）。

    A．Windows 2000 Server　　　　　　B．Netware

    C．Windows XP　　　　　　　　　　D．Linux

10．以下关于 Linux 内核版本的说法，错误的是（　　）。

    A．依次表示为"主版本号.次版本号.修正次数"的形式

    B．1.2.2 表示稳定的发行版

    C．2.2.6 表示对内核 2.2 的第 6 次修正

    D．1.3.2 表示稳定的发行版

二、操作题

1．任务描述

某高校组建校园网，现要安装一台 Linux 系统的服务器。该服务器的硬盘为 50GB，内存为 2GB。安装好系统后希望能够在学校内部和 Internet 上访问。具体描述如下：

（1）建立虚拟机，安装 RHEL6.4 系统，根分区 20GB，交换分区 4GB，home 分区 10GB，var 分区 6GB。

（2）该计算机的地址为 192.168.0.254/24。

（3）计算机的网关为 192.168.0.1，DNS 为 202.102.224.68。

2．操作目的

（1）熟悉虚拟机的创建方法。

（2）熟悉 Linux 系统的安装方法、分区方法。

（3）学会网络参数的配置和系统的使用。

3．任务准备

（1）虚拟机软件。

（2）RHEL6.4 的安装盘或 ISO 文件。

2

Linux 常用命令

【项目导入】

在文本模式和终端模式下，经常使用 Linux 命令来查看系统的状态和监视系统的操作，如对文件和目录进行浏览、操作等。在 Linux 较早的版本中，由于不支持图形化操作，用户基本上都是使用命令行方式对系统进行操作，所以掌握常用的 Linux 命令是必要的，本项目将对 Linux 的常用命令进行详细的介绍，使读者能够快速掌握 Linux 的使用。

【知识目标】

☞ 了解 Linux 的文本模式
☞ 理解 Linux 的终端模式
☞ 理解 Linux 终端模式的操作
☞ 掌握 Linux 常用操作命令

【能力目标】

☞ 掌握打开终端模式的方法
☞ 掌握 Linux 文件目录类命令
☞ 掌握 Linux 系统信息类命令
☞ 掌握 Linux 进程管理类命令及其他常用命令

2.1 字符界面简介

Linux 用户在文本模式和终端模式下，经常使用 Linux 命令来查看系统的状态和监视系统的操作，如对文件和目录进行浏览、操作等。在 Linux 早期的版本中，由于不支持图形化操作界面 X-Window，基本上用户都是使用命令行方式对系统进行操作，并且命令模式也具有操作简便、快捷、权限高等特点。所以掌握常用的 Linux 命令是必要的，本项目将对 Linux 的常用命令进行分类介绍。

2.1.1　字符界面的使用

1. 虚拟终端

Linux 中的虚拟终端之所以被称为虚拟，是因为物理上它还是在本机上的一个软件控制台，而不是一个真正的远程物理终端，但是虚拟终端却在实现上显得更统一了，这就像 Linux 同等对待设备和一般文件一样。Linux 是一个多终端的操作系统，你甚至可以使用同一个用户 ID 在多个终端上同时登录。默认地，控制台虚拟终端有 6 个，GUI 终端有 1 个。在过去的 Red Hat Linux 中要登录终端你可以通过 Alt+F1 至 Alt+F6 组合键登录或切换不同控制台的虚拟终端，通过 Alt+F7 组合建登录 GUI 终端，而现在 Red Hat Enterprise Linux 6.4 中你需要使用 Alt+F1 组合键返回 GUI 终端。你也可以在控制台终端使用 Alt+左右箭头选择临近的终端（不过在 GUI 中这个组合键不起作用）。

2. 字符界面下的用户登录

在 Red Hat 图形界面的桌面中点击鼠标右键，如图 2-1 所示，选择"在终端中打开"。就进入了终端的文字界面，如图 2-2 所示。

图 2-1　进入终端字符界面

图 2-2　图形界面下的终端字符界面

或者同时按下 Ctrl+Alt+F2 组合键即可进入纯文字界面，如图 2-3 所示。

图 2-3　字符界面

在图 2-3 中，第一行信息表示当前使用的 Linux 发行版本是 Red Hat Enterprise Linux Server，版本号为 6.4，又名 Santiago。第二行信息显示 Linux 的内核版本是 2.6.32-385.el6.i686，本机的 CPU 型号是 i686（Linux 将 Intel 奔腾以上级别的 CPU 都表示为 i686）。第三行信息显示本主机的名字为 localhost，该主机使用的是默认主机名。光标在"login:"后，表示等待输入用户名。

输入用户名后，按 Enter 键，将出现"password:"字样，等待输入用户的口令。输入口令后，按 Enter 键。若用户名和口令都正确无误，则成功登录 Linux 系统，如图 2-4 所示，系统等待用户输入 Shell 命令。

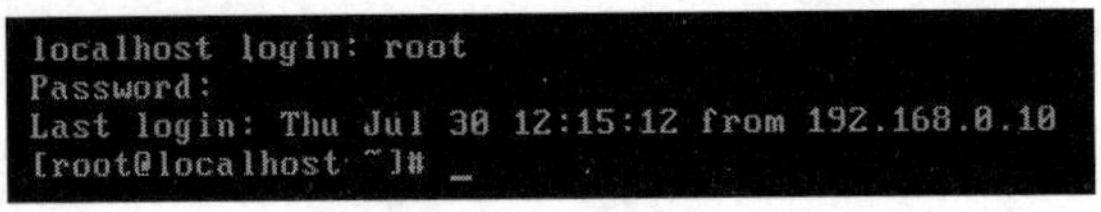

```
localhost login: root
Password:
Last login: Thu Jul 30 12:15:12 from 192.168.0.10
[root@localhost ~]# _
```

图 2-4　成功登录后的字符界面

在 Linux 字符界面下输入口令时，屏幕上没有任何显示内容，如图 2-4 所示，不会像 Windows 系统出现类似"******"的字符串来提醒用户已经输入的密码个数，这进一步提高了系统的安全性。

只要不是第一次登录系统，屏幕都会显示该用户账号上次登录系统的时间及登录地点。如图 2-4 所示，root 用户上次登录时间是 7 月 30 号（星期四），地点为 192.168.0.10 主机。

3．Shell 命令

从程序员的角度来看，Shell 本身是一种用 C 语言编写的程序；从用户的角度来看，Shell 是用户与 Linux 操作系统沟通的桥梁。我们可以概括为 Shell 是系统的用户界面，提供了用户与内核进行交互操作的一种接口。它接收用户输入的命令并把它送入内核去执行。用户既可以输入命令执行，又可以利用 Shell 脚本编程，完成更加复杂的操作。在 Linux GUI 日益完善的今天，在系统管理等领域，Shell 编程仍然起着不可忽视的作用。深入地了解和熟练地掌握 Shell 编程，是每一个 Linux 用户的必修功课之一，所以下面我们简单介绍 Shell 的一些常用命令。

首先，Shell 命令可分为两大类：内置命令和实用程序。其中实用程序又可以分为四大类，如表 2-1 所示。

表 2-1　Shell 可执行的用户命令

命令类型		功能
内置命令		为提高执行效率，部分最常用命令的解释器构筑于 Shell 内部
实用程序	Linux 程序	存放在/bin、/sbin 目录下 Linux 自带的命令
	应用程序	存放在/usr/bin、/usr/sbin 等目录下的应用程序
	Shell 脚本	用 Shell 语言编写的脚本程序
	用户程序	用户编写的其他可执行程序

Shell 对于用户输入的命令，有以下三种处理方式：

（1）如果用户输入的是内置命令，那么由 Shell 的内部解释器进行解释，并交由内核执行。

（2）如果用户输入的是实用程序命令，而且给出了命令的路径，那么 Shell 会按照用户提供的路径在硬盘中查找。如果找到则调入内存，交由内核执行；否则输出提示信息。

（3）如果用户输入的是实用程序命令，但没有给出命令的路径，那么 Shell 会根据 PATH 环境变量所指定的路径依次进行查找。如果找到则调入内存,交由内核执行否则输出提示信息。

4．Shell 命令格式

在 Shell 提示符后，用户可输入相关的 Shell 命令。Shell 命令可由命令名、选项和参数三个部分组成，通用格式为：

命令名　[选项]　[参数]　↓

命令名必不可少，指出该命令的功能，总是放在整个命令行的起始位置，如查看时间的

date 命令，切换目录的 cd 命令等。

选项是执行该命令的限定参数或者功能参数，可以有一个或多个，也可以没有。选项常以 "-" 开头，如 ls-al。部分以 "--" 开头，如 ls --help，还有少数命令的选项不需要 "-"。

参数是执行该命令所必须的对象，如文件名、目录等，可以有一个，也可以有多个，也可以没有。

"↓" 表示回车键，每个命令必须以回车键结束。

命令名、选项与参数之间，参数与参数之间必须用空格分隔开；区分大小写。

如关机命令 "shutdown -h now" 中 "shutdown" 是命令名，而后面的 "-h" 与 "now" 分别是该命令的选项和参数。

2.1.2 简单的 Shell 命令

1．date 命令

格式：date [选项] 显示时间格式（以+开头，后面接格式）

功能：获取或者设置日期。

常用选项及含义如下：

-d datestr：显示 datestr 中所设定的时间（非系统时间）。

--help：显示辅助信息。

-s datestr：将系统时间设为 datestr 中所设定的时间。

-u：显示目前的格林威治时间。

--version：显示版本编号。

date 可以用来显示或设定系统的日期与时间，在显示方面，使用者可以设定欲显示的格式，格式设定为一个加号后接数个标记，其中可用的标记列表如下。

（1）时间方面。

%H：小时。

%M：分钟。

%S：秒。

（2）日期方面。

%d：日（01..31）。

%D：直接显示日期（mm/dd/yy）。

%m：月份（01..12）。

%Y：完整年份（0000..9999）。

若是不以加号作为开头，则表示要设定时间，而时间格式为 MMDDhhmm[[CC]YY][.ss]，其中 MM 为月份，DD 为日，hh 为小时，mm 为分钟，CC 为年份前两位数字，YY 为年份后两位数字，ss 为秒数。

例 2-1：以年月日格式显示时间。

```
[root@localhost ~]# date +%Y%m%d%H
2015080207
```

例 2-2：显示明天的日期。

```
[root@localhost ~]# date -d tomorrow +%Y-%m-%d
```

2015-08-03

2. cal 命令

格式：cal [参数][月份][年份]

功能：用于查看日历等时间信息，如只有一个参数，则表示年份（1-9999），如有两个参数，则表示月份和年份。

参数选项如下：

-1：显示一个月的月历。

-3：显示系统前一个月、当前月、下一个月的月历。

-s：显示星期天为一个星期的第一天，默认的格式。

-m：显示星期一为一个星期的第一天。

-j：显示在当年中的第几天（一年日期按天算，从 1 月 1 号算起，默认显示当前月在一年中的天数）。

-y：显示当前年份的日历。

例 2-3： 显示当前月份日历。

```
[root@localhost ~]# cal
      July 2015
Su Mo Tu We Th Fr Sa
          1  2  3  4
 5  6  7  8  9 10 11
12 13 14 15 16 17 18
19 20 21 22 23 24 25
26 27 28 29 30 31
```

例 2-4： 显示指定月份的日历。

```
[root@localhost ~]# cal 6 2012
      June 2012
Su Mo Tu We Th Fr Sa
             1  2
 3  4  5  6  7  8  9
10 11 12 13 14 15 16
17 18 19 20 21 22 23
24 25 26 27 28 29 30
```

3. 字符界面下注销、重启与关机（shutdown、halt、reboot、poweroff）

在 Windows（非 NT 主机系统）系统中，由于是单用户多任务的情况，所以即使你的计算机关机，对于别人也不会有影响。但是，在 Linux 系统中，由于每个程序（或者说是服务）都是在后台运行，所以，在你看不到的屏幕背后其实可能有相当多人同时在你的主机上面工作，例如浏览网页、传送信件、以 FTP 传送文件等，如果你直接按下电源开关来关机，则其他人的数据可能就此中断，或者损坏硬件。

此外，最大的问题是，若不正常关机，会造成文件系统的毁损（因为来不及将数据回写到文件中，所以有些服务的文件会产生问题）。

所以下面我们来学习几个与关机/重新启动系统相关的命令。

（1）shutdown 命令。

格式：shutdown [参数] [时间]

功能：shutdown 命令使系统安全地关机。

参数选项如下：

-t sec：-t 后面加秒数，就是过几秒后关机的意思。

-k：不要真的关机，只是发送警告信息出去。

-r：在将系统的服务停掉之后就重新启动（常用）。

-h：将系统的服务停掉后，立即关机（常用）。

-n：不经过 init 程序，直接以 shutdown 的功能来关机。

-f：关机并启动之后，强制略过 fsck 的磁盘检查。

-F：系统重新启动之后，强制进行 fsck 的磁盘检查。

-c：取消已经在进行的 shutdown 命令内容。

例 2-5：使系统 10 分钟后自动关闭。

```
[root@localhost ~]#shutdown -h 10
Broadcast message from root@localhost.localdomain
(/dev/tty2 ) at 7：31 …
The system going dawn for halt in 10 minutes!
```

（2）halt 命令。

格式：halt[参数]

功能：halt 命令等同于 shutdown -h。

常用选项如下：

-n：防止 sync 系统调用，它用于 fsck 修补根分区之后，以阻止内核用老版本的超级块（superblock）覆盖修补过的超级块。

-w：并不是真正的重启或关机，只是写 wtmp（/var/log/wtmp）记录。

-d：不写 wtmp 记录（已包含在选项[-n]中）。

-f：没有调用 shutdown 而强制关机或重启。

-i：关机（或重启）前，关掉所有的网络接口。

-p：该选项为缺省选项。就是关机时调用 poweroff。

例 2-6：强制关闭计算机。

```
[root@localhost ~]#halt -f
```

（3）reboot 命令。

格式：reboot [参数]

功能：重新启动系统。

常用选项如下：

-f 参数：不依正常的程序运行关机，直接关闭系统并重新启动计算机。

-I 参数：在重新启动之前关闭所有网络接口。

例 2-7：关闭所有网络接口后重启计算机。

```
[root@localhost ~]#reboot -f
```

（4）poweroff 命令。

格式：poweroff [参数]

功能：切断电源命令，等同于关机。

常用选项如下：

-d：不写 wtmp 记录。

-f：快速强制断电。

-i：关机（或重启）前，关掉所有的网络接口。

-p：该选项为缺省选项。就是关机时调用 poweroff。

例 2-8：立即关闭 Linux 主机电源。

```
[root@localhost ~]#poweroff -f
Broadcast message from root@localhost
        (/dev/pts/2) at 6：59 ...
The system is going down for power off NOW!
```

2.2 文件结构

2.2.1 Linux 系统的目录结构

本质上，我们启动 Linux 所看到的"根目录"，逻辑上是 Linux 虚拟文件系统的根目录中的一个子目录，我们看不到除了这个"根目录"以外的其他的目录，那些目录和操作系统的具体实现相关，是被操作系统内核隐藏起来了，所以这里就介绍我们所能看到的文件系统中的"根目录"的各个子目录及其作用。

在 Linux 文件系统中的每一个子目录都有特定的目的和用途。一般都是根据 FHS （Filesystem Hierarchy Standard）标准定义一个正式的文件系统结构的，这个标准规定了哪些目录应该有哪些作用。

FHS 的官方文档阐述了它们的主要目的是希望让使用者可以了解到已安装软件通常放置于哪个目录下，所以它们希望独立的软件开发商、操作系统制作者，以及想要维护系统的用户，都能够遵循 FHS 的标准。也就是说，FHS 的重点在于规范每个特定的目录下应该要放置什么样子的数据而已。这样做好处非常多，因为 Linux 操作系统就能够在既有的面貌下（目录架构不变）发展出开发者想要的独特风格。

在 Linux 所有目录中，根目录是整个系统中最重要的一个目录。因为不但所有的目录都是由根目录衍生出来的，并且根目录也与开机/还原/系统修复等动作有关。由于系统开机时需要特定的开机软件、核心文件、开机所需程序、函数库等文件数据，当系统出现错误时，根目录也必须要包含有能够修复文件系统的程序才行。因为根目录的这种重要性，所以在 FHS 的要求方面，建议根目录不要放在非常大的分区空间，因为越大的分区空间，用户就会放入越多的数据，如此一来根目录所在分区空间就可能会有较多发生错误的机会。

因此根据 FHS 标准建议：根目录（/）所在分区空间应该越小越好，且应用程序所安装的软件最好不要与根目录放在同一个分区空间内，保持根目录越小越好。如此不但效能较佳，根目录所在的文件系统也较不容易发生问题。鉴于上述，这里我们先介绍一些经常用到的目录，然后给出 FHS 相关的内容。

（1）/：根目录，一般根目录下只存放目录，不直接存放文件，/etc、/bin、/dev、/lib、/sbin 应该和根目录放置在一个分区中。

（2）/bin 和/usr/bin：可执行二进制文件的目录，如常用的命令 ls、tar、mv、cat 等存放在此。

（3）/boot：放置 Linux 系统启动时用到的一些文件。/boot/vmlinuz 以及/boot/gurb 为 Linux 的内核文件。单独分区进行存放，分区大小 100MB 即可。

（4）/dev：存放 Linux 系统下的设备文件，该目录下某个文件映射到某个硬件设备，常用的是挂载光驱 mount /dev/cdrom /mnt。

dev 是设备（device）的英文缩写。/dev 这个目录对所有的用户都有重要作用。因为这个目录中包含了所有 Linux 系统中使用的外部设备。但是这里并不是放的外部设备的驱动程序，这一点和 Windows 及 DOS 操作系统不一样。它实际上是一个访问这些外部设备的接口。我们可以非常方便地去访问这些外部设备，和访问一个文件、一个目录没有任何区别。Linux 沿袭 UNIX 的原理，将所有设备认为是一个文件。设备文件分为两种：块设备文件（block）和字符设备文件（chart）。

设备文件一般存放在/dev 目录下，对常见设备文件作如下说明：

1）/dev/hd[a-t]：IDE 设备。

2）/dev/sd[a-z]：SCSI 设备。

3）/dev/fd[0-7]：标准软驱。

4）/dev/md[0-31]：软 RAID 设备。

5）/dev/cdrom：/dev/hdc。

（5）/etc：系统配置文件存放的目录，不建议在此目录下存放可执行文件，修改配置文件之前记得备份。重要的配置文件及说明如下：

1）/etc/rc、/etc/rc.d、/etc/rc*.d：启动或改变运行级别时运行的 scripts 或 scripts 的目录。

2）/etc/passwd：用户数据库，其中的域给出了用户名、真实姓名、家目录、加密的口令和用户的其他信息。

3）/etc/fstab：启动时 mount -a 命令（在/etc/rc 或等效的启动文件中）自动挂载的文件系统列表。Linux 下，也包括用 swapon -a 启用的 swap 区的信息。

4）/etc/group：用户组。

5）/etc/inittab：init 的配置文件。

6）/etc/issue：在登录提示符前的输出信息，通常包括系统的一段短说明或欢迎信息，内容由系统管理员确定。

7）/etc/motd：MOTD 即 Message Of The Day，成功登录后自动输出，内容由系统管理员确定，经常用于通告信息，如计划关机时间的警告。

8）/etc/mtab：当前安装的文件系统列表。由 scripts 初始化，并由 mount 命令自动更新。需要一个当前安装的文件系统的列表时使用，例如 df 命令。

9）/etc/shadow：用户口令文件，将/etc/passwd 文件中的加密口令移动到/etc/shadow 中，而后者只对 root 可读，这使破译口令更困难。

10）/etc/login.defs：login 命令的配置文件。

11）/etc/printcap：类似/etc/termcap，但针对打印机，语法不同。

12）/etc/profile、/etc/csh.login、/etc/csh.cshrc：登录或启动时 Bourne 或 C shells 执行的文件，这允许系统管理员为所有用户建立全局缺省环境。

13）/etc/securetty：确认安全终端，即哪个终端允许 root 登录。一般只列出虚拟控制台，这样就不可能（至少很困难）通过 modem 或网络闯入系统并得到超级用户特权。

14）/etc/shells：列出可信任的 Shell。chsh 命令允许用户在本文件指定范围内改变登录 Shell。

15）/etc/sysconfig：网络配置相关目录。

（6）/home：系统默认的用户家（账户）目录，新增用户账号时，用户的家目录都存放在此目录下，~表示当前用户的家目录，~test 表示用户 test 的家目录。建议单独分区，并设置较大的磁盘空间，方便用户存放数据

（7）/lib、/usr/lib、/usr/local/lib：系统使用的函数库的目录，程序在执行过程中，需要调用一些额外的参数时需要函数库的协助，比较重要的目录为/lib/modules。

（8）/lost+found：系统异常产生错误时，会将一些遗失的片段放置于此目录下，通常这个目录会自动出现在装置目录下。如加载硬盘于/disk 中，此目录下就会自动产生目录/disk/lost+found。

（9）/mnt、/media：光盘默认挂载点，通常光盘挂载于/mnt/cdrom 下，当然也可以选择任意位置进行挂载，还可以自己创建文件夹进行挂载。

（10）/opt：给主机额外安装软件所摆放的目录。如：FC4 使用的 Fedora 社群开发软件，如果想要自行安装新的 KDE 桌面软件，可以将该软件安装在该目录下。以前的 Linux 系统中，习惯放置在/usr/local 目录下。

（11）/proc：此目录的数据都在内存中，如系统核心、外部设备、网络状态，由于数据都存放于内存中，所以不占用磁盘空间。

（12）/root：系统管理员 root 的家目录，系统第一个启动的分区为/，所以最好将/root 和/放置在一个分区下。

（13）/sbin、/usr/sbin/usr/local/sbin：放置系统管理员使用的可执行命令，如 fdisk、shutdown、mount 等。与/bin 不同的是，这几个目录是给系统管理员 root 使用的命令，一般用户只能"查看"而不能设置和使用。

（14）/tmp：一般用户或正在执行的程序临时存放的文件目录，任何人都可以访问，重要数据不宜放置在此目录下。

（15）/srv：服务启动之后需要访问的数据目录，如 www 服务需要访问的网页数据存放在/srv/www 内。

（16）/usr：应用程序存放目录，这个目录占用较多的硬盘容量，FHS 对/usr 的次目录建议如下：

1）/usr/bin：集中了几乎所有用户命令，是系统的软件库。另有些命令在/bin 或/usr/local/bin 中。

2）/usr/sbin：包括了根文件系统不必要的系统管理命令，例如多数服务程序。

3）/usr/lib：包含了程序或子系统的不变的数据文件，包括一些 site-wide 配置文件。名字 lib 来源于库（library）；编程的原始库也保存在/usr/lib 里。当编译程序时，程序便会和其中的库进行连接。也有许多程序把配置文件存入其中。

4）/usr/local：本地安装的软件和其他文件放在这里。这与/usr 很相似，用户可能会在这里发现一些比较大的软件包。

（17）/var：放置系统执行过程中经常变化的文件，包括缓存（cache）、登录文件（log file）以及某些软件运行所产生的文件，包括程序文件（如 lock file、run file）等。

2.2.2　文件系统

1. Linux 磁盘分区和目录的关系

Linux 发行版本之间的差别很少，差别主要表现在系统管理的特色工具以及软件包管理方式的不同。目录结构基本上都是相同的。Windows 的文件结构是多个并列的树状结构，最顶部的是不同的磁盘（分区），如：C，D，E 等。而 Linux 的文件结构是单个的树状结构，可以用 tree 进行展示。

每次安装系统的时候我们都会进行分区，Linux 下磁盘分区和目录的关系如下：

（1）任何一个分区都必须挂载到某个目录上。

（2）目录是逻辑上的区分，分区是物理上的区分。

（3）磁盘 Linux 分区都必须挂载到目录树中的某个具体的目录上才能进行读写操作。

（4）根目录是所有 Linux 的文件和目录所在的地方，需要挂载上一个磁盘分区。

2. 文件类型

Linux 下面的文件类型主要有：

（1）普通文件：C 语言源代码、Shell 脚本、二进制的可执行文件等。分为纯文本和二进制。

（2）目录文件：目录，存储文件的唯一地方。

（3）链接文件：指向同一个文件或目录的文件。

（4）特殊文件：与系统外设相关的，通常在/dev 下面。分为块设备和字符设备。

例如，可以通过 ls -l、file、stat 几个命令来查看文件的类型等相关信息。

3. 文件存储结构

Linux 文件系统将硬盘分区时会划分出目录块、inode Table 区块和 data block 数据区域。一个文件由一个目录项、inode 和数据区域块组成。inode 包含文件的属性（如读写属性、owner 等，以及指向数据块的指针），数据区域块则是文件内容。当查看某个文件时，会先从 inode table 中查出文件属性及数据存放点，再从数据块中读取数据。

4. Red Hat Linux 支持的文件系统

不同的操作系统需要使用不同类型的文件系统，为了与其他操作系统兼容，以相互交换数据，通常操作系统都能支持多种类型的文件系统，比如 Windows 2008 Server，系统默认或推荐采用的文件系统是 NTFS，但同时也支持 FAT32 或 FAT16 文件系统；是 Windows XP 一般采用 FAT32，同时也支持 NTFS 文件系统和早先的 FAT16 文件系统。

Linux 内核支持十多种不同类型的文件系统，对于 Red Hat Linux，系统默认使用 Ext3 或 Ext4 和 swap 文件系统，下面对 Linux 常用的文件系统作简单介绍。

（1）Ext2

是 Linux 使用的、性能很好的文件系统，用于固定文件系统和可活动文件系统。它是作为 Ext 文件系统的扩展而设计的。Ext2 在 Linux 所支持的文件系统中提供最好的性能（在速度和 CPU 使用方面），简短的说，Ext2 是 Linux 的主要文件系统。

（2）Ext3、Ext4

是对 Ext2 增加日志功能后的扩展。它向前、向后兼容 Ext2。意为 Ext2 不用丢失数据和格式化就可以转换为 Ext3，Ext3 也可以转换为 Ext2 而不用丢失数据（只要重新安装该分区就行了），Ext3 简单且稳定，在 Red Hat 7.2 和 Mandrake 8.0，中作为一个选项。强烈推荐使用这种文件系统。

Ext4 是 Ext3 的改进版，修改了 Ext3 中部分重要的数据结构。

（3）MS-DOS

是 DOS、Windows 和一些 OS/2 计算机使用的文件系统。文件名不能超过 8 个字符，后跟一个 3 字符的后缀。

（4）VFAT

是 Windows95、Windows NT 使用的扩展的 DOS 文件系统，增加了长文件名支持。

（5）ISO9660

是一种针对 ISO9660 标准的 CD-ROM 文件系统。

（6）NFS

是用于存取远方计算机硬盘的文件系统。

（7）SMB

是支持 SMB 协议的网络文件系统，Windows 用它来实现工作组共享。

（8）SWAP

是一种特殊的分区，用于在内存和硬盘间交换数据的文件系统。

（9）NTFS

Windows NT 文件系统。

2.3　常用命令

2.3.1　目录及文件类命令

2.3.1.1　路径介绍

1. 绝对路径

在 Linux 中，绝对路径是从/（也被称为根目录）开始的，比如/usr、/etc/named。如果一个路径是从/开始的，它一定是绝对路径，可以从下列命令进行分析。

```
[root@localhost ~]# pwd        //判断用户当前所处的位置，亦即操作者所在目录
/root
[root@localhost ~]# cd /usr/share/doc/    //以绝对路径方式进入/usr/share/doc 目录下
[root@localhost doc]# pwd      //查看进入绝对路径是否正确
/usr/share/doc
```

2. 相对路径

凡是不以/开头的路径就不是绝对路径，称为相对路径。它们是以"."或".."开始的，用以表示用户当前操作所处的位置，符号".."表示上级目录或路径，符号"."表示用户当前所处的目录，而针对".."上级目录，要把"."和".."当作目录来看。

```
[root@localhost ~]# pwd      //判断当前用户所在的位置/root
```

```
[root@localhost ~]#cd .        //进入
[root@localhost ~]#pwd         //判断当前用户所处的位置
/root                          //可以发现仍旧在/root 目录中
[root@localhost ~]#cd ..       //切入/root 的上级目录
[root@localhost /]#pwd         //判断当前用户所处的位置
/                              //用户当前位于/（根目录）中
```

3．在路径中一些特殊符号的说明

这些符号是应用在相对路径中的，能为 Linux 的操作带来一定的便捷。首先是符号"."表示用户所处的当前目录；符号".."表示上级目录；"～"表示当前用户自己的 home 目录；"~USER"表示用户名为 USER 的 home 目录，这里的 USER 是在路径/etc/passwd 中存在的用户名。

2.3.1.2　目录及文件操作命令

1．cd 命令

格式：cd [目录名]

功能：切换当前目录至 dirName。

例 2-9：使用 cd 命令进入当前用户主目录。

```
[root@localhost soft]# pwd
/opt/soft
[root@localhost soft]# cd
[root@localhost ~]# pwd
/root
```

2．pwd 命令

格式：pwd [参数]

功能：pwd 命令用于显示用户当前所在的目录。如果用户不知道自己当前所处的目录，就可以使用这个命令获得当前所在目录。

常用选项：一般情况下不带任何参数

如果目录是链接时：格式：pwd -P，显示出实际路径，而非使用连接（link）路径。

例 2-10：用 pwd 命令查看默认工作目录的完整路径。

```
[root@localhost ~]# pwd
/root
[root@localhost ~]#
```

3．ls 命令

命令格式：ls [选项] [目录名]

功能：列出目标目录中所有的子目录和文件。

常用选项：

-a，-all：列出目录下的所有文件，包括以"."开头的隐含文件。

-A：同-a，但不列出"."（表示当前目录）和".."（表示当前目录的父目录）。

-d，-directory：将目录像文件一样显示，而不是显示其下的文件。

-f：对输出的文件不进行排序，-aU 选项生效，-lst 选项失效。

-i，-inode：打印出每个文件的 inode 号。

-I，-ignore：样式，不打印出任何符合 Shell 万用字符<样式>的项目。

-k：即 -block-size=1K，以 k 字节的形式表示文件的大小。

-l：除了文件名之外，还将文件的权限、所有者、文件大小等信息详细列出来。

-r，-reverse：依相反次序排列。

-R，-recursive：同时列出所有子目录层。

-s，-size：以块大小为单位列出所有文件的大小。

-X：根据扩展名排序。

-help：显示此命令帮助信息并离开。

例 2-11：列出/opt/soft 文件下面的子目录。

```
[root@localhost opt]# ls -F /opt/soft |grep /$
jdk1.6.0_16/
subversion-1.6.1/
tomcat6.0.32/
```

例 2-12：列出目前工作目录下所有名称以 s 开头的文件，按时间升序排列。

```
[root@localhost opt]# ls -ltr s*
src:
total 0
script:
total 0
soft:
total 350644
drwxr-xr-x   9 root root          4096 2012-11-01 tomcat6.0.32
-rwxr-xr-x   1 root root    81871260 2012-17 18：15 jdk-6u16-linux-x64.bin
drwxr-xr-x 10 root root          4096 2011-17 18：17 jdk1.6.0_16
-rw-r--r--   1 root root 205831281 2013-17 18：33 apache-tomcat-6.0.32.tar.gz
-rw-r--r--   1 root root     5457684 2013-21 00：23 tomcat6.0.32.tar.gz
-rw-r--r--   1 root root     4726179 2013-10 11：08 subversion-deps-1.6.1.tar.gz
-rw-r--r--   1 root root     7501026 2013-10 11：08 subversion-1.6.1.tar.gz
drwxr-xr-x 16 1016 1016          4096 2013-11 03：25 subversion-1.6.1
```

4．cat 命令

格式：cat [参数] 文件名

功能：

（1）一次显示整个文件：cat filename。

（2）从键盘创建一个文件：cat > filename，只能创建新文件，不能编辑已有文件。

（3）将几个文件合并为一个文件：cat file1 file2 > file。

常用选项：

-A，--show-all：等价于-vET。

-n，--number：对输出的所有行编号，由 1 开始对所有输出的行编号。

例 2-13：把 log2015.log 的文件内容加上行号后输入 log2016.log 这个文件里。

```
[root@localhost test]# cat log2015.log
2015-01
2015-02
[root@localhost test]# cat log2016.log
2016-01
```

```
2016-02
2016-03
[root@localhost test]# cat -n log2015.log log2016.log
1    2015-01
2    2015-02
3    2016-01
4    2016-02
5    2016-03
```

5.　more 命令

格式：more [参数] [参数变量值]

功能：more 命令和 cat 命令的功能一样都是查看文件里的内容，但有所不同的是 more 可以按页来查看文件的内容，还支持直接跳转行等功能。

参数如下：

+n：从第 n 行开始显示。

-n：定义屏幕大小为 n 行。

常用操作：

Enter：向下 n 行，需要定义。默认为 1 行。

Ctrl+F：向下滚动一屏。

空格键：向下滚动一屏。

Q：退出 more 命令。

例 2-14：显示文件/etc/named.conf 中从第 3 行起的内容。

```
[root@localhost etc]# more +3 named.conf
//
// See /usr/share/doc/bind*/sample/ for example named configuration files.
//
options {
        listen-on port 53 { 127.0.0.1; };
        listen-on-v6 port 53 {::  1; };
        directory         "/var/named";
        dump-file          "/var/named/data/cache_dump.db";
        ......
```

6.　less 命令

格式：less [参数]　文件

功能：less 与 more 类似，但使用 less 可以随意浏览文件，而 more 仅能向前移动，却不能向后移动，而且 less 在查看之前不会加载整个文件。

常用选项如下：

-N：显示每行的行号。

-o<文件名>：将 less 输出的内容在指定文件中保存起来。

/字符串：向下搜索"字符串"的功能。

?字符串：向上搜索"字符串"的功能。

n：重复前一个搜索（与/或?有关）。

N：反向重复前一个搜索（与/或?有关）。

b：向后翻一页。

d：向后翻半页。

Q：退出 less 命令。

u：向前滚动半页。

y：向前滚动一行。

空格键：滚动一行。

回车键：滚动一页。

[pagedown]：向下翻动一页。

[pageup]：向上翻动一页。

例 2-15：查看文件/etc/named.conf。

```
[root@localhost etc]# less /etc/named.conf
……
        listen-on-v6 port 53 {::  1; };
        directory            "/var/named";
        dump-file            "/var/named/data/cache_dump.db";
        statistics-file "/var/named/data/named_stats.txt";
        memstatistics-file "/var/named/data/named_mem_stats.txt";
        allow-query          { localhost; };
        recursion yes;
        dnssec-enable yes;
        dnssec-validation yes;
        dnssec-lookaside auto;
        /* Path to ISC DLV key */
```

7. head 命令

格式：head [参数][文件]

功能：head 用来显示文件的开头至标准输出中，默认 head 命令打印其相应文件的开头 10 行。

参数如下：

-q：隐藏文件名。

-v：显示文件名。

-c<字节>：显示的字节数。

-n<行数>：显示的行数。

例 2-16：显示文件/var/log/boot.log 的前 5 行。

```
[root@localhost log]#   head -n 5 /var/log/boot.log
Welcome to Red Hat Enterprise Linux Server
Starting udev：                                    [   OK   ]
Setting hostname localhost：                        [   OK   ]
Setting up Logical Volume Management:     1 logical volume(s) in volume group "vg0" now active
                                                  [   OK   ]
```

8. tail 命令

格式：tail[必要参数][选择参数][文件]

功能：用于显示指定文件末尾内容，不指定文件时作为输入信息进行处理。常用于查看日志文件。

参数如下：

-c <数目>：显示的字节数。

-n <行数>：显示的行数。

例 2-17： 显示/var/log/boot.log 文件末尾 5 行内容。

```
[root@localhost log]# tail -n 5 /var/log/boot.log
Starting abrt daemon:                                    [  OK  ]
Starting httpd:                                          [  OK  ]
Starting crond：                                         [  OK  ]
Starting atd：                                           [  OK  ]
Starting rhsmcertd...                                    [  OK  ]
```

9．mkdir 命令

格式：mkdir [选项] 目录

功能：通过 mkdir 命令可以实现在指定位置创建以指定的文件名命名的文件夹或目录。要创建文件夹或目录的用户必须对所创建的文件夹的父文件夹具有写权限。并且，所创建的文件夹（目录）不能与其父目录（即父文件夹）中的文件名重名，即同一个目录下不能有同名文件（区分大小写）。

参数如下：

-m，--mode：模式，设定权限<模式>。类似 chmod，而不是 rwxrwxrwx 减 umask。

-p，--parents：可以是一个路径名称。此时若路径中的某些目录尚不存在，加上此选项后，系统将自动建立好那些尚不存在的目录，即一次可以建立多个目录。

-v，--verbose：每次创建新目录都显示信息。

--help：显示此命令帮助信息并退出。

--version：输出版本信息并退出。

例 2-18： 递归创建 test/test 目录。

```
[root@localhost test]# mkdir -p test/test
[root@localhost test]# ll
total 8drwxr-xr-x 2 root root 4096 07-25 17：42 test
drwxr-xr-x 3 root root 4096 07-25 17：44 test
```

10．rmdir 命令

格式：rmdir [选项] 目录

功能：该命令从一个目录中删除一个或多个子目录项，删除某目录时也必须具有对父目录的写权限。

常用选项如下：

-p：递归删除目录 dirname，当子目录删除后其父目录为空时，也一同被删除。如果整个路径被删除或者由于某种原因保留部分路径，则系统在标准输出上显示相应的信息。

-v，--verbose：显示指令执行过程。

例 2-19： 删除目录 test/test，当子目录被删除后如果使它成为空目录的话，则顺便一并删除。

```
[root@localhost /]#rmdir -p test/test
```

11. cp 命令

格式：cp [选项]源文件或目录 目标文件或目录

功能：将源文件复制至目标文件，或将多个源文件复制至目标目录。

常用选项：

-a，--archive：等于-dR --preserve=all。

--backup[=CONTROL]：为每个已存在的目标文件创建备份。

-f，--force：如果目标文件无法打开则将其移除并重试（当-n 选项存在时则不需再选此项）。

-i，--interactive：覆盖前询问（使前面的-n 选项失效）。

-p：等于--preserve=模式，所有权，时间戳。

-R，-r，--recursive：复制目录及目录内的所有项目。

例 2-20：复制文件 log.log 到 test，当目标文件存在时，会询问是否覆盖。

```
[root@localhost test]# cp -a log.log test
cp: overwrite"test/log.log"? y
```

12. mv 命令

格式：mv [选项] 源文件或目录 目标文件或目录

功能：视 mv 命令中第二个参数类型的不同（是目标文件还是目标目录），mv 命令将文件重命名或移至一个新的目录中。当第二个参数类型是文件时，mv 命令完成文件重命名，此时，源文件只能有一个（也可以是源目录名），它将所给的源文件或目录重命名为给定的目标文件名。当第二个参数是已存在的目录名称时，源文件或目录参数可以有多个，mv 命令将各参数指定的源文件均移至目标目录中。在跨文件系统移动文件时，mv 先拷贝，再将原有文件删除，而连至该文件的链接也将丢失。

常用选项如下：

-b：若需覆盖文件，则覆盖前先行备份。

-f：force 强制的意思，如果目标文件已经存在，不会询问而直接覆盖。

-i：若目标文件（destination）已经存在时，就会询问是否覆盖。

-u：若目标文件已经存在，且 source 比较新，才会更新（update）。

-t：--target-directory=DIRECTORY move all SOURCE arguments into DIRECTORY，即指定 mv 的目标目录，该选项适用于移动多个源文件到一个目录的情况，此时目标目录在前，源文件在后。

例 2-21：修改 test.log 为 test1.txt。

```
[root@localhost test]# mv test.log test1.txt
```

13. rm 命令

格式：rm [选项] 文件

功能：删除一个目录中的一个或多个文件或目录，如果没有使用- r 选项，则 rm 不会删除目录。如果使用 rm 来删除文件，通常仍可以将该文件恢复原状。

常用选项如下：

-f，--force：忽略不存在的文件，从不给出提示。

-i，--interactive：进行交互式删除。

-r，-R，--recursive：指示 rm 将参数中列出的全部目录和子目录均递归地删除。

-v，--verbose：详细显示进行的步骤。

--help：显示此命令帮助信息并退出。

--version：输出版本信息并退出。

例 2-22：删除文件 log1.log，系统会先询问是否删除。

```
[root@localhost test1]# rm log1.log
rm: remove regular file "log.log"? y
```

14. diff 命令

格式：diff[参数][文件 1 或目录 1][文件 2 或目录 2]

功能：diff 命令能比较单个文件或者目录内容。如果指定比较的是文件；则只有当输入为文本文件时才有效。以逐行的方式比较文本文件的异同处；如果指定比较的是目录，diff 命令会比较两个目录下名字相同的文本文件，列出不同的二进制文件、公共子目录和只在一个目录出现的文件。

例 2-23：比较文件 log2015.log 与文件 log2016.log 的区别。

```
[root@localhost test3]# diff log2015.log log2016.log
3c3
< 2016-03
---
> 2015-03
8c8
< 2015-07
---
> 2015-08
< 2015-11
< 2015-12
```

15. tar 命令

格式：tar [参数]　档案文件　文件列表

功能：用于文件打包的命令，tar 命令可以把一系列的文件归档到一个大文件中，也可以把档案文件解开以恢复数据。

常用选项如下：

-c：生成档案文件。

-v：列出归档解档的详细过程。

-f：指定档案文件名称。

-r：将文件追加到档案文件末尾。

-z：以 gzip 格式压缩或解压缩文件。

-j：以 bzip2 格式压缩或解压缩文件。

-d：比较档案与当前目录中的文件。

-x：解开档案文件。

例 2-24：helen 用户建立了一个 test 目录，并在其中有 t1.txt 和 t2.txt 两个文件。要求对 test 目录打包归档，之后又在打包文件中追加 3.txt。

```
[root@localhost helen]# tar -cf db.tar test    //首先建立归档文件 db.tar
[root@localhost helen]# ls                      //接着显示命令执行结果
```

```
Db.tar   Documents helen.txt Picture Templates Videos
Desktop Downloads Music    Public   Test
   [root@localhost helen]# tar  -tf  db .tar          //然后显示 db.tar 的文件内容
test/
test/t1.txt
test/t2.txt
   [root@localhost helen]# tar  -rf  db .tar test/3.txt   //将 3.txt 追加到 db.tar 文件中
   [root@localhost helen]# tar  -tf  db .tar          //再次显示 db.tar 的文件内容
test/
test/tl.txt
test/t2.txt
test/3.txt
```

16. whereis 命令

格式：whereis [-bmsu] [BMS 目录名 -f] 文件名

功能：whereis 命令是定位可执行文件、源代码文件、帮助文件在文件系统中的位置。这些文件的属性应属于原始代码、二进制文件或是帮助文件。whereis 程序还具有搜索源代码、指定备用搜索路径和搜索不寻常项的能力。

常用选项：

-b：定位可执行文件。

-m：定位帮助文件。

-s：定位源代码文件。

-u：搜索默认路径下除可执行文件、源代码文件、帮助文件以外的其他文件。

-B：指定搜索可执行文件的路径。

-M：指定搜索帮助文件的路径。

-S：指定搜索源代码文件的路径。

例 2-25：找到所有与 php 有关的文件。

```
[root@localhost /]# whereis php
php: /usr/bin/php /etc/php.d /etc/php.ini /usr/lib64/php /usr/share/php /usr/share/man/man1/php.1.gz
```

17. grep 命令

格式：grep [option] pattern file

功能：用于过滤/搜索的特定字符。可使用正则表达式将多种命令配合使用，使用上十分灵活。

常用选项：

-a --text：不要忽略二进制的数据。

-b --byte-offset：在显示符合样式的那一行之前，标示出该行第一个字符的编号。

-c --count：计算符合样式的列数。

-e<范本样式> --regexp=<范本样式>：指定字符串作为查找文件内容的样式。

-f<规则文件> --file=<规则文件>：指定规则文件，其内容含有一个或多个规则样式，让grep 查找符合规则条件的文件内容，格式为每行一个规则样式。

-i --ignore-case：忽略字符大小写的差别。

-l--file-with-matches：列出文件内容符合指定的样式的文件名称。

-n--line-number：在显示符合样式的那一行之前，标示出该行的列数编号。

-q--quiet，--silent：不显示任何信息。

例 2-26：查找与 httpd 有关的进程。

```
[root@localhost /]# ps -ef|grep httpd
root       2444        1   0 Jul22 ?        00：00：02 /usr/sbin/httpd
apache     2479     2444   0 Jul22 ?        00：00：00 /usr/sbin/httpd
apache     2480     2444   0 Jul22 ?        00：00：00 /usr/sbin/httpd
apache     2481     2444   0 Jul22 ?        00：00：00 /usr/sbin/httpd
apache     2482     2444   0 Jul22 ?        00：00：00 /usr/sbin/httpd
apache     2483     2444   0 Jul22 ?        00：00：00 /usr/sbin/httpd
apache     2484     2444   0 Jul22 ?        00：00：00 /usr/sbin/httpd
apache     2485     2444   0 Jul22 ?        00：00：00 /usr/sbin/httpd
apache     2486     2444   0 Jul22 ?        00：00：00 /usr/sbin/httpd
apache     2487     2444   0 Jul22 ?        00：00：00 /usr/sbin/httpd
root       5478     5229   0 07：36 pts/1    00：00：00 grep httpd
```

18. gzip 命令

格式：gzip[参数][文件或者目录]

功能：gzip 是个使用广泛的压缩程序，文件经它压缩过后，其名称后面会多出".gz"的扩展名。

常用选项：

-c，--stdout，--to-stdout：把压缩后的文件输出到标准输出设备，不去更改原始文件。

-d，--decompress，--uncompress：解开压缩文件。

-f，--force：强行压缩文件。不理会文件名称或硬连接是否存，在以及该文件是否为符号连接。

-9，--best 表示最慢压缩方法（高压缩比）。系统缺省值为 6。

例 2-27：将文件 test/test.txt 压缩成.gz 文件。

```
[root@localhost test]# gzip test.txt
[root@localhost test]# ll
total 8
drwxr-xr-x. 2 root root 4096 Jul 23 16：00 test
-rw-r--r--. 1 root root   29 Jul 23 15：59 test.txt.gz
```

例 2-28：解压上述文件并列出详细。

```
[root@localhost test]# gzip -dv *
gzip:  test is a directory -- ignored
test.txt.gz:        0.0% -- replaced with test.txt
```

19. touch 命令

格式：touch [选项]文件

功能：touch 命令参数可更改文档或目录的日期时间，包括存取时间和更改时间。

常用选项：

-a，--time=atime，--time=access，--time=use：只更改存取时间。

-c，--no-create：不建立任何文档。

-d：使用指定的日期时间，而非现在的时间。如命令 touch –d "05/06/2010" file，含义为在当前目录下创建一个时间为 2010 年 5 月 6 日的 file 文件。

-f：此参数将忽略不予处理，仅负责解决 BSD 版本 touch 指令的兼容性问题。

-m，--time=mtime，--time=modify：只更改变动时间。

-r：把指定文档或目录的日期时间，统一设成和参考文档或目录的日期时间相同。

-t：使用指定的日期时间，而非现在的时间。指定日期时间格式为：[CC]YY] MMDDhhmm[.SS]，CC 为年数中的前两位，即"世纪数"；YY 为年数的后两位，即某世纪中的年数。如果不给出 CC 的值，则 touch 将把年数 CCYY 限定在 1969～2068 之内。MM 为月数，DD 为数，hh 为小时数（几点），mm 为分钟数，SS 为秒数。如命令 touch -t 201605061111.11 log，含义为在当前目录下创建一个时间为 2016 年 5 月 6 日 11 点 11 分 11 秒的 log 文件。

例 2-29：创建文件 2015.log。

```
[root@localhost ~]# touch 2015.log
[root@localhost ~]# ll
total 100
-rw-r--r--. 1 root root     0 Jul 23 18：15 2015.log
```

20．ln 命令

格式：ln [参数][源文件或目录][目标文件或目录]

功能：Linux 文件系统中，有所谓的链接（link），我们可以将其视为文件的别名，而链接又可分为硬链接（hard link）与软链接（symbolic link），硬链接的意思是一个文件可以有多个名称，而软链接的方式则是产生一个特殊的文件，该文件的内容是指向另一个文件的位置。硬链接是存在同一个文件系统中，而软链接却可以跨越不同的文件系统。

● 软链接：以路径的形式存在，类似于 Windows 操作系统中的快捷方式。可以跨文件系统，硬链接不可以。可以对一个不存在的文件名进行链接，也可以对目录进行链接。

● 硬链接：以文件副本的形式存在，但不占用实际空间，不允许给目录创建硬链接，只有在同一个文件系统中才能创建。

这里有两点要注意：

第一，ln 命令会保持每一处链接文件的同步性，也就是说，不论你改动了哪一处，其他的文件都会发生相同的变化。

第二，ln 的链接又分软链接和硬链接两种，软链接就是 ln -s 源文件 目标文件，它只会在你选定的位置上生成一个文件的镜像，不会占用磁盘空间，硬链接 ln 源文件 目标文件，没有参数-s，它会在你选定的位置上生成一个和源文件大小相同的文件，无论是软链接还是硬链接，文件都保持同步变化。

ln 指令用在链接文件或目录，如同时指定两个以上的文件或目录，且最后的目的地是一个已经存在的目录，则会把前面指定的所有文件或目录复制到该目录中。若同时指定多个文件或目录，且最后的目的地并非是一个已存在的目录，则会出现错误信息。

常用选项如下：

-b：删除，覆盖以前建立的链接。

-d：允许超级用户制作目录的硬链接。

-f：强制执行。

-i：交互模式，文件存在则提示用户是否覆盖。

-n：把符号链接视为一般目录。

-s：软链接（符号链接）。

-v：显示详细的处理过程。

例 2-30：给文件 2015.log 创建软链接 link2015。

```
[root@localhost helen]# ln -s 2015.log link2015
[root@localhost helen]# ll
total 4
-rw-r--r--. 1 root root      0 Jul 23 15：58 1.txt
-rw-r--r--. 1 root root      0 Jul 23 18：20 2015
lrwxrwxrwx. 1 root root      8 Jul 23 18：23 link2015 -> 2015.log
```

21．find 命令

格式：find pathname -options [-print -exec -ok ...]

功能：用于在文件树中查找文件，并作出相应的处理。

常用选项如下：

pathname：find 命令所查找的目录路径。例如用“.”来表示当前目录，用“/”来表示系统根目录。

-print：find 命令将匹配的文件输出到标准输出。

-exec：find 命令对匹配的文件执行该参数所给出的 Shell 命令。相应命令的形式为 'command' { } \;，注意{ }和\;之间的空格。

-ok：和-exec 的作用相同，只不过以一种更为安全的模式来执行该参数所给出的 Shell 命令，在执行每一个命令之前，都会给出提示，让用户来确定是否执行。

-name：按照文件名查找文件。

-perm：按照文件权限来查找文件。

-prune：使用这一选项可以使 find 命令不在当前指定的目录中查找，如果同时使用-depth 选项，那么-prune 将被 find 命令忽略。

-user：按照文件属主来查找文件。

-group：按照文件所属的组来查找文件。

-mtime -n +n：按照文件的更改时间来查找文件，-n 表示文件更改时间距现在 n 天以内，+n 表示文件更改时间距现在 n 天以前。find 命令还有-atime 和-ctime 选项，但它们都和-mtime 选项用法相同。

-nogroup：查找无有效所属组的文件，即该文件所属的组在/etc/groups 中不存在。

-nouser：查找无有效属主的文件，即该文件的属主在/etc/passwd 中不存在。

-newer file1 ! file2：查找更改时间比文件 file1 新但比文件 file2 旧的文件。

-type：查找某一类型的文件，诸如：

b：块设备文件。

d：目录。

c：字符设备文件。

p：管道文件。

l：符号链接文件。

f：普通文件。

例 2-31：查找用户 helen 家目录内的.log 文件。

```
[root@localhost helen]# find . -name "*.log"
./test/2015.log
```

2.3.2 软件包管理类命令的使用

2.3.2.1 RPM 的使用

1. RPM 的介绍

RPM 是 Redhat Package Manager 的缩写,是由 Red Hat 公司开发的软件包安装和管理程序,同 Windows 平台上的 Uninstaller 比较类似。RPM 是以一种数据库记录的方式来将你所需要的套件安装到用户的 Linux 主机的一套管理程序。RPM 最大的特点就是将用户要安装的套件先编译过(如果需要的话)并且打包好,通过包装好的套件里头预设的数据库记录,记录这个套件要安装的时候必须要的依赖模块(就是用户的 Linux 主机需要先存在的几个必须的套件),当安装在用户的 Linux 主机时,RPM 会先依照套件里的记录数据查询 Linux 主机的依赖套件是否满足,若满足则予以安装,若不满足则不予安装。那么安装的时候就将该套件的信息整个写入 RPM 的数据库中,以便未来的查询、验证与卸载。所以 RPM 的优点如下:

(1)由于已经编译完成并且打包完毕,所以安装上很方便(不需要再重新编译)。

(2)由于套件的信息都已经记录在 Linux 主机的数据库上,很方便查询、升级与卸载。

当然也存在缺点如下:

(1)安装的环境必须与打包时的环境需求一致或相当。

(2)需要满足套件的依赖需求。

(3)卸载时需要特别小心,最底层的套件不可先移除,否则可能造成整个系统的问题。

2. rpm 命令

格式:rpm [安装包名] [参数]

功能:rpm 执行安装包——二进制包(Binary)以及源代码包(Source)两种。二进制包可以直接安装在计算机中,而源代码包将会由 RPM 自动编译、安装。源代码包经常以 src.rpm 作为后缀名。

常用选项:

-v:显示安装过程。

-h:显示"#"号来反映安装的进度。

--replacepkgs:重复安装软件包。

例 2-32:查询系统是否安装了 php 包。

```
[root@localhost ~]# rpm -q php
php-5.3.3-46.el6_6.x86_64
```

2.3.2.2 YUM 的使用

1. YUM 介绍

YUM(全称为 Yellow dog Updater, Modified)是一个在 Fedora、Red Hat 以及 SUSE 中的 Shell 前端软件包管理器。基于 RPM 包管理,能够从指定的服务器自动下载 RPM 包并且安装,可以自动处理依赖性关系,并且一次安装所有依赖的软件包,无须繁琐地一次次下载、安装。YUM 提供了查找、安装、删除某一个、一组甚至全部软件包的命令,而且命令简洁而又好记。

2. YUM 服务配置文件

YUM 服务配置文件存放在/etc/yum.repos.d 目录下,文件名为 rhel-source.repo,其内容如下:

```
[root@localhost yum.repos.d]# cat rhel-source.repo
[rhel-source]
name=Red Hat Enterprise Linux $releasever - $basearch - Source
baseurl=ftp://ftp.redhat.com/pub/redhat/linux/enterprise/$releasever/en/os/SRPMS/
enabled=0
gpgcheck=1
gpgkey=file:///etc/pki/rpm-gpg/RPM-GPG-KEY-redhat-release

[rhel-source-beta]
name=Red Hat Enterprise Linux $releasever Beta - $basearch - Source
baseurl=ftp://ftp.redhat.com/pub/redhat/linux/beta/$releasever/en/os/SRPMS/
enabled=0
gpgcheck=1
gpgkey=file:///etc/pki/rpm-gpg/RPM-GPG-KEY-redhat-beta
file:///etc/pki/rpm-gpg/RPM-GPG-KEY-redhat-release
```

YUM 服务器有远程安装和本地安装两种方式。

远程安装的格式为：

ftp://IP 或域名/源文件存放的目录

本地安装的格式为：

file:///IP 或域名/源文件存放的目录

本例中采用本地安装方式，由于 baseurl 中的值本身含有空格等特殊符号，所以此处需要先将光盘挂载到/mnt 文件夹下，所有的 RPM 安装文件均放在/mnt/Packages 文件夹下，而其对应的文件列表存放在/mnt/Server/listing 文件中，所以常见的配置方法是：

```
[root@localhost ~]#mount /dev/cdrom /mnt
[root@localhost ~]#vi /etc/yum.repos.d/rhel-source.repo
```

修改内容如下：

```
baseurl=file:///mnt/Server          //本地文件位置
enabled=1                           //baseurl 值有效
gpgcheck=0                          //不检查
```

其他内容不变。注意，Server 中的第一个 S 要大写；enabled=1 时 baseurl 值有效，否则 baseurl 值无效；gpgcheck=1 时，gpgkey 有效，否则 gpgkey 无效；gpgkey 用于检查所安装的包是否为红帽官方提供的包（建议将 gpgcheck 值设置为 0，不进行 gpg 检查）；YUM 服务器配置完成后需要先进行更新后才可以安装其他软件包。

3．yum 命令

格式：yum [选项] [命令] [软件包]

功能：提供了查找、安装、删除软件包操作。

常用选项：

-h：帮助。

-y：安装过程提示选择全部为"yes"。

-q：不显示安装的过程。

例 2-33：安装 python 并显示安装过程。

```
[root@localhost ~]# yum install -y python
```

......
Total download size：5.4 M
Is this ok [y/N]：**y**
......
　　python-libs.x86_64 0：2.6.6-52.el6
Complete!

2.3.3　系统信息类命令的使用

1．dmesg 命令

格式：dmesg [参数][-s <缓冲区大小>]

功能：dmesg 用来显示内核环缓冲区（kernel-ring buffer）内容，内核将各种消息存放在这里。在系统引导时，内核将与硬件和模块初始化相关的信息填到这个缓冲区中。内核环缓冲区中的消息对于诊断系统问题通常非常有用。在运行 dmesg 时，它显示大量信息。通常通过 less 或 grep 使用管道查看 dmesg 的输出，这样可以更容易找到待查信息。

常用选项如下：

-c：显示信息后，清除 ring buffer 中的内容。

-s<缓冲区大小>：预设置为 8196，刚好等于 ring buffer 的大小。

-n：设置记录信息的层级。

例 2-34：检查是否运行在 DMA 模式。

```
[root@localhost /]# dmesg | grep DMA
    DMA          0x00000010 -> 0x00001000
    DMA32        0x00001000 -> 0x00100000
    DMA zone：56 pages used for memmap
    DMA zone：127 pages reserved
    DMA zone：3799 pages，LIFO batch：0
    DMA32 zone：14280 pages used for memmap
    DMA32 zone：768024 pages，LIFO batch：31
PCI-DMA：Using software bounce buffering for IO (SWIOTLB)
ata1：PATA max UDMA/33 cmd 0x1f0 ctl 0x3f6 bmdma 0x1060 irq 14
ata2：PATA max UDMA/33 cmd 0x170 ctl 0x376 bmdma 0x1068 irq 15
ata3：SATA max UDMA/133 abar m4096@0xfd5ee000 port 0xfd5ee100 irq 56
ata4：SATA max UDMA/133 abar m4096@0xfd5ee000 port 0xfd5ee180 irq 56
ata5：SATA max UDMA/133 abar m4096@0xfd5ee000 port 0xfd5ee200 irq 56
ata6：SATA max UDMA/133 abar m4096@0xfd5ee000 port 0xfd5ee280 irq 56
```

2．df 命令

格式：df [选项] [文件]

功能：显示指定磁盘文件的可用空间。如果没有文件名被指定，则所有当前被挂载的文件系统的可用空间将被显示。默认情况下，磁盘空间将以 1KB 为单位进行显示，除非环境变量 POSIXLY_CORRECT 被指定，那样将以 512B 为单位进行显示。

常用选项：

-h：方便阅读方式显示。

-H：等于"-h"，但是计算式为 1k=1000，而不是 1K=1024。

-i：显示 inode 信息。

-k：区块为 1024B。

-l：只显示本地文件系统。

-m：区块为 1048576B。

--no -sync：忽略 sync 命令。

-P：输出格式为 POSIX。

--sync：在取得磁盘信息前，先执行 sync 命令。

-T：文件系统类型。

例 2-35：显示磁盘使用情况。

```
[root@localhost /]# df
Filesystem          1K-blocks        Used     Available     Use%     Mounted on
/dev/sda3           16307112     13598376       1880372      88%     /
tmpfs                1452780           72       1452708       1%     /dev/shm
/dev/sda1             297485        37151        244974      14%     /boot
/dev/sdb1             608724        16892        560912       3%     /mnt/sdb1
```

3．du 命令

格式：du [选项][文件]

功能：显示每个文件和目录的磁盘使用空间。

常用选项：

-a，-all：显示目录中个别文件的大小。

-b，-bytes：显示目录或文件大小时，以 Byte 为单位。

-c，--total：除了显示个别目录或文件的大小外，同时也显示所有目录或文件的总和。

-k，--kilobytes：以 KB（1024B）为单位输出。

-m，--megabytes：以 MB 为单位输出。

-s，--summarize：仅显示总计，只列出最后加总的值。

-h，--human-readable：以 K、M、G 为单位，提高信息的可读性。

例 2-36：显示指定文件/var/log/boot.log 所占空间。

```
[root@localhost /]# du /var/log/boot.log
4          /var/log/boot.log
```

4．free 命令

格式：free [参数]

功能：free 命令显示系统使用和空闲的内存情况，包括物理内存、交互区内存（swap）和内核缓冲区内存。共享内存将被忽略。

常用选项如下：

-b：以 Byte 为单位显示内存使用情况。

-k：以 KB 为单位显示内存使用情况。

-m：以 MB 为单位显示内存使用情况。

-g：以 GB 为单位显示内存使用情况。

-o：不显示缓冲区调节列。

-s <间隔秒数>：持续观察内存使用状况。

-t：显示内存总和列。

-V：显示版本信息。

例 2-37：显示内存使用情况。

```
[root@localhost /]# free
                Total      used       free       shared    buffers   cached
Mem:         2905560    541884    2363676    0         66588     177312
-/+ buffers/cache:       297984    2607576
Swap:        4095992               0          4095992
```

2.3.4 进程管理类命令

1. ps 命令

格式：ps [参数]

功能：ps 命令主要用于查看系统的进程。

常用选项：

-a：显示当前控制终端的进程（包含其他用户的）。

-u：显示进程的用户名和启动时间等信息。

-w：宽行输出，不截取输出中的命令行。

-l：按长格形式显示输出。

-x：显示没有控制终端的进程。

-e：显示所有的进程。

-t n：显示第 n 个终端的进程。

例 2-38：显示当前终端所有进程的启动时间等内容。

```
[helen@localhost Desktop]$ ps -au
Warning: bad syntax, perhaps a bogus '-' ? See /user/share/doc/procps-3.2.8/FAQ
USER   PID    %CPU   %MEM   VSZ      RSS      TTY     STAT   START    TIME    COMMAND
root   2265   0.0    0.0    4060     540      tty2    Ss+    20：27    0：00    /sbin/mingetty
root   2267   0.0    0.0    4060     536      tty3    Ss+    20：27    0：00    /sbin/mingetty
root   2269   0.0    0.0    4060     540      tty4    Ss+    20：27    0：00    /sbin/mingetty
root   2271   0.0    0.0    4060     540      tty5    Ss+    20：27    0：00    /sbin/mingetty
root   2273   0.0    0.0    4060     540      tty6    Ss+    20：27    0：00    /sbin/mingetty
foot   2286   3.8    1.8    127124   35420    tty1    Ss+    20：27    0：00    /usr/bin/Xorg
helen  2689   0.0    0.0    108336   1796     pts/0   Ss     20：27    0：00    /bin/bash
helen  2706   0.0    0.0    110236   1144     pts/0   R+     20：28    0：00    ps-au
```

2. kill 命令

格式：kill[参数][进程号]

功能：发送指定的信号到相应进程。不指定信号将发送 SIGTERM(15)终止指定进程。如果无法终止该程序可用"-kill"参数，其发送的信号为 SIGKILL(9)，将强制结束进程，使用 ps 命令或者 jobs 命令可以查看进程号。root 用户将影响其他用户的进程，非 root 用户只能影响自己的进程。

参数如下：

-l：信号，如果不加信号的编号参数，则使用"-l"参数会列出全部的信号名称。

-a：当处理当前进程时，不限制命令名和进程号的对应关系。

-p：指定 kill 命令只打印相关进程的进程号，而不发送任何信号。

-s：指定发送信号。

-u：指定用户。

例 2-39：列出所有信号名称。

```
[root@localhost /]# kill -l
 1) SIGHUP       2) SIGINT       3) SIGQUIT       4) SiGILL       5) SIGTRAP
 6) SIGABRT      ......       64) SIGRTMAX
```

3. killall 命令

格式：killall[参数][进程名]

功能：用来结束同名的所有进程。

常用选项如下：

-Z：只杀死拥有 scontext 的进程。

-e：要求匹配进程名称。

-I：忽略小写。

-i：交互模式，杀死进程前先询问用户。

例 2-40：杀死所有 vi 同名进程。

```
[root@localhost /]# killall vi
vi：no process killed
```

4. top 命令

格式：top [参数]

功能：显示当前系统正在执行的进程的相关信息，包括进程 ID、内存占用率、CPU 占用率等。

常用选项如下：

-I <时间>：设置间隔时间。

-u <用户名>：指定用户名。

-p <进程号>：指定进程。

-n <次数>：循环显示的次数。

例 2-41：显示进程信息。

```
[root@localhost /]# top
top - 08：06：06 up   8：25，   1 user，   load average: 0.00，0.00，0.00
Tasks: 150 total，    1 running, 149 sleeping，    0 stopped，    0 zombie
Cpu(s):  0.0%us，  0.3%sy，  0.0%ni，99.3%id，  0.0%wa，  0.0%hi，  0.3%si，  0.0%st
Mem:    2905560k total，    529324k used，  2376236k free，    67132k buffers
Swap:   4095992k total，        0k used，  4095992k free，    179568k cached
    PID USER     PR  NI  VIRT  RES   SHR   S   %CPU  %MEM  TIME+   COMMAND
   1672 root     20   0  181m  4492  3524  S   0.3   0.2   0：44.53 vmtoolsd
      1 root     20   0  19352 1536  1228  S   0.0   0.1   0：01.64 init
      2 root     20   0   0     0     0    S   0.0   0.0   0：00.01 kthreadd
      3 root     RT   0   0     0     0    S   0.0   0.0   0：00.00 migration/0
      4 root     20   0   0     0     0    S   0.0   0.0   0：00.79 ksoftirqd/0
      5 root     RT   0   0     0     0    S   0.0   0.0   0：00.00 migration/0
```

6 root	RT	0	0	0	0	S	0.0	0.0	0：00.12 watchdog/0
7 root	20	0	0	0	0	S	0.0	0.0	0：28.29 events/0
8 root	20	0	0	0	0	S	0.0	0.0	0：00.00 cgroup
9 root	20	0	0	0	0	S	0.0	0.0	0：00.00 khelper
10 root	20	0	0	0	0	S	0.0	0.0	0：00.00 netns

5. at 命令

格式：at [选项] [时间]

功能：在指定时间运行指定的命令（只运行一次）（at 编程后按 Ctrl+D 组合键退出）。

常用选项如下：

-f：文件名，从指定文件而非标准输入设备获取将要执行的命令。

-l：显示等待执行的调度作业。

-d：删除指定的调度作业。

例 2-42：三天后的下午 5 点执行 /bin/ls。

```
[root@localhost ~]# at 5pm+3 days
at> /bin/ls
at> <EOT>
job 7 at 2015-07-27 17：00
[root@localhost ~]#
```

6. nice 命令

格式：nice [-n <优先等级>][--help][--version][执行指令]

功能：设置优先权。

补充说明：nice 指令可以改变程序执行的优先权等级。

常用选项如下：

-n<优先等级>或-<优先等级>或-adjustment=<优先等级>：设置欲执行的指令的优先权等级。等级的范围从-20～19，其中-20 最高，19 最低，只有系统管理者可以设置负数的等级。

例 2-43：显示当前程序的优先级。

```
[root@localhost /]# nice
0
```

7. renice 命令

格式：renice [优先等级][-g <程序组群名称>][-p <程序识别码>][-u <用户名称>]

功能：调整已经存在的优先权等级。

renice 指令可重新调整程序执行的优先权等级。预设是以程序识别码指定程序调整其优先权，亦可以指定程序组群或用户名称调整优先权等级，并修改所有隶属于该程序组群或用户的程序的优先权。等级范围从-20～19，只有系统管理者可以改变其他用户程序的优先权，也仅有系统管理者可以设置负数等级。

常用选项如下：

-g <程序组群名称>：使用程序组群名称，修改所有隶属于该程序组群的程序的优先权。

-p <程序识别码>：改变该程序的优先权等级，此参数为预设值。

-u <用户名称>：指定用户名称，修改所有隶属于该用户的程序的优先权。

例 2-44：将进程 id 为 985 以及进程拥有者为 root 的优先权等级加 1。

```
[root@localhost /]#renice +1 985 -u root -p
```

8. crontab 命令

格式：crontab [-u user] file

　　　　crontab [-u user] [-e | -l | -r]

功能：通过 crontab 命令，我们可以在固定的间隔时间执行指定的系统指令或 Shell 脚本。时间间隔的单位可以是分钟、小时、日、月、周及以上的任意组合。这个命令非常适合周期性的日志分析或数据备份等工作。

常用选项如下：

-u user：用来设定某个用户的 crontab 服务，例如，"-u ixdba"表示设定 ixdba 用户的 crontab 服务，此参数一般由 root 用户来运行。

file：file 是命令文件的名字，表示将 file 作为 crontab 的任务列表文件并载入 crontab。如果在命令行中没有指定这个文件，crontab 命令将接受标准输入（键盘）上键入的命令，并将它们载入 crontab。

-e：编辑某个用户的 crontab 文件内容。如果不指定用户，则表示编辑当前用户的 crontab 文件内容。

-l：显示某个用户的 crontab 文件内容，如果不指定用户，则表示显示当前用户的 crontab 文件内容。

-r：从/var/spool/cron 目录中删除某个用户的 crontab 文件，如果不指定用户，则默认删除当前用户的 crontab 文件。

-i：在删除用户的 crontab 文件时给出确认提示。

在配置文件中时间表的格式：f1　　f2　　f3　　f4　　f5　　[命令]

f1 位为分钟，f2 位为小时，f3 位为一个月的第几天，f4 位为月，f5 位为本天是周几。

例 2-45：每 1 分钟执行一次 ll。

```
[root@localhost helen]# service crond start
[root@ localhost helen]# vi /etc/crontab（这里也可以使用 crontab -e 命令，结果同）
```

进入后添加：

```
* * * * * ll
```

每分钟会显示：

```
[root@localhost helen]# ll
total 4
-rw-r--r--. 1 root root       0 Jul 23 15：58 1.txt
-rw-r--r--. 1 root root       0 Jul 23 18：20 2015
lrwxrwxrwx. 1 root root       8 Jul 23 18：23 link2015 -> 2015.log
drwxr-xr-x. 3 root root    4096 Jul 23 18：21 test
```

9. bg 命令

语法：bg　[作业编号]

功能：bg 命令用于将作业放到后台运行，与命令后面加 "&" 等效。

例 2-46：将指定的作业 ping www.baidu.com 转入到后台执行。

```
[root@localhost helen]# ping www.baidu.com
PING www.a.shifen.com (61.135.169.125) 56(84) bytes of data.
64 bytes from 61.135.169.125：icmp_seq=3 ttl=55 time=27.2 ms
Ctril+z
```

```
[root@localhost helen]# bg
64 bytes from 61.135.169.125：icmp_seq=110 ttl=55 time=24.0 ms
```

10. fg 命令

格式：fg [作业号]

功能：fg 命令使一个被挂起的进程在前台执行。

例 2-47：将 ping www.baidu.com 调用至前台。

```
[root@localhost ~]# ping www.baidu.com
PING www.a.shifen.com (61.135.169.121) 56(84) bytes of data.
64 bytes from 61.135.169.121：icmp_seq=5 ttl=55 time=22.0 ms
^Z
[1]+  Stopped                  ping www.baidu.com
[root@localhost ~]# jobs
[1]+  Stopped                  ping www.baidu.com
[root@localhost ~]# fg 1
ping www.baidu.com
64 bytes from 61.135.169.121：icmp_seq=6 ttl=55 time=25.3 ms
64 bytes from 61.135.169.121：icmp_seq=7 ttl=55 time=23.0 ms
^Z
[1]+  Stopped                  ping www.baidu.com
```

2.3.5 Shell 命令的通配符、输入输出重定向和管道的使用

1. "*" 通配符

格式：*

功能：* 将与零个或多个字符匹配。这就是说"什么都可以"。

例 2-48：查找 helen 家文件中所有以.txt 结尾的文件。

```
[root@localhost helen]# ls *.txt
1.txt  2.txt 1-2.txt
```

2. "?" 通配符

格式：?

功能：? 与任何单个字符匹配。

例 2-49：查找以单个字符为名的以.txt 结尾的文件。

```
[root@localhost helen]# ls ?.txt
1.txt  2.txt
```

3. "[]" 通配符

格式：[]

功能：该通配符与 "?" 相似，但允许指定得更确切。使用该通配符可把用户想要匹配的所有字符放在 "[]" 内。结果的表达式将与[]中任一字符相匹配。您也可以用 "-" 来指定范围，甚至还可以组合范围。

例 2-50：查找所有以 1 或 2 开头的 txt 文件。

```
[root@localhost helen]# ls [1-2].txt
1.txt  2.txt
```

4. 通配符 "!"

格式：[!]

语法：除了不与括号中的任何字符匹配外，[!]构造与[]构造类似，只要不是列在 "[!" 和 "]" 之间的字符，它将与任何字符匹配。

例 2-51：删除所有不是以 1 开头的 txt 文件。

```
[root@localhost helen]# ls
1.txt   2015   2.txt   link2015   test
[root@localhost helen]# rm [!1].txt
rm: remove regular empty file `2.txt'? y
[root@localhost helen]# ls
1.txt   2015   link2015   test
```

5. "|" 管道操作符

格式：[命令][命令]

功能：它仅能处理由前面一个指令传出的正确输出信息，也就是 standard output 的信息，对于 standard error 信息没有直接处理能力。然后，传递给下一个命令，作为标准的输入 standard input。

例 2-52：读出 1.txt 文件内容，通过管道转发给 grep 作为输入内容。

```
[root@localhost helen]# cat 1.txt | grep -n 'echo'
1：echo "very good!";
2：echo "good!";
3：echo "pass!";
4：echo "no pass!"
```

2.3.6 其他命令

1. clear 命令

格式：clear

功能：这个命令将会刷新屏幕，本质上只是让终端显示页向后翻了一页，如果向上滚动屏幕还可以看到之前的操作信息。用户一般常用这个命令。

例 2-53：清理屏幕。

```
[root@localhost helen]# clear
[root@localhost helen]#
```

2. uname 命令

格式：uname [-amnrsvpio][--帮助][--版本]

功能：uname 用来获取电脑和操作系统的相关信息。

补充说明：uname 可显示 Linux 主机所用的操作系统的版本、硬件的名称等基本信息。

常用选项如下：

-a，-all：详细输出所有信息，依次为内核名称、主机名、内核版本号、内核版本、硬件名、处理器类型、硬件平台类型、操作系统名称。

-m，-machine：显示主机的硬件（CPU）名。

-n，-nodename：显示主机在网络节点上的名称或主机名称。

-r，-release：显示 Linux 操作系统内核版本号。

-s 或-sysname：显示 Linux 内核名称。

-v：显示操作系统是第几个版本。

-p：显示处理器类型或 unknown。

-i：显示硬件平台类型或 unknown。

-o：显示操作系统名称。

-help：获得帮助信息。

-version：显示操作系统版本信息。

例 2-54：显示主机硬件平台和 cpu 名。

```
[root@localhost helen]# uname -mi
x86_64 x86_64
```

3. man 命令

格式：man [命令]

功能：man 是 manual（操作说明）的简写，在查询数据后面的数字时是有意义的，它可以帮助我们了解或者直接查询相关的资料。每个数字具体含义如下：

1：用户在 Shell 环境中可以操作的命令或可执行文件。

2：系统内核可调用的函数与工具等。

3：一些常用的函数（function）与函数库（library），大部分为 C 的函数库（libc）。

4：设备文件的说明，通常是在/dev 下的文件。

5：配置文件或者是某些文件的格式。

6：游戏（games）。

7：惯例与协议等，例如 Linux 文件系统、网络协议、ASCII 码等说明。

8：系统管理员可用的管理命令。

9：跟 kernel 有关的文件。

例 2-55：查看命令 ls 的详细介绍。

```
[root@localhost helen]# man ls
```

4. alias 命令

格式：alias[别名]=[指令名称]

功能：用户可利用 alias，自定义指令的别名。若仅输入 alias，则可列出目前所有的别名设置。alias 的效力仅基于该次登入的操作。若要每次登入时即自动设好别名，可在/etc/profile 或自己的~/.bashrc 中设定指令的别名。

例 2-56：为 ls 设置别名 see。

```
[root@localhost helen]# alias see=ls
[root@ localhost helen]# see
1.txt   2015   link2015   test
```

5. unalias 命令

格式：unalias [-a][别名]

功能：删除别名设置。

与 alias 相反，unalias 命令删除系统命令别名。

例 2-57：删除上例中 ls 命令的别名 see。

```
[root@localhost helen]# unalias see
```

```
[root@localhost helen]# see
-bash: see: command not found
```

6. history 命令

格式：history

功能：在命令行中键入 history 时，终端中将显示你刚输入的命令及其编号。如果出于审查命令的目的，和命令一起显示时间戳将会很有帮助。

例 2-58：调用刚输入的命令历史。

```
[root@localhost helen]# history
   37   clear
   38   quotacheck -cvgu /dev/sdb1
   39   setenforce 0
   40   quotacheck -cvgu /dev/sdb1
   41   quotaon /dev/sdb1
```

2.4　vi 文本编辑器的使用

vi 是 UNIX 世界里最为普遍的全屏幕文本编辑器，被广泛地应用在各种 UNIX、Linux 操作系统上，由 Bill Joy 所写。随着图形化的发展，vi 命令逐渐被 vim（vi improved，vi 的改进版本）所取代。而 vim 命令的操作方法与 vi 一样，只是在 vi 的基础上对内容显示进行了颜色的衬托，改变相关指令颜色，以区别于其他文字，更加人性化。

vi 编辑器一共分为三种模式，分别是命令模式、编辑模式与末行模式。

2.4.1　vi 模式

1. 进入 vi

利用 vi 可以建立或打开文件。如果文件已经存在，则表示打开该文件；若不存在，则表示创建此文件。利用 vi 打开或创建文件有以下几种方法：

（1）vi 文件名：打开或新建文件，并将光标置于第一行首。

（2）vi +n 文件名：打开文件，并将光标置于第 n 行首。

（3）vi + 文件名：打开文件，并将光标置于最后一行首。

（4）vi +/string 文件名：打开文件，并将光标置于第一个与 string 匹配的字符串处。

（5）vi -r 文件名：恢复上次被损坏的文件。

（6）vi 文件名 1 ...文件名 n：打开多个文件，依次进行编辑。

2. 命令模式

使用 vi 打开一个文档就直接进入命令模式（这是默认的模式）。在这个模式中，你可以使用上下左右键来移动光标，可以使用删除字符或删除整行来处理文件内容，也可以使用复制、粘贴来处理所打开的文件数据。在 Shell 提示符后直接输入 vi 命令，按回车即打开 vi 的命令模式，如图 2-5 所示。

```
[root@localhost~]#vi
```

3. 编辑模式

进入 vi 之后是处于命令模式（Command mode），要切换到编辑模式（Insert mode）才能够输入文字。在命令模式下时使用 i，I，o，O，a，A，r，R 其中一个字母作为参数之后进入编辑模式。通常在 Linux 中使用这些参数时，在画面的左下方会出现 INSERT 或 REPLACE 字样，此时才可以进行编辑。而如果要回到命令模式时，则必须按下 Esc 键才可退出编辑模式。

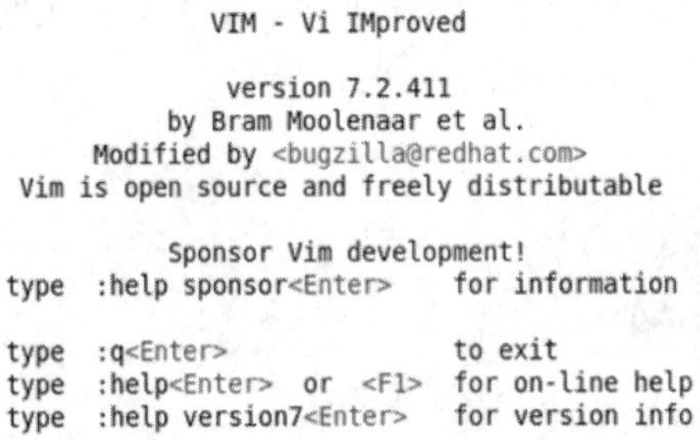

```
                    VIM - Vi IMproved

                      version 7.2.411
                   by Bram Moolenaar et al.
              Modified by <bugzilla@redhat.com>
           Vim is open source and freely distributable

                  Sponsor Vim development!
      type  :help sponsor<Enter>     for information

      type  :q<Enter>                to exit
      type  :help<Enter>  or  <F1>   for on-line help
      type  :help version7<Enter>    for version info
```

图 2-5　命令模式

4. 末行模式

在命令模式当中，输入“:”“\”“?”三个符号中的任何一个，就可以将光标移动到最底下那一行。在这个模式当中，可以提供 find 的功能，同时读取、存盘、大量取代字符、离开 vi 编辑器、显示行号等动作都是在此模式中实现的。

在使用末行模式之前，请记住先按 Esc 键确定已经处于命令模式下后，再按“:”即可进入末行模式。在末行模式可以进行如下操作：

（1）列出行号。

“set nu”：输入“set nu”后，会在文件中的每一行前面列出行号。

（2）跳到文件中的某一行。

“#”：“#”号表示一个数字，在冒号后输入一个数字，再按回车键就会跳到该行了，如输入数字 15，再回车，就会跳到文章的第 15 行。

（3）查找字符。

“/关键字”：先按“/”键，再输入您想寻找的字符，如果第一次找的关键字不是您想要的，可以一直按“n”键会往后寻找到您要的关键字为止。

“?关键字”：先按“?”键，再输入您想寻找的字符，如果第一次找的关键字不是您想要的，可以一直按“n”会往前寻找到您要的关键字为止。

（4）保存文件。

“w”：在冒号后输入字母“w”就可以将文件保存起来。

（5）离开 vi。

“q”：退出，如果无法离开 vi，可以在“q”后跟一个“!”强制离开 vi。

“wq”：一般建议离开时，搭配“w”一起使用，这样在退出的时候还可以保存文件。

“w filename”：输入文件名称，将文章以指定的文件名保存。

2.4.2　vi 命令介绍

1. 移动光标

vi 可以直接用键盘上的光标来上下左右移动，但正规的 vi 是用小写英文字母“h”“j”“k”

"l"来分别控制光标左、下、上、右移一格。

　　"Ctrl+b"：屏幕往"后"移动一页。

　　"Ctrl+f"：屏幕往"前"移动一页。

　　"Ctrl+u"：屏幕往"后"移动半页。

　　"Ctrl+d"：屏幕往"前"移动半页。

　　"0"：移到文章的开头。

　　"G"：移动到文章的最后。

　　"$"：移动到光标所在行的"行尾"。

　　"^"：移动到光标所在行的"行首"。

　　"w"：光标跳到下个字的开头。

　　"e"：光标跳到下个字的字尾。

　　"b"：光标跳到上个字的开头。

　　"#l"：光标移到该行的第#个位置，如：240、320。

　2．删除文字

　　"x"：每按一次，删除光标所在位置"后面"的一个字符。

　　"#x"：例如，"6x"表示删除光标所在位置"后面"的 6 个字符。

　　"X"：每按一次，删除光标所在位置"前面"的一个字符。

　　"#X"：例如，"20X"表示删除光标所在位置"前面"的 20 个字符。

　　"dd"：删除光标所在行。

　　"#dd"：从光标所在行开始删除#行。

　3．复制

　　"yw"：从光标所在之处到字尾的字符复制到缓冲区中。

　　"#yw"：复制#个字到缓冲区。

　　"yy"：复制光标所在行到缓冲区。

　　"#yy"：例如，"8yy"表示拷贝从光标所在行"往下数"8 行文字。

　　"p"：将缓冲区内的字符贴到光标所在位置。注意：所有与"y"有关的复制命令都必须与"p"配合才能完成复制与粘贴功能。

　4．替换

　　"r"：替换光标所在处的字符。

　　"R"：替换光标所到之处的字符，直到按下 Esc 键为止。

　5．恢复上一次操作

　　"u"：如果误执行一个命令，可以马上按下"u"，回到上一个操作。按多次"u"可以执行多次恢复。

　6．更改

　　"cw"：更改光标所在处的字到字尾处。

　　"c#w"：例如，"c8w"表示更改 8 个字。

　7．跳至指定的行

　　"Ctrl+g"：列出光标所在行的行号。

　　"#G"：例如，"85G"，表示移动光标至文章的第 85 行行首。

2.4.3 任务 2-1：vi 应用举例

1. 任务描述

使用 vi 编辑器在 helen 目录下建立一个名为 letter.txt 的文件，并输入如下内容：

I will persist until I succeed.

The prizes of life are at the end of each journey，not near the beginning; and it is not given to me to know how many steps are necessary in order to reach my goal. Failure I may still encounter at the thousandth step，yet success hides behind the next bend in the road. Never will I know how close it lies unless I turn the corner.

给 letter.txt 设置行号，并在文件的最后一行后面添加一行，内容如下：

Always will I take another step. If that is of no avail I will take another，and yet another. In truth，one step at a time is not too difficult.

2. 操作步骤

（1）以普通用户 helen 身份登录字符界面。

[helen@localhost ~]$

（2）在 Shell 命令提示符后输入命令"vi"，按回车键，启动 vi 文本编辑器，默认进入命令模式。

[helen@localhost ~]$ vi

（3）按"i"键，从命令模式转换成编辑模式，此时屏幕的最底下出现"--插入--"字样，如图 2-6 所示。

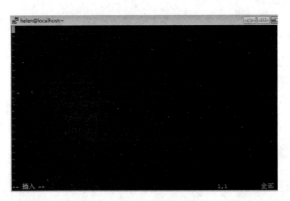

图 2-6　vi 文本编辑模式

（4）输入上述内容。输入过程中如果出错，可使用 Backspace 键或 Delete 键删除错误的字符。

（5）按 Esc 键返回命令模式。

（6）按"："键进入末行模式，输入"w letter"，如图 2-7 所示，将编辑好的内容保存为 letter 文件。

（7）屏幕底部显示""letter" [新] 3L，373C 已写入"字样，表示此文件有三行，373 个字符，如图 2-8 所示。vi 中行的概念和平时所说的行有区别，在输入文字的过程中由于字符串长度超过屏幕宽度而发生的自动换行，vi 并不认为是新的一行，只有在 vi 编辑过程中按一次

Enter 键另起一行才是新的一行。

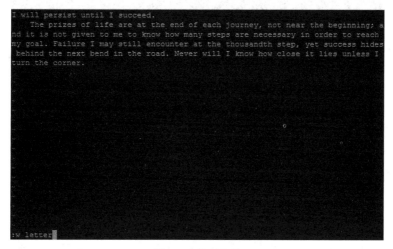

图 2-7　保存文件

图 2-8　保存文件时的信息

（8）按"："键后输入"q"，退出 vi。

（9）在 Shell 命令提示符后输入命令"vi + letter"打开文件，进行再一次编辑。

[helen@localhost ~]$ vi + letter

（10）按"："键切换到末行模式，输入命令"set nu"，每一行前出现行号，且光标闪烁在最后一行首，如图 2-9 所示。

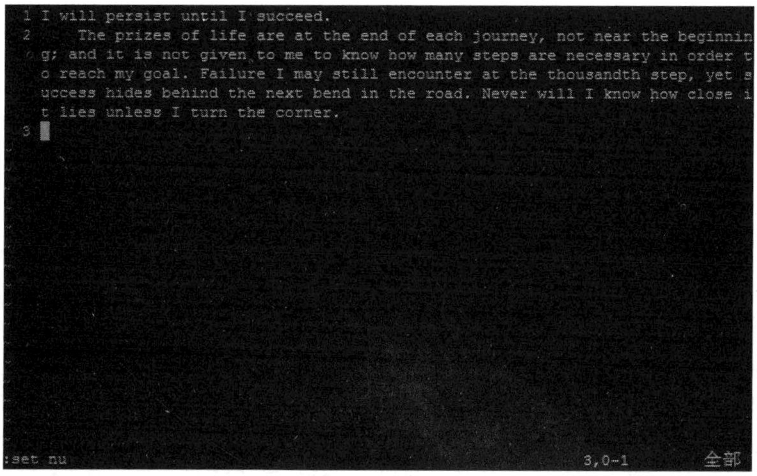

图 2-9　设置行号

（11）按"i"键，进入文本编辑模式，在 letter 的最后一行添加任务中要求的内容，如图2-10 所示。

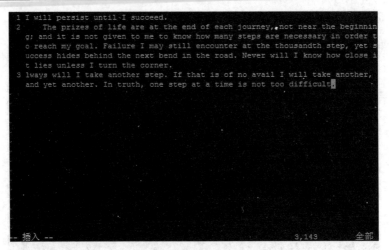

图 2-10　编辑文件

（12）按 Esc 键，返回命令模式，按"："键后输入"wq"，如图 2-11 所示。保存并退出 vi。

图 2-11　vi 的保存退出

至此，任务操作完成。

2.4.4　任务 2-2：Shell 命令应用举例

1. 任务描述

在 /tmp 目录下建立一个名为 helen 的目录；进入 helen 目录当中；将 /etc/man.config 复制到本目录底下（或由上述的链接下载 man.config 文件）；使用 vi 打开本目录下的 man.config 文件；在 vi 中设定行号；移动到第 58 行，向右移动 40 个字符，请问你看到的双引号内是什么目录？移动到第一行，并且向下搜寻"bzip2"这个字符串，请问它在第几行？接着将 50～100 行之间的小写"man"字符串改为大写"MAN"字符串，并且一个一个挑选是否需要修改，如何下达指令？如果在挑选过程中一直按"y"键，结果会在最后一行出现改变了几个 man 呢？修改完之后，突然反悔了，要全部复原，有哪些方法？

2. 操作步骤

（1）创建 /tmp/helen 目录。

```
[root@localhost ~]# mkdir /tmp/helen
```

（2）复制 /etc/man.config 到 /tmp/helen 目录。

```
[root@localhost ~]# cd /tmp/helen
[root@localhost helen]# cp /etc/man.config
```

（3）使用 vi 打开 /tmp/helen/man.config，并设置行号。

```
[root@localhost helen]# vi man.config    //打开文件，并处于命令模式
```

按"："键进入末行模式，在"："后输入 set nu，设置行号，如图 2-12 所示。

（4）查找第 58 行，向右移动 40 个字符处的内容。在命令模式，先输入"58G"，光标跳

转到第 58 行首，再输入“40”和向右方向键“>”获取到字符/dir/bin/foo，如图 2-13 所示。

```
  1 #
  2 # Generated automatically from man.conf.in by the
  3 # configure script.
  4 #
  5 # man.conf from man-1.6f
  6 #
  7 # For more information about this file, see the man pages man(1)
  8 # and man.conf(5).
  9 #
 10 # This file is read by man to configure the default manpath (also used
 11 # when MANPATH contains an empty substring), to find out where the cat
 12 # pages corresponding to given man pages should be stored,
 13 # and to map each PATH element to a manpath element.
 14 # It may also record the pathname of the man binary. [This is unused.]
 15 # The format is:
 16 #
 17 # MANBIN                pathname
 18 # MANPATH               manpath_element [corresponding_catdir]
 19 # MANPATH_MAP           path_element    manpath_element
 20 #
 21 # If no catdir is given, it is assumed to be equal to the mandir
 22 # (so that this dir has both man1 etc. and cat1 etc. subdirs).
 23 # This is the traditional Unix setup.
:set nu
```

图 2-12　设置行号

```
 58 # If people ask for "man foo" and have "/dir/bin/foo" in their PATH
```

图 2-13　查找字符

（5）在末行模式输入“:1”按回车键，移动到第一行，并且在命令模式下输入“/bzip2”，按回车，如图 2-14 所示，找到下一个 bizip2 在第 137 行。

```
135 #
136 .gz              /usr/bin/gunzip -c
137 .bz2             /usr/bin/bzip2 -c -d
138 .lzma            /usr/bin/unlzma -c -d
```

图 2-14　查找 bzip2 字符串

（6）在末行模式输入“:50，100s/man/MAN/gc”，按回车键，将 50～100 行之间的“man”逐一询问替换为“MAN”。其中“s”为 substitute，“g”为 global，如图 2-15 所示。在询问处输入字母“y”命令则替换，“n”不替换，“a”不询问全部替换，“q”或“l”退出。一直输入“y”的话最终会出现“在 23 行内置换 25 个字符串”的说明。

```
 51 # MANPATH        /opt/*/MAN
 52 # MANPATH        /usr/lib/*/man
 53 # MANPATH        /usr/share/*/man
 54 # MANPATH        /usr/kerberos/man
 55 #
 56 # Set up PATH to MANPATH mapping
 57 #
 58 # If people ask for "man foo" and have "/dir/bin/foo" in their PATH
 59 # and the docs are found in "/dir/man", then no mapping is required.
 60 #
 61 # The below mappings are superfluous when the right hand side is
 62 # in the mandatory manpath already, but will keep man from statting
replace with MAN (y/n/a/q/l/^E/^Y)?
```

图 2-15　字符串替换

（7）若要恢复，可以一直按“u”键，或者使用“：q!”命令直接强制关闭 vi。至此任务全部完成。

2.5　小结

本项目主要介绍了 Linux 常用的文件及目录操作命令、软件包的管理方法、vi 编辑器的使用。Linux 有两个用户界面：图形界面以及命令行界面。在命令行界面下可以解释用户输入的命令，从而执行各种任务。Shell 默认的命令行提示符可以表示当前的用户名、主机名和当前的目录等信息。Shell 命令行可以由命令名、选项和参数组成。但也不一定是三个部分，也可以只有命令名，且复杂的命令可以有多个参数。各个命令和参数之间用空格隔开。

Linux 命令拥有图形界面的 X-Window 所不具有的所有操作权限，以及有操作简便、快捷的优点，需要牢固掌握。同时作为命令行模式以及 X-Window 模式都可以使用的默认文档编辑器——vi 也是使用 Linux 所必不可少的有效工具。

2.6　习题与操作

一、选择题

1．Linux 有三个查看文件的命令，如果希望在查看文件内容规程中用光标上下移动来查看文件内容，则符合要求的命令是（　　）。

　　A．cat　　　　　　　B．more　　　　　　C．less　　　　　　　D．head

2．用 ls -al 命令列出下面的文件列表，（　　）文件是符号链接文件。

　　A．-rw------- 2　admin　users　56　Sep12 8:05　hello

　　B．-rw------- 2　admin　users　56　Sep10 11:05　goodbey

　　C．drwx------ 1　admin　users　1024　Sep 10 08:10　bb

　　D．lrws------ 1　admin　users　2024　Sep 12 08:12　aa

3．Linux 文件系统的目录结构是一颗倒挂树，文件都按其作用分门别类地放在相关的目录中。现有一个外部设备文件，应该将其放在（　　）目录中。

　　A．/bin　　　　　　B．/etc　　　　　　C．/dev　　　　　　D．/lib

4．删除一个非空子目录/abc 的方法是（　　）。

　　A．del /abc//*　　B．rm -rf /abc　　C．rm -Ra /abc/*　　D．rm -rf /abc/*

5．Linux 文件系统中用于存放系统配置文件的文件夹是（　　）。

　　A．/etc　　　　　　B．/bin　　　　　　C．/mnt　　　　　　D．/usr

6．对于 mv 命令描述正确的是（　　）。

　　A．mv 命令可以用来移动文件，也可以用来改变文件名

　　B．mv 命令只能用来移动文件

　　C．mv 命令只能用于改名

　　D．mv 命令可以用于复制文件

7．（　　）命令可以用来删除当前目录及其子目录下名为 lx 的文件。

　　A．rm　*.*　-rf　　　　　　　　　B．find.-name lx -exec rm

　　C．find . -name lx -exec {}\　　　D．rm lx -rf

8．在 vi 中存盘退出的命令是（　　）。

    A．:q   B．:q!   C．:wq   D．:exit

9．查看系统中是否安装了 BIND 包的命令是（　　）。

    A．rpm -ivh bind   B．rpm -qa | grep bind

    C．rpm -e bind   D．rpm -Uvh bind

10．将/usr 文件夹打包为 usrback.tar.gz 的方法是（　　）。

    A．tar -ivh usrback.tar.gz/usr

    B．tar -Uvh usrback.tar.gz /usr

    C．tar -zcvf usrback.tar.gz /usr

    D．tar -zxvf usrback.tar.gz /usr

二、操作题

1．任务描述

某系统管理员每天需做一定的重复工作，请按照下列要求，编制一个解决方案：

（1）在下午 4:50 删除/abc 目录下的全部子目录和全部文件。

（2）从早 8:00～下午 6:00 每小时读取/xyz 目录下 x1 文件中最后 5 行的全部数据加入到/backup 目录下的 bak01.txt 文件内。

（3）每逢星期一下午 5:50 将/data 目录下的所有目录和文件归档并压缩为文件：backup.tar.gz。

（4）在下午 5:55 将 IDE 接口的 CD-ROM 卸载（假设：CD-ROM 的设备名为 hdc）。

2．操作目的

（1）熟悉 crontab 配置文件的格式。

（2）熟悉 Linux 常用命令的使用方法。

3．任务准备

Linux 操作系统。

学习情境二 基本应用

3

Linux 用户与组群管理

【项目导入】

Linux 操作系统是一个多用户多任务的操作系统，允许多个用户同时登录到系统，使用系统资源。为了使所有用户的工作顺利进行，保护每个用户的文件和进程，规范每个用户的权限，需要区分不同的用户，就产生了用户账户和组群。

【知识目标】

☞ 了解用户和组群配置文件
☞ 掌握 Linux 下用户及组群的创建与维护管理
☞ 理解文件及目录权限的含义
☞ 掌握权限的设置方法

【能力目标】

☞ 学会管理用户及组群
☞ 学会修改用户账户的属性
☞ 掌握文件及目录权限的修改方法

3.1 用户与组群的配置

Linux 是一个多用户多任务的操作系统。通过用户账户来区分不同的用户，并且将用户账户添加到组中，通过规范组的权限来规范用户的权限。

3.1.1 用户和组群的基本概念

在 Linux 管理员的工作中，相当重要的部分就是用户管理。因为整个系统都是管理员在管理，并且所有一般用户的账号申请，都必须通过管理员的确认才能进行。所以 Linux 管理人员就必须掌握如何管理好一个服务器主机的用户账号。在管理 Linux 主机的用户时，我们必须先来了解一下 Linux 到底是如何辨别每一个用户和用户所属组群的。

1. 用户 ID 与用户账号

用户在登录 Linux 主机的时候，输入的是用户的账号。但其实 Linux 主机并不会直接识别用户的账号，它只能认识用户 ID（ID 是一组二进制号码）。由于计算机对二进制识别的效率较高，所以主机通常将账号转换成 ID 进行识别；用户账号只是为了让人们便于记忆。用户的 ID 与账号的对应就在/etc/passwd 当中进行记录。

Linux 上的用户有三种：超级用户（root）、普通用户和系统用户。

超级用户：即 root 用户，拥有计算机系统的最高权限。所有的系统设置和修改都只有超级用户才能修改。

普通用户：安装系统后由超级用户创建，普通用户账户在系统上的任务是进行普通工作，权限有限，只能操作其有权限的文件和目录，只能管理自己启动的进程。

系统用户：是与系统服务相关的用户，通常在安装软件包时自动创建，一般不需要改变其默认设置。

2. /etc/passwd 文件

用来存放除了用户口令之外的用户账户信息，所有用户都可以查看/etc/passwd 文件内的内容。passwd 文件中每一行代表一个用户账号，而每个用户账号的信息又用":"划分为多个字段来表示用户的属性信息。

```
[root@localhost ~]# vim /etc/passwd
root：x：0：0：root：/root：/bin/bash
bin：x：1：1：bin：/bin：/sbin/nologin
......
helen：x：500：500：helen：/home/helen：/bin/bash
```

该文件中有七个字段，各字段之间用":"隔开，名字及含义如下：

- 用户名：对应 uid。例如 root 就是系统默认系统管理员账号。
- 密码：早期 UNIX 的密码都放在该文件中，由于安全原因,现在已将其放到/etc/shadow文件中了。如果这个字段是 x 表示密码已经移到 shadow 中加密了，如果这个字段为空表示空密码可登录，如果是!或者*表示此用户不可登录。
- uid：这是用户的识别码，通常 uid 有如下限制：

（1）0：系统管理员，不建议有多个系统管理员。

（2）1~499：保留给系统使用的 id。通常 0~99 保留给系统使用，100~499 保留给一些服务使用。

（3）500 以后的就是给一般用户了。

- GID：与/etc/group 有关，为组 ID。
- 用户描述：这个字段用来解释账户的作用。
- 主目录：用户的家目录，就是用户登录后立刻进入的目录。例如 root 登录后就是/root目录。
- 登录 Shell: 用于当你执行命令后，各硬件接口之间的通信。如果该字段是/sbin/nologin表示这个账户是无法登录的。

3. /etc/shadow 文件

用以存放用户口令，只有超级用户才能查看其内容。为进一步提高安全性，在 shadow 文

件中保留的是采用 MD5 算法加密的口令。由于 MD5 算法是一种单向算法，理论上认为采用
MD5 算法加密的口令无法破解。系统的/etc/shadow 部分信息如下：

```
[root@localhost ~]# cat /etc/shadow
root ： $6$1cCiNYJT$gY4JBmL25lzz2YiFWTvORK2cep9oXHvtbdFJnzwzx1zUu6KLwisRaphB8b3wwU6l
1wuFacqE2ij2woU50fYOO1：16311：0：99999：7：：：
bin：*：15615：0：99999：7：：：
……
helen：$6$TCh9qoTg$CdZA5UHfw6mIc1MZAYdg41i9Ry2nN/Z1QtV47zgKKah8GzEbRI.Ro.vUJE84ViCb4
Lx4siDJJEjKSK.9qrTKh0：16627：0：99999：7：：：
```

与 passwd 文件类似，shadow 文件中每一行也代表一个用户账号，而每个用户账号的信息
用"："隔开，共 9 个字段来表示用户属性信息。从左至右各字段含义如下：

● 用户名，排列顺序和/etc/passwd 文件保持一致。

● 34 位加密口令，若是"!!"，则表示这个账号无口令，不能登录。部分系统用户账号
无口令。

● 上次改动密码的日期。从 1970 年 1 月 1 日起到上次修改口令日期的间隔天数。对于
无口令的账号而言，是指从 1970 年 1 月 1 日起到创建该用户账号的间隔天数。

● 密码不可被改动的天数。口令自上次修改后，需要再过多少天才能再次修改。若为 0
表示没有时间限制。

● 密码需要重新变更的天数。口令自上次修改后，需要再过多少天这个口令必须被修改。
若为 99999 则表示用户口令未设置必须修改。

● 密码变更期限快到前的警告期。若口令设置了时间限制，需要在这个口令失效之前多
少天对用户发出提示警告，默认 7 天。

● 账户失效日期。若口令设置为必须修改，而到达期限后仍未修改，则在口令失效多少
天之后禁用这个账户。

● 账户取消日期。从 1970 年 1 月 1 日起到用户账号到期的间隔天数。

● 保留域。

4. 用户组群

组是用户的集合，在系统中组有两种：私人组群和系统组群，当创建用户的时候，没有为
其指定属于哪个组，Linux 就会建立一个和用户同名的私人组群，此私人组群中只含有该用户。
若使用系统组群，在创建新用户时，为其指定属于哪个组。当一个用户属于多个组时，其登录
后所属的组称为主组群，其他的组称为附加组群。

5. /etc/group 文件

用以存放组群账户信息，所有用户都可以查看其内容。group 文件中的每一行内容表示一
个组群信息，各字段用"："隔开。某/etc/group 文件的部分内容如下：

```
[root@localhost ~]# cat /etc/group
root：x：0：
bin：x：1：bin，daemon
```

/etc/group 文件各字段含义如下：

● 用户组名称：组群的名称，由数字、字母和符号组成。

● 用户组密码：默认情况下，组群没有口令，必须进行一定操作才能设置组群口令。

- 组群 ID：就是用户组 id，用于识别不同组群的唯一数字标识。
- 用户列表：组群的所有用户列表，用户之间用 "," 分开。

6. /etc/gshadow 文件

根据/etc/group 文件而产生，用以存放组群口令、管理员等管理信息内容，和/etc/shadow
文件类似，只有超级用户才能查看。/etc/gshadow 文件部分内容如下：

```
[root@localhost ~]# vi /etc/gshadow
root: : : helen
bin: : : bin，daemon
```

各字段含义如下：

- 用户组名称。
- 密码，同样以 "!" 开头表示不可登录。
- 用户组管理员账号。
- 该用户组的所有成员账号，与/etc/group 内容相同。

3.1.2 使用命令管理用户和组群

3.1.2.1 管理用户命令

1. useradd 命令

格式：useradd [-u UID] [-g 私人组群] [-G 附加组群] [-m M]

功能：useradd 可用来建立用户账号，它和 adduser 命令是相同的。账号建好之后，再用
passwd 设定账号的密码。使用 useradd 命令所建立的账号，实际上保存在/etc/passwd 文本文
件中。

常用选项如下：

-u：后面跟 UID，是一组数字。直接指定一个特定的 UID 给这个账号。

-g：后面跟私人组群名，该组群的 GID 会被放置到/etc/passwd 的第四个字段内。

-G：后面跟附属组群名。这个选项与参数会修改/etc/group 内的相关数。

-M：强制不要创建用户家目录（系统账号默认值）。

-m：强制要创建用户家目录（一般账号默认值）。

-c：这个就是 /etc/passwd 的第五个字段的说明内容，用户描述信息。

-d：指定某个目录成为家目录，而不要使用默认值。

-r：创建一个系统的账号，这个账号的 UID 会有限制（参考 /etc/login.defs）

-s：后面跟一个 Shell，若没有指定则默认是/bin/bash。

-e：后面跟一个日期，格式为 "YYYY-MM-DD" 此项目可写入 shadow 第八个字段，即账
号失效日期的配置。

-f：后面跟 shadow 的第七个字段项目，指定口令是否会失效。0 为立刻失效。

-1：永远不失效。

例 3-1：建立一个新用户账户 jordan，并设置 ID 为 523。

```
[root@localhost ~]# useradd   jordan   -u   523
```

例 3-2：新建立一用户账户 jerry，其私人组群为 group。

```
[root@localhost ~]# useradd -g group jerry
```

新建用户时如果指定其所属的私人组群，那么系统就不会新建与用户名同名的私人组群。系统仍将为该用户在/home 目录新建一个与用户名同名的子目录，用户的登录 Shell 仍为 Bash，UID 由系统决定。

使用 useradd 命令新建用户账号，将在/etc/passwd 文件和/etc/shadow 文件中增加新用户的记录。如果同时还新建了私人组群，那么还将在/etc/group 文件和/etc/gshadow 文件中增加记录。

2. passwd 命令

格式：passwd [选项] [用户]

功能：passwd 命令普通用户和超级用户都可以运行，但作为普通用户只能更改自己的用户密码，且前提是没有被 root 用户锁定；如果 root 用户运行 passwd，可以设置或修改任何用户的密码。

常用选项如下：

-l：是 Lock 的意思，会将/etc/shadow 第二个字段最前面加上"!"使口令失效，暂时锁定指定账户。

-u：与-l 相对，是 Unlock 的意思，即解除指定用户账号的锁定。

-S：列出口令相关参数，亦即 shadow 文件内的大部分信息。

-n：后面接天数，shadow 的第 4 个字段，多久不可修改口令天数。

-x：后面接天数，shadow 的第 5 个字段，多久内必须要更动口令。

-w：后面接天数，shadow 的第 6 个字段，口令过期前的警告天数。

-i：后面接日期，shadow 的第 7 个字段，口令失效日期。

例 3-3：为 jordan 设置初始口令。

```
[root@localhost ~]# passwd jordan
更改用户 jordan 的密码。
新的密码：                              //输入密码，但不在屏幕回显
无效的密码：它没有包含足够的不同字符
无效的密码：是回文
重新输入新的密码：                      //再次输入密码，仍不在屏幕回显
passwd：所有的身份验证令牌已经成功更新。
```

例 3-4：锁定用户 jordan 不能登录。

```
[root@localhost ~]# passwd -l jordan
锁定用户 jordan 的密码。
passwd：操作成功
```

当用户登录系统时，即使输入正确的口令，屏幕仍然显示"Login incorrect"（登录出错）信息，如图 3-1 所示。

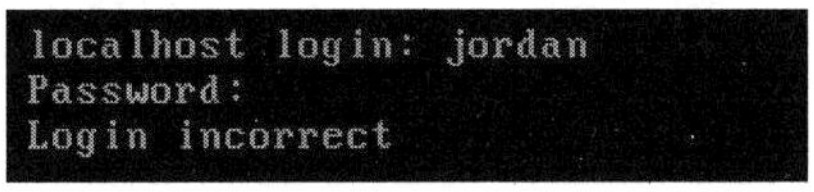

图 3-1　被锁定的用户账号无法登录

例 3-5：解除用户 jordan 的锁定。

```
[root@localhost ~]# passwd -u jordan
解锁用户 jordan 的密码。
passwd：操作成功
```

超级用户也可以直接编辑/etc/passwd 文件，在指定的用户账号所在行前加上"#"或"*"符号使其成为注释行，那么该用户账号也被锁定不能使用。如果去除"#"或"*"符号，那么用户账号就可恢复使用。

3. usermod 命令

格式：usermod [参数] 用户名

功能：修改用户账号的属性，只有超级用户才能使用此命令。

常用选项如下：

-c <备注>：修改用户账号的备注文字。

-d <登入目录>：修改用户登入时的目录。

-e <有效期限>：修改账号的有效期限。

-f <缓冲天数>：修改在密码过期后多少天即关闭该账号。

-g <组群>：修改用户所属的组群。

-G <组群>：修改用户所属的附加组群。

-l <账号名称>：修改用户账号名称。

-L：锁定用户密码，使密码无效。

-s <shell>：修改用户登入后所使用的 Shell。

-u <uid>：修改用户 ID。

-U：解除密码锁定。

执行 usermod 命令修改/etc/passwd 文件中指定的用户的信息。usermod 命令可使用的选项跟 useradd 命令基本相同，唯一不同在于 usermod 可以修改用户名。

例 3-6：修改用户 helen 的主目录为/tmp/helen，把启动 Shell 修改为/bin/tcsh。

```
[root@localhost Desktop]# usermod -d /tmp/helen -s /bin/tcsh helen
[root@localhost Desktop]# cat /etc/passwd|grep helen
helen：x：527：529：：/tmp/helen：/bin/tcsh
```

例 3-7：修改用户 jordan 的名字为 john。

```
[root@localhost ~]# usermod -l john jordan
```

4. userdel 命令

格式：userdel [-r] [用户账号]

功能：删除用户账号，只有超级用户才能使用此命令。

使用"-r"选项，可删除用户账号与相关的文件，如用户登入目录以及目录中所有文件。若不加参数，则仅删除用户账号，而不删除相关文件。

例 3-8：删除用户 john 以及他所有的文件。

```
[root@localhost ~]# userdel -r john
```

如果在新建该用户时创建了私人组群，而该私人组群当前没有其他用户，那么在删除用户时也将一并删除这一私人组群。正在使用系统的用户不能被删除，必须首先终止该用户所有的进程才能删除该用户。

5. chage 命令

格式：chage [选项] username

功能：修改账号和密码的有效期限。

常用选项如下：

-l：列出用户以及密码的有效期限。

-m：修改密码的最小天数。

-M：修改密码的最大天数。

-I：密码过期后，锁定账号的天数。

-d：指定密码最后修改的日期。

-E：有效期，0 表示立即过期，-1 表示永不过期。

-W：密码过期前警告天数。

例 3-9：设置 helen 用户的最短口令存活期为 3 天，最长口令存活期为 30 天，口令到期前 5 天提醒用户修改口令。

```
[root@localhost ~]# chage -m 3 -M 30 -W 5 helen
You have new mail in /var/spool/mail/root
[root@ localhost ~]# chage -l helen
Last password change                                    : Jul 22，2015
Password expires                                        : Aug 21，2015
Password inactive                                       : never
Account expires                                         : never
Minimum number of days between password change          : 3
Maximum number of days between password change          : 30
Number of days of warning before password expires       : 5
```

3.1.2.2　管理组群账户命令

每个用户都有一个用户组，系统可以对一个用户组中的所有用户进行集中管理。用户组的管理涉及用户组的添加、删除和修改。组的增加、删除和修改实际上就是对/etc/group 文件的更新。

1. groupadd 命令

格式：groupadd [选项] [用户组]

功能：增加一个新的用户组使用。

常用选项如下：

-g GID：指定新用户组的组标识号（GID）。

例 3-10：创建一个 wangkai 组群。

```
[root@localhost home]# groupadd wangkai
```

利用 groupadd 命令新建组群时如果不指定 GID，则其 GID 由系统指定。groupadd 命令的执行结果将在/etc/group 文件和/etc/gshadow 文件中增加一行记录。

2. groupmod 命令

语法：groupmod [-g <组群识别码>][-n <新组群名称>][组群名称]

功能：更改组群识别码或名称，只有超级用户才能使用此命令。

常用选项如下：

-g <组群识别码>：设置新的组群识别码。

-n <新组群名称>：设置新的组群名称。

例 3-11：修改组群名称 wangkai 为 wk。

```
[root@localhost home]# groupmod -n wk wangkai
```

3. groupdel 命令

格式：groupdel [组群名称]

功能：删除指定组群。需要从系统上删除组群时，可用 groupdel 命令来完成这项工作。若该组群中仍包括某些用户，则必须先删除这些用户后，方能删除组群。

例 3-12：删除组群 wangguan。

```
[root@localhost Desktop]# groupdel wangguan
```

4. gpasswd 命令

格式：gpasswd[-a user][-d user][-A user，...][-M user，...][-r][-R] 组账号

功能：将用户添加到指定的组，使其成为该组的成员。

常用选项如下：

-a：添加用户到组。

-d：从组删除用户。

-A：为组指定管理员。

-M：指定多个组成员。

-r：删除密码。

-R：限制用户登入组，只有组中的成员才可以用 newgrp 加入该组。

例 3-13：利用已创建组群 wk，把 helen 加入用户组并设置他为管理员。

```
[root@localhost ~]# gpasswd -a helen wk
Adding user helen to group wk
[root@localhost ~]# gpasswd -A helen wk
[root@localhost ~]# tail -1 /etc/group
wk：x：524：helen
[root@localhost ~]# tail -1 /etc/gshadow
wk：!：helen：helen
```

结果显示 helen 不仅是 wk 组群的成员还是 wk 组群的管理员。

3.1.2.3 用户和组群的维护命令

1. id 命令

格式：id [-gGnru] [用户名称]

功能：显示用户的 UID 和 GID 及所属组群。id 会显示用户以及所属组群的实际与有效 ID。若两个 ID 相同，则仅显示实际 ID。若仅指定用户名称，则显示目前用户的 ID。

例 3-14：使用命令 id 查看用户 ID。

```
[root@localhost Desktop]# id
Uid=0〔root〕gid=0〔root〕 groups=0〔root〕，502(testgroup) context=unconfined_u：uncon
fined r：unconfined t：s0-s0：：c0.c1023
```

例 3-15：使用命令 id 查看 helen 用户 ID。

```
[root@localhost ~]# id helen
uid=500(helen) gid=500(helen) 组=500(helen)，524(wk)
```

名为 helen 的用户的 UID 是 500，其主要组群是 helen（组群 ID 是 500），附加组群为 wk（组群 ID 为 524）。

2. finger 命令

格式：finger [选项] [用户名]

功能：查询用户的信息，通常会显示系统中某个用户的用户名、主目录、停滞时间、登录时间、登录 Shell 等信息。如果要查询远程主机上的用户信息，需要在用户名后面接"@主机名"，采用[用户名@主机名]的格式，不过要查询的网络主机需要运行 finger 守护进程。

常用选项如下：

-s：显示用户的注册名、实际姓名、终端名称、写状态、停滞时间、登录时间等信息。

-l：除了用-s 选项显示的信息外，还显示用户主目录、登录 Shell、邮件状态等信息，以及用户主目录下的.plan、.project 和.forward 文件的内容。

-p：除了不显示.plan 文件和.project 文件以外，与-l 选项相同。

例 3-16：使用 finger 显示 helen 的信息。

```
[root@localhost ~]# finger helen
Login：helen                          Name：helen
Directory：/home/helen                Shell：/bin/bash
Never logged in.
Mail last read 二 2 月  3 12：27 2015 (CST)
No Plan.
```

结果显示了用户的登录名为 helen，真实名字为 helen，主目录为/home/helen，Shell 为/bin/bash，没有登录过系统，最近读邮件的时间 2015 年 2 月 3 号，没有计划。

3．chfn 命令

格式：chfn [-f<真实姓名>][-h <家中电话>][-o <办公地址>][-p <办公电话>][-uv][账号名称]

功能：改变 finger 命令显示的信息。chfn 命令可用来更改执行 finger 命令时所显示的信息。若不指定任何参数，则 chfn 命令会进入问答操作界面。Linux 系统提供的 finger 命令显示的信息为：姓名、工作地址、办公电话和家庭电话，它们可以被 chfn 命令改变。

常用选项如下：

-f<真实姓名>或--full-name<真实姓名>：设置真实姓名。

-h<家中电话>或--home-phone<家中电话>：设置家中的电话号码。

-o<办公地址>或--office<办公地址>：设置办公室的地址。

-p<办公电话>或--office-phone<办公电话>：设置办公室的电话号码。

例 3-17：改变 helen 用户的办公地址为 QGZY。

```
[root@localhost ~]# chfn -o QGZY helen
Changing finger information for helen.
Finger information changed.
[root@localhost ~]# finger helen          //再次查看
Login：helen                          Name：helen
Directory：/home/helen                Shell：/bin/bash
Office：QGZY
Never logged in.
Mail last read 二 2 月  3 12：27 2015 (CST)
No Plan.
```

结果显示，helen 的办公地址为 QGZY。

4．chsh 命令

格式：chsh [选项]

功能：chsh 用于改变用户的登录 Shell。如果没有在命令行上指定 Shell，chsh 能够做出提示。常用选项如下：

-s，--shell：指定用户的登录 Shell。

-l，--list-shells：显示/etc/shells 中的 Shell 列表，然后退出。

例 3-18：以 root 身份查看所有安装的 Shell 版本列表。

```
[root@localhost ~]# chsh -l     //显示本机所有 shell
/bin/sh
/bin/bash
/sbin/nologin
/bin/dash
/bin/tcsh
/bin/csh
[root@localhost ~]# chsh -s /bin/csh           //更改 Shell
Changing shell for root.
Shell changed.
[root@localhost ~]# chsh -s /bin/bash          //改成默认 Shell
Changing shell for root.
Shell changed.
```

5．whoami 命令

格式：whoami

功能：显示用户名。

例 3-19：显示现在登录系统的用户身份。

```
[root@localhost ~]# whoami
Root
```

6．su 命令

格式：su　[-]　[用户名]

功能：切换用户身份。超级用户可以切换到任何普通用户，而且不需要口令。普通用户转换为其他用户时需要输入被转换用户的口令。切换为其他用户后，就拥有该用户的权限。使用"exit"命令可返回到本来的用户身份。

选项说明：如果使用"-"选项，则用户切换为新用户的同时使用新用户的环境变量。

例 3-20：超级用户切换为普通用户 helen，并使用 helen 的环境变量。

```
[root@localhost ~]# su    -    helen
[helen@localhost ~]$
```

例 3-21：普通用户 helen 切换为超级用户，并使用 root 的环境变量。

```
[helen@localhost ~]$ su -
```

密码：

```
[root@localhost ~]#
```

不使用用户名参数时，可从普通用户切换为超级用户，但是需要输入超级用户的口令。口令匹配之后，Shell 命令提示符发生变化，相当于是超级用户在进行系统操作。

为保证系统安全，Linux 的系统管理员通常以普通用户身份登录，当要执行必需超级用户才有权限执行的操作时，才使用"su -"命令切换为超级用户，执行完成后，使用"exit"命令回到普通用户身份。

3.1.3　使用用户管理器管理用户和组群

用户必须具有超级用户权限才能管理用户和组群，对于用户和组群的设置本质上是修改 /etc/passwd、/etc/shadow 等文件内容。在 RHEL6.4 桌面环境下依次单击"系统"→"管理"→"用户和组群"菜单项，启动"用户管理者"窗口。"用户管理者"窗口默认显示所有的普通用户，如图 3-2 所示。

图 3-2　"用户管理者"窗口

3.1.3.1　使用用户管理器管理用户

1. 新建用户

在图 3-2 所示界面中，单击工具栏上的"添加用户"按钮，弹出"添加新用户"窗口，我们在这里添加新用户 jason，之后设置密码和登录的默认 Shell，最后单击"确定"按钮就完成了新用户的创建，如图 3-3 所示。在"用户管理者"窗口我们看到了新添加的用户 jason，这里使用了"搜索过滤器"，所以只显示指定的用户信息，如图 3-4 所示。

图 3-3　创建新用户

2. 修改用户属性

修改用户属性仍旧是在"用户管理者"窗口进行操作。若我们需要修改新添加用户 jason 的全名为 james sbisili jason。首先需要双击你想要修改的用户名，之后会弹出如图 3-5 所示界面。在"用户数据"选项卡下的"全称"处将用户全名修改为 james sbisili jason，然后单击"确定"按钮，完成操作。返回"用户管理者"窗口，如图 3-6 所示，我们已经成功修改了用户 jason 的全名。

图 3-4　添加 jason 后的"用户管理者"窗口

图 3-5　修改用户

图 3-6　完成用户修改

在"用户属性"对话框的"账号信息"选项卡中可以设置用户账号口令锁定、启用账号过期及账号过期的日期，从而限制用户的登录。

在"用户属性"对话框的"密码信息"选项卡中会显示用户最近一次修改口令的日期，还可在启用口令过期后，设置口令需要更换的天数、更换前警告的天数、账号不活跃的天数、允许更换前的天数。

在"用户属性"对话框的"组群"选项卡中可设置用户所属的主要组群及可加入哪些附加组群。

3. 删除用户

从"用户管理者"窗口选择需要删除的用户账号，然后单击工具栏上的"删除"按钮，将出现确认对话框，如图 3-7 所示。默认情况下，删除用户的同时还将删除该用户的主目录、该用户的相关邮件和临时文件，也就是说该用户相关的所有文件也将一并删除。单击"是"按钮，删除用户账号并返回"用户管理者"窗口。

图 3-7　确认删除 llq 用户

3.1.3.2 使用用户管理器管理组群

1. 新建组群

在"用户管理者"窗口选择"组群"选项卡，可显示当前所有的私人组群，如图 3-8 所示。

图 3-8　显示组群

单击工具栏上的"添加组群"按钮，出现如图 3-9 所示的"添加新组群"对话框。输入组群名 superman，超级用户也可以指定其组群 ID。单击"确定"按钮，创建一个新组群，并返回"用户管理者"窗口，如图 3-10 所示，superman 组群添加成功。

图 3-9　添加新组群

2. 修改组群属性

在"用户管理者"窗口中选择"组群"选项卡，选择需要修改的组群 superman，如图 3-10 所示。单击工具栏上的"属性"按钮，出现如图 3-11 所示的"组群属性"窗口。其中包括"组群数据"和"组群用户"两个选项卡。

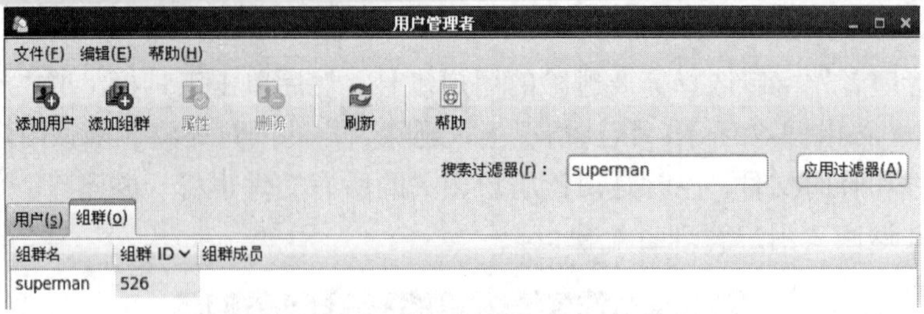

图 3-10　新建组群

在"组群数据"选项卡中可修改组群的名字。在"组群用户"选项卡中可增加或减少该组群的用户。这里我们选择"组群用户"选项卡，选择加入该组群的用户 helen，如图 3-11 所示，然后单击"确定"按钮。

3. 删除组群

从"用户管理者"窗口中选择需要删除的组群，单击工具栏上的"删除"按钮，将出现确认对话框，单击"是"按钮即可。

3.1.4　任务 3-1：在图形界面下添加用户和组群

1. 任务描述

某高校配置 Linux 操作系统，需要在该系统上添加三个账户 user1、user2、user3，为了便于管理，还需要将这三个用户添加到 students 组群中。

图 3-11　组群属性

2. 操作步骤

（1）在"用户管理者"窗口中单击工具栏的"添加用户"按钮，弹出"添加新用户"对话框，如图 3-12 所示，填入 user1 的用户名、口令，单击"确定"按钮，完成用户添加。user2、user3 同此操作。完成后查看主窗口发现新建了用户 user1、user2、user3，如图 3-13 所示。

图 3-12　新建用户

user1	533	user1	user1	/bin/bash	/home/user1
user2	534	user2		/bin/bash	/home/user2
user3	535	user3		/bin/bash	/home/user3

图 3-13　新建用户完成

（2）在"用户管理者"窗口中选择"组群"选项卡，单击工具栏上的"添加组群"按钮，出现如图 3-14 所示的"添加新组群"对话框。输入组群名 students，单击"确定"按钮，组群添加完成。

（3）在 students 组群属性窗口，选择"组群用户"选项卡，选择加入该组群的三个用户，如图 3-15 所示，单击"确定"按钮完成添加。

图 3-14　添加新组群　　　　　　　　　　图 3-15　添加组群用户

（4）在"用户管理者"窗口，看到已经将新建的 3 个用户添加到新建的组群中，如图 3-16 所示。

图 3-16　添加到组群成功

至此，任务完成。

3.2　文件权限管理

3.2.1　文件权限的含义

为了保证文件和系统的安全，Linux 采用比较复杂的文件权限管理机制。Linux 中文件权限取决于文件的所有者、文件所属组群，以及文件所有者、同组用户和其他用户各自的访问权限。

1. 访问权限

每个文件和目录都具有以下访问权限，三种权限之间相互独立。

● 读取权限（read）：浏览文件/目录中内容的权限。

● 写入权限（write）：对文件而言是修改文件内容的权限；对目录而言是删除、添加和重命名目录内文件的权限。

● 执行权限（execute）：对可执行文件而言是允许执行的权限；对目录来讲是进入目录的权限。

2. 与文件权限相关的用户分类

文件权限与用户和组群密切相关，以下三类用户的访问权限相互独立。

● 文件所有者（Owner）：建立文件或目录的用户。

● 同组用户（Group）：文件所属组群中的所有用户。

● 其他用户（Other）：既不是文件所有者，又不是同组用户的其他所有用户。

超级用户负责整个系统的管理和维护，拥有系统中所有文件的全部访问权限。

3. 访问权限的表示法

（1）字母表示法。

Linux 中每个文件的访问权限可用 9 个字母表示，利用 "ls -l" 命令可列出每个文件的权限，其表示形式和含义如图 3-17 所示。

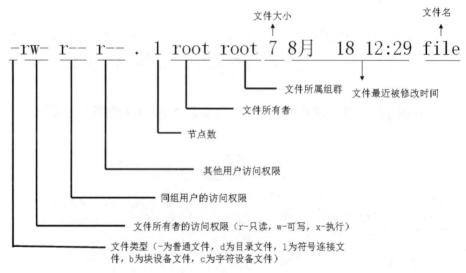

图 3-17 文件权限的字母表示法

每一组文件访问权限位置固定，依次为读取、写入和执行权限。以三个为一组，且均为 rwx 三个参数的组合。其中，r 代表可读（read）、w 代表可写（write）、x 代表可执行（execute）。如果无此项权限，那么就用 "-" 来表示。如-rw-r--r--表示该文件是一个普通文件，文件所有者拥有读写权限、同组用户和其他用户仅有读取权限。

（2）数字表示法。

每一类用户的访问权限也可以用数字的形式进行表示，如表 3-1 所示。

表 3-1　文件权限的数字表示方法

字母表示	数字表示	权限含义
---	0	无任何权限
--x	1	可执行（Execute）
-w-	2	可写（Write)
-wx	3	可写和可执行
r--	4	只读（Read）
r-x	5	只读和可执行
rw-	6	可读和可写
rwx	7	可读、可写和可执行

文件初始访问权在创建时由系统赋予，文件所有者和超级用户可以修改文件权限。

3.2.2　修改文件权限的 shell 命令

1．chmod 命令

格式：chmod [参数] [模式] [文件]

功能：用于改变文件或目录的访问权限，用它控制文件或目录的访问权限。

常用参数如下：

-c：当发生改变时，报告处理信息。

-f：错误信息不输出。

-R：处理指定目录及其子目录下的所有文件。

模式分为数字模式和功能模式。

● 　数字模式为一组三位数字，如 755、644 等，如表 3-1 所示。

● 　功能模式可由以下三部分组成。

（1）对象。

u：目录或者文件的当前用户。

g：目录或者文件的当前组群。

o：除了目录或者文件的当前用户或组群之外的用户或者组群。

a：所有的用户及组群。

（2）操作符。

＋：增加权限。

－：删除权限。

＝：赋予给定权限。

（3）权限。

r（read）：读取权限。

w（write）：写入权限。

x（execute）：执行权限。

例 3-22：针对 helen 用户的 2015 文件增加所有用户对文件的执行权限。

```
[helen@localhost ~]$ ls -l 2015
-rw-rw-r--. 1 helen helen 5 8 月    19 03：32 2015    //结果显示该文件的权限是 644
[root@localhost helen]# chmod a+x 2015               //使用功能模式增加所有用户的执行权限
[helen@localhost ~]$ ll 2015
-rwxrwxr-x. 1 helen helen 5 8 月    19 03：32 2015 //结果显示所有用户都具有该文件的执行权限
```

例 3-23：取消同组用户对 2015 文件的写入权限。

```
[helen@localhost ~]$ chmod g-w 2015
[helen@localhost ~]$ ll 2015
-rwxr-xr-x. 1 helen helen 5 8 月    19 03：32 2015
```

例 3-24：用数字模式取消所有用户对 2015 文件的执行权限。

```
[helen@localhost ~]$ chmod 644 2015
[helen@localhost ~]$ ll 2015
-rw-r--r--. 1 helen helen 5 8 月    19 03：32 2015
```

例 3-25：将 lab 目录的访问权限设置为 755。

```
[helen@localhost ~]$ ls -l|grep lab
drwxrwxr-x. 2 helen helen 4096 8 月    19 03：41 lab
[helen@localhost ~]$ chmod 755 lab
[helen@localhost ~]$ ll |grep lab
drwxr-xr-x. 2 helen helen 4096 8 月    19 03：41 lab
```

例 3-26：设定子目录 lab 的属性为：文件属主同组用户（g）增加写权限；其他用户（o）删除执行权限。

```
[helen@localhost ~]$ chmod g+w，o-x lab
[helen@localhost ~]$ ll |grep lab
drwxrwxr--. 2 helen helen 4096 8 月    19 03：41 lab
```

2. chown 命令

格式：chown [选项] [所有者][：[组群]] 文件

功能：通过 chown 改变文件的拥有者和组群。在更改文件的所有者或所属组群时，可以使用用户名称和用户识别码设置。普通用户不能将自己的文件改变成其他的拥有者。其操作权限一般为管理员。

常用选项如下：

-c：显示更改的部分的信息。

-f：忽略错误信息。

-h：修复符号链接。

-R：处理指定目录及其子目录下的所有文件。

-v：显示详细的处理信息。

例 3-27：改变 helen 家文件夹下 2015 文件的属主为 jack。

```
[root@localhost helen]# chown -v jack 2015
"2015" 的所有者已更改为 jack
[root@localhost helen]# ll
总用量 16
-rw-r--r--. 1 jack    helen    5 8 月    19 03：32 2015
drwxrwxr--. 2 helen helen 4096 8 月    19 03：41 lab
-rw-rw-r--. 1 helen helen    516 8 月    17 05：56 letter
```

drwx------. 3 helen helen 4096 2 月　　3 2015 mail

例 3-28：将 test 文件的所有者和所属组群设置为 helen 用户和 helen 组群。

[root@localhost helen]# vi test

　[root@localhost helen]# ll test

-rw-r--r--. 1 root root 5 8 月　　19 03：56 test

[root@localhost helen]# chown helen：helen test

[root@localhost helen]# ll test

-rw-r--r--. 1 helen helen 5 8 月　　19 03：56 test

例 3-29：将 lab 目录及目录下的文件的所有者改为 root。

[helen@localhost ~]$ ll |grep lab

drwxrwxr--. 2 helen helen 4096 8 月　　19 04：00 lab　　//更改前属主为 helen

[helen@localhost ~]$ cd lab

　[helen@localhost lab]$ ll

总用量 0

-rw-rw-r--. 1 helen helen 0 8 月　　19 04：00 file　　　//更改前属主为 helen

[root@localhost helen]# chown -R root lab　　　　　　//修改目录及目录下文件的属主为 root

[root@localhost helen]# ll |grep lab

drwxrwxr--. 2 root 　helen 4096 8 月　　19 04：00 lab

[root@localhost helen]# ll lab/file

-rw-rw-r--. 1 root helen 0 8 月　　19 04：00 lab/file

结果显示已经递归修改。

3. chgrp 命令

格式：chgrp 　[选项] 组群　　文件（目录）

功能：改变文件（目录）的所属组群。

选项同 chown 命令一样。

例 3-30：将 letter 文件的所属组群由 helen 改为 root。

[root@localhost helen]# ll letter

-rw-rw-r--. 1 helen helen 516 8 月　　17 05：56 letter

[root@localhost helen]# chgrp root letter

[root@localhost helen]# ll letter

-rw-rw-r--. 1 helen root 516 8 月　　17 05：56 letter

例 3-31：将/tmp/helen 文件夹的所属组群由 root 改为 helen，并使/tmp/helen 文件夹下的所有内容的所属组群均变为 helen。

[root@localhost tmp]# ll |grep helen

drwxr-xr-x. 2 root root 4096 8 月　　17 07：21 helen

[root@localhost tmp]# ll helen/

总用量 8

-rw-r--r--. 1 root root 4939 8 月　　17 06：52 man.config

[root@localhost tmp]# chgrp -R helen /tmp/helen

[root@localhost tmp]# ll |grep helen

drwxr-xr-x. 2 root helen 4096 8 月　　17 07：21 helen

[root@localhost tmp]# ll helen

总用量 8

-rw-r--r--. 1 root helen 4939 8 月　　17 06：52 man.config

3.2.3　设置文件特殊权限

在 Linux 中除了常见的 rwx 即读、写、执行的权限外，还有三个特殊权限，分别为 suid、sgid、stickkey。

1.　Set UID

s 或 S（SUID, Set UID）：作用是让普通用户拥有 root 用户的权限，可执行只有 root 才能执行的程序。只对可执行文件生效，对应于 user(u)的权限，值为 4，标志 s 在文件拥有者的 x 权限上。若 user 的权限中有 x，则设置 suid 后，user 的权限值 x 将被 s 替代。若 user 的权限中没有 x，则设置 suid 后，user 的权限值 x 将被 S 替代。系统中有很多命令都被设置了 suid 位，如/usr/bin/passwd。

```
[root@localhost etc]# ls    -l /usr/bin/passwd
-rwsr-xr-x .1 root root 30768 Feb 17    2012          /usr/bin/passwd
```

在文件拥有者的 x 权限上出现了 s 这个标志，说明该文件被设置了 Set UID，简称为 SUID 的特殊权限。因此普通用户也可以执行 passwd 命令，修改口令，进而修改不具备权限的/etc/passwd 文件。

设置 SUID 的方法是：chmod　u+s　文件名

或在原权限数字形式的前面加上数字 4，例如原权限为 755，使用"chmod　4755　文件名"设置 SUID 属性。

例 3-32：使用数字法设置 tmp 的 suid。

```
[root@localhost helen]# ll tmp
-rw-r--r--. 1 root root 0 Jul 27 02：08 tmp
[root@localhost helen]# chmod 4644 tmp
[root@localhost helen]# ll tmp
-rwSr--r--. 1 root root 0 Jul 27 02：08 tmp
```

例 3-33：设置 shutdown 的 suid，使得普通用户可以执行该命令关闭系统。

```
[root@localhost tmp]# ll /sbin/shutdown
-rwxr-xr-x. 1 root root 63352 3 月    20 2012 /sbin/shutdown
[root@localhost tmp]# su helen
[helen@localhost tmp]$ shutdown -h now
shutdown：Need to be root
```

系统显示只有 root 才可以执行该命令。

```
[root@localhost tmp]# chmod 4755 /sbin/shutdown      //设置 suid
[root@localhost tmp]# ll /sbin/shutdown
-rwsr-xr-x. 1 root root 63352 3 月    20 2012 /sbin/shutdown
[root@localhost tmp]# su helen
[helen@localhost tmp]$ shutdown -h +5
Broadcast message from root@localhost.localdomain
          (/dev/pts/0) at 5：13 ...
The system is going down for halt in 5 minutes!
```

结果显示，现在 helen 普通用户也可以执行 shutdown 命令。

2.　Set GID

s 或 S（SGID,Set GID）：设置在可执行文件上，其效果与 SUID 相同，普通用户组成员可以执行"只有 root 组成员才能执行"的可执行文件。如/usr/bin/write。SGID 也能够用在目录上，这也是非常常见的一种用途。当一个目录设定了 SGID 的权限后，将具有如下的功能。用户若对于此目录具有 r 与 x 的权限时，该用户能够进入此目录。用户在此目录下的有效组群（effective group）将会变成该目录的组群。若用户在此目录下具有 w 的权限（可以新建文件），则使用者所建立的新文件的组群与此目录的组群相同。sgid 只对新建文件有效，对应于 group（g）的权限，值为 2。如果 group 权限中有 x，则设置 sgid 后，group 的权限值 x 将被 s 替代。如果 group 权限中没有 x，则设置 sgid 后，group 的权限值 x 将被 S 替代。

设置 SGID 的方法是：chmod　g+s　文件名

或在原权限数字形式的前面加上数字 2，例如原权限为 755，使用"chmod　2755　文件名"设置 SGID 属性。

例 3-34：设置没有 SGID 标志的/home/helen/tmpdir 具有此权限。

```
[root@localhost helen]# ll |grep tmpdir
drwxr-xr-x. 2 root    root   4096 8 月　19 09：29 tmpdir
[root@localhost helen]# chmod 2755 tmpdir
 [root@localhost helen]# ll |grep tmpdir
drwxr-sr-x. 2 root    root   4096 8 月　19 09：29 tmpdir
```

例 3-35：设置 helen 用户对/home/helen/tmpdir 具有写权限，并在该目录下创建文件 file，查看此文件的属组。

```
[root@localhost ~]# cd /home/helen
[root@localhost helen]# chmod o+w tmpdir
[root@localhost helen]# su helen
[helen@localhost ~]$ cd tmpdir
[helen@localhost tmpdir]$ touch file
[helen@localhost tmpdir]$ ll
总用量 0
-rw-rw-r--. 1 helen root 0 8 月　19 09：37 file
```

结果显示，helen 用户创建的新文件 file 的属组是 root。

3. Sticky Bit（SBIT）

粘贴位：用于限制用户对共享资源的修改、删除权限。带有 sticky 属性的目录，其下面的文件及子目录只能被其所有者或 root 用户修改和删除，其他用户不能删除或修改。SBIT 目前只能够针对目录进行操作，对于文件没有效果。如系统中/tmp 目录供所有用户暂时存取文件，即每位用户都拥有完整的权限进入该目录，浏览、删除和移动文件，为了保护每个用户的文件，该目录被设置了 Sticky Bit，即粘贴位。

一个文件是否可以被某用户删除，主要取决于该文件所属的组是否对该用户具有写权限，如果没有写权限，则这个目录下的所有文件都不能被删除，同时也不能添加新的文件。如果希望用户能够添加文件但同时不能删除文件，则可以对文件目录使用 sticky bit 位。设置该位后，就算用户对目录具有写权限，也不能删除该文件。

sticky 对应于 other（o）的权限，值为 1。如果 other 权限中有 x，则设置 sticky 后，other 的权限值 x 将被 t 替代；如果 other 权限中没有 x，则设置 sticky 后，other 的权限值 x 将被 T 替代。

设置 SBIT 的方法是：chmod　o+t　文件夹名

项目 3

还可以在原权限数字形式的前面加上数字 1，例如原权限为 755，使用 "chmod 1755 文件夹名" 设置 SBIT 属性。

例 3-36：查看/tmp 目录的权限。

```
[root@localhost helen]# ll / |grep tmp
drwxrwxrwt.  27 root root  4096 8 月  19 05：18 tmp
```

例 3-37：设置没有 SBIT 位的目录/home/helen/sticktest 具有 SBIT 位，且所有用户对该目录具有写权限。

```
[root@localhost ~]# cd /home/helen
[root@localhost helen]# ls -ld sticktest
drwxr-xr-x. 2 root root 4096 8 月   19 09：58 sticktest
[root@localhost helen]# chmod 1777 sticktest
[root@localhost helen]# ls -ld sticktest
drwxrwxrwt. 2 root root 4096 8 月   19 09：58 sticktest
```

例 3-38：helen 用户在/home/helen/sticktest 下创建文件 helen-file，且其他用户对该文件具有只读权限，测试 jack 用户对该文件的权限。

```
[root@localhost helen]# su helen
[helen@localhost ~]$ cd sticktest/
[helen@localhost sticktest]$ touch helen-file
[helen@localhost sticktest]$ echo hello >helen-file
[helen@localhost sticktest]$ ll helen-file
-rw-rw-r--. 1 helen helen 9 8 月   19 10：10 helen-file
[helen@localhost sticktest]$ su jack          //切换 jack 用户
密码：
[jack@localhost sticktest]$ vi helen-file     //其他普通用户只能读取该文件
[jack@localhost sticktest]$ rm helen-file
rm: 是否删除普通文件 "helen-file"？y
rm: 无法删除"helen-file"：不允许的操作
```

结果显示，jack 不能删除该文件，起到了保护共享目录中文件的作用。

3.2.4 访问控制列表

基于用户和组的权限机制奠定了 Linux 系统的安全基础，但也有一些不足，比如权限只能基于用户或组进行设定，无法为单独的用户设定不同的权限。为了增加权限管理的灵活性，从 RHEL3 开始引入了访问控制列表（ACL），它可以为单独的用户设定不同的权限，ACL 支持 Ext4 文件系统、NTFS 文件系统、Samba 文件系统等。在 RHEL6.4 中，ACL 是默认安装并开启的，相关软件包是 acl-2.2.49-6.el6.i686.rpm 和 libacl-2.2.49-6.el6.i686.rpm。使用下面的命令可查看系统中 ACL 是否安装。

```
[root@localhost ~]# rpm -qa |grep acl
acl-2.2.49-6.el6.i686
libacl-2.2.49-6.el6.i686
```

结果显示系统已经安装了 ACL 软件包。

若没有安装，可使用 yum install 命令进行安装，如下所示：

```
[root@localhost ~]# yum -y install acl
```

复制带有 ACL 属性的文件或目录时可以加上参数-p 或-a，这样原文件或目录的 ACL 信息会被一同复制。mv 命令会默认移动文件或目录的 ACL 属性。

注意：不能将带有 ACL 属性的文件或目录复制或移动到不支持 ACL 的系统中，否则系统会报错。

1. ACL 定义

ACL 是由一系列的 Access Entry 所组成的。每一条 Access Entry 定义了特定的类别可以对文件拥有的操作权限。Access Entry 有三个组成部分：Entry tag type、qualifier (optional)、permission。Entry tag type 指对象的类型（user、group、mask、other）；qualifier 指特定的用户或组；permission 指不同对象或特定用户、组获得的权限。这里介绍一下最重要的 Entry tag type，它有以下几个类型：

（1）ACL_USER_OBJ：文件（夹）所有者的权限。

（2）ACL_USER：定义了额外的用户可以对此文件或文件夹的权限。

（3）ACL_GROUP_OBJ：文件（夹）所属组的权限。

（4）ACL_GROUP：定义了额外的组可以对此文件或文件夹拥有的权限。

（5）ACL_MASK：定义了 ACL_USER、ACL_GROUP_OBJ 和 ACL_GROUP 的最大权限。

（6）ACL_OTHER：其他用户的权限。

2. ACL 命令

（1）getfacl 命令。

格式：getfacl　[选项]　[文件]

功能：取得文件或目录的 ACL 设置信息。

常用选项：

-a，--access：显示文件或目录的访问控制列表。

-d，--default：显示文件或目录默认的访问控制列表。

-c，--omit-header：不显示本人的访问控制列表。

-R，--recursive：递归操作。

-t，--tabular：使用列表格式输出 ACL 设置信息。

-n，--numberic：显示 ACL 信息中的用户和组的 UID 及 GID。

-version：显示命令的版本信息。

-h，--help：显示命令帮助信息。

例 3-39：查看/home/xiaohua 目录的 ACL 权限。

```
[root@ localhost helen]# getfacl /home/xiaohua
getfacl：Removing leading '/' from absolute path names
# file：home/xiaohua        //定义目录名
# owner：xiaohua            //定义所有者
# group：xiaohua            //定义所属组群
user:: rwx                 //定义目录所有者的权限
group:: ---                //定义目录属组的权限
other:: ---                //定义其他用户对目录的权限
```

（2）setfacl 命令。

格式：setfacl [参数] [文件]

功能：设置文件或目录的 ACL 设置信息。

常用选项：

-m：设置后续 ACL 参数。

-x：删除后续 ACL 参数。

-b：删除全部的 ACL 参数。

-k：删除默认的 ACL 参数。

-R：递归设置 ACL，包括子目录。

-d：设置默认 ACL。

例 3-40：设置 helen 对/home/xiaohua 目录具有 rwx 权限。

```
[root@localhost helen]# setfacl -m u：helen：rwx /home/xiaohua/
[root@localhost helen]# ll -d /home/xiaohua/
drwxrwx---+ 4 xiaohua xiaohua 4096 Apr  1 06：14 /home/xiaohua/
[root@localhost ~]# getfacl /home/xiaohua
getfacl：Removing leading '/' from absolute path names
# file：home/xiaohua
# owner：xiaohua
# group：xiaohua
user：：rwx
user：helen：rwx            //定义 helen 用户对该目录的权限
group：：---
mask：：rwx                 //定义了 ACL 的 mask
other：：---
```

设置完 ACL 后，查看文件详细信息时在权限部分会多出一个"+"的标识，代表文件启用了 ACL 权限。

例 3-41：删除/home/xiaohua 的 ACL 信息。

```
[root@localhost ~]# setfacl -x u：helen /home/xiaohua
[root@localhost ~]# getfacl /home/xiaohua
getfacl：Removing leading '/' from absolute path names
# file：home/xiaohua
# owner：xiaohua
# group：xiaohua
user：：rwx
group：：---
mask：：---
other：：---
[root@localhost ~]# ll -d /home/xiaohua
drwx------+ 4 xiaohua xiaohua 4096 8 月  19 11：14 /home/xiaohua
```

此时，我们看到/home/xiaohua 目录的 ACL 信息虽然已经删除，但在属性信息中仍然有"+"出现。若希望删除属性中的"+"，可使用"chacl"命令，操作如下：

```
[root@localhost ~]# chacl -B /home/xiaohua
[root@localhost ~]# ll -d /home/xiaohua
drwx------. 4 xiaohua xiaohua 4096 8 月  19 11：14 /home/xiaohua
```

例 3-42：通过 ACL 设置 user1 对/home/xiaohua/a.txt 文件具有 rw 权限，并依次备份、删

除和恢复该 ACL 信息。

```
[root@localhost ~]# cd /home/xiaohua
[root@localhost xiaohua]# touch a.txt        //创建文件
[root@localhost xiaohua]# vi a.txt
[root@localhost xiaohua]# setfacl -m u: user1: rw a.txt     //设置 ACL
[root@localhost xiaohua]# getfacl a.txt
# file: a.txt
# owner: root
# group: root
user:: rw-
user: user1: rw-
group:: r--
mask:: rw-
other:: r--
[root@localhost xiaohua]# getfacl a.txt >acl.bak //备份 ACL 信息到 acl.bak
[root@localhost xiaohua]# setfacl -b a.txt        //删除 ACL 信息
[root@localhost xiaohua]# getfacl a.txt          //查看 ACL 信息
# file: a.txt
# owner: root
# group: root
user:: rw-
group:: r--
other:: r--
```

结果显示，ACL 信息已经删除。

```
[root@localhost xiaohua]# setfacl --restore=acl.bak        //恢复 ACL 信息
[root@localhost xiaohua]# getfacl a.txt                    //再次查看 ACL 信息
# file: a.txt
# owner: root
# group: root
user:: rw-
user: user1: rw-
group:: r--
mask:: rw-
other:: r--
```

结果显示，ACL 信息已经恢复。

3.2.5　任务 3-2：基本权限及特殊权限的应用

1．任务描述

设系统中有两个用户账号，分别是 wangkai 与 wangguan，这两个人除了在以自己名为组群名的私人组群中之外还共同加入了一个名为 project 的组群。请以传统权限和 SGID 的功能设置，使得这两个用户共同拥有/srv/programe/目录的开发权，且该目录不许其他人进入查阅。

2．操作步骤

（1）首先添加这两个账号的相关信息，如下所示：

```
[root@localhost ~]# groupadd project
```

```
[root@localhost ~]# useradd -G project wangkai
[root@localhost ~]# useradd -G project wangguan
[root@localhost ~]#id wangkai
uid=501(wangkai) gid=502(wangkai) groups=502(wangkai)，501(project)
[root@localhost ~]#id wangguan
uid=502(wangguan) gid=502(wangguan) groups=503(wangguan)，501(project)
```

（2）然后建立所需要开发的项目目录。

```
[root@localhost ~]# mkdir /srv/programe
[root@localhost ~]# ll -d   /srv/programe
drwxr-xr-x 2 root root 4096 june 28 23：22 /srv/programe
```

（3）从上面的输出结果可发现 wangkai 与 wangguan 都不能在该目录内建立文件，因此需要进行权限与属性的修改。由于其他人均不可进入此目录，因此该目录的组群应为 project，权限应为 770 才能完成任务要求。其命令描述如下：

```
[root@localhost ~]# chgrp project /srv/programe
[root@localhost ~]# chmod 770 /srv/programe
[root@localhost ~]# ll -d   /srv/programe
drwxrwx--- 2 root project 4096 june 28 23：25 /srv/programe
```

（4）分别用 wangkai、wangguan 及其他用户 jack 建立文件进行测试。

```
[root@localhost ~]# su wangkai
[wangkai@localhost ~]#cd /srv/programe
[wangkai@localhost ~]#touch test
[wangkai@localhost ~]#exit
[root@localhost ~]# su wangguan
[wangguan @localhost ~]#cd /srv/programe
[wangguan@localhost programe]$ touch test2
[wangguan@localhost programe]$ su jack
密码:
[jack@localhost programe]$ touch file
touch：无法创建"file"：权限不够
```

可以看出，wangkai 和 wangguan 两个用户都可以在该目录下创建文件，jack 不属于 project 组，故不能创建文件。但 wangkai 和 wangguan 不能修改对方的文件。

（5）加入 SGID 的权限，并进行测试。

```
[root@localhost ~]# chmod 2770 /srv/programe
[root @localhost ~]#ll -d /srv/programe
drwxrwx--- 2 root project 4096 june 28 23：29 /srv/programe
```

（6）再次使用 wangkai 去建立一个文件，并且让 wangguan 用户修改该文件。

```
[root@localhost ~]# su wangkai
[wangkai@localhost ~]#cd /srv/programe
[wangkai@localhost ~]#touch abc
[wangkai @localhost ~]#ll abc
-rw-rw-r--1 wangkai project 0 june 28 23：32 abc
[wangguan@localhost programe]$ vi abc     //可以修改
  [wangguan@localhost programe]$ ll abc
-rw-rw-r--. 1 wangkai project 667 8 月   19 12:42 abc   //新建的 abc 文件的属组为 project，属组权限为 rw，
所以 wangguan 用户可以修改
```

```
[wangguan@localhost programe]$ cat abc
1111111111
```

至此，任务完成。

3.2.6　任务 3-3：权限及访问控制列表的应用

1．任务描述

有一个中型的科技公司，为加快公司的发展速度，决定在上海成立一家分公司，需要招聘业务拓展部经理 1 名、拓展部员工 5 名。所有用户的初始密码为 123456，新员工的密码有效期为 30 天，首次登录时必须修改自己的密码。新员工可以读取/message 文件夹中的内容（/message 的所有者及组为 root，此文件夹只能供 root 及 newgroup 组的成员访问）。新员工每周五下午 3:00 点需要将自己主目录下的工作记录文档保存于公用文件夹/worklog（文档名为"用户名.txt"，/worklog 的所有者及组为 root）下，若文档已存在则用新文档覆盖掉原来的文档。请在 Linux 服务器对上述要求进行部署。

2．任务分析

（1）需要在系统中建立 5 个用户，经理的账户为 manager，员工的账户为 user1～user4，新员工的密码有效期等内容可以使用 chage 命令设置。

（2）为新用户建立 newgroup，manager 为组管理，组员为 user1～user4。

（3）newgroup 组对/message 文件夹的权限为读取，其他人无权访问此文件夹；对/worklog 文件夹的权限为读写；由于/worklog 是公用文件夹，所有人都可以读写，但除管理员 root 及用户自己外，别人不能删除或修改其他用户的文件，所以最好的解决方案是将 other 的权限设为无权，并设置 stickey 权限。

（4）使用计划任务 crontab 命令完成工作记录文档的提交工作。

3．操作步骤

（1）建立组群。

```
[root@localhost ~]# groupadd newgroup
```

（2）建立用户。

```
[root@localhost ~]# useradd manager
[root@localhost ~]# passwd manager     //设置 manager 口令为 123456
更改用户 manager 的密码。
新的密码：
无效的密码：过于简单化/系统化
无效的密码：过于简单
重新输入新的密码：
passwd：所有的身份验证令牌已经成功更新。
```

user1～user4 创建方法同上。

（3）设置首次登录系统需要修改密码。

```
[root@localhost ~]# usermod -L manager
[root@localhost ~]# chage -d 0 manager
[root@localhost ~]# usermod -U manager
```

该用户在本地登录系统时，会提示修改密码，如图 3-18 所示。需要首先输入当前口令，再输入两次新口令，还要有一定的复杂度。

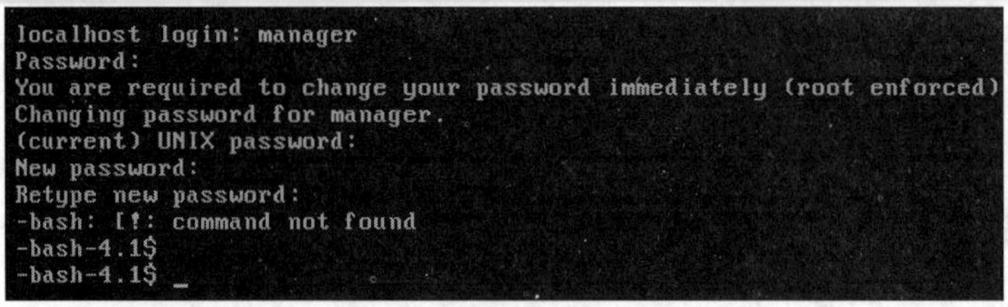

```
localhost login: manager
Password:
You are required to change your password immediately (root enforced)
Changing password for manager.
(current) UNIX password:
New password:
Retype new password:
-bash: [1: command not found
-bash-4.1$
-bash-4.1$ _
```

图 3-18 修改口令

user1～user4 创建方法同上。

（4）设置密码有效期。

[root@localhost ~]# chage -M 30 manager

user1～user4 设置方法同上。

（5）将 user1～user4 加入 newgroup 组，设 manager 为组长。

[root@localhost ~]# gpasswd -M manager，user1，user2，user3，user4 newgroup

[root@localhost ~]# gpasswd -A manager　newgroup

[root@localhost ~]# cat /etc/group|grep newgroup

newgroup：x：533：manager，user1，user2，user3，user4

[root@localhost ~]# cat /etc/gshadow|grep newgroup

newgroup：!：manager：manager，user1，user2，user3，user4

系统显示，已经将 manager、user1、user2、user3、user4 五个账户添加到了 newgroup 组，并将 manager 设置为该组的管理员。

（6）建立/message 文件夹并设置权限。

[root@localhost ~]# mkdir /message

[root@localhost ~]# setfacl -R -m g：newgroup：r /message

[root@localhost ~]# chmod o= - /message -R

[root@localhost /]# getfacl /message

getfacl：Removing leading '/' from absolute path names

file：message

owner：root

group：root

user：：rwx

group：：r-x

group：newgroup：r--

mask：：r-x

other：：---

结果显示，newgroup 组可以读，其他人没有任何权限。

（7）建立文件夹/worklog 并设置权限。

[root@localhost ~]# mkdir   /worklog

[root@localhost /]# ll -d worklog

drwxr-xrwt. 2 root root 4096 8 月   20 03：36 worklog

（8）为每个用户指定计划任务。

[manager@localhost /]$ crontab -e   //打开 crontab 的编辑器，编辑任务计划

0 15 * * 5 cp /home/manager/manager.txt /worklog -rf

然后保存退出。

```
[manager@localhost /]$ crontab -l
0  15 *  *  5  cp  /home/manager/manager.txt  /worklog  -rf
```

user1～user4 设置方法同上。

至此，任务完成。

3.3　小结

本项目主要讲解了用户组群的概念与配置以及文件系统的概念与管理配置。修改文件的组群可用 chgrp，修改文件的拥有者可用 chown，修改文件的权限可用 chmod，chmod 修改权限的方法有两种，分别是符号法与数字法，数字法中 r、w、x 分数为 4、2、1；与目录相关的命令有：cd、mkdir、rmdir、pwd 等重要命令。

3.4　习题与操作

一、选择题

1. 在 Linux 中与用户有关的文件为（　　　）。
   A．/etc/passwd 和/etc/shadow　　　　B．/etc/passwd 和/etc/group
   C．/etc/passwd 和/etc/gshadow　　　　D．/etc/shadow 和/etc/group

2. /etc/passwd 文件中的第一列代表是（　　　）。
   A．用户名　　　　B．组名　　　　C．用户别名　　　　D．用户主目录

3. 用户加密后的密码保存在（　　　）。
   A．/etc/passwd　　B．/etc/shadow　　C．/etc/gshadow　　D．/etc/group

4. 添加用户的命令是（　　　）。
   A．useradd　　　　B．usersadd　　　　C．addusers　　　　D．appenduser

5. 可用于锁定用户账户的命令是（　　　）。
   A．useradd　　　　B．userdel　　　　C．usermod　　　　D．adduser

6. 文件的基本权限分为（　　　）。
   A．rwx-　　　　B．rw-　　　　C．rwx　　　　D．rwxu

7. 使用（　　　）命令可以查看文件的属性。
   A．ll　　　　B．ls　　　　C．ls -a　　　　D．cat

8. 在 Linux 系统中执行文件用（　　　）颜色表示。
   A．红色　　　　B．蓝色　　　　C．绿色　　　　D．黑色

9. 权限 rwxrw-rw-对应的数值是（　　　）。
   A．766　　　　B．755　　　　C．644　　　　D．744

10. 为文件设置 ACL 权限的命令是（　　　）。
    A．setacl　　　　B．setfacl　　　　C．getfacl　　　　D．putacl

二、操作题

1．任务描述

某电商企业配置 Linux 操作系统，需要在该系统上为市场部、营销部、人力资源等三个部门规划如下账户信息：

（1）为每个部门建立一个组群，并设置组群口令。

（2）假设每个部门中有一个主管，三个普通员工，为每个员工建立一个用户账户，并设置账户口令。

（3）把部门中的用户添加到部门组群中，为部门经理的用户账户改名。

2．操作目的

（1）熟悉用户和组的概念。

（2）熟悉用户和组的管理命令。

3．任务准备

一台安装 RHEL6.4 操作系统的机器。

4

配置与管理磁盘

【项目导入】

学习 Linux 文件系统和磁盘管理对于 Linux 操作系统的管理者是至关重要的。如果您的 Linux 服务器有若干用户经常存取数据时，为了维护这些用户对硬盘容量的公平使用，磁盘配额（Quota）是一个非常有用的工具。另外，磁盘阵列（RAID）及逻辑卷管理器（LVM）也可以帮助您管理与维护用户可用的磁盘空间。

【知识目标】

☞ 理解磁盘分区、格式化概念
☞ 掌握挂载文件系统概念及命令
☞ 理解 RAID 的作用
☞ 掌握逻辑卷管理器的作用
☞ 掌握磁盘配额的作用

【能力目标】

☞ 掌握磁盘添加、分区及格式化的操作
☞ 掌握移动设备及网络文件系统的使用
☞ 掌握 RAID 的使用和管理方法
☞ 掌握逻辑卷管理器的创建和管理方法
☞ 掌握磁盘配额的创建和管理方法

4.1 配置与管理磁盘

磁盘是系统中的重要存储设备，在 Linux 系统中掌握对磁盘的操作方法是非常重要的。

4.1.1　常用磁盘管理工具的使用

1. 查看或创建分区

fdisk 命令。

格式：fdisk　[-l]　　[磁盘名称]

功能：①输出后面所接磁盘的所有 partition 内容。若仅有 fdisk -l 时，则系统将会把整个系统内能够搜寻到的磁盘的 partition 均列出来；②fdisk 磁盘名称，则进入硬盘分区模式。

常用选项如下：

m：显示所有命令（即帮助）。

p：显示硬盘分割情形。

a：设定硬盘启动区。

n：设定新的硬盘分区。

e：硬盘为"扩展"（extend）分区。

p：硬盘为"主要"（primary）分区。

t：改变硬盘分区属性。

d：删除硬盘分区属性。

q：结束不保存硬盘分区属性。

w：结束并写入硬盘分区属性。

x：扩展功能（专业人员使用）。

2. 建立文件系统（格式化）

创建分区后，接下来就要对分区格式化，实现在分区上创建相应的文件系统。只有建立了文件系统，该分区才能够用来存取文件。创建文件系统常用的工具有 mkfs 和 mke2fs。

（1）mkfs 命令。

格式：mkfs　[参数]　文件系统

功能：可用于创建各种文件系统。

常用选项如下：

-t：指定要创建的文件系统类型，如 Ext3、Ext4、vfat 等（系统支持的文件系统）。

-c：建立文件系统前检查坏块。

-V：输出建立文件系统的详情信息。

若将分区 hda1 格式分为 vfat，则，

命令格式一：

mkfs　-t　vfat　/dev/hda1

命令格式二：

mkfs.vfat　　/dev/hda1

（2）mke2fs 命令。

格式：mke2fs [-b block 大小] [-i block 大小] [-L 标头] [-cj] 磁盘分区

功能：建立 Ext2 文件系统，mke2fs 即 make ext2 file system。

常用选项如下：

-b：可以配置每个 block 的大小，目前支持 1024、2048、4096B 三种。

-i：指定"字节/inode"的比例。

-c：检查磁盘错误。

-L：设置文件系统的标签名称。

-j：本来 mke2fs 是 Ext2，加上-j 后，会主动加入 journal 而成为 Ext3。

另外：

①mkdosfs 设备名，建立 vfat 文件系统。

②mkswap 设备名，建立 swap 文件系统。

例如，要在刚才创建的分区上创建 Ext3 文件系统，则格式化命令为：

```
[root @localhost ~]#mkfs   -t   ext3   /dev/hdal
```

或

```
[root @localhost ~]#mkfs.ext3   /dev/hda1
```

或

```
[root @localhost ~]#mke2fs   -j   /dev/hda1
```

3．修改文件系统

（1）e2label 命令。

格式：e2label　　磁盘分区　　标签名

功能：设定或显示 Ext2 或 Ext3 分区的卷标。

例 4-1：设置并显示 /dev/hdb1 的卷标。

```
[root @localhost ~]#e2label   /dev/hdb1   mytest   //设置"/dev/hdb1"的卷标为"mytest"
[root @localhost ~]#e2label   /dev/hdb1   mytest   //显示"/dev/hdb1"的卷标
```

（2）tune2fs 命令。

格式：tune2fs　[参数]　磁盘分区

功能：调整和检查文件系统。

常用选项如下：

-l：显示超级块内容。

-j：将 Ext2 的 filesystem 转换为 Ext3 的文件系统。

-c：设置强制自检的挂载次数，如果开启，每挂载一次 mount count 就会加 1，超过次数就会强制自检。

-L：类似 e2label 的功能，可以修改 filesystem 的 Label。

例 4-2：显示 hdbl 分区的超级块内容。

```
[root @localhost ~]#tune2fs   -l   /dev/hdbl
```

例 4-3：设置 hdbl 分区每 mount 50 次就进行磁盘检查。

```
[root@localhost~]#tune2fs   -c 50   /dev/hdbl
```

例 4-4：将 hdbl 分区上的 ext2 系统升级为 ext3。

```
[root@localhost~]#tune2fs   -j   /dev/hdbl
```

（3）resize2fs 命令。

格式：resize2fs [-M] 磁盘分区　新的尺寸

功能：更改文件系统的大小。

例 4-5：重新设置 hdb1 分区上文件系统的大小。

```
[root@localhst~]#resize2fs   /dev/hdb1
```

此时分区中变动的部分会被格式化，此操作不会影响分区中没有变动的部分。

4. 检查文件系统的正确性

（1）fsck 命令。

格式：fsck　[参数]　设备名称

功能：检查与修复 Linux 文件系统，可以同时检查一个或多个 Linux 文件系统。

常用参数如下：

-A：对/etc/fstab 中定义的所有分区进行检查。

-C：显示完整的检查进度。

-d：列出 fsck 的调试结果。

-a：自动修复检查中的错误。

-r：询问是否修复检查中的错误。

例 4-6：检查分区/dev/hdb1 上是否有错误，若有错误则自动修复。

```
[root@localhst~]#fsck -a　　/dev/hdb1
```

（2）e2fsck 命令。

格式：e2fsck　[参数]　设备名称

功能：检查 Ext2、Ext3、Ext4 等文件系统的正确性。

常用参数如下：

-a：不询问使用者意见，便自动修复文件系统。

-f：既使文件系统没有错误迹象，仍强制检查正确性。

-F：执行前先清除设备的缓冲区。

-p：不询问使用者意见，便自动修复文件系统。

-t：显示时间信息。

-v：执行时显示详细的信息。

-V：显示版本信息。

-y：采取非互动方式执行，所有的问题均设置以"yes"回答。

5. 磁盘空间管理命令

（1）df 命令。

格式：df　[选项]

功能：检查文件系统的磁盘空间占用情况。

可以利用该命令来获取硬盘被占用了多少空间、目前还剩下多少空间等信息。磁盘空间大小的单位为数据块，1 数据块=1024 字节=1KB。df 命令可显示所有文件系统对 i 节点和磁盘块的使用情况。

常用选项如下：

-a：显示所有文件系统的磁盘使用情况，包括 0 块（block）的文件系统，例如/proc 文件系统。

-k：以 KB 为单位显示。

-i：显示 i 节点信息，而不是磁盘块。

-t：显示各指定类型的文件系统的磁盘空间使用情况。

-x：列出不是某一指定类型文件系统的磁盘空间使用情况（与 t 选项相反）。

-T：显示文件系统类型。

例4-7： 列出各文件系统的磁盘空间使用情况。

文件系统	1K-块	已用	可用	已用%	挂载点
[root@localhost ~]# df					
/dev/mapper/VolGroup-lv_root	16037808	2828032	12395084	19%	/
tmpfs	969996	76	969920	1%	/dev/shm
/dev/sda1	495844	36106	434138	8%	/boot
/dev/sdb2	12729096	162788	11919692	2%	/mnt/sb2

df 命令的输出清单的第 1 列代表文件系统对应的设备文件的路径名（一般是硬盘上的分区）；第 2 列给出分区包含的数据块（1024 字节）的数目；第 3、4 列分别表示已用的和可用的数据块数目。注意：第 3、4 列块数之和不一定等于第 2 列中的块数，这是因为默认的每个分区都留了少量空间供系统管理员使用。即使遇到普通用户空间已满的情况，管理员仍能登录和留有解决问题所需的工作空间。清单中"已用%"列表示普通用户空间使用的百分比，即使这一数字达到 100%，分区仍然留有系统管理员使用的空间。最后，"挂载点"列表示文件系统的安装点。

例4-8： 列出文件系统的类型。

文件系统	类型	1K-块	已用	可用	已用%	挂载点
[root@localhost ~]# df -T						
/dev/mapper/VolGroup-lv_root	ext4	16037808	2828032	12395084	19%	/
tmpfs	tmpfs	969996	76	969920	1%	/dev/shm
/dev/sda1	ext4	495844	36106	434138	8%	/boot
/dev/sdb2	ext3	12729096	162788	11919692	2%	/mnt/sb2

（2）du 命令。

格式：du　[选项]　[filename]

功能：统计目录（或文件）所占磁盘空间的大小。

说明：该命令逐级进入指定目录的每一个子目录并显示该目录占用文件系统数据块（1024字节，即 1KB）的情况。若没有给出 filename，则对当前目录进行统计。

常用选项如下：

-s：对每个 filename 参数只给出占用的数据块总数。

-a：递归地显示指定目录中各文件及子目录中各文件占用的数据块数。若既不指定-s，也不指定-a，则只显示 filename 中的每一个目录及其中各子目录所占的磁盘块数。

-b：以字节为单位列出磁盘空间使用情况（系统默认以 KB 为单位）。

-k：以 1024 字节为单位列出磁盘空间使用情况。

-c：最后再加上一个总计（系统默认设置）。

-l：计算所有的文件大小，对硬链接文件则计算多次。

-x：跳过在不同文件系统上的目录不予统计。

例4-9： 查看/tmp 目录占用磁盘空间的情况。

```
[root@localhost ~]# du /tmp
4    /tmp/.esd-0
4    /tmp/pulse-nYgQqv6RkENx
4    /tmp/keyring-jyt5Vp
4    /tmp/keyring-gS1tkj
4    /tmp/.X11-unix
```

```
4        /tmp/keyring-1Abkyd
4        /tmp/orbit-gdm
8        /tmp/orbit-root
4        /tmp/.ICE-unix
8        /tmp/pulse-OuCoBPWIP4pa
4        /tmp/virtual-root.iopvHD
4        /tmp/virtual-root.xZT0sY
64       /tmp
```

例 4-10： 列出/etc 目录所占的磁盘空间，但不详细列出每个文件所占的空间。

```
[root@localhost ~]# du   -s   /etc
35704       /etc
```

例 4-11： 列出/mnt 目录下的所有文件和目录所占的空间，而且以字节为单位来计算大小。

```
[root@localhost /]# du -ab /mnt
16384       /mnt/sb2/lost+found
20480       /mnt/sb2
4096        /mnt/sb1
28672       /mnt
```

（3）dd 命令。

格式：dd [选项]

功能：把指定的输入文件复制到指定的输出文件中，并且在复制过程中可以进行格式转换，系统默认使用标准输入文件和标准输出文件。

常用选项如下：

if=输入文件（或设备名称）。

of=输出文件（或设备名称）。

ibs=bytes：一次读取 bytes 字节，即读入缓冲区的字节数。

count=blocks：只复制输入的 blocks 块。

例 4-12： 将/etc/yum.conf 复制到/lab 目录下。

```
[root@localhost /]# mkdir lab
[root@localhost /]# dd if=/etc/yum.conf   of=/lab/yum.conf
记录了 1+1 的读入
记录了 1+1 的写出
813 字节（813 B)已复制，0.0321924s，25.3KB/s
```

例 4-13： 备份/dev/sdal 中的所有内容到/lab/image 文件中。

```
[root@localhost /]# dd if=/dev/sda1 of=/lab/image
记录了 1024000+0 的读入
记录了 1024000+0 的写出
524288000 字节（524 MB)已复制，16.3995s，32.0 MB/s
[root@localhost /]# ll /lab|grep image
-rw-r--r--. 1 root root 524288000 6 月   2 18:49 image
```

例 4-14： 还原/lab/image 中的内容到/dev/sdal。

```
[root@localhost /]# dd if=/lab/image of=/dev/sdal
```

例 4-15： 复制内存中的内容到/lab/mem.txt 中。

```
[root@localhost /]# dd if=/dev/mem   of=/lab/mem.txt bs=1024
```

记录了 1028+0 的读入

记录了 1028+0 的写出

1052672 字节（1.1 MB）已复制，0.0410633s，25.6 MB/s

例 4-16： 利用光盘制作 ISO 镜像文件。

[root@localhost /]# dd if=/dev/sr0 of=/lab/rhel6.iso

记录了 6162432+0 的读入

记录了 6162432+0 的写出

3155165184 字节（3.2 GB）已复制，178.709s，17.7 MB/s

4.1.2　挂载及卸载命令的使用

在分区中建立了文件系统之后，就可以把该分区挂载到系统目录树的相应位置进行使用了。挂载文件系统有两种方式，使用 mount 命令手动挂载和修改/etc/fstab 文件进行自动挂载。挂载文件系统时，应该先创建挂载点，然后挂载文件系统。

1．mount 命令

格式：mount [选项]　[设备文件名] [挂载点目录]

功能：挂载文件系统或设备。

常用选项如下：

（1）-t 的详细选项：

iso9660：光盘或光盘镜像。

msdos：DOS FAT16 文件系统。

vfat：Windows 9x FAT32 文件系统。

ntfs：Windows NT NTFS 文件系统。

cifs：mount Windows 文件网络共享。

nfs：UNIX（Linux）文件网络共享。

（2）-o 的详细选项：

loop：用来把一个文件当成硬盘分区挂载到系统。

ro：采用只读方式挂载设备。

rw：采用读写方式挂载设备。

remount：重新挂载，这在系统出错或重新升级参数时很有用。

2．umount 命令

格式：umount　[选项]　[装载点]

功能：卸载指定的设备，既可使用设备名也可使用挂载目录名作为参数。如：

[root@localhost ~]# umount /mnt/cdrom　　//卸载光盘

[root@localhost ~]# umount /dev/sdb1　　//卸载 U 盘

进行卸载操作时，如果挂载设备中的文件正被使用，或者当前目录正是挂载点目录，系统会显示类似"umount: /mnt/cdrom:device is busy.（设备正忙）"的提示信息。用户必须关闭文件，或切换到其他目录才能进行卸载操作。

3．挂载硬盘分区

对于已经存在的硬盘分区可以直接进行挂载，操作步骤如下：

（1）建立挂载点（设挂载点为/mnt/h3）：

```
[root@localhost ~]# mkdir /mnt/h3
```

（2）挂载分区：

```
[root@localhost ~]# mount /dev/hda3 /mnt/h3
```

（3）使用 hda3。此时可以像使用普通文件夹一样使用/mnt/h3，例如在 h3 文件夹中创建文件等操作。

```
[root@localhost ~]#touch /mnt/hd3/file
```

（4）卸载挂载点：

```
[root@localhost~]# umount /dev/hda3
```

4. 挂载 USB 设备

USB 存储设备常用的主要是 U 盘和 USB 移动硬盘两种。

在 Linux 中，将 USB 存储设备当作 SCSI 设备对待。对于 U 盘，如果没有进行分区，则使用相应的 SCSI 设备文件名来挂载使用；如果 U 盘中存在分区，则使用相应分区的设备文件名来进行挂载。对于 USB 硬盘，使用对应分区的设备文件名来挂载即可。

USB 存储设备不使用时，要先 umount，然后再移除 USB 设备。

在 Linux 中使用 U 盘的方法如下：

（1）将 U 盘插入计算机的 USB 接口之后，Linux 将检测到该设备，并显示出相关信息，如下所示，说明 U 盘在系统中被识别为 sdc。

```
[root@localhost~]#sd 33:0:0:0: [sdc] Assuming drive cache:write through
sd 33:0:0:0: [sdc] Assuming drive cache:write through
sd 33:0:0:0: [sdc] Assuming drive cache:write through
```

（2）创建挂载点目录。为了能挂载使用 U 盘，还需在/mnt 目录下创建一个用于挂载 USB 盘的目录，例如 usb，即：

```
[root@localhost~]# mkdir /mnt/usb
```

（3）挂载和使用 U 盘。当前 U 盘只有一个 FAT 分区，该分区对应的设备文件名称为 sdcl，实现命令为：

```
[root@localhost~]# mount -t vfat /dev/sdcl /mnt/usb
[root@localhost~]#cd /mnt/usb
[root@localhost usb]#ls
```

执行挂载命令时，只要未输出错误信息，则意味着挂载成功，进入/mnt/usb 目录就可存取访问 U 盘中的内容了。

（4）卸载 U 盘，先退出挂载目录，再执行卸载命令。实现命令为：

```
[root@localhost usb]#cd
[root@localhost~]# umount /mnt/usb
```

或

```
[root@localhost~]# umount /dev/sdcl
```

5. 挂载光盘

（1）挂载普通光盘。

在 Linux 的 dev 目录下与光驱对应的设备名为 cdrom，此设备在安装时由系统建立。

1）建立挂载点：

```
[root@localhost~]# mkdir /mnt/cdrom
```

2）挂载光盘：

```
[root@ localhost ~]# mount /dev/cdrom /mnt/cdrom
```

3）访问光盘：

```
[root@ localhost ~]#cd /mnt/cdrom
[root@ localhost cdrom]#ls
```

4）卸载光盘：

```
[root@ localhost cdrom]#cd
[root@localhost~]# umount /mnt/cdrom
```

或

```
umount /dev/cdrom
```

（2）挂载 Linux 系统中存在的光盘镜像文件。

在 Linux 中不但可以挂载光盘，还可以挂载光盘镜像文件（*.iso），光盘镜像可以直接使用，挂载方法如下：

1）建立挂载点：

```
[root@localhost ~]# mkdir /mnt/iso
```

2）挂载光盘镜像文件：

```
[root@localhost ~]# mount -o loop -t iso9660 /lab/rhel6.iso /mnt/iso
```

3）使用光盘镜像文件：

```
[root@localhost ~]#cd /mnt/iso
[root@localhost iso]#ls
```

4）卸载光盘镜像文件：

```
[root@localhost iso]#cd
[root@localhost ~]# umount /dev/iso
```

6. 自动装载

格式：vi /etc/fstab

功能：系统启动时自动装载文件系统。

通常硬盘上的各个磁盘分区都会在 Linux 的启动过程中自动挂载到指定的目录，并在关机时自动卸载。而 U 盘等移动存储介质既可以在启动系统时自动挂载，也可以在需要时手工挂载/卸载。当移动存储介质使用完成后，必须经正确卸载后才能取出，否则会造成一些不必要的错误。

/etc/fstab 文件内容及结构如下。

卷标	挂载点	类型	命令选项	备份选项	检查顺序
/dev/mapper/VolGroup-lv_root	/	ext4	defaults	1	1
UUID=d8877070-3973-456b-a398-9e8447a2f682	/boot	ext4	defaults	1	2
/dev/mapper/VolGroup-lv_swap	swap	swap	defaults	0	0
tmpfs	/dev/shm	tmpfs	defaults	0	0
devpts	/dev/pts	devpts	gid=5, mode=620	0	0
sysfs	/sys	sysfs	defaults	0	0
proc	/proc	proc	defaults	0	0

/etc/fstab 文件中每一行表示一个文件系统，而每个文件系统的信息用 6 个字段来表示，字段之间用空格分隔。从左到右字段信息分别为：

● 卷标：指定不同的设备逻辑名，对于 proc 等特殊的文件系统则显示文件系统名。采用逻辑卷管理（LVM）的分区显示为逻辑卷名，如/dev/mapper/VolGroup-lv_root。

- 挂载点：指定每个文件系统在系统中的挂载位置，其中 swap 分区不需指定挂载点。
- 类型：指定每个文件系统所采用的文件系统类型。
- 命令选项：每一个文件系统都可以设置多个命令选项，命令选项之间必须使用逗号隔开。其中常见的命令选项及含义如表 4-1 所示。

表 4-1 fstab 文件常用命令选项

选项	含义
defaults	按默认值挂载文件系统，也就是该文件系统启动时将自动挂载，并可读可写
noauto	系统启动时不挂载该文件系统，用户在需要时手工挂载
auto	系统启动时自动挂载该文件系统
ro	该文件系统只可读不可写
rw	该文件系统既可读又可写
usrquota	该文件系统实施用户配额管理
grpquota	该文件系统实施组群配额管理

- 备份选项：dump 是一个用来做为备份的命令。0 代表不要做 dump 备份；1 代表要每天进行 dump；2 代表其他不定日期做 dump 备份。通常这个数值为 0 或 1。
- 检查顺序：启动的过程中，系统默认会以 fsck 检验 filesystem 是否完整（clean）。可有三个取值：0、1 和 2。0 表示不进行文件系统检查，1 表示最早检查（一般只有根目录会配置为 1），2 也要检查，在 1 之后。

例如，把 U 盘在系统启动时自动装载到目录/mnt/usb 下，且备份选项为 0，检查顺序为 1。

```
[root@localhost~]#vi /etc/fstab
```

添加内容如下：

```
/dev/sdc1          /mnt/usb                      vfat      defaults    0 1
```

7. 挂载网络文件

（1）挂载 Windows 共享资源。

命令格式为：

```
mount -t cifs -o username= x x x，password= x x x    //IP/共享资源   挂载点
```

设网络中有 Windows 共享资源 winshare，Windows 的 IP 为 192.168.0.10，需要在 Linux 中访问该共享资源，挂载方法如下：

1）建立挂载点（设挂载点为/mnt/winshare）：

```
[root@localhost~]#mkdir /mnt/winshare
```

2）挂载 Windows 共享资源：

```
[root@localhost~]#mount -t cifs -o username=admin，password=111111 //192.168.0.10/winshare /mnt/winshare
```

其中，用户名、密码分别为 Windows 中存在的 Linux 用户名及密码。

3）使用共享资源。

4）卸载共享资源：

```
[root@localhost~]# umount /mnt/winshare
```

（2）挂载 Linux 共享资源。

挂载 Linux 共享资源（设此资源由 NFS 服务器提供）的方法与挂载 Windows 共享资源的

方法类似，使用命令为：

> mount -t nfs -o 挂载方式　IP：共享资源　挂载点

NFS 客户端有多种挂载方式，如表 4-2 所示。

表 4-2　NFS 客户端的挂载方式

参数	参数意义	系统默认值
suid nosuid	当挂载的分区上有任何 suid 的 binary 程序时，只要使用 nosuid 就能够取消 suid 的功能	suid
rw ro	可以指定共享部分是只读或可写	rw
dev nodev	是否保留装置文件的特殊功能？一般来说只有/dev 才会有特殊的装置，因此可以选择 nodev	dev
exec noexec	是否具有执行 Binary file 的权限？如果挂载的只是数据区，那么可以选择 noexec	exec
user nouser	是否允许用户具有文件的挂载与卸载功能？如果要保护文件系统，最好不要提供用户挂载与卸载功能	nouser
auto noauto	这个 auto 指的是 mount -a。如果不需要这个分区随时被挂载，可设置 noauto	auto

设共享资源为 192.168.0.200：/usr/www，挂载点为/mnt/linuxshare，则挂载方法如下：

1）建立挂载点：

> [root@localhost~]#mkdir　/mnt/www

2）挂载 Linux 共享资源：

> [root@localhost~]#mount -t nfs -o rw 192.168.0.200：/usr/www /mnt/linuxshare

3）使用共享资源。

4）卸载共享资源：

> [root@localhost~]# umount /mnt/linuxshare

8．制作、使用光盘镜像

（1）从光盘制作镜像文件。

光盘的文件系统为 ISO9660，光盘镜像文件的扩展名通常命名为.iso，使用 cp 命令即可完成。cp 命令用法为：

> cp /dev/cdrom 镜像文件名

例如，将当前光盘内容制作成一个光盘镜像文件，其文件名为 cd.iso，则操作命令为：

> [root@localhost ~]# cp/dev/cdrom cd.iso

（2）使用目录文件制作镜像文件。

Linux 支持将指定的目录及目录下的文件和子目录制作成一个 ISO 镜像文件。对目录制作镜像文件，使用 mkisofs 命令来实现，其用法为：

> mkisofs -r -o 镜像文件名　目录路径

（3）刻录光盘。

光盘镜像文件可直接用来刻录光盘，使用 cdrecord 命令，利用 ISO 镜像文件可刻录对应的光盘。具体方法如下：

1）检测刻录光驱的设备 ID 号。在刻录光盘之前，使用 cdrecord -scanbus 命令检测光盘刻录机的相关参数，从而获得该光驱设备的设备号。在正式刻录时，其操作命令中需要指定该设备的设备号。

2）刻录光盘使用 cdrecord 命令实现。该命令用法为：

cdrecord -v　speed=刻录速度 dev=刻录光驱设备号　ISO 镜像文件名

例如：

cdrecord -v speed=12 dev=0，0 /root/mylx.iso

4.1.3　任务 4-1：创建新分区并备份文件

1. 任务描述

添加一块容量为 2GB 的磁盘并使用 fdisk 创建一个主分区和两个逻辑分区，利用 mount 命令实现设备的挂载，并将/etc 下的内容压缩备份到该分区中。在虚拟机中完成该任务。

2. 操作步骤

（1）添加一块硬盘。

1）在虚拟机关闭状态下，选择"编辑虚拟机设置"，如图 4-1 所示。

图 4-1　编辑虚拟机设置

2）在"虚拟机设置"界面中，单击"添加"按钮，如图 4-2 所示。

图 4-2　虚拟机设置

3）在"添加硬件向导"界面中，硬件类型选"硬盘"，如图 4-3 所示，然后单击"下一步"按钮。

4）在"选择磁盘类型"界面中，虚拟磁盘类型选择"SCSI(S)（推荐）"，如图 4-4 所示，然后单击"下一步"按钮。

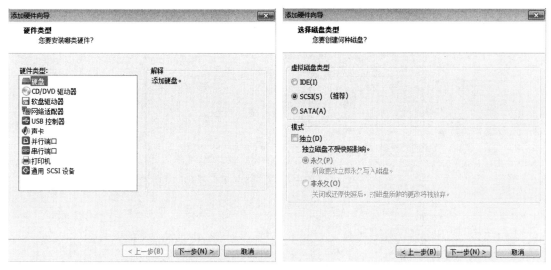

　图 4-3　添加硬件向导　　　　　　　　　　图 4-4　虚拟磁盘类型

5）在"选择磁盘"界面中，选择"创建新虚拟磁盘"，这样不会对真实机造成影响，还可在多台主机之间移动，如图 4-5 所示，然后单击"下一步"按钮。

6）在"指定磁盘容量"界面中，设定磁盘的大小为 2GB。

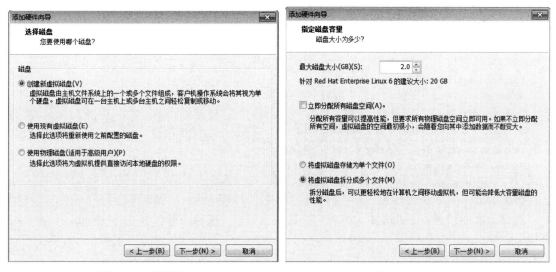

　图 4-5　选择磁盘　　　　　　　　　　　图 4-6　磁盘大小

7）指定磁盘文件，一般按默认指定的文件即可，如图 4-7 所示。单击"完成"按钮返回图 4-3 所示的"添加硬件向导"界面，然后单击"确定"按钮，完成磁盘的添加过程。

图 4-7　指定磁盘文件

（2）启动系统并查看新磁盘。

```
[root@localhost ~]# ls /dev/sd*              //*代表所有以 sd 开头的磁盘及分区
/dev/sda   /dev/sda1   /dev/sda2   /dev/sdb
[root@localhost ~]# fdisk -l      //查看机器所挂硬盘个数及分区情况
Disk /dev/sda: 21.5 GB，21474836480 bytes
255 heads，63 sectors/track，2610 cylinders
Units = cylinders of 16065 * 512 = 8225280 bytes
Sector size (logical/physical): 512 bytes / 512 bytes
I/O size (minimum/optimal): 512 bytes / 512 bytes
Disk identifier: 0x000b0710
   Device Boot        Start          End        Blocks    Id   System
/dev/sda1      *          1           64        512000    83   Linux
Partition 1 does not end on cylinder boundary.
/dev/sda2                 64         2611      20458496    8e   Linux LVM
Disk /dev/sdb: 2147 MB，2147483648 bytes
255 heads，63 sectors/track，261 cylinders
Units = cylinders of 16065 * 512 = 8225280 bytes
Sector size (logical/physical): 512 bytes / 512 bytes
I/O size (minimum/optimal): 512 bytes / 512 bytes
Disk identifier: 0x00000000
```

通过上面的信息，可以得知此机器中挂载两个硬盘（或移动硬盘），分别是 sda 和 sdb。sda 分成 sda1 和 sda2 两个分区。

（3）创建新分区。

1）fdisk 的说明。

```
[root@localhost ~]# fdisk /dev/sdb
Device contains neither a valid DOS partition table，nor Sun，SGI or OSF disklab
el
Building a new DOS disklabel with disk identifier 0x3cdf3fd6.
```

Changes will remain in memory only，until you decide to write them.

After that，of course，the previous content won't be recoverable.

Warning: invalid flag 0x0000 of partition table 4 will be corrected by w(rite)

WARNING: DOS-compatible mode is deprecated. It's strongly recommended to
　　　　　switch off the mode (command 'c') and change display units to
　　　　　sectors (command 'u').

Command (m for help):　　　　　　　　　//在这里按<m>键，就会输出帮助信息

Command action

　　a　　toggle a bootable flag　　　　　　//设定硬盘启动区

　　b　　edit bsd disklabel

　　c　　toggle the dos compatibility flag

　　d　　delete a partition　　　　　　　　//删除一个分区

　　l　　list known partition types　　　　//列出分区类型，以供用户设置相应分区的类型

　　m　　 print this menu　　　　　　　　//列出帮助信息

　　n　　add a new partition　　　　　　　//添加一个分区

　　o　　create a new empty DOS partition table　//创建一个空分区

　　p　　print the partition table　　　　//列出分区表

　　q　　quit without saving changes　　　//不保存退出

　　s　　create a new empty Sun disklabel

　　t　　change a partition's system id　　//改变分区类型

　　u　　change display/entry units

　　v　　verify the partition table

　　w　　 write table to disk and exit　　　//把分区表写入硬盘并退出

　　x　　extra functionality (experts only)　//扩展应用，专家功能

2）通过 fdisk 的 "n" 指令增加一个分区。

Command (m for help): p

Disk /dev/sdb: 2147 MB，2147483648 bytes

255 heads，63 sectors/track，261 cylinders

Units = cylinders of 16065 * 512 = 8225280 bytes

Sector size (logical/physical): 512 bytes / 512 bytes

I/O size (minimum/optimal): 512 bytes / 512 bytes

Disk identifier: 0x3cdf3fd6

　　Device Boot　　　　Start　　　　End　　　　Blocks　　Id　System

Command (m for help): **n**　　　　　　　//增加一个分区

Command action

　　e　　extended

　　p　　primary partition (1-4)　　　　//增加一个主分区，一块硬盘至少要有一个主分区

p

Partition number (1-4): **1**　　　　　//主分区编号为 1

First cylinder (1-261，default 1): **1**　　//起始柱面为 1

Last cylinder，+cylinders or +size{K，M，G} (1-261，default 261): **100**　　//终止柱面为 100

Command (m for help): **w**　　　　　//保存退出

The partition table has been altered!

Calling ioctl() to re-read partition table.

Syncing disks.

3）增加一个扩展分区。

```
[root@localhost ~]# fdisk /dev/sdb
WARNING: DOS-compatible mode is deprecated. It's strongly recommended to
         switch off the mode (command 'c') and change display units to
         sectors (command 'u').
Command (m for help): p              //列出分区表
Disk /dev/sdb: 2147 MB，2147483648 bytes
255 heads，63 sectors/track，261 cylinders
Units = cylinders of 16065 * 512 = 8225280 bytes
Sector size (logical/physical): 512 bytes / 512 bytes
I/O size (minimum/optimal): 512 bytes / 512 bytes
Disk identifier: 0x3cdf3fd6
     Device Boot      Start         End      Blocks   Id  System
/dev/sdb1                 1         100       803218+  83  Linux
Command (m for help): n              //添加分区
Command action
   e   extended
   p   primary partition (1-4)
e                                    //添加扩展分区
Partition number (1-4): 2            //添加扩展分区编号为2
First cylinder (101-261，default 101):    //直接按回车键使用默认的起始柱面
Using default value 101
Last cylinder，+cylinders or +size{K，M，G} (101-261，default 261): //缺省终止柱面
Using default value 261
Command (m for help): w   //保存退出
The partition table has been altered!
Calling ioctl() to re-read partition table.
Syncing disks.
```

4）添加两个逻辑分区。

```
[root@localhost ~]# fdisk /dev/sdb
WARNING: DOS-compatible mode is deprecated. It's strongly recommended to
         switch off the mode (command 'c') and change display units to
         sectors (command 'u').
Command (m for help): p    //列出分区表
Disk /dev/sdb: 2147 MB，2147483648 bytes
255 heads，63 sectors/track，261 cylinders
Units = cylinders of 16065 * 512 = 8225280 bytes
Sector size (logical/physical): 512 bytes / 512 bytes
I/O size (minimum/optimal): 512 bytes / 512 bytes
Disk identifier: 0x3cdf3fd6
     Device Boot      Start         End      Blocks   Id  System
/dev/sdb1                 1         100       803218+  83  Linux
/dev/sdb2               101         261      1293232+   5  Extended    //扩展分区
Command (m for help): n    //增加新分区
Command action
   l   logical (5 or over)
   p   primary partition (1-4)
```

```
    l                          //增加逻辑分区
First cylinder (101-261，default 101)：    //默认起始柱面
Using default value 101
Last cylinder，+cylinders or +size{K，M，G} (101-261，default 261)：200 //终止柱面
Command (m for help)：p //列出分区表
Disk /dev/sdb: 2147 MB，2147483648 bytes
255 heads，63 sectors/track，261 cylinders
Units = cylinders of 16065 * 512 = 8225280 bytes
Sector size (logical/physical): 512 bytes / 512 bytes
I/O size (minimum/optimal): 512 bytes / 512 bytes
Disk identifier: 0x3cdf3fd6
    Device Boot    Start        End        Blocks    Id    System
/dev/sdb1           1          100        803218+    83    Linux
/dev/sdb2          101         261        1293232+    5    Extended
/dev/sdb5          101         200         803218+   83    Linux//增加了一个逻辑分区
Command (m for help)：n //增加一个分区
Command action
    l     logical (5 or over)
    p     primary partition (1-4)
l    //增加一个逻辑分区
First cylinder (201-261，default 201)：
Using default value 201
Last cylinder，+cylinders or +size{K，M，G} (201-261，default 261)：
Using default value 261
Command (m for help)：w //保存退出
The partition table has been altered!
Calling ioctl() to re-read partition table.
Syncing disks.
[root@localhost ~]#
```

5）查看新建分区。

```
[root@localhost ~]# fdisk -l /dev/sdb
Disk /dev/sdb: 2147 MB，2147483648 bytes          //磁盘文件名与容量
255 heads，63 sectors/track，261 cylinders          //磁头、扇区与柱面大小
Units = cylinders of 16065 * 512 = 8225280 bytes    //每个柱体的大小
Sector size (logical/physical): 512 bytes / 512 bytes
I/O size (minimum/optimal): 512 bytes / 512 bytes
Disk identifier: 0x3cdf3fd6
    Device Boot    Start        End        Blocks    Id    System
/dev/sdb1           1          100        803218+    83    Linux
/dev/sdb2          101         261        1293232+    5    Extended
/dev/sdb5          101         200         803218+   83    Linux
/dev/sdb6          201         261         489951    83    Linux
```

可以看出/dev/sdb 大小是 2147MB，2147483648 字节，255 个磁头，261 个柱面，每个磁道上 63 个扇区，每个扇区 512 字节。/dev/sdb 被分成了 1 个主分区/dev/sdb1 和 1 个扩展分区/dev/sdb2，扩展分区又被划分为两个逻辑分区/dev/sdb5 和/dev/sdb6。

Linux 以数据块（block）为单位存储数据，一个 block 由两个扇区组成，即一个 block=1024 字节，分区的 block 数约等于：（终止柱面号-起始柱面号+1）×255×63/2。例如/dev/sdb1 分区的 block 数等于：(100-1+1)×255×63/2=803250，约为 784MB。

（4）格式化新分区。

可以使用 mkfs.ext3、mkfs.ext4、mkfs. msdos、mkfs.vfat、mke2fs 等命令来格式化分区。

1）格式化/dev/sdb1。

```
[root@localhost ~]# mkfs.ext4 /dev/sdb1
mke2fs 1.41.12 (17-May-2010)
文件系统标签=
操作系统:Linux
块大小=4096 (log=2)
分块大小=4096 (log=2)
Stride=0 blocks，Stripe width=0 blocks
50288 inodes，200804 blocks
10040 blocks (5.00%) reserved for the super user
第一个数据块=0
Maximum filesystem blocks=209715200
7 block groups
32768 blocks per group，32768 fragments per group
7184 inodes per group
Superblock backups stored on blocks:
        32768，98304，163840
正在写入 inode 表: 完成
Creating journal (4096 blocks): 完成
Writing superblocks and filesystem accounting information: 完成
This filesystem will be automatically checked every 28 mounts or
180 days，whichever comes first.   Use tune2fs -c or -i to override.
```

2）格式化/dev/sdb5。

```
[root@localhost ~]# mke2fs /dev/sdb5
mke2fs 1.41.12 (17-May-2010)
文件系统标签=
操作系统:Linux
块大小=4096 (log=2)
分块大小=4096 (log=2)
Stride=0 blocks，Stripe width=0 blocks
50288 inodes，200804 blocks
10040 blocks (5.00%) reserved for the super user
第一个数据块=0
Maximum filesystem blocks=209715200
7 block groups
32768 blocks per group，32768 fragments per group
7184 inodes per group
Superblock backups stored on blocks:
        32768，98304，163840
```

正在写入 inode 表: 完成
Writing superblocks and filesystem accounting information: 完成
This filesystem will be automatically checked every 37 mounts or
180 days，whichever comes first.　Use tune2fs -c or -i to override.

3）格式化/dev/sdb6。

```
[root@localhost ~]# mkfs -t ext4 /dev/sdb6
mke2fs 1.41.12 (17-May-2010)
文件系统标签=
操作系统:Linux
块大小=1024 (log=0)
分块大小=1024 (log=0)
Stride=0 blocks，Stripe width=0 blocks
122880 inodes，489948 blocks
24497 blocks (5.00%) reserved for the super user
第一个数据块=1
Maximum filesystem blocks=67633152
60 block groups
8192 blocks per group，8192 fragments per group
2048 inodes per group
Superblock backups stored on blocks:
        8193，24577，40961，57345，73729，204801，221185，401409
正在写入 inode 表: 完成
Creating journal (8192 blocks): 完成
Writing superblocks and filesystem accounting information: 完成
This filesystem will be automatically checked every 30 mounts or
180 days，whichever comes first.　Use tune2fs -c or -i to override.
```

（5）建立挂载点并挂载设备。

```
[root@localhost ~]# mkdir /mnt/sdb1              //创建挂载点
[root@localhost ~]# mkdir /mnt/sdb5
[root@localhost ~]# mkdir /mnt/sdb6
 [root@localhost ~]# mount /dev/sdb1 /mnt/sdb1   //挂载设备
[root@localhost ~]# mount /dev/sdb5 /mnt/sdb5
[root@localhost ~]# mount /dev/sdb6 /mnt/sdb6
```

（6）查看系统挂载信息。

```
[root@localhost ~]# mount
……
/dev/sdb1 on /mnt/sdb1 type ext4 (rw)
/dev/sdb5 on /mnt/sdb5 type ext2 (rw)
/dev/sdb6 on /mnt/sdb6 type ext4 (rw)
```

（7）将/dev/sdb5 升级为 Ext3 文件系统并查看系统信息。

```
[root@localhost ~]# tune2fs -j /dev/sdb5       //升级 Ext2 到 Ext3
tune2fs 1.41.12 (17-May-2010)
Creating journal inode: 完成
This filesystem will be automatically checked every 37 mounts or
180 days，whichever comes first.　Use tune2fs -c or -i to override.
[root@localhost ~]# umount /dev/sdb5       //先卸载
```

```
[root@localhost ~]# mount /dev/sdb5   /mnt/sdb5    //再次挂载
[root@localhost ~]# mount                          //查看挂载信息
……
/dev/sdb5 on /mnt/sdb5 type ext3 (rw)              //文件系统已经升级
```

（8）备份/etc 目录到/dev/sdb1。

```
[root@localhost ~]# tar -czf /mnt/sdb1/etc.tar /etc
tar: 从成员名中删除开头的 "/"
tar: 从硬链接目标中删除开头的 "/"
[root@localhost ~]# ls /mnt/sdb1
etc.tar    lost+found
```

（9）卸载设备。

```
[root@localhost ~]# umount /dev/sdb1
[root@localhost ~]# umount /dev/sdb5
[root@localhost ~]# umount /dev/sdb6
```

（10）删除逻辑分区，将其创建为第二个主分区。

```
[root@localhost ~]# fdisk /dev/sdb
……
Command (m for help): p          //列出分区表
……
    Device Boot      Start          End      Blocks    Id  System
/dev/sdb1                1          100      803218+   83  Linux
/dev/sdb2              101          261     1293232+    5  Extended
/dev/sdb5              101          200      803218+   83  Linux
/dev/sdb6              201          261      489951    83  Linux
Command (m for help): d          //删除分区
Partition number (1-6): 6        //删除逻辑分区
Command (m for help): d
Partition number (1-5): 5
Command (m for help): d
Partition number (1-5): 2        //删除扩展分区
Command (m for help): p          //列出分区表
……
    Device Boot      Start          End      Blocks    Id  System
/dev/sdb1                1          100      803218+   83  Linux
Command (m for help): n          //创建新分区
Command action
   e   extended
   p   primary partition (1-4)
p          //创建主分区
Partition number (1-4): 2
First cylinder (101-261，default 101):
Using default value 101
Last cylinder，+cylinders or +size{K，M，G} (101-261，default 261):
Using default value 261
Command (m for help): p          //列出分区表
……
```

Device Boot	Start	End	Blocks	Id	System
/dev/sdb1	1	100	803218+	83	Linux
/dev/sdb2	101	261	1293232+	83	Linux

Command (m for help): **w**　　//保存退出
The partition table has been altered!
Calling ioctl() to re-read partition table.
Syncing disks.

至此，实验完成。最后将/dev/sdb 划分为两个主分区，并将/etc 目录下内容备份到/dev/sdb1。

4.2　配置 RAID

RAID（Redundant Array of Inexpensive Disks，独立磁盘冗余阵列）用于将多个廉价的小型磁盘驱动器合并成一个磁盘阵列，以提高存储性能和容错功能。RAID 可分为软 RAID 和硬 RAID，软 RAID 是通过软件实现多块硬盘冗余的，而硬 RAID 一般是通过 RAID 卡来实现 RAID 的。前者配置简单，管理也比较灵活，对于中小企业来说不失为一种最佳选择，后者在性能方面具有一定优势，但往往花费比较贵。

RAID 在网络操作系统中是使用最频繁的存储设备，使用 RAID 可以提高数据存储的冗余性，保证系统的正常运行。

4.2.1　RAID 介绍及常用操作命令

1. 磁盘阵列介绍

RAID 技术主要包含数个规范，它们的侧重点各不相同，常见的规范有如下几种：

（1）RAID0。俗称等量模式。将两个磁盘合并成为一个磁盘空间，它会将存储的数据分割成 n 份（n 为磁盘的数量），然后把每一份数据分别存储在每一个磁盘的区段上。由于数据被分成 n 份，存储在不同的磁盘组中，因而可以加快读取速度。RAID0 的磁盘写入如图 4-8 所示。

优点：读取速度快，组成的磁盘数量越多，速度越快；而且还可以充分使用每一个磁盘空间，提供更大的磁盘空间。

缺点：缺乏容错性，因为数据同时被存储在不同的磁盘组中，所以只要一个磁盘出现故障，那么整个 RAID0 磁盘空间就无法继续使用。

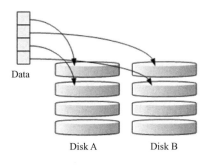

图 4-8　RAID0 的磁盘写入示意图

（2）RAID1。磁盘镜像模式，将所有磁盘分为两组，互为镜像。对数据采用分块后并行传输的方式，当任一磁盘损坏，可以利用其镜像上的数据进行恢复。RAID1 的磁盘写入如图4-9 所示。

优点：容错能力较强，速度快。

缺点：利用率低，只有正常的一半。

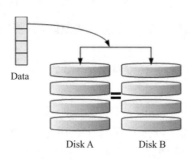

图 4-9　RAID1 的磁盘写入示意图

（3）RAID01 或 RAID10。这个 RAID 级别就是针对上面的特点与不足，把 RAID0 和RAID1 结合起来了。所谓的 RAID01 就是：先让磁盘组成 RAID0，再将这 RAID0 组成 RAID1，这就是 RAID0+1，如图 4-10 所示。而 RAID10 就是：先组成 RAID1 再组成 RAID0，这就是RAID1+0。

优点：效能得以提升，数据得以备份。

缺点：总容量会少一半，用来作为备份。

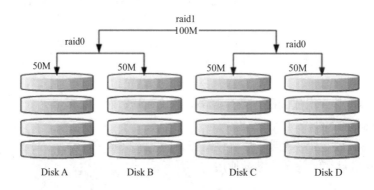

图 4-10　RAID01 的磁盘写入示意图

（4）RAID5。带奇偶校验的磁盘阵列，将数据的奇偶校验位交互存放在不同的磁盘上。

RAID5 至少需要三个以上的磁盘才能够组成这种类型的磁盘阵列。这种磁盘阵列的数据写入有点类似 RAID0，不过在每个循环的写入过程中，每张磁盘还加入了一个奇偶校验数据（Parity），这个数据会记录其他磁盘的备份数据，用于当有磁盘损毁时的恢复。RAID5 读写情况如图 4-11 所示。

优点：允许单个磁盘出错，容错能力强，利用率高，为 N-1。

缺点：由于 RAID5 需要计算奇偶校验，这会降低性能和减小存储空间，磁盘空间的大小为 $(N-1) \times S$，N 为磁盘数量，S 为每个磁盘的大小；当损毁的磁盘数量大于等于两个时，RAID5

的数据就损坏了，因为 RAID5 预设只能支持一个磁盘的损坏情况。

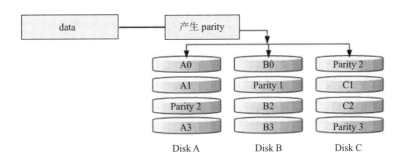

图 4-11　RAID5 的磁盘写入示意图

（5）RAID6。使用两个磁盘的容量作为 parity 的存储，因此整体的磁盘容量就会少两个，但是允许出错的磁盘数量就可以达到两个，即同时两个磁盘损毁时，数据还是可以恢复回来的。而此级别的 RAID 磁盘最少是 4 块，利用率为 N-2。

在创建磁盘阵列时，会有一块 Spare Disk，即热备磁盘。当磁盘阵列中的磁盘有损毁时，热备磁盘就能立刻代替损坏磁盘的位置，这时候我们的磁盘阵列就会主动重建，然后把所有的数据自动恢复。而热备磁盘是没有包含在原本磁盘阵列等级中的磁盘，只有当磁盘阵列有任何磁盘损毁时，才真正地起作用。

2. 软 RAID 的配置命令

（1）建立 RAID 阵列，使用命令：

mdadm　--create/dev/mdX　--level=M --raid-devices=N /dev/hd[ac]K

其中：X 为设备编号，从 0 开始；M 为 RAID 的级别，可选值为 0、1、4、5、6，建议用 0、1、5（Linux 系统只支持 RAID0、RAID1、RAID4、RAID5、RAID6）；N 为阵列中设备的个数；ac 为组成 RAID 的磁盘名称（代表 a、b、c）；K 为阵列中磁盘分区编号，从 1 开始。

（2）查看 RAID 阵列，使用命令：

mdadm --detail /dev/mdX

（3）标记已损坏设备，使用命令：

mdadm /dev/mdX -fail 损坏的设备分区名称

（4）移除损坏设备，使用命令：

mdadm /dev/mdX --remove 损坏的设备分区名称

（5）添加新的磁盘设备，使用命令：

mdadm /dev/mdX --add 新磁盘设备分区的名称

（6）停止 RAID 阵列，使用命令：

mdadm --stop /dev/mdX

注意：执行此命令前应先卸载 RAID 阵列设备。

3. 使用 RAID 的步骤

（1）向系统中添加磁盘。

（2）建立分区。

（3）建立 RAID 阵列。

（4）为 RAID 阵列建立文件系统（格式化）。

（5）挂载 RAID 阵列设备。

（6）使用 RAID 阵列设备。

（7）卸载 RAID 阵列设备。

（8）停止 RAID 阵列。

4.2.2　任务 4–2：RAID5 实验

1. 任务描述

在系统中添加 5 块磁盘/dev/sdb～/dev/sdf，每块磁盘 1GB，利用这 5 块磁盘生成 RAID5，并模拟磁盘损坏及替换磁盘的情况。此任务在虚拟机中完成。

2. 操作步骤

（1）添加 5 块 1G 大小的磁盘。添加磁盘的过程参照任务 4-1 的操作，添加结果如图 4-12 所示。

图 4-12　添加 5 块磁盘

（2）启动系统并查看新磁盘。

```
[root@localhost ~]# ls /dev/sd*
/dev/sda     /dev/sda2   /dev/sdc   /dev/sde
/dev/sda1    /dev/sdb    /dev/sdd   /dev/sdf
```

可以看出系统中已经添加了 5 块新的磁盘。

（3）磁盘分区。

分区方法同任务 4-1 中的步骤，以/dev/sdb 分区为例，内容如下：

```
[root@localhost ~]# fdisk /dev/sdb
……
Command (m for help): n
Command action
    e    extended
    p    primary partition (1-4)
p
Partition number (1-4): 1
First cylinder (1-130，default 1):
Using default value 1
```

Last cylinder，+cylinders or +size{K，M，G} (1-130，default 130)：

Using default value 130

Command (m for help)：**t** 　　//修改分区类型

Selected partition 1

Hex code (type L to list codes)：**fd** 　　// Linux raid auto

Changed system type of partition 1 to fd (Linux raid autodetect)

Command (m for help)：**w**

The partition table has been altered!

Calling ioctl() to re-read partition table.

Syncing disks.

注意：RAID 的分区类型编号为 fd，而 Linux 分区默认的编号为 83，所以此处将磁盘分区类型修改为 fd。

（4）生成 RAID5 阵列。

[root@localhost ~]# mdadm -C /dev/md0 -l 5 -n 3 -x 1 /dev/sd[b-e]1

mdadm: Defaulting to version 1.2 metadata

mdadm: array /dev/md0 started.

阵列的名字为/dev/md0，组成阵列的磁盘有 4 块，分别为/dev/sdb1、/dev/sdc1、/dev/sdd1、/dev/sde1。命令中的"-C"等同于"—create"，"-l"等同于"—level"，"-n"等同于"--raid-devices"，"-x"等同于"--spare-devices"。

（5）将阵列文件系统格式化为 Ext4。

[root@localhost ~]# mkfs -t ext4 /dev/md0

mke2fs 1.41.12 (17-May-2010)

文件系统标签=

操作系统:Linux

块大小=4096 (log=2)

分块大小=4096 (log=2)

Stride=128 blocks，Stripe width=256 blocks

130560 inodes，521728 blocks

26086 blocks (5.00%) reserved for the super user

第一个数据块=0

Maximum filesystem blocks=536870912

16 block groups

32768 blocks per group，32768 fragments per group

8160 inodes per group

Superblock backups stored on blocks:

　　　32768，98304，163840，229376，294912

正在写入 inode 表: 完成

Creating journal (8192 blocks): 完成

Writing superblocks and filesystem accounting information: 完成

This filesystem will be automatically checked every 34 mounts or

180 days，whichever comes first.　Use tune2fs -c or -i to override.

从上面的结果中可以看出，阵列已经生成，可以使用，若希望知道更多的细节内容，可使用下面的命令查看阵列信息。

（6）查看 RAID 信息。

```
[root@localhost ~]# mdadm -D /dev/md0
/dev/md0:                                              //RAID 名
Version : 1.2
Creation Time : Thu Jun 18 11:40:43 2015              //RAID 被创建的日期
Raid Level : raid5                                     //RAID 等级为 RAID5
Array Size : 2086912 (2038.34 MiB 2137.00 MB)         //此 RAID 的可用磁盘容量
Used Dev Size : 1043456 (1019.17 MiB 1068.50 MB)      //RAID 中每成员磁盘的容量
Raid Devices : 3                                       //用作 RAID 的数量
Total Devices : 4                                      //全部的磁盘数量
Persistence : Superblock is persistent
Update Time : Thu Jun 18 11:41:39 2015
State : clean
Active Devices : 3                                     //启用的磁盘数量
Working Devices : 4                                    //可使用的磁盘数量
Failed Devices : 0                                     //出现错误的磁盘数量
Spare Devices : 1                                      //备用磁盘数量
Layout : left-symmetric
Chunk Size : 512K                                      //RAID 中成员磁盘的每一小块的大小
Name : localhost.localdomain:0   (local to host localhost.localdomain)
UUID : 63f2bec8:e477c089:7079723e:69779891 //RAID 识别码
Events : 18
Number    Major    Minor    Raid    Device    State
0         8        17       0       active sync    /dev/sdb1
1         8        33       1       active sync    /dev/sdc1
4         8        49       2       active sync    /dev/sdd1
3         8        65       -       spare          /dev/sde1
```

最后四行就是这四块磁盘目前的情况，包括三个 active sync 和一个 spare。

RaidDevice 指的是此 RAID 内的磁盘顺序。

命令中的"-D"等同于"--detail"。信息中的 MiB 即为 Mebibyte（Mega binary byte 的缩写），是信息和计算机存储的一个单位。从上面的结果中可以看出阵列的名字为/dev/md0，类型为 RAID5。

（7）建立挂载点/mnt/md0，并挂载阵列。

```
[root@localhost ~]# mkdir /mnt/md0
[root@localhost ~]# mount /dev/md0 /mnt/md0
[root@localhost ~]# ls /mnt/md0
lost+found
```

（8）向阵列中写数据。

```
[root@localhost ~]# echo Today is sunny ! >/mnt/md0/log.txt
[root@localhost ~]# cat /mnt/md0/log.txt
Today is sunny !
```

（9）设置磁盘/dev/sdb1 损坏。

```
[root@localhost ~]# mdadm /dev/md0 -f /dev/sdb1
mdadm: set /dev/sdb1 faulty in /dev/md0
```

（10）再次查看 RAID 的信息。

```
[root@localhost ~]# mdadm -D /dev/md0
/dev/md0:
Version : 1.2
Creation Time : Thu Jun 18 11:40:43 2015
Raid Level : raid5
Array Size : 2086912 (2038.34 MiB 2137.00 MB)
Used Dev Size : 1043456 (1019.17 MiB 1068.50 MB)
Raid Devices : 3
Total Devices : 4
Persistence : Superblock is persistent
Update Time : Thu Jun 18 11:50:14 2015
State : clean
Active Devices : 3
Working Devices : 3
Failed Devices : 1
Spare Devices : 0
Layout : left-symmetric
Chunk Size : 512K
Name : localhost.localdomain:0    (local to host localhost.localdomain)
UUID : 63f2bec8:e477c089:7079723e:69779891
Events : 37
Number    Major    Minor    RaidDevice State
3         8        65       0           active sync   /dev/sde1
1         8        33       1           active sync   /dev/sdc1
4         8        49       2           active sync   /dev/sdd1
0         8        17       -           faulty spare  /dev/sdb1
```

从上面的查看结果中可以看出，损坏的磁盘/dev/sdb1 已经被标识为 faulty。

（11）查看/dev/md0 阵列中的数据是否完好。

```
[root@localhost ~]# cat /mnt/md0/log.txt
Today is sunny !
```

通过查看文档可以看出，当 RAID5 中有一块磁盘损坏时，不会影响 RAID5 的运行。

（12）移除损坏的磁盘。

```
[root@localhost ~]# mdadm   /dev/md0   -r   /dev/sdb1
mdadm: hot removed /dev/sdb1 from /dev/md0
```

（13）向阵列中添加新的备用磁盘。

```
[root@localhost ~]# mdadm /dev/md0 -a /dev/sdf1
mdadm: added /dev/sdf1
```

（14）查看添加备用磁盘后的 RAID 信息。

```
[root@localhost ~]# mdadm -D /dev/md0
/dev/md0:
Version : 1.2
Creation Time : Thu Jun 18 11:40:43 2015
Raid Level : raid5
Array Size : 2086912 (2038.34 MiB 2137.00 MB)
```

```
Used Dev Size : 1043456 (1019.17 MiB 1068.50 MB)
Raid Devices : 3
Total Devices : 4
Persistence : Superblock is persistent
Update Time : Thu Jun 18 11:59:12 2015
State : clean
Active Devices : 3
Working Devices : 4
Failed Devices : 0
Spare Devices : 1
Layout : left-symmetric
Chunk Size : 512K
Name : localhost.localdomain:0    (local to host localhost.localdomain)
UUID : 63f2bec8:e477c089:7079723e:69779891
Events : 39
Number     Major     Minor     RaidDevice State
3          8         65        0          active sync     /dev/sde1
1          8         33        1          active sync     /dev/sdc1
4          8         49        2          active sync     /dev/sdd1
5          8         81        -          spare     /dev/sdf1
```

从 RAID 查看信息中可以看出，处于工作状态的磁盘为/dev/sdc1、/dev/sdd1、/dev/sde1、损坏的磁盘/dev/sdb1 已经被移除，备用磁盘为/dev/sdf1。

（15）检查阵列中的数据。

```
[root@localhost ~]# cat /mnt/md0/log.txt
Today is sunny !
```

从上面的结果可以看出，当 RAID5 中的磁盘发生变化时（例如添加/移除一个磁盘），阵列中的数据不会受到影响。

（16）卸载并停止 RAID 阵列。

```
[root@localhost ~]# umount /mnt/md0
[root@localhost ~]# mdadm --stop /dev/md0
mdadm: stopped /dev/md0
```

4.3 管理 LVM 逻辑卷

安装 Linux 时系统管理员需要确定系统分区的大小，但是精确评估和分配各个硬盘分区的容量非常困难。因为不但要考虑当前某个分区需要的容量，还要预见该分区以后可能需要的容量的最大值。如果估计不准确，当某个分区不够用时，可能需要备份整个系统、清除硬盘，重新对硬盘分区，然后恢复数据到新分区，十分不方便。而 LVM 可以很好地解决这一难题，实现磁盘的动态管理。

4.3.1 LVM 简介及管理

1. LVM 简介

LVM（Logical Volume Manager，逻辑卷管理器）是一种将一个或多个磁盘分区在逻辑上合成为一个大硬盘的技术，其主要作用为动态分配使用空间大小。利用逻辑卷管理器，可以自由地对文件系统的大小进行调整，可以方便地实现文件系统跨越不同磁盘和分区。LVM 实际上是建立在硬盘和分区之上的一个逻辑层，用以提高磁盘分区管理的灵活性。通过 LVM 可轻松管理磁盘分区：将若干个磁盘分区连接为一整块的卷组，然后可以在卷组上创建逻辑卷，并进一步在逻辑卷上建立文件系统。通过 LVM 可以方便地调整卷组的大小，并且可以对磁盘按照组的方式进行命名、管理和分配。而且当系统添加了新的磁盘时，不必将文件移动到新的磁盘上以充分利用新的存储空间，而是直接通过 LVM 扩展文件系统跨越磁盘即可。

LVM 的一些重要概念——磁盘、PV、VG、LV 及其之间的关系如图 4-13 所示。

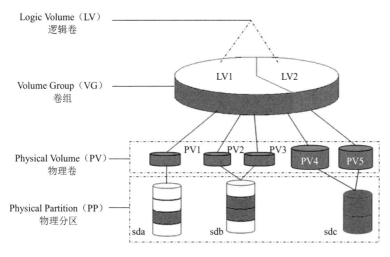

图 4-13　物理分区与逻辑卷管理

PP（Physical Partition，物理分区）：是存储系统最底层的存储单元。

PV（Physical Volume，物理卷）：处于 LVM 的最底层，与磁盘分区对应。由于物理卷建立在分区上，所以物理卷的名称与磁盘分区名相同。

VG（Volume Group，卷组）：类似物理硬盘，由一个或多个 PV 组成。

LV（Logical Volume，逻辑卷）：类似硬盘分区，建立在 VG 之上，一个 VG 可以有多个 LV。

PE（Physical Extent，物理区域）：物理卷中的存储单位，可根据实际进行调整，默认为 4MB，确定后将不能更改。

注意：同一 VG 中的 PV 的 PE 值必须相同。

LE（Logical Extent，逻辑区域）：逻辑卷中用于存储的单位，LE 的大小为 PE 的整倍数，通常为 1:1。

VGDA（Volume Group Descriptor Area，卷组描述区域）：存于物理卷中，用于描述物理卷、卷组、逻辑卷等信息，由 pvcreate 命令建立。

由上面的描述可知，要使用 LVM，顺序是 PV→VG→LV。即先创建一个物理卷（对应一个或多个物理硬盘分区，或者一个或多个物理硬盘），然后把这些分区/硬盘加入一个卷组中（相当于一个逻辑上的大硬盘），然后在这个大硬盘上划分分区 LV（逻辑上的分区，就是逻辑卷）。把 LV 逻辑卷格式化以后，就可以像使用一个传统分区那样，把它挂载到一个挂载点上，需要的时候，这个逻辑卷可以被动态缩放。

2. 使用 LVM 的命令

LVM 的文件格式类型 ID 为 Ox8e，因此在创建 LVM 前应先设置磁盘分区的类型（默认为 83）。LVM 具体的操作命令如下。

（1）pvcreate 命令。

格式：pvcreate　　磁盘分区名称（物理卷名）

功能：用于在磁盘或磁盘分区上创建物理卷初始化信息，以便对该物理卷进行逻辑卷管理。

（2）vgcreate 命令。

格式：vgcreate　卷组名　物理卷名

功能：使用指定的物理卷创建卷组。

（3）lvcreate 命令。

格式：lvcreate -L　逻辑卷大小　-n　逻辑卷名　卷组名

功能：在指定的卷组中建立逻辑卷。

（4）pvdisplay 命令。

格式：pvdisplay　　物理卷名

功能：显示物理卷信息，包括物理区域（PE）大小、物理卷状态等信息。

（5）vgdisplay 命令。

格式：vgdisplay　　卷组名

功能：显示卷组信息，包括逻辑卷、物理卷及其大小等信息。

（6）lvdisplay 命令。

格式：lvdisplay　　逻辑卷设备名

功能：显示逻辑卷信息。

（7）vgextend 命令。

格式：vgextend　　卷组名　　物理卷名

功能：用于将一个或多个已初始化的物理卷添加到指定的卷组，扩充其容量。

（8）lvextend 命令。

格式：lvextend -L　空间大小　　逻辑卷设备名

功能：扩充逻辑卷空间。

（9）vgreduce 命令。

格式：vgreduce　卷组名　物理卷名

功能：从卷组中去除一个或多个未使用的物理卷，缩小卷组空间。

（10）lvreduce 命令。

格式：lvreduce　-L　　空间大小　　逻辑卷设备名

功能：缩小逻辑卷空间，减小逻辑卷时，被减小部分的数据将会丢失。

（11）lvresize 命令。

格式：lvresize　-L　　空间大小（+为增加空间，-为缩小空间）　逻辑卷设备名

功能：改变逻辑卷空间。

（12）lvremove 命令。

格式：lvremove　　逻辑卷设备名

功能：从卷组中删除逻辑卷。

（13）vgremove 命令。

格式：vgremove　卷组名

功能：删除指定卷组，被删除的卷组中不能包含逻辑卷。

（14）pvremove 命令。

格式：pvremove　物理卷名

功能：删除物理卷。

（15）pvscan 命令。

格式：pvscan

功能：检查物理卷。

（16）vgscan 命令。

格式：vgscan

功能：检查卷组。

（17）lvscan 命令。

格式：lvscan

功能：检查逻辑卷。

注意：当 LVM 空间扩充后，需要使用 resize2fs 命令将新增加的空间格式化为与原有 LVM 空间一致的文件格式；若需要减少 LVM 空间，要先执行 e2fsck 命令检查卷组空间，然后再执行 resize2fs 命令重新定义空间并将指定空间格式化；缩小卷空间时，LVM 设备应该先卸载。

4.3.2　任务 4-3：创建 LVM 卷

1．任务描述

在 Linux 系统中添加一块磁盘/dev/sdb，磁盘空间为 1GB，使用/dev/sdb 创建 LVM 卷，此任务在虚拟机中完成。

2．操作步骤

（1）添加一块 1GB 大小的磁盘。

在系统关闭的状态下添加磁盘，过程参照任务 4-1 的操作，添加结果如图 4-14 所示。

（2）启动系统并查看新磁盘。

```
[root@localhost ~]# ls /dev/sd*
/dev/sda    /dev/sda1    /dev/sda2    /dev/sdb
```

（3）使用 fdisk 命令建立分区。

从上一步的查看结果中可知系统已经识别出新添加的磁盘 /dev/sdb，建立分区并使用 t 命令修改分区识别码，过程如下：

▼ 设备	
▦ 内存	2 GB
▯ 处理器	1
◪ 硬盘(SCSI)	20 GB
◪ 硬盘 2 (SCSI)	1 GB
CD/DVD (SATA)	正在使用文件 D:...
网络适配器	桥接模式(自动)
USB 控制器	存在
声卡	自动检测
打印机	存在
显示器	自动检测

图 4-14　添加一块磁盘

```
[root@localhost ~]# fdisk /dev/sdb
Device contains neither a valid DOS partition table，nor Sun，SGI or OSF disklabel
Building a new DOS disklabel with disk identifier 0x878fe3c8.
Changes will remain in memory only，until you decide to write them.
After that，of course，the previous content won't be recoverable.
Warning: invalid flag 0x0000 of partition table 4 will be corrected by w(rite)
WARNING: DOS-compatible mode is deprecated. It's strongly recommended to
```

switch off the mode (command 'c') and change display units to

sectors (command 'u').

Command (m for help): **n**

Command action

e   extended

p   primary partition (1-4)

p

Partition number (1-4): **1**

First cylinder (1-130，default 1):

Using default value 1

Last cylinder，+cylinders or +size{K，M，G} (1-130，default 130):

Using default value 130

Command (m for help): **t**

Selected partition 1

Hex code (type L to list codes): **8e**   // LVM 的文件系统代码

Changed system type of partition 1 to 8e (Linux LVM)

Command (m for help): **w**

The partition table has been altered!

Calling ioctl() to re-read partition table.

Syncing disks.

（4）使用 pvcreate 命令创建物理卷。

[root@localhost ~]# pvcreate /dev/sdb1

Physical volume "/dev/sdb1" successfully created

注意：/dev/sdbl 为新创建的分区名，当创建过物理卷后，在默认情况下，物理卷名与分区名相同。

（5）查看物理卷信息，使用 pvdisplay 命令。

[root@localhost ~]# pvdisplay /dev/sdb1

"/dev/sdb1" is a new physical volume of "1019.72 MiB"

--- NEW Physical volume ---

PV Name	/dev/sdb1	//实际的物理卷名
VG Name		//因为尚未分配出去，所以卷组名空白
PV Size	1019.72 MiB	//容量大小
Allocatable	NO	//是否已被分配，结果是 NO
PE Size	0	//在此 PV 内的 PE 大小
Total PE	0	//共分割出几个 PE
Free PE	0	//没有被 LV 用掉的 PE
Allocated PE	0	//尚可分配出去的 PE 数量
PV UUID	ub0LDR-pVzH-gIm4-Bur8-bCwh-OXqa-KEb0bW	

从上面的信息中可以看出，物理卷的大小为 1019.72MiB，物理卷的名称为/dev/sdbl。

（6）生成卷组。

[root@localhost ~]# vgcreate vg0 /dev/sdb1

Volume group "vg0" successfully created

（7）显示卷组信息。

[root@localhost ~]# vgdisplay vg0

--- Volume group ---

VG Name	vg0
System ID	
Format	lvm2
Metadata Areas	1
Metadata Sequence No	1
VG Access	read/write
VG Status	resizable
MAX LV	0
Cur LV	0
Open LV	0
Max PV	0
Cur PV	1
Act PV	1
VG Size	1016.00 MiB //VG 容量
PE Size	4.00 MiB //每个 PE 的大小
Total PE	254 //总的 PE 数量
Alloc PE / Size	0 / 0
Free PE / Size	254 / 1016.00 MiB
VG UUID	ot18uc-AkiQ-D0l7-fKP1-CdUj-A7ki-2BQzIo

从上面的信息中可以看出，卷组的名称为 vg0，格式为 lvm2，卷组的大小为 1016MiB，由 254 个 PE 组成。

（8）在卷组 vg0 上划分一个 500MB 的逻辑卷。

```
[root@localhost ~]# lvcreate -L 500M -n lv0 vg0
Logical volume "lv0" created
```

（9）查看逻辑卷的信息。

```
[root@localhost ~]# lvdisplay /dev/vg0/lv0
--- Logical volume ---
```

LV Path	/dev/vg0/lv0 //LV 的名称
LV Name	lv0
VG Name	vg0
LV UUID	6lVQ4S-wVcs-KldT-0UoJ-Iaj3-3BMr-VjXDSw
LV Write Access	read/write
LV Creation host，time localhost.localdomain，2015-06-25 09:40:20 +0800	
LV Status	available
# open	0
LV Size	500.00 MiB //LV 的容量
Current LE	125
Segments	1
Allocation	inherit
Read ahead sectors	auto
- currently set to	256
Block device	253:2

从查看信息中可以看出，逻辑卷的名字为/dev/vg0/lv0，卷组名为 vg0，逻辑卷大小为 500MB，由 125 个 LE 组成。

（10）为逻辑卷建立文件系统。

```
[root@localhost ~]# mkfs.ext4 /dev/vg0/lv0
```

```
mke2fs 1.41.12 (17-May-2010)
文件系统标签=
操作系统:Linux
块大小=1024 (log=0)
分块大小=1024 (log=0)
Stride=0 blocks，Stripe width=0 blocks
128016 inodes，512000 blocks
25600 blocks (5.00%) reserved for the super user
第一个数据块=1
Maximum filesystem blocks=67633152
63 block groups
8192 blocks per group，8192 fragments per group
2032 inodes per group
Superblock backups stored on blocks:
8193，24577，40961，57345，73729，204801，221185，401409
正在写入 inode 表: 完成
Creating journal (8192 blocks): 完成
Writing superblocks and filesystem accounting information: 完成
This filesystem will be automatically checked every 34 mounts or
180 days，whichever comes first.   Use tune2fs -c or -i to override.
```

（11）建立挂载点并挂载逻辑卷。

```
[root@localhost ~]# mkdir /mnt/lv0
[root@localhost ~]# mount /dev/vg0/lv0 /mnt/lv0
[root@localhost ~]# ls /mnt/lv0
lost+found
[root@localhost ~]# df
文件系统                      1K-块        已用        可用  已用%  挂载点
/dev/mapper/VolGroup-lv_root   16037808   6455076   8768040   43%  /
tmpfs                          969996         76    969920    1%  /dev/shm
/dev/sda1                      495844      36106    434138    8%  /boot
/dev/mapper/vg0-lv0            495844      10510    459734    3%  /mnt/lv0
```

其实 LV 的名称设置为/dev/g0/lv0 是为了便于使用者找到所需要的数据，实际上 LVM 使用的设备是放在/dev/mapper/目录下的，所以我们才会看到上面的/dev/mapper/vg0-lv0。从上面的信息中可以看出，逻辑卷/dev/vg0/lv0 被成功地挂载到/mnt/lv0 目录下，可以通过挂载点对逻辑卷进行读、写访问。

（12）在 LV0 逻辑卷中创建文件。

```
[root@localhost ~]# cd /mnt/lv0
[root@localhost lv0]# touch hello
[root@localhost lv0]# echo "hello，world">hello
[root@localhost lv0]# ls
hello    lost+found
```

4.3.3 任务 4-4: 扩展 LVM 卷空间

1. 任务描述 1

当文件的容量大于逻辑卷的剩余空间时，需要对逻辑卷进行扩展，逻辑卷扩展后，不会影响其原有内容，这也正是 LVM 的特点。例如，在任务 4-3 中创建的逻辑卷中存放一个 600MB 的文件（挂载点为/mnt/lv0），由于前面生成的逻辑卷为 500MB，因此逻辑卷空间不足，需要对逻辑卷进行扩展。

2．操作步骤 1

（1）将逻辑卷/dev/vg0/lv0 扩展为 600MB。

```
[root@localhost ~]# lvextend -L 600M /dev/vg0/lv0
Extending logical volume lv0 to 600.00 MiB
Logical volume lv0 successfully resized
```

（2）查看逻辑卷信息。

```
[root@localhost ~]# lvdisplay /dev/vg0/lv0
LV Path                    /dev/vg0/lv0
LV Name                    lv0
VG Name                    vg0
LV UUID                    6lVQ4S-wVcs-KldT-0UoJ-Iaj3-3BMr-VjXDSw
LV Write Access            read/write
LV Creation host，time localhost.localdomain，2015-06-25 09:40:20 +0800
LV Status                  available
# open                     1
LV Size                    600.00 MiB
Current LE                 150
Segments                   1
Allocation                 inherit
Read ahead sectors         auto
- currently set to         256
Block device               253:2
[root@localhost ~]# df
文件系统                   1K-块        已用        可用 已用% 挂载点
......
/dev/mapper/vg0-lv0        495844       10510       459734    3% /mnt/lv0
```

从查看结果得出，现在逻辑卷空间已经变成 600MB，但文件系统大小还是 500MB，没有相应增加。

（3）使用 resize2fs 命令扩展文件系统空间。

```
[root@localhost ~]# resize2fs /dev/vg0/lv0 600M
resize2fs 1.41.12 (17-May-2010)
Filesystem at /dev/vg0/lv0 is mounted on /mnt/lv0; on-line resizing required
old desc_blocks = 2，new_desc_blocks = 3
Performing an on-line resize of /dev/vg0/lv0 to 614400 (1k) blocks.
The filesystem on /dev/vg0/lv0 is now 614400 blocks long.
[root@localhost ~]# df
文件系统                   1K-块        已用        可用 已用% 挂载点
......
/dev/mapper/vg0-lv0        595163       10501       554154    2% /mnt/lv0
```

从查看信息可以看出，逻辑卷的文件系统也扩大了。

（4）查看逻辑卷中数据。

```
[root@localhost ~]# ll /mnt/lv0
```
总用量 14
```
-rw-r--r--. 1 root root      12 6 月   25 11:11 hello
drwx------. 2 root root 12288 6 月   25 09:47 lost+found
[root@localhost ~]# cat /mnt/lv0/hello
hello，world
```

逻辑卷空间可以在线扩容，且不会影响已存在的数据。

3. 任务描述 2

现需要将 1100MB 数据存储到逻辑卷 LV0 中。为完成数据存储任务，需要再添加一块大于 1GB 空间的磁盘，并将其加入 VG0 卷组，进而扩展 LV0 的空间。

4. 操作步骤 2

（1）在系统中添加一块 1GB 的新磁盘，并将分区升级为物理卷。

```
[root@localhost ~]# pvcreate /dev/sdc1
Physical volume "/dev/sdc1" successfully created
```

（2）将物理卷添加到卷组 vg0 中。

```
[root@localhost ~]# vgextend vg0 /dev/sdc1
Volume group "vg0" successfully extended
```

（3）显示卷组信息。

```
[root@localhost ~]# vgdisplay vg0
--- Volume group ---
VG Name                vg0
System ID
Format                 lvm2
Metadata Areas         2
Metadata Sequence No   4
VG Access              read/write
VG Status              resizable
MAX LV                 0
Cur LV                 1
Open LV                0
Max PV                 0
Cur PV                 2
Act PV                 2
VG Size                1.98 GiB
PE Size                4.00 MiB
Total PE               508
Alloc PE / Size        150 / 600.00 MiB
Free   PE / Size       358 / 1.40 GiB
VG UUID                ot18uc-AkiQ-D0l7-fKP1-CdUj-A7ki-2BQzIo
```

从显示信息可以看出，卷组的空间已经变成 1.98GiB，卷组扩展成功。

（4）扩展逻辑卷。

```
[root@localhost ~]# lvresize -L +500M /dev/vg0/lv0
Extending logical volume lv0 to 1.07 GiB
Logical volume lv0 successfully resized
```

（5）查看逻辑卷信息。

```
[root@localhost ~]# lvdisplay /dev/vg0/lv0
--- Logical volume ---
LV Path                /dev/vg0/lv0
LV Name                lv0
VG Name                vg0
LV UUID                6lVQ4S-wVcs-KldT-0UoJ-Iaj3-3BMr-VjXDSw
LV Write Access        read/write
LV Creation host，time localhost.localdomain，2015-06-25 09:40:20 +0800
LV Status              available
# open                 0
LV Size                1.07 GiB
Current LE             275
Segments               2
Allocation             inherit
Read ahead sectors     auto
- currently set to     256
Block device           253:2
```

可以看出逻辑卷的空间已经扩大。

（6）格式化新增空间。

```
[root@localhost ~]# e2fsck -f /dev/vg0/lv0
e2fsck 1.41.12 (17-May-2010)
第一步：检查 inode、块和大小
第二步：检查目录结构
第 3 步：检查目录连接性
Pass 4: Checking reference counts
第 5 步：检查簇概要信息
/dev/vg0/lv0: 12/152400 files (0.0% non-contiguous)，29740/614400 blocks
[root@localhost ~]# resize2fs /dev/vg0/lv0
resize2fs 1.41.12 (17-May-2010)
Resizing the filesystem on /dev/vg0/lv0 to 1126400 (1k) blocks.
The filesystem on /dev/vg0/lv0 is now 1126400 blocks long.
```

（7）查看并向逻辑卷中写数据。

```
[root@localhost ~]# mount /dev/vg0/lv0 /mnt/lv0
[root@localhost ~]# ls /mnt/lv0
hello    lost+found
[root@localhost ~]# cat /mnt/lv0/hello
hello，world
[root@localhost ~]# dd if=/dev/cdrom of=/mnt/lv0/bigfile bs=1M count=1000
记录了 1000+0 的读入
记录了 1000+0 的写出
1048576000 字节(1.0 GB)已复制，44.3426 秒，23.6 MB/秒
[root@localhost ~]# du -shm /mnt/lv0
1001      /mnt/lv0
```

此时，逻辑卷的空间已扩展，且原始文件保存完好。

（8）卸载逻辑卷。

```
[root@localhost ~]# umount /mnt/lv0
```

为了节省系统资源，建议挂载点使用完及时卸载。至此，逻辑卷的扩展操作完成。

4.3.4　任务 4–5：减少 LVM 卷空间

1. 任务描述

根据工作需要，现将逻辑卷（/dev/vg0/lv0）1100MB 空间，缩小到 100M，保留逻辑卷上文件名为 hello 的文件，其内容为 "hello，world" 和 lost+found 目录，删除 bigfile 文件。

2. 操作步骤

（1）查看原有逻辑卷的信息。

```
[root@localhost ~]# lvdisplay /dev/vg0/lv0
--- Logical volume ---
LV Path                    /dev/vg0/lv0
LV Name                    lv0
VG Name                    vg0
LV UUID                    6lVQ4S-wVcs-KldT-0UoJ-Iaj3-3BMr-VjXDSw
LV Write Access            read/write
LV Creation host，time localhost.localdomain，2015-06-25 09:40:20 +0800
LV Status                  available
# open                     0
LV Size                    1.07 GiB
Current LE                 275
Segments                   2
Allocation                 inherit
Read ahead sectors         auto
- currently set to         256
Block device               253:2
```

从上面的信息中可以看出，逻辑卷空间为 1100MB。

（2）删除 bigfile。

```
[root@localhost ~]# mount /dev/vg0/lv0 /mnt/lv0
[root@localhost ~]# ls /mnt/lv0
bigfile    hello   lost+found
[root@localhost ~]# rm -f /mnt/lv0/bigfile
[root@localhost ~]# du -sh /mnt/lv0
15K        /mnt/lv0
[root@localhost ~]# umount /mnt/lv0
```

（3）检查逻辑卷文件系统的正确性。

```
[root@localhost ~]# e2fsck -f /dev/vg0/lv0
e2fsck 1.41.12 (17-May-2010)
第一步: 检查 inode、块和大小
第二步: 检查目录结构
第 3 步: 检查目录连接性
Pass 4: Checking reference counts
第 5 步: 检查簇概要信息
```

/dev/vg0/lv0: 12/280416 files (0.0% non-contiguous)，46386/1126400 blocks

通过检查，逻辑卷的文件系统没有错误。

（4）对逻辑卷中没有变化部分进行格式化。

```
[root@localhost ~]# resize2fs /dev/vg0/lv0 100M
resize2fs 1.41.12 (17-May-2010)
Resizing the filesystem on /dev/vg0/lv0 to 102400 (1k) blocks.
The filesystem on /dev/vg0/lv0 is now 102400 blocks long.
```

注意：此处是对保留部分格式化，没有使用 mkfs 命令。若使用 mkfs 命令，则逻辑卷中的原有信息将丢失。

（5）将逻辑卷的空间减少为 100MB。

```
[root@localhost ~]# resize2fs /dev/vg0/lv0 100M
resize2fs 1.41.12 (17-May-2010)
Resizing the filesystem on /dev/vg0/lv0 to 102400 (1k) blocks.
The filesystem on /dev/vg0/lv0 is now 102400 blocks long.
[root@localhost ~]# lvreduce -L 100M /dev/vg0/lv0
WARNING: Reducing active logical volume to 100.00 MiB
THIS MAY DESTROY YOUR DATA (filesystem etc.)
Do you really want to reduce lv0? [y/n]: y
Reducing logical volume lv0 to 100.00 MiB
Logical volume lv0 successfully resized
```

注意：100MB 前面没有加 "-"，此操作的含义是将逻辑卷的空间减少到 100MB，若加上 "-"，则代表要将逻辑卷空间减少 100MB，两个操作的结果是完全不同的。

（6）检查逻辑卷的信息。

```
[root@localhost ~]# lvdisplay /dev/vg0/lv0
--- Logical volume ---
LV Path                /dev/vg0/lv0
LV Name                lv0
VG Name                vg0
LV UUID                6lVQ4S-wVcs-KldT-0UoJ-Iaj3-3BMr-VjXDSw
LV Write Access        read/write
LV Creation host，time localhost.localdomain，2015-06-25 09:40:20 +0800
LV Status              available
# open                 0
LV Size                100.00 MiB
Current LE             25
Segments               1
Allocation             inherit
Read ahead sectors     auto
- currently set to     256       //系统支持 256 个逻辑卷
Block device           253:2     //lv0 是系统中的第三个逻辑卷
```

此时，逻辑卷的空间已经变为 100MB。

（7）挂载逻辑卷并查看逻辑卷上的文件。

```
[root@localhost ~]# mount /dev/vg0/lv0 /mnt/lv0
[root@localhost ~]# ls /mnt/lv0
```

```
hello    lost+found
[root@localhost ~]# cat /mnt/lv0/hello
hello，world
```

逻辑卷上原有信息完好。

（8）检测物理卷。

```
[root@localhost ~]# pvscan
    PV /dev/sdb1     VG vg0          lvm2 [1016.00 MiB / 916.00 MiB free]
    PV /dev/sdc1     VG vg0          lvm2 [1016.00 MiB / 1016.00 MiB free]
    PV /dev/sda2     VG VolGroup     lvm2 [19.51 GiB / 0 free]
Total: 3 [21.49 GiB] / in use: 3 [21.49 GiB] / in no VG: 0 [0]
```

可见/dev/sdc1 没有使用。

（9）从 vg0 中移除/dev/sdc1。

```
[root@localhost ~]# vgreduce vg0 /dev/sdc1
Removed "/dev/sdc1" from volume group "vg0"
```

（10）查看卷组信息。

```
[root@localhost ~]# vgdisplay vg0
--- Volume group ---
VG Name                    vg0
System ID
Format                     lvm2
Metadata Areas             1
Metadata Sequence No    7
VG Access                  read/write
VG Status                  resizable
MAX LV                     0
Cur LV                     1
Open LV                    1
Max PV                     0
Cur PV                     1
Act PV                     1
VG Size                    1016.00 MiB
PE Size                    4.00 MiB
Total PE                   254
Alloc PE / Size            25 / 100.00 MiB
Free   PE / Size           229 / 916.00 MiB
VG UUID                    ot18uc-AkiQ-D0l7-fKP1-CdUj-A7ki-2BQzIo
```

可以看出卷组空间缩小为 1016MiB。

（11）再次查看物理卷。

```
[root@localhost ~]# pvscan
PV /dev/sdb1     VG vg0          lvm2 [1016.00 MiB / 916.00 MiB free]
PV /dev/sda2     VG VolGroup     lvm2 [19.51 GiB / 0      free]
PV /dev/sdc1                     lvm2 [1019.72 MiB]
Total: 3 [21.50 GiB] / in use: 2 [20.50 GiB] / in no VG: 1 [1019.72 MiB]
```

（12）删除物理卷/dev/sdc1，并查看逻辑卷中信息。

```
[root@localhost ~]# pvremove /dev/sdc1
```

项目 4

Labels on physical volume "/dev/sdc1" successfully wiped
[root@localhost ~]# cat /mnt/lv0/hello
hello，world

由上面信息可知，物理卷/dev/sdc1 被移除，逻辑卷 lv0 中的信息保存完好。

当逻辑卷不用时，可以将其删除，删除顺序为先删除逻辑卷，再删除卷组，最后删除物理卷，此时，物理卷将被还原为分区，方法如下：

[root@localhost ~]# umount /mnt/lv0
[root@localhost ~]# lvremove /dev/vg0/lv0
Do you really want to remove active logical volume lv0? [y/n]: y
Logical volume "lv0" successfully removed
[root@localhost ~]# vgremove vg0
Volume group "vg0" successfully removed
[root@localhost ~]# pvremove /dev/sdb1
Labels on physical volume "/dev/sdb1" successfully wiped

4.4 磁盘配额的配置与管理

4.4.1 磁盘配额的介绍

1. 磁盘配额的概念

磁盘配额用来限制用户账户使用磁盘空间的大小。Linux 系统是多用户多任务的环境，多个用户可以共同使用一个硬盘空间，如果其中少数几个用户占用大量硬盘空间，势必影响其他用户的使用。因此管理员应该对用户的使用空间进行管理，以妥善分配系统资源。比如，用户的默认家目录都是在/home 下面，如果/home 是个独立的分区，空间大小为 10GB，而/home 下面共有 10 个人，则每个用户平均拥有 1GB 的空间，如果某个用户在其家目录下放了很多影片、应用软件等，占用了 4GB 空间，这样势必会影响其他用户正常使用，此时就要进行磁盘配额。

（1）磁盘配额常用的情景。

● 针对 WWW 服务器，限制每个人的网页空间容量。

● 针对邮件服务器，限制每个人的邮件空间。

● 针对文件服务器，限制每个人最大可用的网络硬盘空间。

（2）操作磁盘配额时的注意事项。

磁盘配额只对普通用户有效，对 root 无效，因为 root 是系统管理员，对整个系统拥有控制权限。

磁盘配额实际运行时，以文件系统为单位进行限制。例如，如果将/dev/sdb1 挂载到/mnt/sdb1 下，那么在/mnt/sdb1 下的所有目录都会受到磁盘配额的限制。

Linux 系统核心必须支持磁盘配额模块，默认的配额文件为 aquota.user 和 aquota.group。

（3）硬盘配额程序提供的限制项。

● 磁盘块数限制（blocks）：即使用空间的限制。

● 文件及文件夹的节点数（inode）：即对创建文件个数的限制。

- 硬限制（hard）：用户和组群可以使用空间的最大值。用户在操作过程中一旦超出硬配额的界限，系统就发出警报信息，并立即结束写入操作。
- 软限制（soft）：定义用户和组群的可使用空间，与硬配额不同的是，系统允许软配额在一段时期内被超过，这段时间称为过渡期（Grace Period），默认 7 天。过渡期到期后，如果用户所使用空间仍超过软配额，那么用户就不能写入更多文件。通常硬配额大于软配额。

例如，假设为 lily 用户设置的软限制为 8MB，为 lily 用户设置的硬限制为 10MB，期限为 1 天。当用户 lily 使用的空间达到 8MB 时，系统会给出提示，但仍可以继续使用空间，如果在 1 天内 lily 的使用空间没有降低到软限制之下或当 lily 使用空间达 10MB 时，系统就会拒绝 lily 继续写磁盘。

2. 设置文件系统配额

超级用户首先必须编辑/etc/fstab 文件，指定实施配额管理的文件系统及其实施何种配额管理，其次应执行 quotacheck 命令检查进行配额管理的文件系统并创建配额管理文件，然后利用 edquota 命令编辑配额管理文件，最后启动配额管理即可。其中常用的磁盘配额管理命令如下：

（1）quota 命令。

格式：quota [参数] 用户名

功能：该命令用来显示当前某个用户或者组的磁盘配额值。

常用选项如下：

-u：表示显示用户的配额。

-g：表示显示组的配额。

-v：显示每个文件系统的磁盘配额。

-s：可以选择用 inode 或磁盘容量的限制值来显示。

例如：

```
quota -- uvs              #显示当前用户的配额值
quota -- gvs              #显示 root 用户所在组的配额值
quota -- uvs u1           #显示 u1 用户的配额值
```

（2）quotacheck 命令。

格式：quotacheck 选项

功能：扫描某个磁盘的配额空间，以分区为单位进行扫描。由于磁盘在被扫描时持续运行，可能扫描过程中文件会增加，造成磁盘配额扫描错误，因此当使用 quotacheck 命令时，磁盘将自动被设置为只读扇区，扫描完毕后，扫描所得的磁盘空间结果会写入配额信息文件 aquota.user 与 aquota.group 中。

常用选项如下：

-a：扫描所有在/etc/fstab 内含有磁盘配额支持的文件系统，加上此参数可以不写挂载点。

-v：显示扫描过程。

-m：把以前的磁盘配额信息清除，在对根分区创建的时候必须用此参数。

-u：针对用户扫描文件与目录的使用情况，会建立 aquota.user 文件。

-g：针对组扫描文件与目录的使用情况，会建立 aquota.group 文件。

例如，quotacheck -avug 的作用为扫描分区，并生成配额信息文件。

（3）edquota 命令。

格式：edquota　选项

功能：用于编辑某个用户或者组的磁盘配额数值。

常用参数如下：

-u：配置用户的磁盘配额。

-g：配置组的磁盘配额。

-P：复制磁盘配额设定，从一个用户到另一个用户。

-t：修改期限时间，对整个磁盘有效。

-T：修改用户期限，对用户个体有效。

在编辑配额文件时会遇到以下一些值：

①filesystem：当前使用的文件系统。

②blocks：已经使用的区块数量（单位 IKB）。

③soft：区块使用数据的软限制或节点使用数量的软限制。

④hard：区块使用数据的硬限制或节点使用数量的硬限制。

⑤inode：已经使用的节点数量。

常见的用法如下：

```
edquota -p  ul  -u  u2   #将 ul 的配额设置复制给 u2
edquota  -u  u1          #配置 ul 的磁盘配额
edquota  -t              #修改期限时间，以分区为单位
```

（4）quotaon 命令。

格式：quotaon　选项

功能：启动磁盘配额，其核心操作是启动 aquota.group 与 aquota.user，执行 quotaon 之前必须先执行 quotacheck。

主要参数与 quotacheck 相同。

例如：

```
quota   -avug         #启动所有的磁盘配额
quota   -uv    /home         #启动/home 里的用户磁盘配额设置
```

（5）quotaoff 命令。

格式：quotaoff　选项

功能：该命令用于关闭磁盘配额。

常用参数如下：

-a：全部文件系统的磁盘配额都关闭。

-u：关闭用户的磁盘配额。

-g：关闭组的磁盘配额。

例如：

```
quotaoff             #全部关闭
quotaoff  -u  /data       #关闭/data 的用户磁盘配额设置值
```

（6）repquota 命令。

格式：repquota　选项

功能：该命令用于显示指定磁盘分区设备上的配额使用情况。

常用参数如下：

-a：直接到/etc/mtab 搜寻具有 quota 标志的 filesystem，并报告 quota 的结果。

-v：输出的数据将含有 filesystem 相关的细节信息。

-u：显示出使用者的 quota 限值（这是默认值）。

-g：显示出个别组群的 quota 限值。

-s：使用 M、G 为单位显示结果。

例如，显示/dev/sdal 上的配置情况，操作方法为：

```
[root@localhost ~]repquota /dev/sdal
```

若要查看所有磁盘分区的配置情况，操作方法为：

```
[root@localhost ~]#repquota -a
```

4.4.2 任务 4-6：磁盘配额的应用

1．任务描述

假设某公司有人事部、技术部两个部门，有一台计算机供所有员工使用。但由于人数较多，为了防止员工们随便乱放东西，现公司规定对该计算机的公用磁盘进行空间限制，每个人只有60MB 的空间可以使用，以存放一些重要文件，文件数量没有限制。超出 50MB 时给予警告，限期 3 天内做出清理，若不清理或超过将不能再存放其他文件。对部门组群，每个组群只有400MB 的空间可以使用，超出 300MB 时给予警告。由于磁盘配额是对分区设置的，此例中选择"/dev/sdb1"进行配额设置。设系统中有 employment 组的 lily 和 lucy 两个用户和 technology组的 tom 和 jack 两个用户。

2．操作步骤

（1）在系统中添加 1GB 的/dev/sdb 磁盘，并将其分区和创建文件系统，挂载到/mnt/sdb，此过程同任务 4-1 的操作步骤，这里不再重复。

（2）启动 vi 编辑/etc/fstab。

```
[root@localhost sdb1]# cp /etc/fstab /etc/fstab.bak    //备份/etc/fstab 文件
[root@localhost sdb1]# vi /etc/fstab
# /etc/fstab
# Created by anaconda on Fri Aug 29 01:48:37 2014
# Accessible filesystems，by reference，are maintained under '/dev/disk'
# See man pages fstab(5)，findfs(8)，mount(8) and/or blkid(8) for more info
/dev/mapper/VolGroup-lv_root /                     ext4    defaults        1 1
UUID=d8877070-3973-456b-a398-9e8447a2f682 /boot   ext4    defaults        1 2
/dev/mapper/VolGroup-lv_swap swap                  swap    defaults        0 0
tmpfs                   /dev/shm                   tmpfs   defaults        0 0
devpts                  /dev/pts                   devpts  gid=5，mode=620  0 0
sysfs                   /sys                       sysfs   defaults        0 0
proc                    /proc                      proc    defaults        0 0
/dev/sdb1               /mnt/sdb1       ext4       defaults，usrquota，grpquota 0 0
```

该文件的第四列设置挂载的文件系统的属性，usrquota 表示采用用户配额，grpquota 表示采用组群配额。

（3）重新挂载设备（也可重启系统），并查看挂载信息。

```
[root@localhost sdb1]# mount -o remount /mnt/sdb1          //重新挂载设备，使系统属性生效
[root@localhost sdb1]# mount                               //查看设备的挂载信息
……
/dev/sdb1 on /mnt/sdb1 type ext4 (rw, usrquota, grpquota)
```

其他内容省略。/dev/sdb1 被挂载到/mnt/sdb1 下，文件格式为 Ext4，分区下带有配额参数，可以执行配额操作。

（4）建立组群和用户账号。

```
[root@localhost sdb1]# groupadd employment
[root@localhost sdb1]# groupadd technology
[root@localhost sdb1]# useradd -G employment lily
[root@localhost sdb1]# useradd -G employment lucy
 [root@localhost sdb1]# useradd -G technology tom
[root@localhost sdb1]# useradd -G technology jack
[root@localhost sdb1]# passwd lily
[root@localhost sdb1]# passwd lucy
[root@localhost sdb1]# passwd tom
[root@localhost sdb1]# passwd jack
```

（5）检查是否安装 quota 的 RPM 包。

```
[root@localhost sdb1]# rpm -qa |grep quota
quota-3.17-18.el6.i686
```

（6）关闭 SELinux 并创建配额文件。

```
[root@localhost sdb1]# setenforce 0          //关闭 SELinux
[root@localhost sdb1]# quotacheck -cvug /mnt/sdb1          //创建配额文件
quotacheck: Your kernel probably supports journaled quota but you are not using it. Consider switching to
journaled quota to avoid running quotacheck after an unclean shutdown.
quotacheck: Scanning /dev/sdb1 [/mnt/sdb1] done
quotacheck: Checked 2 directories and 2 files
[root@localhost sdb1]# ls /mnt/sdb1          //查看配额文件
aquota.group   aquota.user   lost+found
```

（7）使用 edquota 命令为 lily 用户设置配额。

```
[root@localhost sdb1]# edquota -u lily          //启动 vi，显示用户的使用空间
```

按 "i" 键进入文本编辑模式，编辑软配额和硬配额如下：

```
Disk quotas for user lily (uid 506):
Filesystem        blocks        soft        hard        inodes        soft        hard
/dev/sdb1           0           51200        61440         0            0           0
```

按 Esc 键，再输入 "ZZ"，保存修改并退出 vi。

（8）为 lucy、tom 和 jack 三个用户设置配额，edquota 命令的-p 选项可复制用户的配额。

```
[root@localhost sdb1]# edquota -p lily lucy          //给 lucy 复制配额
[root@localhost sdb1]# edquota -p lily tom
[root@localhost sdb1]# edquota -p lily jack
[root@localhost sdb1]# edquota lucy          //查看 lucy 配额
Disk quotas for user lucy (uid 507):
Filesystem        blocks     soft        hard        inodes        soft        hard
/dev/sdb1           0         51200       61440         0            0           0
```

从查看信息中看出，已经成功将 lily 的配额数据复制给 lucy，其他两个用户也同 lily 配额参数。

（9）利用 edquota 命令为组群设置配额参数。

```
[root@localhost sdb1]# edquota -g employment
```

启动 vi，在编辑界面设置其硬配额和软配额，内容如下所示。最后保存并退出 vi。

```
Disk quotas for group employment (gid 506):
Filesystem        blocks      soft        hard        inodes      soft        hard
/dev/sdb1         0           307200      409600      0           0           0
```

[root@localhost sdb1]# edquota -gp employment technology //配额参数复制给 technology，注意参数 g 在前面，表示复制组的配额数据

[root@localhost sdb1]# edquota -g technology //查看 technology 的配额数据，注意加 g 参数，查看结果同 employment。

（10）开启配额管理功能。

```
[root@localhost sdb1]# quotaon -avug
/dev/sdb1 [/mnt/sdb1]: group quotas turned on
/dev/sdb1 [/mnt/sdb1]: user quotas turned on
```

（11）修改目录权限。

```
[root@localhost mnt]# chmod 777 sdb1    //修改目录权限，让普通用户可以在/mnt/sdb1 下写文件。
```

（12）在桌面环境下切换 lily 用户，测试用户配额。在桌面环境下复制文件，当超过软配额时，没有提示信息，而如果超过硬配额将出现图 4-15 所示的提示信息，并立即中断文件复制过程，虽然在文件夹中能看到此文件，但并没有复制完整，仍不能使用。

图 4-15　超过硬配额显示提示信息

如果在字符界面下复制文件，当超过用户的软配额时会显示"user block quota exceeded"，而超过硬配额时会显示"write failed，user block limit reached."。

（13）以超级用户身份登录，查看配额使用情况。

```
[root@localhost mnt]# repquota -a
*** Report for user quotas on device /dev/sdb1
Block grace time: 7days; Inode grace time: 7days
```

		Block limits			File limits			
User	used	soft	hard	grace	used	soft	hard	grace
root	--	28	0	0	2	0	0	
lily	+-	61440	51200	61440	6days	91	0	0

（14）设置过渡期为 3 天。

```
[root@localhost mnt]# edquota -t
Grace period before enforcing soft limits for users:
Time units may be: days，hours，minutes，or seconds
Filesystem                  Block grace period        Inode grace period
/dev/sdb1                        3days                      3days
```

当不准备使用配额功能时，可使用 quotaoff -a 关闭配额功能。

4.5　小结

本项目主要介绍了磁盘及分区的命名、添加磁盘的方法、创建分区的方法、管理 RAID 的方法、管理 LVM 的方法及磁盘配额的使用等，其中磁盘的使用方法是基础。在 Linux 中可以识别多种文件系统，但默认的文件系统为 Ext4，若需要创建 RAID 或 LVM，则需要将文件系统的类型修改为 fd、8e，否则 RAID 或 LVM 的一些命令识别不出对应磁盘。磁盘配额主要是对用户及组进行磁盘空间的限制；磁盘配额作用于分区，所以要求分区支持磁盘配额功能，一般通过 mount -o 命令或修改/etc/fstab 文件实现。磁盘配额可以实现对用户的磁盘空间或文件数的限制，从而有效地管理磁盘。

4.6　习题与操作

一、选择题

1. 在 Linux 中第一块 IDE 磁盘的名字为（　　）。
　　A．/dev/hda　　　　B．/dev/sdc　　　　C．/etc/sda　　　　　　D．/etc/sdd
2. 在 Linux 中创建分区的命令是（　　）。
　　A．fdisk　　　　　　B．mkfs　　　　　　C．format　　　　　　D．makefile
3. 将/dev/sdc1 格式化为 Ext4 的命令是（　　）。
　　A．mkfs.ext4 /dev/sdc1　　　　　　　B．mkfs -type ext4 /dev/sdc1
　　C．mkfs -t ext4 sdc1 D．mkfs.ext4 sdc1
4. 已知/dev/sdb1 设备挂载在/mnt 文件夹下，卸载该设备的方法是（　　）。
　　A．umount /dev/sdb1　　　　　　　　B．umount　mnt
　　C．umount /dev　　　　　　　　　　　D．umount *
5. 将光盘内容制作为 cdrom.iso 的命令是（　　）。
　　A．cp　　　　　　　B．mkfs　　　　　　C．mkisofs　　　　　D．cpisofs
6. RAID0 是（　　）。
　　A．磁盘镜像　　　　　　　　　　　　　B．等量模式
　　C．带海明码校验的磁盘阵列　　　　　　D．分布式奇偶校验的独立磁盘结构
7. LVM 的分区类型为（　　）。
　　A．fd　　　　　　　B．fc　　　　　　　C．8e　　　　　　　　D．83
8. 为用户 user1 设置配额警告时间的命令是（　　）。
　　A．edquota　-t　　user1　　　　　　　B．edquota　　-T　　user1

    C．edquota　　-time　user1　　　　　　D．edquota　　　-f　user1

9．开启磁盘配额服务的操作是（　　）。

    A．quotaon -a　　　B．quotaoff　　　C．quotadiskoff　　　　D．quota -off

10．挂载 Windows 共享资源时，使用的文件系统类型为（　　）。

    A．NTFS　　　　　B．FAT16　　　C．FAT32　　　　　　　D．cifs

二、操作题

1．任务描述

某公司的系统管理员为了提高公司内部服务器的稳定性，决定在服务器上使用 RAID5 阵列，请为其工作内容编制一个解决方案。

（1）向系统中添加五块 1GB 大小的磁盘，将其分区、格式化。

（2）创建 RAID5 阵列，其中四块处于工作状态，一块处于备用状态。

（3）每周五下午 6:00 点将/etc 目录下所有内容归档并压缩为磁盘阵列，名字为 back.tar.gz。

2．操作目的

（1）通过本操作熟悉 Linux 系统中的磁盘及 RAID5 的使用方法。

（2）掌握设置定时任务的操作方法。

（3）掌握归档文件的方法。

3．任务准备

一台安装 RHEL6.4 系统的虚拟 PC。

学习情境三　综合应用

5

网络配置

【项目导入】

作为 Linux 系统的网络管理员，学习 Linux 服务器的网络配置是至关重要的。这是后续网络服务配置的基础，必须要学好。本项目首先介绍 Linux 网络配置的基本参数与网络配置相关文件；然后介绍如何利用命令配置网络；最后介绍了管理员常用的远程访问 Linux 方式。

【知识目标】

☞ 了解 Linux 网络配置基础知识
☞ 理解 Linux 中常见的网络配置文件及内容
☞ 理解常用网络配置命令的用法及功能
☞ 理解 TELNET、SSH、VNC 服务的作用

【能力目标】

☞ 掌握 Linux 网络文件的修改方法
☞ 掌握常用网络配置命令的使用方法
☞ 掌握 TELNET、SSH 服务的配置方法
☞ 掌握 VNC 远程接入的配置方法

5.1 Linux 网络配置基础

TCP/IP 是 Internet 的网络协议标准，也是全球使用最为广泛、最重要的一种网络通信协议。目前不管是 UNIX 系统还是 Windows 系统都全面支持 TCP/IP，因此 Linux 将 TCP/IP 作为网络的基础，并通过 TCP/IP 与网络中的其他计算机进行信息交换。

接入 TCP/IP 网络的计算机一般需要进行网络配置，配置的参数大概有主机名、IP 地址、子网掩码、网关地址和 DNS 服务器地址等。

5.1.1　网络配置参数

1. 主机名

主机名用于标识网络中的计算机，通常主机名在网络中是唯一的。如果某一主机在 DNS 服务器上进行过域名注册，那么其主机名和域名通常也是相同的。

2. IP 地址与子网掩码

TCP/IP 网络中一台主机与网络中的其他计算机进行通信，就必须至少拥有一个唯一的 IP 地址，否则在数据传输过程中无法识别接收方和发送方。IP 地址一定设置在主机的网卡上，网卡的 IP 地址就是主机的 IP 地址。

IP 地址通常采用 "x.x.x.x" 点分十进制表示形式，每个 x 部分的取值范围都是 0～255。传统上将 IP 地址分为 A、B、C、D、E 五类，其中 A、B、C 三类（如表 5-1 所示）用于分配给主机使用，D、E 两类留作它用。

表 5-1　IP 地址分类

类别	IP 地址范围	默认的子网掩码
A	0.0.0.0～127.255.255.255	255.0.0.0
B	128.0.0.0～191.255.255.255	255.255.0.0
C	192.0.0.0～223.255.255.255	255.255.255.0

在所有的 IP 地址中，以 "127" 开头的 IP 地址称为回送地址，不可用于指定主机的 IP 地址，仅供计算机的各个网络进程之间进行通信时使用。同一网络中每台主机的 IP 地址不能相同，否则会造成 IP 地址冲突。

在配置主机 IP 地址的同时还必须配置子网掩码。为了保证网络的安全和减轻网络管理的负担，有时会把一个网络分成多个子网，而子网掩码就是用来区分不同子网的，其表现形式与 IP 地址一样。在一般的网络应用中，通常不进行子网划分就采用默认的子网掩码。

3. 网关地址

为主机设置好 IP 地址和子网掩码后，该主机就可以使用 IP 地址和同一网段的其他主机进行通信了，但还不能和不同网段的主机通信。即使两个网段连接在同一台交换机上，TCP/IP 也会根据子网掩码判定主机处于不同的网络。要实现不同网络间通信，必须通过网关来实现。

假设有网络 A 和网络 B，网络 A 的 IP 地址范围为 192.168.0.1～192.168.0.254，子网掩码为 255.255.255.0；网络 B 的 IP 地址范围为 192.168.1.1～192.168.1.254，子网掩码为 255.255.255.0。当网络 A 中的主机向网络 B 中的主机发送数据包时，网络 A 中的主机会把数据包转发给网络 A 的网关，再由网络 A 的网关转发给网络 B 的网关，网络 B 的网关再转发给网络 B 中的对应主机。网络 B 向网络 A 转发数据包的过程也是如此，如图 5-1 所示。

图 5-1　网关的功能

为了实现与不同网段的主机通信，必须设置网关地址。网关地址必须是本网络中的地址。

4. DNS 服务器地址

直接使用 IP 地址就可以访问到网络中的主机，但数字形式的 IP 地址难以记忆，通常人们习惯使用域名来访问网络中的主机。为了能够使用域名，需要为计算机指定至少一个 DNS 服务器，由这个 DNS 服务器来完成域名解析的工作。域名解析包括两个方面：正向解析（从域名到 IP 地址的映射）和反向解析（从 IP 地址到域名的映射）。

Internet 中存在大量的 DNS 服务器，每台 DNS 服务器都保存着其管辖的区域中主机域名与 IP 地址的映射表。当用户利用 IE 浏览器等应用程序以域名形式访问网络中主机时，会向指定的 DNS 服务器查询其映射的 IP 地址。如果这个 DNS 服务器找不到，则向其他 DNS 服务器求助。直到找到 IP 地址，并将 IP 地址信息返回给发出请求的应用程序，应用程序才能获取该 IP 地址的主机的相关服务和信息。

5.1.2　Linux 网络的相关概念

1. Linux 的网络接口

Linux 内核中定义不同的网络接口，其中包括：

（1）lo 接口

lo 接口表示本地回送接口，用于网络测试以及本地主机各网络进程之间的通信。无论什么应用程序，只要使用回送地址（127.*.*.*）发送数据都不进行任何真实的网络传输。Linux 系统默认包含回送接口。

（2）eth 接口

eth 接口表示网卡设备接口，并附加数字来反映物理网卡的序号。如第一块网卡称为 eth0，第二块网卡称为 eth1，并依此类推。

2. Linux 网络端口

采用 TCP/IP 的服务器可为客户机提供各种网络服务，如 WWW 服务、FTP 服务等。为区分不同的网络连接，TCP/IP 采用端口号进行区分。端口号的取值范围为 0～65535。根据服务类型的不同，Linux 将端口号分为三大类，分别对应不同类型的服务，如表 5-2 所示。

表 5-2　端口号的分类

端口范围	含义
0～255	常用的服务端口，如 WWW、E-mail 等
256～1024	用于其他专用的服务
1024 以上	用于端口的动态分配

TCP/IP 中常用的网络服务的默认端口号如表 5-3 所示。

表 5-3　常用默认端口号

服务名称	含义	默认端口号
ftp-data	FTP 的数据传送服务	20
ftp-control	FTP 的命令传送服务	21

续表

服务名称	含义	默认端口号
ssh	ssh 服务	22
telnet	telnet 服务	23
smtp	简单邮件传送服务	25
Pop3	邮件接收服务	110
DNS	域名服务	53
http	WWW 服务	80

5.1.3　Linux 常见网络配置文件

Linux 网络配置包括主机名称、网卡安装、协议管理和 IP 地址的建立等，要了解一些相关文件的作用和位置，例如/etc/hosts、/etc/sysconfig/network、/etc/services、ifcfg-eth0 和/etc/resolve.conf 等，通过修改这些文件可以对主机进行网络参数设置。

1. /etc/hosts 文件

该文件提供了主机名与 IP 地址之间的映射。在计算机网络发展初期，系统可利用 hosts文件查询域名所对应的 IP 地址。随着 Internet 的飞速发展，现在一般通过 DNS 服务器来查找域名所对应的 IP 地址。但 hosts 文件仍被保留，用于保存经常访问的主机域名和 IP 地址，可提高访问速度。文件的内容为：

```
IP 地址        主机名        别名
127.0.0.1 localhost localhost.localdomain localhost4 localhost4.localdomain4
::1     localhost localhost.localdomain localhost6 localhost6.localdomain6
192.168.1.100    bogon
```

注意：hosts 文件用于指明本地主机名与 IP 地址间的对应关系。如本例中最后一行，主机的 IP 地址为 192.168.1.100，主机名为 bogon。

2. /etc/sysconfig/network 文件

network 文件用来设置主机的基本网络信息，如主机名等，参考内容如下：

```
NETWORKING=yes                  //是否使用网络
HOSTNAME=localhos.localdornain   //主机名
GATEWAY =192.168.0.254           //网关
```

3. /etc/services 文件

services 文件列出系统中所有可用的网络服务，所使用的端口号以及通信协议等数据。文件的每一行提供一个服务名，所提供信息的部分内容有：

```
ftp-data        20/tcp
ftp-data        20/udp
# 21 is registered to ftp, but also used by fsp
ftp             21/tcp
ftp             21/udp          fsp fspd
ssh             22/tcp                  // The Secure Shell (SSH) Protocol
ssh             22/udp                  //The Secure Shell (SSH) Protocol
telnet          23/tcp
```

telnet	23/udp		
smtp	25/tcp	mail	
smtp	25/udp	mail	
pop3	110/tcp	pop-3	// POP version 3
pop3	110/udp	pop-3	
http	80/tcp	www www-http	// WorldWideWeb HTTP
http	80/udp	www www-http	// HyperText Transfer Protocol

4. /etc/sysconfig/network-scripts/ifcfg-eth0 文件

网络配置文件 ifcfg-eth0 所在目录是/etc/sysconfig/network-scripts/，这个文件保存了网络设备 eth0 的配置信息，主要内容如下：

```
DEVICE=eth0                                    //网卡设备名（接口名）
TYPE=Ethernet                                  //网卡类型
UUID=d5198fea-3676-4830-b4af-c20aa941d6d3
ONBOOT=yes                                     //系统启动时网络接口是否自动加载
NM_CONTROLLED=yes                              //设备 eth0 是否可以由 Network Manager 图形管理工具托管
BOOTPROTO=none                                 //启动时不使用任何协议
IPADDR=192.168.0.254                           //IP 地址
NETMASK=255.255.255.0                          //子网掩码
PREFIX=24                                      //网络前缀
DEFROUTE=yes                                   //是否把这个 eth0 设置为默认路由
IPV4_FAILURE_FATAL=yes
IPV6INIT=no                                    //禁止 IPv6
NAME="System eth0"                             //定义设备名称
DNS1=192.168.0.254                             // DNS 地址
GATEWAY=192.168.0.1                            //网关地址
HWADDR=00:0C:29:79:FF:D5                       //MAC 地址
LAST_CONNECT=1422858032
```

5. /etc/resolve.conf 文件

该文件是域名服务器客户端的配置文件，用于指定域名服务器的位置，参考内容如下：

```
#GeneratedbyNetworkManager
Nameserver     202.102.224.68                 //域名服务器的地址
```

5.2 配置网络

5.2.1 常用的网络配置命令

在 Linux 中掌握网络配置的方法是非常重要的，通过命令可以对网络参数进行全面设置，如 IP 地址、主机名等。

1. setup 命令

在 Shell 接口执行 setup 命令：

```
[root@localhost ~]#setup
```

系统会弹出如图 5-2 所示配置界面，可以在此界面中配置防火墙、键盘、系统服务等内容。

（1）选择"网络配置"选项，出现网络配置界面，如图 5-3 所示（此界面也可以使用

system→confignetwork 命令调出）。

图 5-2　系统的配置界面

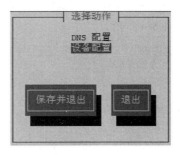

图 5-3　网络配置界面

（2）在图 5-3 所示界面中选择"设备配置"选项，出现本地识别出的网络设备，如图 5-4 所示。选中设备 eth0 后按回车键，出现如图 5-5 所示的本地网络配置界面。

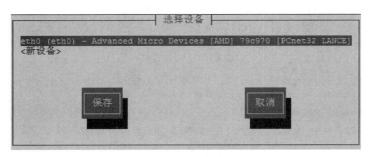

图 5-4　选择设备界面

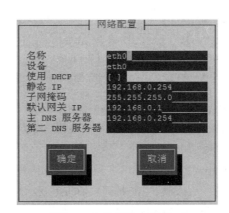

图 5-5　本地网络配置界面

（3）在图 5-5 中，通过 Tab 键或方向键选择网络参数并设置其数值，配置好网络参数后，单击"确定"按钮，依次返回上一层界面，直至退出。此时修改的配置信息会被写到 /etc/sysconfig/network-scripts/ifcfg-eth0 文件。网卡参数不会立即激活，需要重启网卡或网络服务后才能使参数生效。

2．ifup 命令

格式：ifup　　网络接口

功能：启用网络接口。

例 5-1：启用网卡 eth0。

```
[root@localhost ~]#ifup    eth0
```

3. ifdown 命令

格式：ifdown   网络接口

功能：关闭网络接口。

例 5-2：关闭网卡 eth0。

```
[root@localhost ~]#ifdown    eth0
```

4. ifconfig 命令

格式：ifconfig   [网络接口]   [ip 地址]   [子网掩码]   [up|down]

功能：查看网络接口的配置情况，并可设置网卡的相关参数，激活或停用网络接口。

例 5-3：显示当前所有网络接口的配置信息，显示结果如下。

```
[root@localhost ~]# ifconfig
eth0      Link encap:Ethernet   HWaddr 00:0C:29:79:FF:D5
          inet addr:192.168.0.254   Bcast:192.168.0.255   Mask:255.255.255.0
          inet6 addr: fe80::20c:29ff:fe79:ffd5/64 Scope:Link
          UP BROADCAST RUNNING MULTICAST   MTU:1500   Metric:1
          RX packets:1391 errors:0 dropped:0 overruns:0 frame:0
          TX packets:1808 errors:0 dropped:0 overruns:0 carrier:0
          collisions:0 txqueuelen:1000
          RX bytes:135861 (132.6 KiB)   TX bytes:815113 (796.0 KiB)
          Interrupt:19 Base address:0x2000
lo        Link encap:Local Loopback
          inet addr:127.0.0.1   Mask:255.0.0.0
          inet6 addr: ::1/128 Scope:Host
          UP LOOPBACK RUNNING   MTU:16436   Metric:1
          RX packets:124 errors:0 dropped:0 overruns:0 frame:0
          TX packets:124 errors:0 dropped:0 overruns:0 carrier:0
          collisions:0 txqueuelen:0
          RX bytes:9740 (9.5 KiB)   TX bytes:9740 (9.5 KiB)
```

使用 ifconfig 命令时，如果不指定网络设备名称，则查看当前所有处于活跃状态的网络接口的配置情况，包括本地回送接口 lo。

在查看信息中，Link encap 表示网络接口类型，HWaddr 又称 MAC 地址，表示网卡的物理硬件地址。inet addr 表示网卡上设置的 IP 地址，Bcast 表示网络的广播地址，Mask 表示网卡上设置的子网掩码，inet6 addr 是 IPv6 版本的 IP，我们没有使用，所以略过。collisions 代表数据包碰撞的情况，如果发生太多次，表示网络状况不太好。RX packets 代表的是网络由启动到目前为止的数据包接收情况，packets 代表数据包数、errors 代表数据包发生错误的数量、dropped 代表数据包由于有问题而遭丢弃的数量等。TX 与 RX 相反，为网络由启动到目前为止的传送情况。RX bytes，TX bytes 为接收、发送字节总量。

例 5-4：将网卡 eth0 的 IP 地址设置为 192.168.0.100。

```
[root@localhost ~]# ifconfig eth0 192.168.0.100
[root@localhost ~]# ifconfig eth0
```

```
eth0        Link encap:Ethernet    HWaddr 00:0C:29:79:FF:D5
            inet addr:192.168.0.100   Bcast:192.168.0.255   Mask:255.255.255.0
            inet6 addr: fe80::20c:29ff:fe79:ffd5/64 Scope:Link
            UP BROADCAST RUNNING MULTICAST    MTU:1500   Metric:1
            RX packets:204 errors:0 dropped:0 overruns:0 frame:0
            TX packets:274 errors:0 dropped:0 overruns:0 carrier:0
            collisions:0 txqueuelen:1000
            RX bytes:23147 (22.6 KiB)   TX bytes:26759 (26.1 KiB)
            Interrupt:19 Base address:0x2000
```

例 5-5：增加一个 IP 地址 192.168.0.101，子网掩码为 255.255.255.0。

```
[root@localhost ~]# ifconfig eth0:0 192.168.0.101 netmask 255.255.255.0
```

利用此方法可以为一张网卡设置多个 IP。

例 5-6：关闭网卡。

```
[root@localhost ~]#ifconfig   eth0   down
```

例 5-7：启用网卡。

```
[root@localhost ~]#ifconfig   eth0   up
```

网卡重启之后，使用 ifconfig 配置的 IP 地址及别名 IP 都将不存在。

5. route 命令

格式：route　[[add/del]　　default　gw　网关的 IP 地址]

功能：查看本机的路由表信息，添加、删除路由记录，设置默认网关等。

例 5-8：查看当前内核路由表信息。

```
[root@localhost ~]# route
Kernel IP routing table
```

Destination	Gateway	Genmask	Flags	Metric	Ref	Use	Iface
192.168.0.0	*	255.255.255.0	U	1	0	0	eth0
default	192.168.0.1	0.0.0.0	UG	0	0	0	eth0

路由表中显示信息含义如下：

（1）Destination：目标网络 IP 地址，可以是一个网络地址，也可以是一个主机地址。

（2）Gateway：网关地址，即该路由条目中下一跳的路由器 IP 地址。

（3）Genmask：路由项的子网掩码，与 Destination 信息进行"与"操作得出目标地址。

（4）Flags：路由标志。其中，U 表示路由项是活动的；H 表示目标是单个主机；G 表示使用网关；R 表示对动态路由进行复位；D 表示路由项是动态安装的；M 表示动态修改路由；! 表示拒绝路由。

（5）Metric：路由开销值，用来衡量路径的代价。

（6）Ref：依赖于本路由的其他路由条目。

（7）Use：该路由项被使用的次数。

（8）Iface：该路由项发送数据包使用的网络接口。

例 5-9：设置默认网关为 192.168.0.100。

```
[root@localhost ~]# route add default gw 192.168.0.100
[root@localhost ~]# route
Kernel IP routing table
```

Destination	Gateway	Genmask	Flags	Metric	Ref	Use	Iface
192.168.0.0	*	255.255.255.0	U	1	0	0	eth0
default	192.168.0.100	0.0.0.0	UG	0	0	0	eth0
default	192.168.0.1	0.0.0.0	UG	0	0	0	eth0

从查看结果看出，内核中增加了一条缺省路由。

例 5-10： 删除默认网关。

[root@localhost ~]# route del default gw 192.168.0.100

6. ping 命令

格式：ping　[-c　完成次数]　[主机名称或 ip 地址]

功能：ping 命令用于检测主机。

执行 ping 命令会使用 ICMP 传输协议，发出要求回应的信息，若远端主机的网络功能没有问题，就会回应该信息，从而得知该主机运作正常。

例 5-11： 向 192.168.0.11 发 5 个 ICMP 数据包。

```
[root@localhost ~]# ping 192.168.0.11   -c    5
PING 192.168.0.11 (192.168.0.11) 56(84) bytes of data.
64 bytes from 192.168.0.11: icmp_seq=1 ttl=64 time=0.457 ms
64 bytes from 192.168.0.11: icmp_seq=2 ttl=64 time=0.553 ms
64 bytes from 192.168.0.11: icmp_seq=3 ttl=64 time=0.234 ms
64 bytes from 192.168.0.11: icmp_seq=4 ttl=64 time=0.233 ms
64 bytes from 192.168.0.11: icmp_seq=5 ttl=64 time=0.719 ms
--- 192.168.0.11 ping statistics ---
5 packets transmitted，5 received，0% packet loss，time 4047ms
rtt min/avg/max/mdev = 0.233/0.439/0.719/0.188 ms
```

用户执行 ping 命令后将向指定的主机发送数据包，然后反馈响应信息。如果不指定发送数据包的次数，ping 命令就会一直执行下去，直到用户按 Ctrl+C 组合键中断命令的执行。最后将显示本次 ping 命令执行结果的统计信息。

例 5-12： 测试和 www.baidu.com 主机的连通状况。

[root@localhost ~]# ping   -c   2   www.baidu.com

7. hostname 命令

格式：hostname　[选项]　[主机名]

功能：用以显示或设置系统的主机名称。

例 5-13： 显示当前系统的主机名。

[root@localhost ~]#hostname

例 5-14： 临时设置系统主机名为 linux。

[root@localhost ~]#hostnarne   linux

8. service 命令

格式：service　服务名　　start|stop|restart|status

功能：启动、终止、重启指定的服务，或查看指定服务的状态。

例 5-15： 重新启动网络服务。

[root@localhost ~]#service   network   restart

或者

[root@localhost ~]#/etc/rc.d/init.d/network   restart

例 5-16：启动 Samba 服务。

```
[root@localhost ~]# service smb start
启动 SMB 服务：                                                [确定]
```

例 5-17：停止 Apache 服务。

```
[root@localhost ~]# service httpd stop
停止 httpd：                                                   [确定]
```

9. netstat 命令

格式：netstat [参数]

功能：查看网络信息。

常用选项如下：

-r：显示出路由的意思。

-i：显示指定网络接口的内容，跟 ifconfig 类似。

-a：显示出目前所有的网络联机状态。

-n：默认情况下，显示出的主机会以 hostname 显示，使用 n 则可以使端口与主机都以数字显示。

-t：仅显示 tcp 数据包的联机行为。

-u：仅显示 udp 数据包的联机状态。

-l：仅显示 LISTEN 的内容。

-p：同时显示与此联机的 PID，只有 root 才能行使此功能。

例 5-18：显示出目前的路由表。

```
[root@localhost ~]# netstat -r
Kernel IP routing table
Destination      Gateway         Genmask          Flags    MSS Window      irtt Iface
192.168.0.0      *               255.255.255.0    U        0 0             0 eth0
link-local       *               255.255.0.0      U        0 0             0 eth0
default          192.168.0.1     0.0.0.0          UG       0 0             0 eth0
```

例 5-19：以数字形式显示所有的联机状态。

```
[root@localhost ~]# netstat -an|more
Active Internet connections (servers and established)
Proto Recv-Q   Send-Q    Local Address           Foreign Address         State
......
tcp     0         0 0.0.0.0:22              0.0.0.0:*               LISTEN
tcp     0         0 127.0.0.1:631           0.0.0.0:*               LISTEN
tcp     0         0 0.0.0.0:25              0.0.0.0:*               LISTEN
tcp     0         0 192.168.0.254:22        192.168.0.10:52220      ESTABLISHED
.......
```

5.2.2　任务 5-1：Linux 网络配置的应用

1. 任务描述

校园网中新添一台 Linux 主机服务器，现需要配置其网络参数，使得它能够连通网络。配置参数如下：（1）系统中第一块网卡 eth0 的 IP 地址为 192.168.0.254、子网掩码为 255.255.255.0、网关为 192.168.0.1。（2）局域网中主机名为 server。（3）DNS 服务器为 202.102.224.68、

202.102.227.68。

配置主机网络参数可以通过修改相关配置文件、setup 的 GUI 界面和网络配置命令来实现，当然也可以在桌面环境下，以超级用户身份打开"系统"→"首选项"→"网络连接"进行图形化设置。这里选择修改配置文件和 shell 命令两种方法进行主机的网络参数配置。

2. 操作步骤

方法一：修改配置文件的操作步骤如下：

（1）打开 eth0 网卡的配置文件，修改 IP 地址、子网掩码、网关、DNS。用 vi 编辑器打开配置文件，然后按"i"键，进入文本编辑模式进行修改。

```
[root@localhost ~]# vi /etc/sysconfig/network-scripts/ifcfg-eth0
DEVICE=eth0
TYPE=Ethernet
UUID=d5198fea-3676-4830-b4af-c20aa941d6d3
ONBOOT=yes
NM_CONTROLLED=yes
BOOTPROTO=none
IPADDR=192.168.0.254          //设置 IP 地址
NETMASK=255.255.255.0         //设置子网掩码
PREFIX=24
DEFROUTE=yes
IPV4_FAILURE_FATAL=yes
IPV6INIT=no
NAME="System eth0"
GATEWAY=192.168.0.1           //设置网关
USERCTL=no
HWADDR=00:0C:29:79:FF:D5
DNS1=202.102.224.68           //设置主 DNS
DNS2=202.102.227.68           //设置辅 DNS
LAST_CONNECT=1435801135
```

修改完成后，按 Esc 键返回命令模式，再按两次"Z"键保存退出。

（2）重新启动网络服务，使配置参数生效。

```
[root@localhost ~]# service network restart            //重启网络服务
正在关闭接口 eth0：设备状态：3 (断开连接)              [确定]
关闭环回接口：                                          [确定]
弹出环回接口：                                          [确定]
弹出界面 eth0：活跃连接状态：激活的活跃连接路径：
/org/freedesktop/NetworkManager/ActiveConnection/6     [确定]
```

（3）查看配置信息。

```
[root@localhost ~]# ifconfig eth0              //查看 eth0 的配置信息
eth0      Link encap:Ethernet   HWaddr 00:0C:29:79:FF:D5
          inet addr:192.168.0.254   Bcast:192.168.0.255   Mask:255.255.255.0
          inet6 addr: fe80::20c:29ff:fe79:ffd5/64 Scope:Link
          UP BROADCAST RUNNING MULTICAST   MTU:1500   Metric:1
          RX packets:733 errors:0 dropped:0 overruns:0 frame:0
          TX packets:1224 errors:0 dropped:0 overruns:0 carrier:0
```

```
                    collisions:0 txqueuelen:1000
                    RX bytes:78393 (76.5 KiB)    TX bytes:90073 (87.9 KiB)
                    Interrupt:19 Base address:0x2000
[root@localhost ~]# cat /etc/resolv.conf              //查看 DNS 的配置信息
# Generated by NetworkManager
nameserver 202.102.224.68
nameserver 202.102.227.68
```

从显示结果看，已成功配置网络参数。

（4）修改/etc/sysconfig/network 文件，主机名为 server，文件修改后重启系统才能使配置生效。

```
[root@localhost ~]# vi /etc/sysconfig/network        //vi 修改
NETWORKING=yes
HOSTNAME=server                                       //vi 修改设置主机名
```

（5）查看主机名。

```
[root@server ~]# hostname                            //查看主机名
server                                               //修改成功
```

或者

```
[root@server ~]# cat /proc/sys/kernel/hostname
Server
```

（6）和局域网中其他主机测试网络的连通性。

```
[root@localhost ~]# ping 192.168.0.10
PING 192.168.0.10 (192.168.0.10) 56(84) bytes of data.
64 bytes from 192.168.0.10: icmp_seq=1 ttl=64 time=2.28 ms
64 bytes from 192.168.0.10: icmp_seq=2 ttl=64 time=0.525 ms
64 bytes from 192.168.0.10: icmp_seq=3 ttl=64 time=0.390 ms
^C
--- 192.168.0.10 ping statistics ---
3 packets transmitted，3 received，0% packet loss，time 2759ms
rtt min/avg/max/mdev = 0.390/1.067/2.286/0.863 ms
```

从测试信息看，该 Linux 主机和局域网中主机已经连通。

方法二：通过 Shell 命令配置网络信息：

（1）配置 DNS，修改后重启网络服务使其生效。

```
[root@localhost ~]#echo "nameserver 202.102.224.68 "  >> /etc/resolv.conf
[root@localhost ~]#echo "nameserver 202.102.227.68 "  >> /etc/resolv.conf
[root@localhost ~]# service network restart            //重启网络服务
```

（2）配置网卡 eth0 的 IP 地址、子网掩码。

```
[root@localhost ~]#ifconfig eth0   192.168.0.254   netmask   255.255.255.0   up
```

（3）配置网关。

```
[root@localhost ~]#route   add   default   gw   192.168.0.1
```

（4）配置主机名。

```
[root@localhost ~]# hostname    server
```

使用命令设置的参数只在当前有效，重新启动系统后又还原为配置文件中的设置。

5.3 远程登录

远程登录是指在本地通过网络访问其他计算机就像用户在现场操作一样。一旦进入主机，用户可以操作主机允许的任何事情，例如读文件、编辑文件或删除文件等。常见的远程登录方式有 Telnet、SSH、远程桌面。由于 Telnet 是以明文传输密码的，其安全性方面的天生缺陷致使其逐渐被 SSH 取代，但在一些特殊场合，用户还会偶尔用到 Telnet 服务，因此掌握 Telnet 服务的配置和使用还是很有必要的；SSH 以密文传输，应用较广泛；VNC（Virtual Network Computing）中文名称为虚拟网络计算，它提供了一种在本地系统上显示远程计算机整个"桌面"的轻量型协议。VNC 可以在各种流行的操作系统间实现远程控制。利用 VNC 用户可以在 Windows 环境下看到 UNIX 的桌面，也可以在 MacOS 环境下看到 Windows 的桌面。

5.3.1 Telnet 配置

1．Telnet 协议

Telnet 是一种远程登录服务，属于应用层的协议，但它的底层协议是 TCP/IP，所用到的端口是 23。使用 Telnet 可以在本地登录远程的计算机，并且可以对远程计算机进行修改和操作，所用的界面是 DOS 界面，而不是图形界面。

2．远程登录的工作过程

使用 Telnet 协议进行远程登录时需要满足以下条件：

（1）在本地计算机上必须装有包含 Telnet 协议的客户端程序。

（2）必须知道远程主机的 IP 地址或域名。

（3）必须知道登录账户与密码。

Telnet 远程登录服务分为以下 4 个过程：

（1）本地与远程主机建立连接。该过程实际上是建立一个 TCP 连接，用户必须知道远程主机的 IP 地址或域名。

（2）将本地终端上输入的用户名和密码及以后输入的命令或字符以 NVT（Net Virtual Terminal）格式传输到远程主机。该过程实际上是从本地主机向远程主机发送一个 IP 数据报。

（3）将远程主机输出的 NVT 格式的数据转化为本地所接受的格式送回本地终端，包括输入命令回显和命令的执行结果。

（4）最后，本地终端对远程主机进行撤销连接。该过程是撤销一个 TCP 连接。

3．与 Telnet 服务相关的文件

Telnet 服务使用未加密的用户名/密码组进行认证，依附于 xinetd 服务，与 Telnet 服务相关的文件为/etc/xinetd.d/telnet，其文件内容如下：

```
[root@localhost ~]# cat /etc/xinetd.d/telnet
# default: on
# description: The telnet server serves telnet sessions; it uses \
#           unencrypted username/password pairs for authentication.
service telnet
{
```

```
        disable          = yes
        flags            = REUSE
        socket_type      = stream
        wait             = no
        user             = root
        server           = /usr/sbin/in.telnetd
        log_on_failure   += USERID
}
```

文件中参数的含义如表 5-4 所示。

表 5-4　Telnet 文件中参数的含义

参数	含义
disable = yes	服务预设为关闭
flags = REUSE	额外使用的参数
socket_type = stream	TCP 数据包的联机形态
wait = no	联机时不需要等待
user = root	启动程序的使用者身份
server = /usr/sbin/in.telnetd	服务启动的程序
log_on_failure += USERID	记录下登录错误的信息

4. 安装 Telnet 的方法

Telnet 的安装包分为客户端和服务器端，在 RHEL6.4 中客户端的软件包为 telnet-0.17-47.el6_3.1.i686.rpm，服务器端的软件包为 telnet-server-0.17-47.el6_3.1.i686.rpm。在安装之前建议先用以下命令：

```
[root@localhost ~]# rpm    -qa |grep    telnet
```

检查系统中是否已经安装了 Telnet 软件，若没有安装，可以使用 RPM 或 Yum 命令进行安装。

注意：客户端既可使用 RPM 也可使用 Yum 命令安装，而服务器端软件存在依赖关系，建议使用 Yum 命令安装，因为 Yum 可以解决软件包之间的依赖关系。

5. 启动 Telnet 的方法

启动 Telnet 服务可以通过 chkconfig 命令完成，也可以通过修改 Telnet 服务的配置文件完成。

（1）直接修改配置文件。

编辑/etc/xinetd.d/telnet 文件，将其中 disable 的值改为 no，使用 service xinetd restart 命令，重启 xinetd 服务，此时 Telnet 服务将生效。

（2）chkconfig 命令。

格式 1：chkconfig   [--add]   [--del]   [--list]   [系统服务]

功能：chkconfig 命令主要用来更新（启动或停止）和查询系统服务的运行级别信息。

常用选项如下：

--list [服务名称]：显示系统中服务的运行状态（on 或 off）。如果不指定任何参数则显示所有服务的启动状态，如果指定了 name，则只显示指定的服务在不同运行级的状态。

--add name：增加一项新的服务。chkconfig 确保每个运行级有一项程序入口。若有缺少则会从默认的 init 脚本自动建立。

--del name：删除服务，并把相关符号链接从/etc/rc[0-6].d 中删除。

格式 2：chkconfig [--level <等级代号>] [系统服务] [on/off/reset]

功能：设置某一服务在指定的运行级是被启动、停止还是重置。

--level<等级代号>，指定系统服务要在哪一个执行等级中开启或关闭。

等级 0：表示关机。

等级 1：表示单用户模式。

等级 2：表示无网络连接的多用户命令行模式。

等级 3：表示有网络连接的多用户命令行模式。

等级 4：表示不可用。

等级 5：表示带图形界面的多用户模式。

等级 6：表示重新启动。

注意，level 选项可以指定要查看的运行级而不一定是当前运行级。对于每个运行级，只能有一个启动脚本或者停止脚本。当切换运行级时，init 不会重新启动已经启动的服务，也不会再次停止已经停止的服务。

若需要在运行级 3、5 运行 Telnet 服务，可使用下面命令：

[root@localhost ~]#chkconfig --1eve1 35 telnet on

同时/etc/xinetd.d/telnet 文件中 disable 的值会由 yes 变为 no。

6. Telnet 客户端的登录方法

Telnet 是一种远程连接协议，若不加参数将进入 Telnet 的客户端命令状态，如图 5-6 所示。在客户端命令状态下输入"help"命令可以查看帮助，输入"open IP"命令将登录到具有指定 IP 的主机。也可以直接使用 Telnet IP 的方式进入目标主机。

图 5-6　Telnet 客户端

注意：在默认情况下，Telnet 客户端不允许使用管理员账户 root 远程登录，因为 root 账户的权限过高，而 Telnet 用明文传输用户名及密码对，一旦密码丢失，会对系统带来致命的损害。

　　/etc/securetty 文件可控制根用户登录的设备，该文件里记录的是可以作为根用户登录的设备名，如 tty1、tty2 等。用户是不能从不存在于该文件里的设备登录为根用户的。如果 /etc/securetty 文件不存在，那么 root 用户可以从任何地方登录。

　　若希望使用 root 账户直接在 Telnet 客户端登录，可以将/etc/securetty 文件改名，设改名为 securetty.back，则命令如下：

```
[root@localhost~]#mv   /etc/securetty   /etc/securetty.back
```

　　不过，一般不建议这么做，正确的方法是使用普通用户登录，再用 su 命令切换为 root 账户，这样可以提高系统的安全性。

5.3.2　任务 5-2：Telnet 应用实例

1．任务描述

管理员要通过 Telnet 远程管理一台 IP 地址为 192.168.0.254 的 Linux 服务器，管理员使用的是 Windows 客户端电脑。要求管理员能以 root 身份远程管理 Linux 服务器。

2．操作步骤

（1）在 Linux 服务器查看并安装 Telnet 服务。

```
[root@localhost ~]# rpm -qa|grep telnet                //查询 telnet 包有没有安装
[root@localhost ~]# mount /dev/cdrom   /mnt             //挂载光盘到/mnt
mount: block device /dev/sr0 is write-protected，mounting read-only
[root@localhost ~]# cd /mnt/Packages/                  //切换到光盘中 RPM 包所在目录
[root@localhost Packages]# ls |grep telnet             //查询 telnet 程序安装包是否存在
telnet-0.17-47.el6_3.1.i686.rpm                        //telnet 客户端程序安装包
telnet-server-0.17-47.el6_3.1.i686.rpm                 //telnet 服务器端程序安装包
[root@localhost Packages]# rpm   -ivh   telnet-server-0.17-47.el6_3.1.i686.rpm //安装 telnet 服务器程序包
warning: telnet-server-0.17-47.el6_3.1.i686.rpm: Header V3 RSA/SHA256 Signature，key ID fd431d51:
NOKEY
Preparing...                      ######################################## [100%]
    1:telnet-server               ######################################## [100%]
[root@localhost Packages]# cd
[root@localhost ~]# umount   /mnt                      //卸载光盘
```

（2）设置 Telnet 服务器的启动运行。

```
[root@localhost ~]# vi /etc/xinetd.d/telnet
# default: on
# description: The telnet server serves telnet sessions; it uses \
#       unencrypted username/password pairs for authentication.
service telnet
{
        flags           = REUSE
        socket_type     = stream
        wait            = no
        user            = root
        server          = /usr/sbin/in.telnetd
        log_on_failure  += USERID
```

```
            disable          = no                    //将其值改为 no
}
```

（3）重新启动 xinetd 服务，使 Telnet 启动配置文件的修改生效。

```
[root@localhost etc]# service xinetd restart
停止  xinetd：                                      [确定]
正在启动  xinetd：                                  [确定]
[root@localhost ~]# chkconfig    --list telnet
telnet           启用
```

（4）关闭防火墙和 Selinux。

```
[root@localhost etc]# service iptables stop
iptables：清除防火墙规则：                          [确定]
iptables：将链设置为政策  ACCEPT：filter            [确定]
iptables：正在卸载模块：                            [确定]
[root@localhost etc]# setenforce 0
```

（5）修改 securetty 文件名字，使得 root 用户可以用 Telnet 远程登录。

```
[root@localhost etc]# mv    securetty    securetty.bak
```

（6）客户端登录测试。

在 Windows 客户端的 DOS 命令提示符界面中输入 Telnet 192.168.0.254。打开 Telnet 的登录界面，输入账户和密码进入系统，如图 5-7 所示。

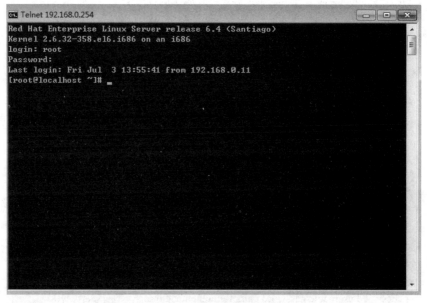

图 5-7　成功登录系统

当 Telnet 服务器配置好后，无论是从 Linux 主机还是 Windows 主机都可以使用 Telnet 命令连接到服务器，并像在本地终端一样管理服务器系统。

5.3.3　SSH 配置

1. SSH 介绍

SSH（Secure Shell）由 IETF 的网络工作小组（Network Working Group）制定，是建立在

应用层和传输层基础上的安全协议。SSH 是目前较可靠、专为远程登录会话和其他网络服务提供安全性的协议。利用 SSH 协议可以有效地防止远程管理过程中的信息泄漏问题。

OpenSSH 是免费的 SSH 协议的实现版本，最早应用在 OpenBSD，现在可运行于大多数 UNIX 操作系统，当然也包括各种发行版本的 Linux 操作系统。

2．SSH 协议的组成

SSH 协议主要由以下 3 部分组成：

（1）传输层协议（SSH-TRANS）。

提供了服务器认证、保密性及完整性，有时还提供压缩功能。SSH-TRANS 通常运行在 TCP/IP 连接上，也可能用于其他可靠数据流上。SSH-TRANS 提供了强大的加密技术、密码主机认证及完整性保护。

（2）用户认证协议（SSH-USERAUTH）。

用于向服务器提供客户端用户验证功能，运行在传输层。当 SSH-USERAUTH 开启后，它从低层协议那里接收会话标识符。会话标识符唯一标识此会话并且适用于标记以证明私钥的所有权。

（3）连接协议（SSH-CONNECT）。

将多个加密隧道分成逻辑通道，运行在用户认证协议上，提供了交互式登录方式，允许远程执行命令，可以转发 TCP/IP 连接和 X11 连接。

3．SSH 的结构

SSH 是由客户端和服务器端组成的。服务器端是一个守护进程（daemon），在后台运行并响应来自客户端的连接请求，一般是 sshd 进程，提供对远程连接的处理，一般包括公共密钥认证、密钥交换、对称密钥加密和非安全连接；客户端包含 SSH 程序以及像 SCP（远程复制）、slogin（远程登录）、sftp（安全文件传输）等其他应用程序。

SSH 的工作过程是：本地客户端发送一个连接请求到远程的服务器端，服务器端检查申请的包和 IP 地址，发送密钥给 SSH 的客户端，本地再将密钥发回给服务器端，自此连接建立。

4．SSH 配置

（1）OpenSSH 安装程序。

OpenSSH 服务需要的安装包可以从官方站点下载，也可以直接从 RHEL6.4 的系统安装盘中得到。需要的软件包如下：

openssh-clients-5.3p1-84.1.el6.i686.rpm：客户端软件包，如当前 Linux 需要作为客户机连接到其他 SSH 服务器，需要安装此软件包。

openssh-5.3p1-84.1.el6.i686.rpm：核心软件包，OpenSSH 服务是公用的，因此不论安装 OpenSSH 服务器还是客户端都必须先安装此软件包。

openssh-server-5.3p1-84.1.el6.i686.rpm：是 OpenSSH 的服务器软件包，如当前 Linux 需要作为 OpenSSH 服务器，则需要安装此软件包。

（2）OpenSSH 服务器配置文件。

在一般情况下无须对 SSH 服务器做任何配置，只需要启动 SSH 服务即可。SSH 的配置文件位于/etc/ssh 目录下，名为 sshd-config，部分文件内容如下：

```
[root@localhost ssh]# cat sshd_config        //查看配置文件
#        $OpenBSD: sshd_config，v 1.80 2008/07/02 02:24:18 djm Exp $
```

```
# This is the sshd server system-wide configuration file.   See
# sshd_config(5) for more information.
# This sshd was compiled with PATH=/usr/local/bin:/bin:/usr/bin
# The strategy used for options in the default sshd_config shipped with
# OpenSSH is to specify options with their default value where
# possible，but leave them commented.   Uncommented options change a
# default value.
#Port 22                    //设置 sshd 监听的端口号
#AddressFamily any          //设置 sshd 可以使用的 IP 的类型，any 是 IPv4、IPv6 均可
#ListenAddress 0.0.0.0      //设置 sshd 监听的 IPv4 地址
#ListenAddress ::           //设置 sshd 监听的 IPv6 地址
......
```

OpenSSH 服务器配置文件的文件格式和具体配置指令可查阅该文件的手册以获得更多的信息。

```
[root@localhost ssh]# man sshd_config          //查看配置文件手册
     /etc/hosts.equiv and /etc/ssh/shosts.equiv are still used.   The default is "yes".
IgnoreUserKnownHosts
Specifies whether sshd(8) should ignore the user's ~/.ssh/known_hosts during RhostsRSAAuthentication or
HostbasedAuthentication.   The   default is "no".
......
```

5．OpenSSH 服务器的启动与停止

（1）查看 OpenSSH 服务器状态。

OpenSSH 的启动脚本名称为 sshd。

```
[root@localhost ssh]# service sshd status
openssh-daemon (pid   1890) 正在运行...     //OpenSSH 服务器正在运行
```

如果当前系统没有运行 OpenSSH 服务器则有如下显示：

```
[root@localhost ssh]# service sshd status
openssh-daemon 已停
```

（2）启动 OpenSSH 服务器。

```
[root@localhost ssh]# service sshd start
正在启动 sshd:                                    [确定]
[root@localhost ssh]# service sshd restart
停止 sshd:                                        [确定]
正在启动 sshd:                                    [确定]
```

（3）停止 OpenSSH 服务器。

```
[root@localhost ssh]# service sshd stop
[root@localhost ssh]# service sshd status
openssh-daemon 已停
```

停止 OpenSSH 服务器将不断开现有 SSH 客户端连接，直到所有现有 SSH 客户端连接全部断开后 OpenSSH 服务器才真正停止。

6．使用 OpenSSH 客户端连接 SSH 服务器

在 Linux 下连接 SSH 服务器需要使用"openssh-clients"软件包中的 OpenSSH 客户端命令。所要连接的 SSH 服务器不一定是 Linux 主机中的 OpenSSH 服务器，只要是标准的 SSH 服务器都可以使用 OpenSSH 客户端进行连接。

（1）查看 openssh-clients 中的文件。

```
[root@localhost Packages]# rpm -ql openssh-clients
/etc/ssh/ssh_config
/usr/bin/.ssh.hmac
/usr/bin/scp
/usr/bin/sftp
/usr/bin/slogin
/usr/bin/ssh
/usr/bin/ssh-add
/usr/bin/ssh-agent
/usr/bin/ssh-copy-id
/usr/bin/ssh-keyscan
/usr/share/man/man1/scp.1.gz
/usr/share/man/man1/sftp.1.gz
/usr/share/man/man1/slogin.1.gz
/usr/share/man/man1/ssh-add.1.gz
/usr/share/man/man1/ssh-agent.1.gz
/usr/share/man/man1/ssh-copy-id.1.gz
/usr/share/man/man1/ssh-keyscan.1.gz
/usr/share/man/man1/ssh.1.gz
/usr/share/man/man5/ssh_config.5.gz
```

（2）OpenSSH 客户端配置文件。

OpenSSH 客户端配置文件分为系统配置文件和用户配置文件两种，系统配置文件作为系统中所有用户的默认 SSH 客户端配置，而每个用户可以自己定义 SSH 的用户配置文件作为该用户的 SSH 客户端配置值，文件格式与客户端系统配置文件相同，客户端配置文件为/etc/ssh/ssh_config。

```
[root@localhost ~]# more /etc/ssh/ssh_config        //查看 OpenSSH 客户端配置文件
#          $OpenBSD: ssh_config, v 1.25 2009/02/17 01:28:32 djm Exp $

# This is the ssh client system-wide configuration file.    See
# ssh_config(5) for more information.    This file provides defaults for
# users，and the values can be changed in per-user configuration files
# or on the command line.
# Configuration data is parsed as follows:
#    1. command line options
#    2. user-specific file
#    3. system-wide file
# Any configuration value is only changed the first time it is set.
# Thus，host-specific definitions should be at the beginning of the
# configuration file，and defaults at the end.
```

OpenSSH 客户端配置文件与服务器配置文件在同一目录，文件名也很相似，因此在进行配置时一定不要混淆。

OpenSSH 服务器配置文件、客户端配置文件和客户端用户配置文件的位置和文件名如表 5-5 所示。

表 5-5 OpenSSH 服务器与客户端配置文件比较

项目	配置文件全路径名称
OpenSSH 服务器配置文件	/etc/ssh/sshd_config
OpenSSH 客户端配置文件	/etc/ssh/ssh_config
OpenSSH 客户端用户配置文件	$HOME/.ssh/config

（3）使用 SSH 命令登录 SSH 服务器。

在 OpenSSH 客户端软件包中，使用 ssh 命令作为 SSH 客户端程序连接 SSH 服务器。一般使用 ssh 命令登入远程主机，都会填写"ssh 账号@主机 IP"的格式，即使用该主机的某账号登入远程主机。

```
[root@localhost ~]# ssh root@127.0.0.1
The authenticity of host '127.0.0.1 (127.0.0.1)' can't be established.
RSA key fingerprint is 28:6d:e7:56:91:94:88:62:53:c2:af:59:53:a7:45:20.
Are you sure you want to continue connecting (yes/no)? yes //如果第一次使用该主机进行 ssh 登录需要确认
密钥，选择"yes"才可继续登录过程。
Warning: Permanently added '127.0.0.1' (RSA) to the list of known hosts.
root@127.0.0.1's password:          //在此输入用户口令，口令输入过程中没有回显
Last login: Sat Jul   4 15:52:32 2015 from 192.168.0.11
[root@localhost ~]#   //正确登录后出现 shell 提示符
```

（4）在 Windows 下使用 PuTTY 作为客户端登录。

PuTTY 是 Windows 操作系统下运行的 SSH 客户端软件，是自由软件且功能强大。PuTTY 是绿色软件，无需安装可放置在任何路径下直接运行。PutTY 程序界面如图 5-8 所示。

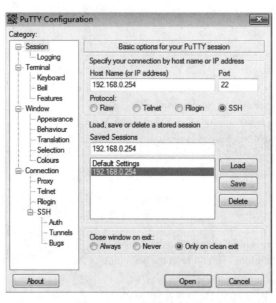

图 5-8　PuTTY 程序界面

在 PuTTY 的程序窗口中各设置项的含义如表 5-6 所示。

表 5-6　Putty 登录配置

项目	说明
Host Name(or IP address)	所要登录的主机名称或 IP 地址
Protocol	登录所使用的协议
Port	登录所使用的端口号，如果使用协议的标准端口号会在选择协议时自动设置，如果使用非标准端口（如 Raw），需手工指定端口号
Saved Sessions	该列表中显示了已保存的登录项，可以在列表中选择登录项进行重复登录
Save	使用该按钮保存已命名的登录项
Load	使用该按钮加载已保存的登录项
Open	选择该按钮用于使用当前的设置和服务器建立连接

5.3.4　任务 5–3：SSH 应用实例

1．任务描述

管理员要通过 SSH 远程管理一台 IP 地址为 192.168.0.254 的 Linux 服务器，管理员在 Windows 客户端使用 PuTTY 客户端软件。管理员能以 root 身份远程管理 Linux 服务器。

2．操作步骤

（1）安装 openssh-server-5.3p1-84.1.el6.i686.rpm 及相关软件。

```
[root@localhost 桌面]# rpm -qa |grep openssh        //查询当前系统是否安装 openssh 软件包
[root@localhost 桌面]# mount /dev/cdrom /mnt              //挂载系统盘到/mnt 下
mount: block device /dev/sr0 is write-protected，mounting read-only
[root@localhost 桌面]# cd /mnt/Packages/    //切换到 rpm 包所在目录
 [root@localhost Packages]# rpm -ivh openssh-5.3p1-84.1.el6.i686.rpm        //安装核心包
warning: openssh-5.3p1-84.1.el6.i686.rpm: Header V3 RSA/SHA256 Signature，key ID fd431d51: NOKEY
Preparing...                      ########################################### [100%]
   1:openssh                      ########################################### [100%]
[root@localhost Packages]# rpm -ivh openssh-server-5.3p1-84.1.el6.i686.rpm //安装服务器包
warning: openssh-server-5.3p1-84.1.el6.i686.rpm: Header V3 RSA/SHA256 Signature，key ID fd431d51:
NOKEY
Preparing...                      ########################################### [100%]
   1:openssh-server    ########################################### [100%]
```

（2）启动 SSH 服务。

```
[root@localhost Packages]# service sshd start
正在启动 sshd：                                          [确定]
```

（3）使用 PuTTY 连接 Linux 主机的 OpenSSH 服务器。

在图 5-8 中加载 192.168.0.254 登录项，连接到 OpenSSH 服务器。在图 5-9 中，输入正确的用户名和口令（不回显），通过身份认证后出现 Shell 提示符。

至此用户通过 PuTTY 成功登录到服务器，下面用户就可以像在服务器控制台终端一样执行各种命令进行系统管理了。

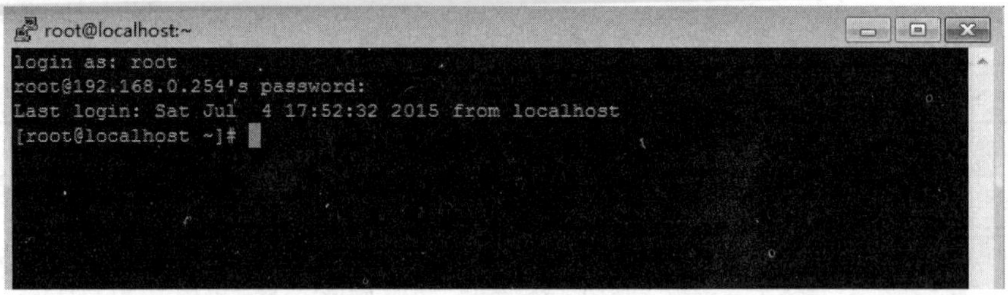

图 5-9　PuTTY 的操作界面

5.3.5　远程桌面

1．VNC 介绍

VNC（Virtual Network Computing）中文名称为虚拟网络计算，它提供了一种在本地系统上显示远程计算机整个"桌面"的轻量型协议。VNC 与 Symantec 公司的 pcAnywhere 可以实现类似的功能，但是与其他远程控制软件不同的是跨平台性，即 VNC 可以在各种流行的操作系统间实现远程控制。利用 VNC 你可以在 Windows 环境下看到 UNIX 的桌面，也可以在 MacOS 环境下看到 Windows 的桌面。现在几乎所有的图形化操作系统都支持远程桌面功能，远程桌面在实际应用中是非常有用的。

VNC 是以客户机/服务器模式运行的，所以基本上是由两部分组成：一部分是客户端的应用程序（vncviewer），另一部分是服务器端的应用程序（vncserver）。

在 Linux 下的 VNC 可以同时启动多个 vncserver，各个 vncserver 之间用编号区分，每个 cvncserver 服务监听 3 个端口，分别如下：

（1）5800+编号：VNC 的 httpd 监听端口，如果 VNC 客户端为 IE、Firefox 等非 vncviewer 时，此端口必须开放。

（2）5900+编号：VNC 服务器端与客户端通信的真正端口，无条件开放。

（3）6000+编号：监听端口，可选。

2．VNC 的安装

在 RHEL6.4 中 VNC 由 tigervnc-1.1.0-5.el6.i686.rpm 客户端安装包和 tigervnc-server-1.1.0-5.el6.i686.rpm 服务器安装包两个 RPM 软件包组成。默认情况下，VNC 服务器端的软件包是没有安装的，可以通过 Yum 安装也可以使用 RPM 安装。本例中使用 RPM 进行安装，方法如下：

```
[root@localhost ~]# mount /dev/cdrom   /mnt
[root@localhost ~]# rpm -ivh /mnt/Packages/tigervnc-server-1.1.0-5.el6.i686.rpm
warning: /mnt/Packages/tigervnc-server-1.1.0-5.el6.i686.rpm: Header V3 RSA/SHA256 Signature，key ID fd431d51: NOKEY
Preparing...                ########################################### [100%]
   1:tigervnc-server         ########################################### [100%]
```

3．修改服务器端的配置文件

vncservers 的配置文件存放在/etc/sysconfig 目录下，文件名为 vncservers。使用 vi 编辑器打开并编辑内容。

```
[root@localhost sysconfig]#vi    vncservers
# The VNCSERVERS variable is a list of display:user pairs.
# Uncomment the lines below to start a VNC server on display :2
```

```
# as my 'myusername' (adjust this to your own).   You will also
# need to set a VNC password; run 'man vncpasswd' to see how
# to do that.
# DO NOT RUN THIS SERVICE if your local area network is
# untrusted!   For a secure way of using VNC，see this URL:
# http://kbase.redhat.com/faq/docs/DOC-7028
# Use "-nolisten tcp" to prevent X connections to your VNC server via TCP.
# Use "-localhost" to prevent remote VNC clients connecting except when
# doing so through a secure tunnel.   See the "-via" option in the
# `man vncviewer' manual page.
# VNCSERVERS="2:myusername"
# VNCSERVERARGS[2]="-geometry 800x600 -nolisten tcp -localhost"
在文件最后添加内容如下：
VNCSERVERS="2:root 3:jack"
  VNCSERVERARGS[2]="-geometry 800x600 -alwaysshared "
  VNCSERVERARGS[3]="-geometry 800x600 -alwaysshared"
```

VNC 服务器端的编号、开放的端口分别由 /etc/sysconfig/vncservers 文件中的 VNCSERVERS 和 VNCSERVERARGS 控制。

其中 VNCSERVERS 定义哪些用户可以 VNC 远程登录，设置方式为：VNCSERVERS=" 桌面序号 1:登录账号 1 桌面序号 2:登录账号 2 桌面序号 3:登录账号 3"，一般桌面序号大于 1。

例如：

```
VNCSERVERS=" 2:root"
VNCSERVERS="2:root 3:nc 4:oracle"
```

VNCSERVERARGS 用于定义远程桌面的属性，例如：

```
VNCSERVERARGS[2]="-geometry 800x600 -nolisten tcp -localhost"      #定义桌面序号 2 的桌面属性
VNCSERVERARGS[3]="-geometry 800x600 -nolisten tcp -localhost"      #定义桌面序号 3 的桌面属性
```

VNCSERVERARGS 的详细参数如下：

（1）-geometry：桌面分辨率默认为 800×600。

（2）-nohttpd：不监听 HTTP 端口（58××端口）。

（3）-nolistent tcp：不监听 TCP 端口（60××端口）。

（4）-localhost：只允许从本机访问。

（5）-alwaysshared：默认同时只允许一个 vncviewer 连接，此参数可以允许同时连接多个 vncviewer。

（6）-SecurityTypes None：登录不需要密码认证 VncAuth 默认值，要密码认证。

4. 设置 VNC 用户远程登录密码

（1）为超级用户设置远程登录密码。

```
[root@localhost sysconfig]# vncpasswd    root
Password:                  //该密码不一定与本地系统一样
Verify:                    //密码确认
```

（2）为普通用户创建远程登录密码。

```
[root@localhost sysconfig]# su -jack    //切换用户
[jack@localhost ~]$ vncserver   :3        //启动 jack 对应的编号为 3 的桌面
```

```
You will require a password to access your desktops. //由于第一次启动 VNC 服务器，所以屏幕提示设置密码
Password:                              //在此要输入为当前用户设置的 VNC 服务器密码
Verify:                                //再次输入密码
A VNC server is already running as :3
```

5. 管理 VNC 服务器

与其他服务器程序不同，VNC 服务器既可以由超级用户 root 启动，也可以由普通用户启动。哪个用户启动的服务器，客户机连接后看到的就是哪个用户的桌面。不同用户可以分别启动自己的 VNC 服务器，只要服务器号码唯一就可以互不影响。

（1）重新启动全部桌面。

```
[root@localhost ~]# service vncserver restart
关闭  VNC  服务器：                                          [确定]
正在启动  VNC  服务器：2:root
New 'localhost.localdomain:2 (root)' desktop is localhost.localdomain:2
Starting applications specified in /root/.vnc/xstartup
Log file is /root/.vnc/localhost.localdomain:2.log
3:jack xauth:    creating new authority file /home/jack/.Xauthority
New 'localhost.localdomain:3 (jack)' desktop is localhost.localdomain:3
Creating default startup script /home/jack/.vnc/xstartup
Starting applications specified in /home/jack/.vnc/xstartup
Log file is /home/jack/.vnc/localhost.localdomain:3.log        [确定]
```

（2）停止全部桌面。

```
[root@localhost ~]# service vncserver stop
关闭  VNC  服务器：2:root 3:jack                              [确定]
```

（3）启动某一桌面。

```
[root@localhost ~]# vncserver    :2   //启动 2 号桌面
[jack@localhost ~]$ vncserver    :3   //启动 3 号桌面
```

（4）停止某一桌面。

```
[jack@localhost ~]$ vncserver    -kill :3
Killing Xvnc process ID 4199
```

6. 修改/root/.vnc/xstartup 文件

启动 VNC 服务后，会在配置文件/etc/sysconfig/vncservers 中用户主目录下 VNCSERVERS 参数定义的用户主目录下生成.vnc/xstartup 文件，其中有远程连接桌面的类型。在此以 root 为例。

```
[root@localhost .vnc]# vi xstartup
```

注释掉文件中的 "twm&"（一种简单桌面），加入 "gnome-session"，目的是在 VNC 客户端中使用 GNOME 桌面系统。修改后的文件内容如下：

```
#!/bin/sh
  [ -r /etc/sysconfig/i18n ] && . /etc/sysconfig/i18n
export LANG
export SYSFONT
vncconfig -iconic &
unset SESSION_MANAGER
unset DBUS_SESSION_BUS_ADDRESS
OS=`uname -s`
```

```
if [ $OS = 'Linux' ]; then
  case "$WINDOWMANAGER" in
    *gnome*)
      if [ -e /etc/SuSE-release ]; then
        PATH=$PATH:/opt/gnome/bin
        export PATH
      fi
      ;;
  esac
fi
if [ -x /etc/X11/xinit/xinitrc ]; then
  exec /etc/X11/xinit/xinitrc
fi
if [ -f /etc/X11/xinit/xinitrc ]; then
  exec sh /etc/X11/xinit/xinitrc
fi
[ -r $HOME/.Xresources ] && xrdb $HOME/.Xresources
xsetroot -solid grey
xterm -geometry 80x24+10+10 -ls -title "$VNCDESKTOP Desktop" &
#twm &
gnome-session &
```

7. 设置防火墙

若熟悉 iptables 的使用方法,可以直接修改/etc/sysconfig/iptables 文件后执行 service iptable restart 命令重启防火墙服务,对于初学者建议直接将防火墙关闭,命令如下:

```
[root@localhost ~]# iptables    -F
[root@localhost ~]# setenforce    0
```

8. 远程桌面登录

在客户端打开 VNC 客户端工具,本例中使用的是 VNC Viewer,如图 5-10 所示。服务器的 IP 地址为 192.168.0.254/24,客户端的 IP 地址为 192.168.0.11/24。在图 5-10 中输入 VNC 服务器的 "ip:桌面号",若成功连接,则显示结果如图 5-11 所示。

图 5-10　VNC Viewer 界面

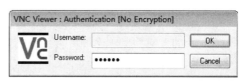

图 5-11　客户端连接后界面

在图 5-11 的 Password 后面的文本框输入 VNC 密码(在服务器用 vncpasswd 命令设置的密码)。若认证通过,则会显示服务器的桌面,如图 5-12 所示。

当远程配置结束后,单击"关闭"按钮断开与服务器的连接。

5.3.6　任务 5-4:VNC 远程桌面应用实例

1. 任务描述

普通用户 tom 需要通过远程桌面管理连接一台 IP 地址为 192.168.0.254 的 Linux 服务器,

tom 用户在系统中已经创建，远程连接到主机后以 root 身份远程登录。

图 5-12　远程桌面登录成功

2. 操作步骤

（1）安装 VNC 软件包。

[root@localhost ~]# mount /dev/cdrom　　/mnt

[root@localhost ~]# rpm -ivh /mnt/Packages/tigervnc-server-1.1.0-5.el6.i686.rpm

（2）修改服务器配置文件。

[root@localhost ~]#cd /etc/sysconfig

[root@localhost sysconfig]#vi　　vncservers

在文件最后添加内容如下：

VNCSERVERS="2:tom"

VNCSERVERARGS[2]="-geometry 800x600 -alwaysshared "

（3）启动 VNC 服务器，并为 tom 创建远程登录密码。

[root@localhost sysconfig]# su tom

[tom@localhost sysconfig]$ vncserver :2

You will require a password to access your desktops.

Password:　　　//输入远程登录密码

Verify:　　　　//确认远程登录密码

xauth:　 creating new authority file /home/tom/.Xauthority

New 'localhost.localdomain:2 (tom)' desktop is localhost.localdomain:2

Creating default startup script /home/tom/.vnc/xstartup

Starting applications specified in /home/tom/.vnc/xstartup

Log file is /home/tom/.vnc/localhost.localdomain:2.log

（4）修改 xstartup 文件。

[tom@localhost .vnc]$ vi xstartup

注释掉文件中的"twm&"（一种简单桌面），加入"gnome-session"，修改后的文件内容如下：

```
......
#twm &
gnome-session &
```

（5）关闭防火墙。

```
[root@localhost sysconfig]# iptables -F
[root@localhost sysconfig]# setenforce 0
```

（6）在 Windows 客户端连接 VNC 服务器。

在客户端打开 VNC 客户端工具，输入服务器的 IP 地址 192.168.0.254:2 和用户登录密码 111111，连接到服务器并弹出授权对话框，如图 5-13 所示。若以 tom 身份执行操作，单击"取消"按钮；若以 root 身份执行操作，需要输入 root 用户本地系统密码，然后单击"授权"按钮。这里以 root 身份执行操作，远程桌面如图 5-14 所示。

图 5-13　授权对话框

图 5-14　远程桌面

5.4 小结

本项目主要介绍了与网络配置有关的命令及文件，着重介绍了 Telnet、SSH、VNC 的使用方法。服务器的地址配置是非常重要的，在 Linux 中可以通过命令或图形方式设置 IP 地址，若使用静态 IP，当系统重启后需要激活网卡。Telnet、SSH、VNC 都可以用来完成远程接入服务，均分为服务器端和客户端，其中 Telnet 的用户名及密码是明文传输的，安全性较差，但 Telnet 工具在 Windows 中是默认提供的，使用方便，适用于对系统安全要求不高的情况；SSH 方式使用密文传输用户名及密码对，安全性强，但 SSH 不是 Windows 系统自带的工具，需要自己下载安装工具软件；VNC 不同于前两种方法，提供了一种图形化的远程操作方式，更适合现代人的操作习惯，通过 VNC 可以像使用本地系统一样控制远程主机。

5.5 习题与操作

一、选择题

1. 提供主机名与 IP 地址间映射的文件是（   ）。
   A．/etc/hosts   B．/etc/network
   C．/etc/sysconfig/network   D．/etc/host
2. 设置网卡的命令是 eth0，则用于保存网卡信息的文件是（   ）。
   A．/etc/sysconfig/network   B．/etc/network
   C．/etc/sysconfig/network-scripts/if-eth0   D．/etc/resolve.conf
3. 为网卡 eth0 设置临时 IP 地址的命令是（   ）。
   A．ipconfig eth0   B．ifconfig eth0   C．ipconfig   D．ifconfig
4. 激活网卡 eth0 的方法是（   ）。
   A．ifup eth0   B．ipconfig up eth0 C．ifup ethernet0 D．ifconfigup eth0
5. 显示本地主机名的命令是（   ）。
   A．hostname   B．host   C．name   D．hsname
6. Telnet 的端口号为（   ）。
   A．21   B．22   C．23   D．24
7. Telnet 的配置文件是（   ）。
   A．/etc/xinetd.d/telnet   B．/etc/telnet
   C．/etc/telnet/telnet   D．/etc/sysconfig/telnet
8. SSH 服务主要由 3 部分组成，即（   ）。
   A．传输层协议、用户认证协议、链接协议
   B．传输层协议、链接协议、UDP 协议
   C．传输层协议、链接协议、SSH 协议
   D．用户认证协议、TCP/IP 协议、Telnet 协议
9. 远程桌面服务中，服务器与客户端通信的端口是（   ）。

A. 5900+编号　　　B. 6100+编号　　　C. 6300+编号　　　D. 5700+编号

10. 创建 VNC 用户密码的命令是（　　）。

A. passwd username　　　　　　B. vncpasswd username

C. vnc passwd username　　　　D. vncpassword username

二、操作题

1. 任务描述

某高校组建校园网，先要安装一台 Linux 系统的服务器，管理员希望在学校内部和 Internet 上都能管理与维护。具体描述如下：

（1）该计算机的地址为 192.168.0.254/24。

（2）计算机的网关为 192.168.0.1，DNS 为 202.102.224.68。

（3）该服务器支持 SSH 和远程桌面连接。

2. 操作目的

（1）熟悉 Linux 主机地址配置。

（2）熟悉 Linux 主机服务器的安装与配置。

（3）学会远程连接 Linux 服务器。

3. 任务准备

（1）RHEL6.4 的安装盘或 ISO 文件。

（2）PuTTY 和 VNC Viewer 软件。

6

架设 Samba 服务器

【项目导入】

某单位搭建了一台 Linux 服务器，上面存放有大量的教学资源供内网用户下载使用，而内网用户的 PC 有 Linux、Windows 等系统。这需要搭建 Samba、NFS 服务器，实现 Windows 和 Linux 及 Linux 和 Linux 系统间的共享服务。本项目首先介绍 Samba 服务器的功能及配置相关文件，然后介绍 Samba 服务器和客户端的配置，最后介绍 NFS 服务器与客户端之间的访问。

【知识目标】

☞ 了解 SMB 协议的组成与功能
☞ 理解 Samba 配置文件结构及含义
☞ 理解常用 Samba 配置命令的用法及功能
☞ 理解 Samba 客户端命令的用法及功能
☞ 理解 NFS 服务功能及所使用的软件套件
☞ 理解 NFS 配置文件结构及命令的用法及功能

【能力目标】

☞ 掌握 Samba 配置文件结构及修改方法
☞ 掌握共享和用户级共享服务器的配置方法
☞ 掌握 Linux 客户端访问 Samba 服务器的方法
☞ 掌握 Windows 客户端访问 Samba 服务器的方法
☞ 掌握 NFS 服务器的配置方法
☞ 掌握 Linux 及 Windows 客户端访问 NFS 服务器的方法

6.1 Samba 服务介绍

对于接触 Linux 的用户来说，听得最多的就是 Samba 服务，为什么是 Samba 呢？原因是

Samba 最先在 Linux 和 Windows 两个平台之间架起了一座桥梁，正是由于 Samba 的出现，我们可以在 Linux 系统和 Windows 系统之间互相通信，比如拷贝文件、实现不同操作系统之间的资源共享等。我们可以将其架设成一个功能非常强大的文件服务器，也可以将其架设成打印服务器提供本地和远程联机打印，甚至可以使用 Samba 服务器完全取代 Windows NT/2000/2003 中的域控制器，做域管理工作，使用也非常方便。

6.1.1　SMB 协议与 Samba 简介

SMB（Server Message Block，服务信息块）协议是实现网络上不同类型计算机之间文件和打印机共享服务的协议。SMB 的工作原理就是让 NetBIOS 协议与 SMB 协议运行在 TCP/IP 之上，并且利用 NetBIOS 的名字解析功能让 Linux 计算机可以在 Windows 计算机的网上邻居中被看到，从而实现 Linux 计算机和 Windows 计算机之间相互访问共享文件和打印机功能。Samba 服务器的应用环境如图 6-1 所示。

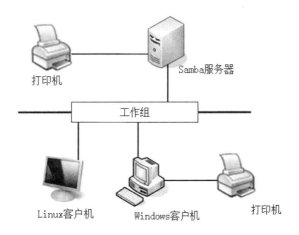

图 6-1　Samba 服务器的应用环境

Samba 是一组使 Linux 支持 SMB 协议的软件，由澳大利亚的 Andew Tridgell 开发，基于 GPL 原则发行，源代码完全公开。Samba 服务由两个进程组成，分别是 nmbd 和 smbd。nmbd 守护进程负责 NetBIOS 名解析，并提供浏览服务显示网络上的共享资源列表。smbd 守护进程用来管理 Samba 服务器上的共享目录、打印机等，主要是针对网络上的共享资源进行管理的服务。

Samba 的服务器程序可以实现以下主要功能：

（1）文件和打印机共享。文件和打印机共享是 Samba 的主要功能，SMB 进程实现资源共享，将文件和打印机发布到网络之中以供用户访问。

（2）身份认证和权限设置。smbd 服务支持 user mode 和 domain mode 等身份认证和权限设置模式，通过加密方式可以保护共享的文件和打印机。

（3）名称解析。Samba 通过 nmbd 服务可以搭建 NBNS（NetBIOS Name Service）服务器，提供名称解析，将计算机的 NetBIOS 名解析为 IP 地址。

（4）浏览服务。局域网中 Samba 服务器可以成为本地主浏览服务器，保存可用资源列表，当客户端访问 Windows 网上邻居时，会提供浏览列表，显示共享目录、打印机等资源。

6.1.2　Samba 工作原理

Samba 服务功能强大，这与其通信基于 SMB 协议有关。SMB 不仅提供目录和打印机共享，还支持认证、权限设置。在早期，SMB 运行于 NBT 协议（NetBIOS over TCP/IP）上，使用 UDP 协议的 137、138 及 TCP 协议的 139 端口，后期 SMB 经过开发，可以直接运行于 TCP/IP 协议上，没有额外的 NBT 层，使用 TCP 协议的 445 端口。

1. Samba 工作流程

当客户端访问服务器时，信息通过 SMB 协议进行传输，其工作过程可以分成以下 4 个步骤：

（1）协议协商。

客户端在访问 Samba 服务器时，发送 negprot 指令数据包，告知目标计算机其支持的 SMB 类型。Samba 服务器根据客户端的情况选择最优的 SMB 类型，并做出回应，如图 6-2 所示。

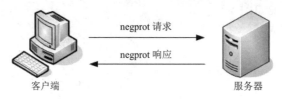

图 6-2　协议协商

（2）建立连接。

当 SMB 类型确认后，客户端会发送 session setup 指令数据包，提交账户和密码，请求与 Samba 服务器建立连接，如果客户端通过身份认证，Samba 服务器会对 session setup 报文作出回应，并为用户分配唯一的 UID，在客户端与其通信时使用，如图 6-3 所示。

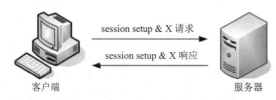

图 6-3　建立连接

（3）访问共享资源。

客户端访问共享资源时，发送指令数据包通知服务器需要访问的共享资源名，如果设置允许，Samba 服务器会为每个客户端与共享资源连接分配 TID，客户端即可访问需要的共享资源，如图 6-4 所示。

图 6-4　访问共享资源

（4）断开连接。

共享使用完毕，客户端向服务器发送 tree disconnect 报文关闭共享，与服务器断开连接，如图 6-5 所示。

图 6-5　断开连接

2. Samba 工具

Samba 还包含了一些实用工具。smbclient 是一个 SMB 客户工具，有基于 Shell 的用户界面并同 FTP 有些类似。应用它可以复制其他的 SMB 服务器资源，还可以访问其他 SMB 服务器提供的打印机资源。testparm 命令用来快速检查 smb.conf 文件的语法错误。其他工具用来配置 samba 的加密口令文件、配置用于 Samba 国际化的字符集。

6.2　配置 Samba 服务器

6.2.1　安装 Samba 服务器

RHEL6.4 默认不安装 Samba 服务器，执行 "rpm -q samba" 命令可查看系统是否已安装 Samba，命令执行结果如下所示，则表示 Samba 尚未安装。

```
[root@localhost ~]# rpm -q samba
package samba is not installed
```

此时，需要将 RHEL6.4 的安装光盘放入光驱，加载光驱后超级用户执行安装 Samba 相关软件包的 RPM 或 Yum 命令。

1. 使用 RPM 安装

与 Samba 服务器密切相关的软件包分别是：

（1）samba-3.6.9-151.el6.i686：服务器端软件，主要提供 Samba 服务器的守护程序，共享文档，日志的轮替，开机默认选项。

（2）samba-common-3.6.9-151.el6.i686：主要提供 Samba 服务器的设置文件与设置文件语法检验程序 testparm。

（3）samba-client-3.6.9-151.el6.i686：客户端软件，主要提供 Linux 主机作为客户端时，所需要的工具指令集。

（4）samba-winbind-3.6.9-151.el6.i686：使 Samba 服务器能成为 Windows 域的成员服务器，进而使得 Linux 能够使用 Windows 域的账户完成非 Samba 身份验证任务。

（5）samba-winbind-clients-3.6.9-151.el6.i686：使 Linux 主机加入到 Windows 域，并使 Windows 域用户在 Linux 主机上以 Linux 用户身份方式进行操作。

Samba 服务器通常安装前三个软件包即可。安装步骤如下：

（1）挂载光盘。

```
[root@localhost ~]# mount /dev/cdrom    /mnt
```

mount: block device /dev/sr0 is write-protected，mounting read-only

（2）安装 Samba 服务器软件包。

[root@localhost /]# rpm -ivh /mnt/Packages/samba-3.6.9-151.el6.i686.rpm
warning: /mnt/Packages/samba-3.6.9-151.el6.i686.rpm: Header V3 RSA/SHA256 Signature，key ID fd431d51:
NOKEY

Preparing...　　　　　　###[100%]
　　1:samba　　　　###[100%]

2. 使用 Yum 安装

（1）挂载光盘。

[root@localhost ~]# mount /dev/cdrom　/mnt
mount: block device /dev/sr0 is write-protected，mounting read-only

（2）编辑 Yum 服务器配置文件/etc/yum.repos.d/rhel-source.repo。

[root@localhost ~]# vi /etc/yum.repos.d/rhel-source.repo
[rhel-source]
name=Red Hat Enterprise Linux $releasever - $basearch - Source
baseurl=file:///mnt/Server　　//本地路径
enabled=1
gpgcheck=0
gpgkey=file:///etc/pki/rpm-gpg/RPM-GPG-KEY-redhat-release

（3）执行 Yum 命令安装软件包。

[root@localhost ~]# yum install samba

Yum 会自动解析软件包的依赖关系并安装，部分显示内容如下：

……
Dependencies Resolved
===

Package	Arch	Version	Repository	Size
Installing:				
samba	i686	3.6.9-151.el6	rhel-source	5.1 M
Installing for dependencies:				
samba-common	i686	3.6.9-151.el6	rhel-source	10 M
samba-winbind	i686	3.6.9-151.el6	rhel-source	2.2 M
samba-winbind-clients	i686	3.6.9-151.el6	rhel-source	2.0 M
Transaction Summary				

===Install　　4 Package(s)

Total download size: 19 M
Installed size: 68 M
Is this ok [y/N]: **y**　　　　//选择 y 进行安装
……
Complete!

Yum 安装显示了使用的软件包及其安装进度。

6.2.2　Samba 服务器配置基础

将 Samba 相关软件包安装完成后，Linux 服务器与 Windows 客户端之间还不能正常互联。要让 Samba 服务器发挥作用，还必须正确配置 Samba 服务器。另外，还要正确设置防火墙。默认情况下 RHEL6.4 的防火墙不允许 Windows 客户端访问 Samba 服务器，必须打开相应的服务。另外，SELinux 对于 Samba 服务也有所影响，为顺利完成示例，应禁用 SELinux。

1. 配置步骤

基本的 Samba 服务器的搭建流程主要分为 4 个步骤：

（1）编辑主配置文件 smb.conf，指定需要共享的目录，并为共享目录设置共享权限。

（2）在 smb.conf 文件中指定日志文件名称和存放路径。

（3）设置共享目录的本地系统权限。

（4）重新加载配置文件或重新启动 SMB 服务，使配置生效。

2. 配置文件

与 Samba 配置有关的文件主要有 3 个，分别是 smb.conf、smbusers 和 smbpasswd，均位于 /etc/samba 目录下。

（1）smb.conf 文件。

smb.conf 文件采用分节的结构，一般由三个标准节和若干个用户自定义的共享节组成。

[Global]节：定义 Samba 服务器的全局参数，与 Samba 服务整体运行环境紧密相关。

[Homes]节：定义共享用户主目录。

[Printers]节：定义打印机共享。

[自定义目录名]节：定义用户自定义的共享目录。

利用任何文本编辑器都可以编辑和查看 smb.conf 文件，其中以"#"开头的行是配置参数的说明信息，而以"；"开头的行为注释行，其所在行的参数未使用。参数的取值有两种类型：字符串和布尔值。字符串不需要使用双引号，而布尔值为 yes 或 no。

1）全局参数。

[Global]节定义多个全局参数，部分最常用的全局参数及其含义如表 6-1 所示。

表 6-1　Samba 服务器的全局参数

类型	参数名	说明
基本	workgroup	指定 Samba 服务器所属的工作组
	server string	指定 Samba 服务器的描述信息
安全	security	指定 Samba 服务器的安全级别
	password server	当 Samba 服务器的安全级别不是共享或用户时，用于指定验证 Samba 用户和口令的服务器名
	host allow	指定可访问 Samba 服务器的 IP 地址范围
	guest account	指定 guest 账号的名字，否则为 nobody
打印	printcap name	指定打印机配置文件的保存路径
	cups option	指定打印机系统的工作模式
	load printers	指定是否共享打印机
	printing	指定打印系统的类型
日志	log file	指定日志文件的保存路径
	max log size	指定日志文件的最大尺寸，以 KB 为单位
其他	dns proxy	指定是否为 Samba 服务器设置 proxy

2）共享资源参数。

smb.conf 文件中除全局参数以外的参数可出现在[Homes]、[Printers]以及用户自定义的共享目录节以说明共享资源的属性。常用的共享资源参数及其含义如表 6-2 所示。

表 6-2　Samba 服务器共享资源参数

参数名	含义
comment	指定共享目录的描述信息
path	指定共享目录的路径
browseable	指定共享目录是否可浏览
writable	指定共享目录是否可写
guest ok	指定是否允许 guest 账号访问
read only	指定共享目录是否只可读
public	指定是否允许 guest 账号访问
only guest	指定是否只允许 guest 账号访问
valid users	指定允许访问共享目录的用户
printable	指定是否允许打印
write list	指定允许写的用户组

3）环境变量。

在 Samba 配置文件中涉及很多环境变量，其含义如表 6-3 所示。

表 6-3　Samba 中的环境变量

环境变量	说明	环境变量	说明	环境变量	说明
%S	共享名	%G	当前对话的用户的主工作组	%L	服务器 NetBIOS 名称
%P	共享的主目录	%H	用户的共享主目录	%M	客户端的主机名
%u	共享的用户名	%v	Samba 服务器的版本号	%N	NIS 服务器名
%g	用户所在的工作组	%h	Samba 服务器的主机名	%P	NIS 服务器的 home 目录
%U	用户名	%m	客户端 NetBIOS 名称	%I	客户端的 IP
%T	系统当前日期和时间				

smb.conf 文件的默认设定值如下所示：

```
[root@localhost samba]# grep   -v   ";" smb.conf|grep -v "#"
[global]
workgroup = MYGROUP                    //指定工作组的名字为 MYGROUP
server string = Samba Server Version %v //指定 Samba 服务器的描述信息
log file = /var/log/samba/log.%m       //指定日志文件的保存路径并以客户端 NetBIOS 名称命名
max log size = 50                      //指定日志文件最大尺寸上限为 50KB，若为 0 则不限大小
security = user                        //定义 Samba 的安全级别为 user
passdb backend = tdbsam                //定义用户后台
```

```
load printers = yes              //允许自动加载打印机列表，无须单独设置每一台打印机
cups options = raw               //指定打印机系统的工作模式
 [homes]                         //共享名，在网上邻居中可以看到的目录名
comment = Home Directories       //共享目录描述为用户的主目录
browseable = no                  //指定用户主目录是否可浏览，no 为不可浏览
writable = yes                   //指定共享主目录可写
 [printers]
comment = All Printers           //描述为所有打印机
path = /var/spool/samba          //共享路径
browseable = no                  //不可浏览
guest ok = no                    //不允许 guest 账户访问
writable = no                    //目录不可设置
printable = yes                  //允许打印
```

说明：目前有 3 种用户后台：smbpasswd、tdbsam 和 ldapsam。sam 即 security account manager。

smbpasswd：该方式是使用 SMB 工具 smbpasswd 给系统用户（真实用户或者虚拟用户）设置一个 Samba 密码，客户端就用此密码访问 Samba 资源。

tdbsam：使用数据库文件创建用户数据库。数据库文件叫 passdb.tdb，路径为 /var/lib/samba/private。在/etc/samba 中，可使用 smbpasswd -a 创建 Samba 用户，也可使用 pdbedit 创建 Samba 账户（注意：要创建的 Samba 用户必须首先是系统用户）。

ldapsam：基于 LDAP 账户管理方式验证用户。首先要建立 LDAP 服务，然后设置：

```
passdb backend=ldapsam: ldap: //Ldap Serv
```

（2）smbusers 文件。

该文件用于保存 SMB 用户账户。默认的文件内容如下：

```
[root@localhost samba]# cat smbusers
# Unix_name = SMB_name1 SMB_name2 ...
root = administrator admin
nobody = guest pcguest smbguest
```

由于 Windows 与 Linux 在管理员与客户端的账号名称不一致，例如：administrator（Windows）及 root（Linux），该文件就是为了对应这两者之间的账号关系。

（3）smbpasswd 文件。

该文件用于保存 SMB 用户的密码。默认是不存在的，当创建 Samba 用户后自动生成。

3. Samba 服务器的安全级别

Samba 服务器共提供 5 种安全级别，利用 security 参数可指定其安全级别，最常用的安全级别是共享和用户。

（1）Share（共享）：没有安全性的级别，任何用户都可以不用用户名和密码访问服务器上的资源。

（2）User（用户）：Samba 的默认配置，Samba 服务器负责检查 Samba 用户名和密码，验证成功后才能访问相应的共享资源。

（3）Server（服务器）：和 user 安全级别类似，但用户名和密码是递交到另外一个服务器去认证。此时必须指定负责验证的那个 Samba 服务器的名称。

（4）Domain（域）：Samba 服务器本身不验证 Samba 用户名和口令，而由 Windows 域控制器负责。此时必须指定域控制器的 NetBIOS 名称。

（5）ADS（活动目录域）：Samba 服务器本身不验证 Samba 用户名和口令，而由活动目录域控制器负责。同样需要指定活动目录域控制器的 NetBIOS 名称。

4. Samba 共享权限

Samba 服务器将 Linux 中的部分目录共享给 Samba 用户时，共享目录的权限不仅与 smb.conf 文件中设定的共享权限有关，而且还与其本身的文件系统权限有关。Linux 规定 Samba 共享目录的权限是文件系统权限与共享权限中最严格的那种权限。

假设某一目录的所有者为 helen，其文件权限设定为 755，也就是说除了 helen 以外的其他用户都不具备写权限。假设 Samba 服务器将其设置为共享目录，权限设置为可读可写。那么当 Samba 用户（除 helen 用户外）访问此共享目录时还是不能向此目录中写入内容。

5. Samba 服务器的日志文件

Samba 服务器的日志文件默认保存在/var/log/samba 目录中。Samba 服务器为所有连接到 Samba 服务器的计算机建立独立的日志文件，如 192.168.0.11.log 为 IP 地址为 192.168.0.11 计算机的日志文件；另外还将 NMB 服务和 SMB 服务的运行情况写入 nmd.log 和 smbd.log 文件中。管理员可根据这些日志文件了解用户的访问情况和 Samba 服务器的运行状况。

6.2.3 相关配置命令

1. SMB 服务的状态控制

（1）SMB 服务的停止，结果如下：

```
[root@localhost 桌面]#service smb stop
关闭 SMB 服务：             [确定]
```

（2）SMB 服务的启动，结果如下：

```
[root@localhost 桌面]#service smb start
启动 SMB 服务：             [确定]
```

（3）SMB 服务的重启，结果如下：

```
[root@localhost 桌面]#service smb restart
关闭 SMB 服务：             [确定]
启动 SMB 服务：             [确定]
```

（4）查看 SMB 服务的运行状态，结果如下：

```
[root@localhost ~]# service smb status
smbd (pid   3877) 正在运行...
```

2. smbclient 命令

格式：smbclient [-L   NetBIOS 名|IP 地址]   [共享资源路径]   [-U   用户名]

功能：在客户端查看或访问服务器端的共享资源。

注意：-U 后面可以直接跟用户名及密码，也可以只写用户名，系统会提示输入访问共享资源的密码；共享资源路径的格式为：//IP/共享资源名称。

例 6-1：查看 IP 地址为 192.168.0.254 主机上的共享资源，结果如下。

```
[root@localhost samba]# smbclient -L 192.168.0.254
Enter root's password:
Anonymous login successful
Domain=[MYGROUP] OS=[Unix] Server=[Samba 3.6.9-151.el6]      //当前计算机的共享信息
       Sharename         Type          Comment
```

```
          ---------          ----          -------
          tmp               Disk          Public Stuff
          IPC$              IPC           IPC Service (Samba Server Version 3.6.9-151.el6)
Anonymous login successful
Domain=[MYGROUP] OS=[Unix] Server=[Samba 3.6.9-151.el6] //局域网中计算机的共享信息
          Server                         Comment
          ---------                      -------
          Workgroup                      Master
          ---------                      -------
```

输入"smbclient -L 192.168.0.254"命令后要求输入口令，超级用户可以直接按 Enter 键而不输入口令。接着屏幕显示出一系列 Samba 服务的相关信息，其中包括当前计算机提供的共享目录 tmp；局域网中没有其他采用 SMB 协议的计算机。

例 6-2：显示 helen 用户在主机 192.168.0.254 上的共享资源。

```
[root@localhost samba]# smbclient -L //192.168.0.254 -U helen
Enter helen's password:
Domain=[MYGROUP] OS=[Unix] Server=[Samba 3.6.9-151.el6]
          Sharename          Type          Comment
          ---------          ----          -------
          var               Disk
          tmp               Disk          helen's Share
          IPC$              IPC           IPC Service (Samba Server Version 3.6.9-151.el6)
          helen             Disk          Home Directories
Domain=[MYGROUP] OS=[Unix] Server=[Samba 3.6.9-151.el6]
          Server                         Comment
          ---------                      -------
          Workgroup                      Master
          ---------                      -------
```

例 6-3：以 administrator 用户访问 IP 地址为 192.168.0.11 上的共享资源，结果如下。

```
[root@localhost samba]# smbclient    //192.168.0.11/win -U administrator
WARNING: The security=share option is deprecated
Enter administrator's password:    //输入 Windows 主机密码
Domain=[DRFBNAFKV3ZDQXC] OS=[Windows 7 Ultimate 7601 Service Pack 1] Server=[Windows 7 Ultimate 6.1]
smb: \>
```

在 smb 命令提示符（smb:\>）后面输入"？"，可显示在此命令状态下的所有可用命令。部分命令含义如表 6-4 所示。

表 6-4　smb 命令提示符下的部分命令

命令	含义
?或 help	提供关于帮助或某个命令的帮助
!	执行所用的 Shell 命令，或让用户进入 Shell 提示符
cd　　[目录]	切换到服务器端的指定目录，若未指定则 smbclient 返回当前本地目录
lcd　　[目录]	切换到客户端的指定目录

命令	含义
dir 或 ls	列出当前目录下的文件
exit 或 q	退出 smbclient
get	下载文件。例如：get f1 f2 可从服务器上下载 f1，并以文件名 f2 存在本地机上；如果不想改名，可以把 f2 省略
mget	下载多个文件。例如：mget f1 f2 f3 fn 可从服务器上下载多个文件
md 或 mkdir 目录	在服务器上创建目录
rd 或 rmdir 目录	删除服务器上的目录
put	上传文件。例如：put f1 [f2]向服务器上传一个文件 f1，传到服务器上改名为 f2
mput	上传多个文件。例如：mput f1 f2 fn 向服务器上传多个文件

3. smbpasswd 命令

格式：smbpasswd ［参数］ ［用户名］

功能：该命令用于修改或设置 Samba 用户密码、增加 Samba 用户。

常用选项如下：

-a：增加用户。

-d：冻结用户。

-e：恢复用户。

-n：把用户的密码设置成空。

-x：删除用户。

例 6-4：创建 Samba 用户 jack。

```
[root@localhost samba]# smbpasswd    -a    jack
New SMB password:
Retype new SMB password:
Added user jack.
[root@localhost samba]# ls
lmhosts  smb.conf  smb.conf.rpmsave  smbpasswd  smbusers
[root@localhost samba]# cat smbpasswd
jack:509:XXXXXXXXXXXXXXXXXXXXXXXXXXXXXXXX:2D7F1A5A61D3A96FB5159B5EEF17AD
C6:[U              ]:LCT-55A0FD9E:
```

超级用户在 Shell 命令提示符后输入"smbpasswd -a 用户名"格式的命令后，必须根据屏幕提示两次输入指定 Samba 用户的口令。系统将指定 Samba 用户的账号信息保存于 /etc/samba/smbpasswd 文件。

例 6-5：删除 Samba 用户 jack。

```
[root@localhost samba]# smbpasswd    -x    jack
Deleted user jack.
```

4. pdbedit 命令

格式：pdbedit ［参数］ ［用户名］

功能：该命令用于管理 SAM 数据库（Samba 用户数据库）。

常用选项如下：

-L：列出 SMB 中的账户。

-a：增加一个账户。

-x：删除一个账户。

-v：列出 Samba 用户列表详细信息，需要和参数-L 一起使用。

-w：列出 smbpasswd 格式的密码。

-u：指定操作（显示、添加、删除）的用户。

-f：显示用户全名。

-p：指定用户配置文件的位置。

例 6-6：添加一个 Samba 账户 lily。

```
[root@localhost private]# pdbedit  -a  lily
new password:               //设置 SMB 口令
retype new password:        //确认 SMB 口令
Unix username:        lily
NT username:
Account Flags:        [U            ]
User SID:             S-1-5-21-1723912221-1913690741-1453938498-2012
Primary Group SID:    S-1-5-21-1723912221-1913690741-1453938498-513
Full Name:
Home Directory:       \\localhost\lily
HomeDir Drive:
Logon Script:
Profile Path:         \\localhost\lily\profile
Domain:               LOCALHOST
Account desc:
Workstations:
Munged dial:
Logon time:              0
Logoff time:             never
Kickoff time:            never
Password last set:    六，11 7 月  2015 19:35:02 CST
Password can change:  六，11 7 月  2015 19:35:02 CST
Password must change: never
Last bad password    : 0
Bad password count   : 0
Logon hours           : FFFFFFFFFFFFFFFFFFFFFFFFFFFFFFFFFFFFFFFFFFFF
```

例 6-7：显示系统中所有的 Samba 账户。

```
[root@localhost private]# pdbedit -L
11:511:
jack:509:
lily:506:
```

例 6-8：删除 Samba 账户 11。

```
[root@localhost private]# pdbedit    -x  -u  11    //删除 11 账户
[root@localhost private]# pdbedit    -L    //查询 SMB 账户
jack:509:
```

lily:506:

从显示结果中可以看到，11 用户已经删除。

5．smbtree 命令

格式：smbtree　[-b]　[-D]　[-U　username%passwd]

功能：该命令用于显示局域网中所有共享主机和目录列表。

常见选项如下：

-b：以广播的形式来检测。

-D：显示 Domain。

-U：以 username 登录，%后边是密码。

例 6-9：显示当前用户所在的域。

```
[root@localhost samba]# smbtree     -D
Enter root's password:
WORKGROUP
```

例 6-10：显示指定用户所在主机的共享资源。

```
[root@localhost samba]# smbtree -U helen
Enter helen's password:
WORKGROUP
        \\DRFBNAFKV3ZDQXC
        \\DRFBNAFKV3ZDQXC\win
        \\DRFBNAFKV3ZDQXC\IPC$                 远程 IPC
```

6．testparm 命令

格式：testparm

功能：用于检查配置文件中的参数设置是否正确。

例 6-11：架设共享级别的 Samba 服务器，所有 Windows 计算机用户均可读写/tmp 目录，当前工作组为 workgroup。

（1）利用任何文本编辑工具，新建如下内容的 smb.conf 文件。

```
[root@localhost samba]# vi smb.conf
[global]
workgroup = workgroup
security = share
passdb backend = smbpasswd
smb passwd file = /etc/samba/smbpasswd
[tmp]
path = /tmp
writeable = yes
guest ok = yes
```

（2）利用 testparm 命令测试配置文件是否正确。

```
[root@localhost samba]# testparm
Load smb config files from /etc/samba/smb.conf
rlimit_max: increasing rlimit_max (1024) to minimum Windows limit (16384)
Processing section "[tmp]"
WARNING: The security=share option is deprecated
Loaded services file OK.
```

```
Server role: ROLE_STANDALONE
Press enter to see a dump of your service definitions
```

testparm 命令执行后如果显示出 "Loaded services file OK" 信息，那么说明 Samba 服务器的配置文件完全正确，否则将提示出错信息。此时如果按 Enter 键将显示详细的配置内容，如下所示：

```
[global]
        security = SHARE
        smb passwd file = /etc/samba/smbpasswd
        passdb backend = smbpasswd
        idmap config * : backend = tdb
[tmp]
        path = /tmp
        read only = No
        guest ok = Yes
```

（3）重新启动 Samba 服务。

```
[root@localhost samba]# service smb restart
关闭 SMB 服务：                                    [确定]
启动 SMB 服务：                                    [确定]
```

此时所有用户不需要口令都可以访问/tmp 目录，并且具有读写权限。

```
[root@localhost samba]# smbclient //192.168.0.254/tmp -U helen        //以 helen 用户登录
WARNING: The security=share option is deprecated
Enter helen's password:        //直接按 Enter 键
Domain=[WORKGROUP] OS=[Unix] Server=[Samba 3.6.9-151.el6]
Server not using user level security and no password supplied.
smb: \> ls                                              //显示共享目录的内容
  .                           D        0   Sat Jul 11 18:56:49 2015
  ..                          DR       0   Sat Jul 11 18:51:02 2015
  .esd-0                      DH       0   Sat Jul 11 18:52:50 2015
  virtual-root.VMCE5m         D        0   Mon Jul   6 03:01:06 2015
  virtual-root.tA1IzI         D        0   Thu Jul   2 11:20:02 2015
  virtual-root.micjnJ         D        0   Mon Jul   6 03:48:20 2015
  virtual-root.pFrB6u         D        0   Sun Jul   5 17:20:09 2015
  virtual-root.af4vv8         D        0   Thu Jul   2 18:26:48 2015
```

7. smbstatus 命令

格式：smbstatus

功能：查看 Samba 共享资源被使用的情况。

例 6-12：查看 Samba 共享资源当前被使用的情况。

```
[root@localhost samba]# smbstatus
Samba version 3.6.9-151.el6
PID        Username        Group           Machine
-------------------------------------------------------------------
3706       helen           helen           myserver      (192.168.0.254)
Service    pid             machine         Connected at
-------------------------------------------------------------------
tmp        3706            myserver        Sat Jul 11 20:51:20 2015
```

No locked files

以上信息说明 helen 用户正在使用名为 myserver（IP 地址为 192.168.0.254）的计算机，helen 用户正在访问其用户主目录。屏幕显示"No locked files"（无锁定文件）信息，说明 helen 用户未对共享目录中的文件进行编辑，否则显示正在编辑文件的名称。

6.3　Samba 综合实验

6.3.1　任务 6-1：在 Linux 客户端连接网络中的共享资源

1. 任务描述

在公司 Windows 服务器上面有一个共享名为 winshare 的文件夹，服务器的 IP 地址为 192.168.0.111，要求在 Linux 客户端将共享文件夹中的 img2 图片下载到本地/tmp 目录。使用 SMB 客户端和 mount 命令挂载共享资源两种方式完成任务。

2. 操作步骤

（1）配置 Windows 服务器 IP 地址和共享资源。

如果 Windows 计算机要向 Linux 计算机提供文件共享，那么 Windows 计算机上首先要编辑文件夹的属性，选中需要共享的文件夹，右击并从快捷菜单选择"属性"菜单项，在"共享"选项卡中的"高级共享"项中设置其为共享的文件夹，如图 6-6 所示。根据需要开放文件夹的共享权限和文件系统权限。

还要设置网络连接属性。从控制面板中打开"网络和共享中心"页面，单击"本地连接"图标，从弹出的快捷菜单中选择"属性"菜单项，打开"本地连接属性"，然后选择"TCP/IPv4"属性打开 IP 地址的设置界面并在此设置 Windows 服务器 IP 地址，如图 6-7 所示。

图 6-6　设置共享文件夹

图 6-7　设置 IP 地址

（2）设置 Linux 客户端 IP 地址并测试连通性。

```
[root@localhost ~]# ifconfig eth0 192.168.0.100 netmask 255.255.255.0 up    //配置 IP 地址
[root@localhost ~]# ping 192.168.0.100    //测试连通性
```

```
PING 192.168.0.100 (192.168.0.100) 56(84) bytes of data.
64 bytes from 192.168.0.100: icmp_seq=1 ttl=64 time=1.72 ms
64 bytes from 192.168.0.100: icmp_seq=2 ttl=64 time=0.086 ms
--- 192.168.0.100 ping statistics ---
2 packets transmitted，2 received，0% packet loss，time 1975ms
rtt min/avg/max/mdev = 0.086/0.904/1.723/0.819 ms
```

上面结果显示 Linux 和 Windows 已经连通。

（3）安装 SMB 客户端。

```
[root@localhost ~]# rpm    -ivh    /mnt/Packages/samba-client-3.6.9-151.el6.i686.rpm
warning: /mnt/Packages/samba-client-3.6.9-151.el6.i686.rpm: Header V3 RSA/SHA256 Signature，key ID
fd431d51: NOKEY
Preparing...                 ########################################### [100%]
    1:samba-client            ########################################### [100%]
```

（4）查看 Windows 服务器的共享资源。

```
[root@localhost ~]# smbclient -L //192.168.0.111 -U administrator
WARNING: The security=share option is deprecated
Enter administrator's password:
Domain=[DRFBNAFKV3ZDQXC] OS=[Windows 7 Ultimate 7601 Service Pack 1] Server=[Windows 7
Ultimate 6.1]
        Sharename        Type        Comment
        ---------        ----        -------
        IPC$             IPC         远程 IPC
        win              Disk
        winshare         Disk
......
```

（5）连接共享文件夹。

```
[root@localhost tmp]# smbclient    //192.168.0.111/winshare    -U administrator    //连接服务器
WARNING: The security=share option is deprecated
Enter adminitrator's password:                          //直接按回车键
Domain=[DRFBNAFKV3ZDQXC] OS=[Windows 7 Ultimate 7601 Service Pack 1] Server=[Windows 7
Ultimate 6.1]
    smb: \> ls                              //查看共享文件夹内的信息
......
    img0.jpg                    A     590743    Thu Dec 22 23:22:52 2011
    img1.jpg                    A     794003    Sat Nov  6 13:24:42 2010
    img2.jpg                    A     289010    Sat Dec 24 16:52:42 2011
    ......
    smb: \> get    img2.jpg    /tmp/img2.jpg    //下载文件
    getting file \img2.jpg of size 289010 as /tmp/img2.jpg (11759.8 KiloBytes/sec) (average 11759.8 KiloBytes/sec)
//成功下载图片到/tmp 目录
    smb: \> q                     //退出共享连接
    [root@localhost tmp]#         //回到 Shell 接口
```

（6）使用 mount 挂载命令实现与共享服务器之间的连接。

```
[root@localhost ~]# mkdir /mnt/win    //创建挂载目录
[root@localhost ~]# mount -t cifs -o userrname=administrator，password=123456 //192.168.0.111/winshare
```

```
/mnt/win        //挂载共享文件夹
[root@localhost ~]# ls /mnt/win         //查看共享文件夹的信息
img0.jpg   img2.jpg   img4.jpg   img6.jpg   img8.jpg   test.txt
img1.jpg   img3.jpg   img5.jpg   img7.jpg   img9.jpg
[root@localhost ~]# cp /mnt/win/img2.jpg /tmp          //复制指定文件
[root@localhost ~]# ls /tmp
img2.jpg              virtual-root.C58Ale
……
复制成功
[root@localhost ~]# umount   /mnt/win         //卸载挂载目录
```

至此，实验完成。

6.3.2   任务 6–2：配置与测试 share 级 Samba 服务器

1. 任务描述

公司现有一个工作组 workgroup，需要添加 Samba 服务器作为文件服务器，并发布共享目录/share，共享名为 public，此共享目录允许所有员工上传下载文件。

2. 操作步骤

（1）查看 Linux 系统中是否安装了 Samba 软件包。

```
[root@localhost ~]# rpm -qa |grep samba
samba-common-3.6.9-151.el6.i686
samba-winbind-3.6.9-151.el6.i686
samba-client-3.6.9-151.el6.i686
samba-winbind-clients-3.6.9-151.el6.i686
samba-3.6.9-151.el6.i686
```

从上面的结果可以看出，系统中已经安装 Samba 服务器端的软件包。若没有安装，可使用命令"rpm -ivh samba-3.6.9-151.el6.i686.rpm"进行安装。

（2）建立共享目录。

```
[root@localhost /]# mkdir /share
[root@localhost /]# cd /share
[root@localhost share]# echo "hello，world">hello
[root@localhost share]# cat > test
aaaaa
```

按 Ctrl+D 组合键保存并退出 test。

```
[root@localhost share]# ls
hello   test
[root@localhost share]#
```

（3）设置共享目录的文件系统权限。

由于要设置匿名用户可以下载或上传共享文件，所以要给/share 目录授权为 nobody 权限。

```
[root@localhost ~]# chown  -R  nobody:nobody    /share
[root@localhost ~]# ll /share
总用量 8
-rw-r--r--. 1 nobody nobody 12 7 月    13 10:25 hello
-rw-r--r--. 1 nobody nobody   6 7 月    13 10:25 test
[root@localhost ~]# ll   /
……
```

drwxr-xr-x.　　2 nobody nobody　　4096 7 月　　13 10:25 share

······

（4）修改 Samba 配置文件。

[root@localhost samba]# vi smb.conf

修改内容如下：

[global]
workgroup = WORKGROUP
server string = Samba Server Version %v
security = share
[public]
comment=public share
path= /share
guest ok = yes
writeable = yes
browseable=yes

（5）启动 SMB 服务。

[root@localhost samba]# service smb restart
关闭 SMB 服务：　　　　　　　　　　　　　　　　　　　　　　[确定]
启动 SMB 服务：　　　　　　　　　　　　　　　　　　　　　　[确定]

（6）关闭防火墙及 SELinux。

[root@localhost samba]# iptables -F
[root@localhost samba]# setenforce 0

（7）在 Windows 中测试。

在 Windows 的"开始"菜单中单击"运行"菜单项，弹出"运行"对话框，如图 6-8 所示。输入"\\IP 地址"后单击"确定"按钮即可，如图 6-9 所示。打开 public 共享目录，可以上传下载文件，如图 6-10 所示，在共享目录中创建了"新建文本文档"。实验完成。

图 6-8　　"运行"对话框

图 6-9　使用 IP 地址

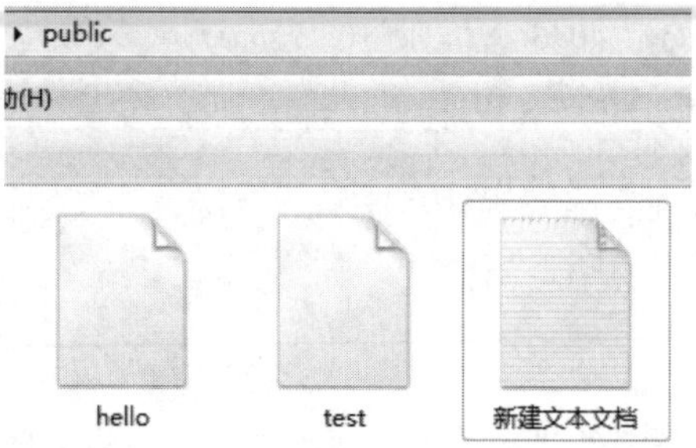

图 6-10　上传文件

6.3.3　任务 6-3：配置与测试 user 级 Samba 服务器

1. 任务描述

某公司有一台 Linux 文件服务器，现在需要在服务器中建立两个共享文件夹/everyone 及 /manager，所有人都可以访问并向/everyone 共享资源中写入自己的文档，员工可以访问 manager 共享资源，但只有经理用户可读可写。设员工账户为 user+n，n 为员工编号，所有员工都在 group 组中，经理账户为 manager，服务器的 IP 地址为 192.168.0.254/24，员工的地址为 192.168.0.11/24。

2. 操作步骤

（1）安装 Samba 软件包。

```
[root@localhost ~]# yum install samba
```

（2）建立共享目录。

```
[root@localhost /]# mkdir /everyone
[root@localhost /]# mkdir /manager
```

（3）创建用户和组账户。

```
[root@localhost /]# groupadd group
[root@localhost /]# useradd manager
[root@localhost /]# useradd   user1   -G   group
[root@localhost /]# useradd   user2   -G   group
```

（4）设置共享文件夹的文件系统权限。

首先设置员工的共享文件夹权限。由于员工对 everyone 文件夹可读可写，出于安全考虑，只允许员工删除自己的文件夹，而不能删除别人的文件夹，所以在权限中加入了特殊权限 t。

```
[root@localhost /]# chmod o+wt /everyone
[root@localhost /]# ll   /  |grep everyone
drwxr-xrwt.   2 root   root   4096 7 月   13 11:26 everyone
```

对于 manager 共享资源而言，员工账户可读取，但允许管理员写入，出于安全考虑，为该文件夹设置了 ACL 权限，添加了 manager 账户对此文件夹的读写权限。

```
[root@localhost /]# setfacl -m u:manager:rwx manager
[root@localhost /]# getfacl manager
# file: manager
# owner: root
# group: root
user::rwx
user:manager:rwx            //为 manager 开放写权限
```

```
group::r-x
mask::rwx
other::r-x
```

（5）修改配置文件。

```
[root@localhost /]# vi /etc/samba/smb.conf
```

全局参数设置如下：

```
[global]
workgroup = WORKGROUP
server string = Samba Server Version %v
security = user                   //定义 user 级别的服务器
```

设置员工账户的共享目录及权限，所有人均可读、写此文件夹。

```
[everyone]
comment = everyone's Share
path = /everyone
public = yes
browseable = yes
writeable = yes
```

设置 manager 的共享资源，文档中的@代表组，合法用户对此资源拥有读取权限。根据题目要求，只有 manager 账户拥有写权限。

```
[manager]
comment=public share
path= /manager
guest ok = no
valid users = @group，manager
write list = manager
```

（6）创建 Samba 用户。

```
[root@localhost /]# smbpasswd -a user1
New SMB password:
Retype new SMB password:
Added user user1.
```

同样的方法将 user2 和 manager 两个账户添加为 Samba 账户。

（7）启动 SMB 服务。

```
[root@localhost /]# service smb start
启动 SMB 服务：                                  [确定]
```

（8）关闭防火墙及 SELinux。

```
[root@localhost /]# iptables -F
[root@localhost /]# setenforce 0
```

（9）在 Windows 客户端测试。

在 Windows 中选择"开始"→"运行"命令，输入目标服务器的 IP 地址，例如"\\192.168.0.254"，弹出如图 6-11 所示对话框。

1）以 user1 身份登录进行测试。

在图 6-11 中输入用户名及该用户的 SMB 密码，确定后出现窗口如图 6-12 所示。测试 user1 对共享资源 everyone 的权限，结果如图 6-13 所示。测试 user1 对共享资源 manager 的权限，结果如图 6-14 所示。

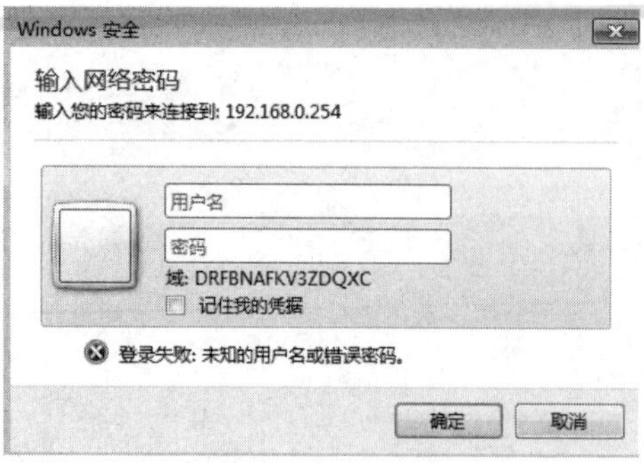

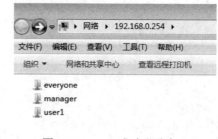

图 6-11   登录对话框

图 6-12   user1 成功登录窗口

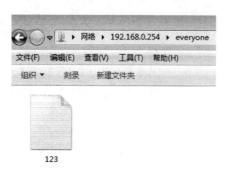

图 6-13   user1 向 everyone 中写文件成功

图 6-14   user1 向 manager 中写文件失败

由此可见，员工 user1 对 everyone 共享资源拥有读写权限，但对 manager 共享资源只拥有读权限，实验成功。

2）以 manager 身份登录进行测试。

在图 6-11 中输入用户名（manager）及其密码，弹出窗口如图 6-15 所示。manager 可读写共享资源 everyone，结果如图 6-16 所示。但不能删除别人创建的文件（例如 user1 创建的文件），结果如图 6-17 所示。测试 manager 对共享资源 manager 的权限，结果如图 6-18 所示。

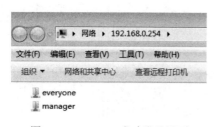

图 6-15   manager 成功登录界面

图 6-16   manager 成功写入 everyone 目录

图 6-17　删除 user1 的文件失败　　　　图 6-18　manager 成功写入 manager 目录

至此，实验完成。

6.4　NFS 介绍

6.4.1　NFS 概述

NFS（Network File System，网络文件系统）是一种在网络上的机器之间共享文件的方法，由 Sun 公司开发，目前已经成为文件服务的一种标准（RFC1904，RFC1813）。其最大功能是可以通过网络让不同操作系统的计算机共享数据，所以也可以将其看作是一台文件服务器。NFS 提供了除 Samba 之外，Windows 与 Linux 及 UNIX 与 Linux 之间通信的方法，一般由服务器和客户端两部分组成，如图 6-19 所示。RHEL 既可以是 NFS 服务器，也可以是 NFS 客户端，也就是它可以把文件系统导出给其他系统，也可以挂载从其他机器上导入的文件系统。

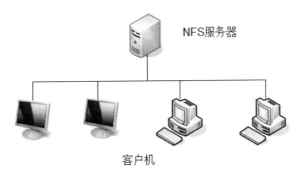

图 6-19　NFS 系统结构

为什么使用 NFS？NFS 对于在同一网络上的多个用户间共享目录十分有益。例如，一组致力于同一工程项目的用户可以通过使用 NFS 文件系统（通常被称作 NFS 共享）中的一个挂载为/myproject 的共享目录来存取该工程项目文件。要存取共享文件，用户进入各自机器的/myproject 目录。这种方法既不用输入口令又不用记忆特殊命令，就像该目录位于用户的本地机器上一样。

客户端 PC 可以挂载 NFS 服务器所提供的目录并且挂载之后这个目录看起来如同本地的磁盘分区一样，可以使用 cp、cd、mv、rm 及 df 等与磁盘相关的命令。NFS 有属于自己的协议与使用的端口号，但是在传送资料或者其他相关信息时，NFS 服务器使用一个称为"远程过程调用"（Remote Procedure Call，RPC）的协议来协助 NFS 服务器本身的运行。

6.4.2 RPC 介绍

因为 NFS 支持的功能相当多，而不同的功能会使用不同的程序来启动。每启动一个功能就会启用一些端口来传输数据，因此 NFS 的功能所对应的端口才没有固定，而是采用随机取用一些未被使用的小于 724 的端口来作为传输之用。但如此一来又造成客户端要连接服务器时的困扰，因为客户端要知道服务器端的相关端口才能够联机，此时我们需要远程过程调用（RPC）的服务。RPC 最主要的功能就是指定每个 NFS 功能所对应的端口号，并且回传给客户端，让客户端可以连接到正确的端口上。当服务器在启动 NFS 时会随机选用数个端口，并主动地向 RPC 注册。因此 RPC 可以知道每个端口对应的 NFS 功能。然后 RPC 固定使用端口 111 来监听客户端的请求并回传客户端正确的端口，所以让 NFS 的启动更为容易。注意，启动 NFS 之前，要先启动 RPC；否则 NFS 会无法向 RPC 注册。另外，重新启动 RPC 时原本注册的数据会不见，因此 RPC 重新启动后它管理的所有程序都需要重新启动以重新向 RPC 注册。

当客户端有 NFS 文件存取请求时，它向服务器端要求数据的过程如下：

（1）客户端会向服务器端的 RPC（port 111）发出 NFS 文件存取功能的询问请求。

（2）服务器端找到对应的已注册的 NFS daemon 端口后会回传给客户端。

（3）客户端了解正确的端口后，就可以直接与 NFS 守护进程来联机。

由于 NFS 的各项功能都必须要向 RPC 注册，因此 RPC 才能了解 NFS 服务的各项功能的端口号、PID 和 NFS 在主机所监听的 IP 等，而客户端才能够通过 RPC 的询问找到正确对应的端口。即 NFS 必须要有 RPC 存在时才能成功地提供服务，因此我们称 NFS 为 RPC Server 的一种。事实上，有很多这样的服务器都向 RPC 注册。例如，NIS（Network Information Service）也是 RPC Server 的一种。所以不论是客户端还是服务器端，要使用 NFS 都需要启动 RPC，如图 6-20 所示。

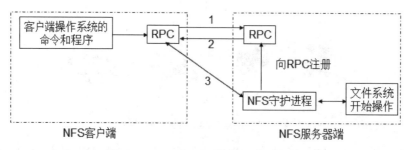

图 6-20　NFS 与 RPC 的相关性示意图

NFS 服务器主要的任务是进行文件系统的分享，文件系统的分享则与权限有关。所以 NFS 服务器启动时至少需要两个 daemon，一个管理 client 端是否能够登入的问题，一个管理 client 端能够取得的权限。如果你还想要管理 quota 的话，那么 NFS 还得再加载其他的 RPC 程序。通常 NFS 主机至少需要启动以下 3 个系统服务：

（1）rpc.nfsd：是基本的 NFS 守护进程，主要功能是管理 client 是否能够登入主机并判断登入者的 ID。

（2）rpc.mountd：是 NFS 的安装守护进程，主要功能是管理 NFS 的文件系统。当 client 端顺利地通过 rpc.nfsd 登入主机之后，在它可以使用 NFS 服务器提供的文件系统之前，还会通过文件系统权限（如-rwxrwxrwx 与 owner，group）的认证程序。

（3）rpcbind：主要功能是进行端口映射，若此服务不开，在客户端中将无法看到共享资源。在系统中该服务的名字叫 portmap。

系统服务（1）和（2）包含在 nfs-utils 组件中。

6.5　NFS 服务配置

6.5.1　NFS 服务安装与配置

1. 安装 NFS 服务

在 RHEL6.4 中启动 NFS 服务，需要安装 nfs-util 及 rpcbind 两个软件包，默认的软件包名称是 nfs-utils-1.2.3-36.el6.i686.rpm 和 rpcbind-0.2.0-11.el6.i686.rpm，前者为 NFS 主程序，后者为 RPC 主程序，可以使用 RPM 和 Yum 命令进行安装。为了更好地解决软件包间的依赖关系，建议使用 Yum 安装，如下所示：

[root@localhost Packages]# yum install nfs-utils rpcbind

由于很多服务在安装系统时已经安装好，所以最好使用下面命令先查询下系统中是否已经安装了所需要的软件包。

[root@localhost Packages]# rpm -qa nfs-utils rpcbind

rpcbind-0.2.0-11.el6.i686

nfs-utils-1.2.3-36.el6.i686

从查看结果可以看出，本系统已经安装了 NFS 服务。接下来的工作主要是配置相关文件使服务器提供 NFS 服务，步骤如下。

（1）设定某台计算机为 NFS 服务器，并在后台启动相关的守护进程（在"服务配置"中启动）。一般来说，如果 NFS 服务器要提供服务，必须启动 inet、portmap、nfs 和 mount 这 4 个守护进程并保持在后台运行。

（2）规划服务器分区，从安全等方面定义哪些分区作为要共享的文件系统。

（3）在客户端列表中定义每一台客户机的参数。

（4）修改/etc/exports。

（5）重新启动 NFS 服务器，启动方法可采用命令行的方式，即/etc/rc.d/init.d/nfs restart。服务器端文件系统的共享设置有 3 种方法，一是直接修改/etc/exports 文件；二是用 exports 命令来增加和删除目录；三是图形化的配置方法。

2. NFS 配置文件

NFS 服务的主配置文件为/etc/exports。该文件提供了 NFS 所共享的资源路径、名称、权限等信息，主要是指定共享目录和共享策略，可以使用 vi 命令编辑。该文件默认是空的，共享参数需要自己写入，格式如下：

[共享目录] [主机名或 IP(权限 1，权限 2)]

当将同一目录共享给多个客户机，但对每个客户机提供的权限不同时，格式为：

[共享目录]　[主机名 1 或 IP1（权限 1，权限 2）] [主机名 2（权限 3，权限 4）]

（1）共享目录，必须使用绝对路径；权限部分依照不同的权限共享给不同的主机，权限不止一个时，使用"，"隔开；主机名和"()"连在一起，中间没有空格。

（2）主机名，可以使用网段或主机 IP，如 10.10.10.0/24 或 10.10.10.10，也可以使用主机名称，但此主机名称需要存在于/etc/hosts 中或使用 DNS 可以找到，主机名中可以使用"*""？"等通配符。

（3）常用的权限参数如表 6-5 所示。

表 6-5　常见的权限参数

参数	含义
rw	对共享目录有读写权限
ro	对共享目录有只读权限
no_root_squash	客户端使用 root 用户访问该共享文件夹时，不映射 root 用户为匿名用户
root_squash	客户端使用 root 用户访问该共享文件夹时，将 root 用户映射成 anonymous
all_squash	客户端使用任何用户访问该共享目录时，都映射成匿名用户 anonymous，适合公用目录
anonuid=xxx	将客户端上的用户映射成 NFS 服务器/etc/passwd 文件中指定的用户 ID
anongid=xxx	将客户端上的用户映射成 NFS 服务器/etc/passwd 文件中指定的用户组 ID
sync	所有数据在请求时写入内存及硬盘中
async	资料会先暂存于内存中，而非直接写入硬盘
insecure	允许通过 1024 以上的端口发送数据
secure	允许通过 1024 以下的安全 TCP/IP 端口发送数据

（4）权限说明：
- 客户端与主机端具有相同的 UID 与账号时，客户端登录 NFS 服务器时，就会拥有/etc/exports 设置的权限。
- 客户端与主机端的账号并不相同时，客户端用户身份会变成匿名用户，是否可以读写共享目录需要查看 NFS 服务器的权限设定。
- 当客户端的身份为 root 时，默认情况下，被压缩成匿名用户。

（5）NFS 服务器的日志文件。

位于/var/lib/nfs 目录下，主要有两个，一个是 etab（记录 NFS 共享出来的完整权限设置值）；另一个是 xtab（记录联机到 NFS 服务器的客户端数据）。

例 6-13：将/tmp 目录共享，允许所有人访问，权限为读写。

```
[root@localhost ~]# vi /etc/exports
/tmp   *(rw，sync)
```

例 6-14：将/home/public 目录共享，IP 地址为 192.168.0.10 的主机对共享资源可读可写，其他主机对此资源为只读。

```
[root@localhost ~]# vi /etc/exports
/home/public   192.168.0.10(rw，sync)   *(ro，sync)
```

例 6-15：将/home/test 目录共享，只允许 192.168.0.0/24 网段的计算机读写访问，且客户端上的用户访问该共享目录时都映射为 UID=40 的用户。

```
[root@localhost ~]# vi /etc/exports
/home/test 192.168.0.0/24(rw，all_squash，anonuid=40，anongid=40，sync)
```

6.5.2 NFS 服务的相关命令

1. exportfs 命令

格式：exportfs [选项]

功能：维护共享目录，可以重新共享或卸载资源目录。

常用选项如下：

-a：全部挂载（或卸载）/etc/exports 文件内的设定。

-r：重新挂载/etc/exports 中的设置，此外同步更新/etc/exports 及/var/lib/nfs/xtab 中的内容。

-u：卸载某一目录。

-v：在 export 时将共享的目录显示在屏幕上。

如果修改了/etc/exports 文件后不需要重新激活 NFS，只要重新扫描一次/etc/exports 文件，并且重新将设定加载即可。

例 6-16：导出/etc/exports 文件中所有目录。

```
[root@localhost ~]# cat /etc/exports
/tmp   *(rw，sync)
/home/public   192.168.0.10(rw，sync)   *(ro，sync)
/home/test 192.168.0.0/24(rw，all_squash，anonuid=40，anongid=40，sync)
[root@localhost ~]# exportfs -av
exporting 192.168.0.0/24:/home/test
exporting 192.168.0.10:/home/public
exporting *:/home/public
exporting *:/tmp
```

例 6-17：当/etc/exports 配置内容发生变化时，重新输出该文件的所有内容。

```
[root@localhost ~]# exportfs -rv
exporting *:/home/public
exporting *:/tmp
```

例 6-18：停止输出共享目录。

```
[root@localhost ~]# exportfs -auv
```

2. showmount 命令

格式：showmount [参数] 主机名或 IP 地址

功能：主要用在 client 端，可以用来查看 NFS 共享出来的目录资源。若不使用参数则显示所有从该服务器上挂载到本地的客户清单。

常用选项如下：

-a，-all：显示指定的 NFS 服务器的所有客户端主机及其所连接的目录。

-d，--directories：显示指定的 NFS 服务器中已被客户端连接的所有输出目录。

-e，--exports：显示指定的 NFS 服务器上所有输出的共享目录。

-v，--version：显示版本信息。

--no-headers：禁止输出描述头部信息。

-h，--help：显示帮助信息。

Linux 下的 NFS 客户端无需配置。当 NFS 服务器启动成功后，在客户端可以使用 showmount 命令查看 NFS 服务器上的共享资源，使用 mount 命令将服务器上的共享资源挂载到本地，使用 umount 命令卸载共享资源。若希望每次开机都能访问共享资源，可将挂载命令写入本地的 /etc/fstab 文件中。

例 6-19：显示 192.168.0.254 主机上的共享资源。

```
[root@localhost ~]# showmount -e 192.168.0.254
Export list for 192.168.0.254:
/home/public *
/tmp *
```

例 6-20：挂载服务器中的共享资源。

```
[root@localhost ~]# mount -t nfs 192.168.0.254: /tmp /mnt
[root@localhost ~]# ls /mnt
img2.jpg                    virtual-root.4tqF8l   virtual-root.jJfkA8
......
```

3. NFS 服务管理命令

格式：service nfs [start/stop/restart/status]

功能：NFS 服务的启动/停止/重启/状态查看。

（1）启动 NFS 服务。

```
[root@localhost ~]# service nfs start
启动 NFS 服务：                              [确定]
关掉 NFS 配额：                              [确定]
启动 NFS mountd：                            [确定]
正在启动 RPC idmapd：                        [确定]
正在启动 RPC idmapd：                        [确定]
启动 NFS 守护进程：                          [确定]
```

（2）关闭 NFS 服务。

```
[root@localhost ~]# service nfs stop
关闭 NFS 守护进程：                          [确定]
关闭 NFS mountd：                            [确定]
关闭 NFS quotas：                            [确定]
关闭 NFS 服务：                              [确定]
```

（3）重启 NFS 服务。

```
[root@localhost ~]# service nfs restart
```

（4）查看 NFS 服务器的运行状态。

```
[root@localhost ~]# service nfs status
rpc.svcgssd 已停
rpc.mountd (pid 3217) 正在运行...
nfsd (pid 3282 3281 3280 3279 3278 3277 3276 3275) 正在运行...
rpc.rquotad (pid 3213) 正在运行...
```

从显示结果看，系统中正在运行的 NFS 进程有 8 个，这些进程的具体信息可通过下面的命令查看。

```
[root@localhost ~]# ps -aux |grep nfsd
Warning: bad syntax，perhaps a bogus '-'? See /usr/share/doc/procps-3.2.8/FAQ
```

root	3273	0.0	0.0	0	0 ?	S	01：50	0：00 [nfsd4]
root	3274	0.0	0.0	0	0 ?	S	01：50	0：00 [nfsd4_callbacks]
root	3275	0.0	0.0	0	0 ?	S	01：50	0：00 [nfsd]
root	3276	0.0	0.0	0	0 ?	S	01：50	0：00 [nfsd]
root	3277	0.0	0.0	0	0 ?	S	01：50	0：00 [nfsd]
root	3278	0.0	0.0	0	0 ?	S	01：50	0：00 [nfsd]
root	3279	0.0	0.0	0	0 ?	S	01：50	0：00 [nfsd]
root	3280	0.0	0.0	0	0 ?	S	01：50	0：00 [nfsd]
root	3281	0.0	0.0	0	0 ?	S	01：50	0：00 [nfsd]
root	3282	0.0	0.0	0	0 ?	S	01：50	0：00 [nfsd]
root	3320	0.0	0.0	5980	768 pts/0	S+	01：52	0：00 grep nfsd

4. 查看 RPC 的运行状态

```
[root@localhost 桌面]# netstat -tl|grep rpc
tcp    0    0 *: sunrpc          *: *          LISTEN  //处于监听状态
```

5. rpcinfo 命令

格式：rpcinfo -p [IP|hostname]

rpcinfo -t|-u IP|hostname 程序名称

功能：确定 RPC 服务的信息。

常用选项如下：

-p：针对某 IP（未写则预设为本机）显示出所有的 port 与 program 的信息。

-t：针对某主机的某个程序检查其 TCP 数据包所在的软件版本。

-u：针对某主机的某个程序检查其 UDP 数据包所在的软件版本。

例 6-21：查看 RPC 服务和端口对应是否正确。

```
[root@localhost 桌面]# rpcinfo -p
program    vers    proto    port    service
100000     4       tcp      111     portmapper
100000     3       tcp      111     portmapper
100000     2       tcp      111     portmapper
……
100003     2       tcp      2049    nfs
100003     3       tcp      2049    nfs
100003     4       tcp      2049    nfs
……
```

说明：NFS 的端口是 2049，但是它基于 portmap，portmap 的端口是 111，禁止其中任意一个端口都能达到禁止 NFS 服务器的目的；客户端挂载 NFS 共享资源时会随机使用大于 10000 的端口。NFS 提供有三种版本，分别是 2、3、4。

例 6-22：扫描服务器上的 rpcbind 服务是否启动。

```
[root@localhost 桌面]# rpcinfo -u 192.168.0.254 portmap
program 100000 version 2 ready and waiting
program 100000 version 3 ready and waiting
program 100000 version 4 ready and waiting
```

例 6-23：扫描服务器上的 rpc.nfsd 服务是否启动。

```
[root@localhost 桌面]# rpcinfo -u 192.168.0.254 nfs
program 100003 version 2 ready and waiting
```

program 100003 version 3 ready and waiting

program 100003 version 4 ready and waiting

例 6-24：扫描服务器上的 rpc.mountd 服务是否启动。

[root@localhost 桌面]# rpcinfo -u 192.168.0.254 mountd

program 100005 version 1 ready and waiting

program 100005 version 2 ready and waiting

program 100005 version 3 ready and waiting

上面信息说明与 RPC 相关的 3 个服务已经启动。若未启动则显示结果如下：

[root@localhost 桌面]# rpcinfo -u 192.168.0.254 nfs

rpcinfo: RPC: Program not registered

program 100003 is not available

如果与 RPC 相关的服务都已启动，但仍无法查看 NFS 服务器的共享资源，原因可能是 NFS 服务器受到 iptables 和 SELinux 的限制了，此时需要在服务器上开放 NFS 服务使用的端口。

6.5.3 任务 6-4：NFS 配置

1. 任务描述

某高校校园网内有一台安装好的 Linux 计算机，为了便于管理，需要建立 NFS 服务器实现资源共享。公司内员工使用的系统为 Windows 7，管理员使用的系统为 Linux。具体要求如下：

（1）NFS 服务器的 IP 地址为 192.168.0.200/24，设 Windows 客户端的 IP 地址为 192.168.0.10/24，网管中心管理员使用的计算机 IP 地址为 192.168.0.11/24。

（2）学校的老师账户为 teacher1、teacher2……，管理员账户为 admin。

（3）在 NFS 服务器上有两个共享资源，分别是/share 和/admin。所有教师在访问/share 和/admin 资源时将被映射成账户 myuser，组被映射成 mygroup。所有教师对/share 资源有写入权限，对/admin 为只读权限。管理员对/share 和/admin 资源均可写入，访问共享资源时，管理员账户和组账户均映射为 admin。

2. 在 NFS 服务器端操作步骤

（1）配置 NFS 服务器的网络地址。

[root@localhost 桌面]# ifconfig eth0 192.168.0.200 netmask 255.255.255.0 up

（2）创建用户及组账户。

[root@localhost 桌面]# useradd myuser

[root@localhost 桌面]# passwd myuser

更改用户 myuser 的密码。

新的密码：

无效的密码：它没有包含足够的不同字符

无效的密码：是回文

重新输入新的密码：

passwd：所有的身份验证令牌已经成功更新。

[root@localhost 桌面]# groupadd mygroup

[root@localhost 桌面]# useradd admin

[root@localhost 桌面]# passwd admin

更改用户 admin 的密码。

新的密码：

无效的密码：它没有包含足够的不同字符

无效的密码：是回文

重新输入新的密码：

passwd：所有的身份验证令牌已经成功更新。

（3）查看用户及组的 ID。

```
[root@localhost 桌面]# tail -n 2 /etc/passwd
myuser：x：515：518：：/home/myuser：/bin/bash
admin：x：516：520：：/home/admin：/bin/bash
[root@localhost 桌面]# tail -n 2 /etc/group
mygroup：x：519：
admin：x：520：
```

（4）查看并安装 NFS 服务器。

```
[root@localhost 桌面]# rpm -qa nfs-utils rpcbind
rpcbind-0.2.0-11.el6.i686
nfs-utils-1.2.3-36.el6.i686
```

从查看信息看出，该系统已经安装 NFS 服务软件包。若没有安装，参考 6.5.1 节进行安装。

（5）建立共享资源。

```
[root@localhost 桌面]# mkdir /share
[root@localhost 桌面]# echo this is a test file >/share/test
[root@localhost 桌面]# ls /share
test
[root@localhost 桌面]# cat /share/test
this is a test file
[root@localhost 桌面]# mkdir /admin
[root@localhost 桌面]# echo "this is admin's file ">/admin/file
[root@localhost 桌面]# ls /admin
file
[root@localhost 桌面]# cat /admin/file
this is admin's file
```

（6）设置本地资源的权限，让其他用户可以向共享目录写文件。

```
[root@localhost 桌面]# chmod o+w /share
[root@localhost 桌面]# chmod o+w /admin
```

（7）配置 NFS 服务。

```
[root@localhost 桌面]# vi /etc/exports
/share   192.168.0.10(rw，sync，all_squash，insecure，anonuid=515，anongid=519)
/share   192.168.0.11(rw，sync，all_squash，insecure，anonuid=516，anongid=520)
/admin   192.168.0.10(ro，sync，all_squash，insecure，anonuid=515，anongid=519)
/admin   192.168.0.11(rw，sync，all_squash，insecure，anonuid=516，anongid=520)
```

（8）启动 NFS 服务。

```
[root@localhost 桌面]# service nfs start
启动 NFS 服务：                              [确定]
关掉 NFS 配额：                              [确定]
启动 NFS mountd：                           [确定]
正在启动 RPC idmapd：                        [确定]
正在启动 RPC idmapd：                        [确定]
启动 NFS 守护进程：                          [确定]
```

（9）关闭 iptables 及 SELinux。

```
[root@localhost 桌面]# iptables -F
[root@localhost 桌面]# setenforce 0
```

3．Linux 客户端测试

（1）配置 NFS 客户端的 IP 地址。

```
[root@localhost ~]# ifconfig eth0 192.168.0.11 netmask 255.255.255.0 up
```

（2）建立挂载点。

```
[root@localhost ~]# mkdir /share
[root@localhost ~]# mkdir /admin
```

（3）查看 NFS 服务器端共享资源。

```
[root@localhost ~]# showmount -e 192.168.0.200
Export list for 192.168.0.200：
/admin 192.168.0.11，192.168.0.10
/share 192.168.0.11，192.168.0.10
```

（4）在 192.168.0.11 客户端挂载共享资源。

```
[root@localhost ~]# mount -t nfs 192.168.0.200：/share /share
[root@localhost ~]# mount -t nfs 192.168.0.200：/admin /admin
```

（5）使用共享资源。

```
[root@localhost ~]# cd /share
 [root@localhost share]# touch test1
[root@localhost share]# ls
test    test1
[root@localhost share]# cd /admin
[root@localhost admin]# mkdir lab
[root@localhost admin]# ls
file    lab
```

管理员对两个共享目录均可读写。

（6）在 NFS 服务器查看。

```
[root@localhost nfs]# cd /share
 [root@localhost share]# ll
总用量 4
-rw-r--r--. 1 root    root    20 7 月    30 10：12 test
-rw-r--r--. 1 admin admin    0 7 月    30 11：09 test1
[root@localhost share]# cd /admin
[root@localhost admin]# ll
总用量 8
-rw-r--r--. 1 root    root      22 7 月    30 10：15 file
drwxr-xr-x. 2 admin admin 4096 7 月    30 11：10 lab
```

结果显示，客户端创建的文件及目录的属主和属组都被压缩成 admin。

（7）卸载 NFS 共享资源。

```
[root@localhost ~]# umount /share
[root@localhost ~]# umount /admin
```

至此，在 Linux 客户端的访问完成。

4. Windows 7 客户端测试

（1）安装 NFS 客户端。

在"程序和功能"界面"打开或关闭 Windows 功能"窗口选中"NFS 客户端"，如图 6-21 所示，单击"确定"按钮，开始安装。安装完成后，就可以在 Windows 的命令行窗口中通过 mount 以及 showmount 命令使用 NFS 的共享了。

（2）配置 Windows 客户端的 IP 地址为 192.168.0.10，如图 6-22 所示。

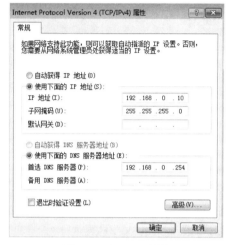

图 6-21　"Windows 功能"窗口　　　　　　图 6-22　TCP/IP 属性

（3）使用 showmount 命令在客户端的 DOS 命令提示符中查看共享资源。

```
C：\Users\Administrator>showmount -e 192.168.0.200
导出列表在 192.168.0.200：
/share                          192.168.0.10，192.168.0.11
/admin                          192.168.0.10，192.168.0.11
```

（4）挂载共享资源。

```
C：\Users\Administrator>mount \\192.168.0.200\share Z：
Z：现已成功连接到 \\192.168.0.200\share
命令已成功完成。
C：\Users\Administrator>mount \\192.168.0.200\admin Y：
Y：现已成功连接到 \\192.168.0.200\admin
命令已成功完成。
```

需要注意的是，mount point 和 Linux/UNIX 有所不同，不是使用一个目录作为挂载点，而是使用一个未使用的盘符。例如将/share 挂载到 Z:盘，将/admin 挂载到 Y:盘。这样就可以通过 Z:盘和 Y:盘访问你的共享，非常方便。

（5）使用共享资源。打开 Y:盘时，无法创建子文件夹，如图 6-23 所示。打开 Z:盘时，可以创建新的 Windows 7 文本文件，如图 6-24 所示。

（6）在 NFS 服务器端查看结果。

```
[root@localhost ~]# cd /share
[root@localhost share]# ll
总用量 4
-rw-r--r--. 1 root    root      20 7 月  30 10：12 test
```

-rw-r--r--. 1 admin admin　　 0 7 月　 30 11：09 test1
-rwxr-xr-x. 1 myuser mygroup　 0 7 月　 30 2015 Windows 7.txt

可以看出，在/share 中有从客户端创建的文件，且用户和组为压缩后的用户和组。

图 6-23　访问/admin 共享资源

图 6-24　访问/share 共享资源

（7）卸载共享资源。

```
C：\Users\Administrator>umount Z:
正在断开　　　　　　　　　 Z:　　　　　 \\192.168.0.200\share
连接上存在打开的文件和/或未完成的目录搜索。
要继续此操作吗? (Y/N) [N]：y
命令已成功完成。
C：\Users\Administrator>umount Y:
正在断开　　　　　　　　　 Y:　　　　　 \\192.168.0.200\admin
命令已成功完成。
```

至此，实验全部完成。

6.6　小结

本项目主要介绍了与共享有关的两个服务，一个是 Samba 服务，主要用于实现 Windows 系统与 Linux 或 UNIX 系统间的文件或打印机等资源的共享；另一个是 NFS 服务，主要用于实现 Linux 或 UNIX 系统间的资源共享；NFS 服务配置相对简单，配置的参数也较少，NFS 客户端可以通过 SMB 的命令行模式也可以通过 mount 命令挂载方式实现对 NFS 资源的访问。Samba 服务配置参数较多，可以对 Samba 服务器做较详细的设置。若希望在 Linux 中访问 Windows 的共享资源，可以在 Linux 中直接使用 mount 命令挂载实现。无论以哪种方式访问哪种资源，都要注意权限的设置情况。在网络中权限是由两部分叠加而成的，一部分是共享权限；另一部分是本地安全权限。权限的认证是在被访问的系统中完成的，即访问谁，谁认证，权限值取共享权限与本地安全权限叠加后的最小值。

6.7　习题与操作

一、选择题

1. 用 Samba 共享的目录，但在 Windows 网上邻居中却看不到，应该在/etc/samba/smb.conf 中设置（　　）。
  A．Allow Windows Clents=yes   B．Browseable=yes
  C．Hidden=no   D．Allow allclient=yes

2. Samba 服务器的默认安全级别是（　　）。
  A．share   B．user   C．domain   D．server

3. Samba 服务器的主配置文件是（　　）。
  A．/etc/samba/smb.conf   B．/etc/smb.conf
  C．/var/ smb.conf   D．/etc/samba.conf

4. Samba 的主配置文件由（　　）组成。
  A．global 参数和 share 参数   B．directoy share 和 file share
  C．applications share   D．virtual share

5. 启动 Samba 服务的命令是（　　）。
  A．service smb start   B．/sbin.smb/start
  C．service samba start   D．/sbin/samba start

6. 将用户 tom 变为 SMB 用户的方法是（　　）。
  A．smbpasswd -a   B．smbadd tom
  C．smbpasswd -a　tom   D．smbuser -a tom

7. Samba 服务器的进程由哪两部分组成（　　）。
  A．named 和 sendmail   B．smbd 和 nmbd
  C．bootp 和 dhcpd   D．httpd 和 squid

8. 通过设置（　　）项来控制可以访问 Samba 共享服务的合法 IP 地址。
  A．allowed B．host valid C．host allow D．public

9. Samba 配置文件中设置 Admin 组群允许访问时如何表示（　　）。
  A．vaild users=Admin   B．valid users=group Admin
  C．valid users =@Admin   D．valid user=%Admin

10. 手工修改 smb.conf 文件后，使用以下哪个命令可以测试其正确性（　　）。
  A．smbmount B．smbstatus C．smbclient D．testparm

11. NFS 提供的服务是（　　）。
  A．远程登录 B．文件服务 C．共享服务 D．配置 IP 地址

12. NFS 服务的成功运行与否主要依赖于（　　）服务。
  A．RPC   B．SMB   C．FTP   D．DNS

13. NFS 服务的配置文件名为（　　）。
  A．/var/ftp/pud B．/etc/vsftpd C．/etc/exports D．/etc/rc.d

14. NFS 工作站要 mount 远程 NFS 服务器上的一个目录，服务器端必须设置（　　）。

    A. 共享目录必须加到/etc/exports　　　　B. NFS 服务必须启动

    C. portmap 必须启动　　　　D. 以上全部需要

15. 查看 NFS 服务器（IP 地址为 192.168.10.1）中共享目录的命令是（　　）。

    A. show //192.168.10.1　　　　B. showmount -e 192.168.10.1

    C. show -e 192.168.10.1　　　　D. showmount -l 192.168.10.1

16. 装载 NFS 服务器（IP 地址为 10.10.10.1）中共享目录/share 到本地/mnt/share 的命令是（　　）。

    A. mount 10.10.10.1 /share　　/mnt/share

    B. mount -t nfs 10.10.10.1 /share　　/mnt/share

    C. mount -t nfs 10.10.10.1：/share　　/mnt/share

    D. mount -t nfs //10.10.10.1 /share　　/mnt/share

二、操作题

1. 任务描述

某高校组建校园网，需要安装一台 Linux 文件服务器，管理员希望在学校内部给老师和学生提供文件共享服务。具体描述如下：

（1）该计算机的地址为 192.168.0.254/24，学生的共享目录为/stud，老师的共享目录为/teach。

（2）学生对/stud 可以上传下载，但对/teach 只能下载。

（3）老师对/stud 和/teach 都可以读写，但老师不能删除/stud 的文件。

2. 操作目的

（1）熟悉 Samba 服务器的安装。

（2）熟悉 Samba 服务器的配置。

（3）学会远程连接访问 Samba 服务器。

3. 任务准备

RHEL6.4 的安装盘或 ISO 文件。

7

架设 DHCP 服务器

【项目导入】

在一个计算机数量比较多的网络中，如果要为整个企业每个部门的上百台机器逐一进行 IP 地址的配置绝不是一件轻松的工作。为了更方便、快捷地完成这些工作，很多时候会采用动态主机配置协议（Dynamic Host Configuration Protocol，DHCP）来自动为客户端配置 IP 地址、默认网关等信息。

在实施该项目之前，首先应当对整个网络进行规划，确定网段的划分以及每个网段可能的主机数量等信息。

【知识目标】

☞了解 DHCP 服务器所需配置文件
☞了解 Linux 下 DHCP 的创建与维护管理
☞熟悉 DHCP 服务的使用方法
☞理解 DHCP 中继服务的原理

【能力目标】

☞熟练 DHCP 服务器的创建与维护管理
☞掌握 DHCP 配置文件的修改方法
☞熟悉 DHCP 服务器的使用方法和常用命令
☞熟练配置 DHCP 中继服务器

7.1 DHCP 概述

网络中的每一台计算机都必须拥有唯一的 IP 地址。主机 IP 地址的设置可以由用户手动进行，此时也称为静态地址。为了保证整个网络的正常运行，IP 地址的设置必须要正确，因此，用户一般要咨询网络管理员。此外，网络掩码、默认网关及 DNS 服务器等也都必须正确设置，才能保证网络的正常使用，这些参数也需要向网络管理员咨询。

如果网络上的用户众多，则用户的咨询将会给网络管理员造成很大的负担。更重要的是，如果网络管理员改变了网络配置，上述的某个参数发生了变化，则一个个通知用户修改的工作量也将非常大。为了解决这个问题，出现了动态地址分配。

7.1.1 DHCP 介绍

1. DHCP 协议

DHCP（Dynamic Host Configuration Protocol），即动态主机配置协议，用于向计算机自动提供 IP 地址、子网掩码、网关地址和 DNS 等信息。通常被应用在大型的局域网环境中，集中的管理、分配 IP 地址并提升地址的使用率。网络管理员通常会分配某个范围的 IP 地址来分发给局域网上的客户机。

2. DHCP 应用环境

DHCP 主要用于 IP 地址较多，人工分配不便利的情况下，所以 DHCP 在以下两种情况是比较典型的应用：

（1）存在大量主机的网络。

假设网络中有 400 台主机需要接入网络，如果管理员选择手工配置 IP 地址，那么需要进行 400 次的重复性操作，并且一旦出现配置错误，需要手动更正，增加了管理员的工作量，而采用 DHCP，只需要在服务器上进行统一的设置，客户机就能够自动从 DHCP 服务器获得相应的 IP 配置信息，提高了管理和维护的效率。

（2）存在较多移动办公设备的网络。

对于移动客户端而言，如果从一个网络移动到另一个网络，因为网络 IP 规划不同，大部分情况下需要重新设置 IP 地址。如果公司网络内部存在较多移动办公设备，对于管理员而言，每次变化都需要手工更改移动设备的地址，显然太过于繁琐。架设 DHCP 服务器则可以在移动设备接入网络时，自动为其分配 IP 配置信息，并在这个移动设备移出本地网络，或 IP 地址使用期限到后，能够重复利用配置的 IP 地址，简化了管理的复杂度，保证 IP 地址的利用率。

所以在网络用户较多的情况下使用 DHCP 服务器是一种明智的选择。

7.1.2 DHCP 工作原理

DHCP 协议采用 UDP 作为传输协议，主机发送请求消息到 DHCP 服务器的 67 号端口，DHCP 服务器回应应答消息给主机的 68 号端口。详细的交互过程如图 7-1 所示。

1. 发现阶段

发现阶段即是 DHCP 客户端查找 DHCP 服务器的阶段。客户机以广播方式（因为 DHCP 服务器的 IP 地址对于客户端来说是未知的）发送 DHCP discover 信息来查找 DHCP 服务器，即向地址 255.255.255.255 发送特定的广播信息。网络上每一台安装了 TCP/IP 的主机都会接收到这种广播信息，但只有 DHCP 服务器才会做出响应。

2. 提供阶段

该阶段是 DHCP 服务器提供 IP 地址的阶段，在网络中接收到 DHCP discover 信息的 DHCP 服务器都会做出响应。它从尚未出租的 IP 地址中挑选一个分配给 DHCP 客户端，向其发送一个包含出租的 IP 地址和其他设置的 DHCP offer 信息。

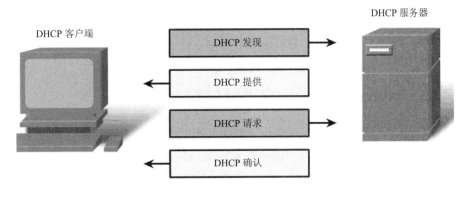

图 7-1　DHCP 工作过程

3. 请求阶段

这个阶段是指 DHCP 客户端选择某台 DHCP 服务器提供的 IP 地址的阶段。如果有多台 DHCP 服务器向 DHCP 客户端发送 DHCP offer 信息，则 DHCP 客户端只接受第 1 个收到的 DHCP offer 信息。然后它就以广播方式回答一个 DHCP request 信息，该信息中包含向它所选定的 DHCP 服务器请求 IP 地址的内容。之所以要以广播方式回答，是为了通知所有 DHCP 服务器，它将选择某台 DHCP 服务器所提供的 IP 地址。

4. 确认阶段

这里是 DHCP 服务器确认所提供的 IP 地址的阶段。当 DHCP 服务器收到 DHCP 客户端回答的 DHCP request 信息之后，它向 DHCP 客户端发送一个包含其所提供的 IP 地址和其他设置的 DHCP ACK 信息，告诉 DHCP 客户端可以使用该 IP 地址，然后 DHCP 客户端便将其 TCP/IP 与网卡绑定。另外，除 DHCP 客户端选中的服务器外，其他的 DHCP 服务器都将收回曾提供的 IP 地址。

5. 重新登录

以后 DHCP 客户端每次重新登录网络时，不需要发送 DHCP discover 信息，而是直接发送包含前一次所分配的 IP 地址的 DHCP request 信息。当 DHCP 服务器收到这一信息后，它会尝试让 DHCP 客户端继续使用原来的 IP 地址，并回答一个 DHCP ACK 信息。如果此 IP 地址已无法再分配给原来的 DHCP 客户端使用（比如此 IP 地址已分配给其他 DHCP 客户端使用），则 DHCP 服务器给 DHCP 客户端回答一个 DHCP NACK 信息。当原来的 DHCP 客户端收到此信息后，必须重新发送 DHCP discover 信息来请求新的 IP 地址。

6. 更新租约

这个阶段，DHCP 服务器向 DHCP 客户端出租的 IP 地址一般都有一个租借期限，期满后 DHCP 服务器便会收回该 IP 地址。如果 DHCP 客户端要延长其 IP 租约，则必须更新其 IP 租约。DHCP 客户端启动时和 IP 租约期限过半时，DHCP 客户端都会自动向 DHCP 服务器发送更新其 IP 租约的信息，如果没有成功，将不断启动续租请求过程。

7.1.3　DHCP 与 BOOTP

1. BOOTP 协议

BOOTP（Bootstrap Protocol，引导程序协议）是一种引导协议，基于 IP/UDP 协议，也称自举协议，是 DHCP 协议的前身。但是，BOOTP 用于无盘工作站的局域网中，可以让无盘工作站从一个中心服务器上获得 IP 地址。通过 BOOTP 协议可以为局域网中的无盘工作站分配动态 IP 地址，这样就不需要管理员去为每个用户设置静态 IP 地址。

2. DHCP 与 BOOTP 的关联

由于 BOOTP 和 DHCP 之间的延续性关系，两个协议共享某些定义特征。两个协议的公用元素包括以下几个。

（1）每种格式结构都用于在服务器和客户端之间交换消息。

BOOTP 和 DHCP 使用几乎相同的格式封装请求消息（由客户端发送）和回复消息（由服务器发送）。任何一种协议中的消息都使用 576 字节的单个用户数据报协议（UDP）来封装每个协议消息。对于 BOOTP 和 DHCP，消息头除用于携带可选数据的最终消息头字段一种情况外，其余的都相同。对于 BOOTP，这个可选字段被称作"特定服务提供者区域"，并限制为 64 个字节。对于 DHCP，该区域被称作"选项"字段，最多可携带 312 个字节的 DHCP 选项信息。

（2）使用众所周知的 UDP 端口进行 C/S（客户端/服务器）通信。

BOOTP 和 DHCP 均使用相同的保留协议端口在服务器和客户端之间发送和接收消息。BOOTP 和 DHCP 服务器均使用 67 号 UDP 端口来监听和接收客户端请求消息。BOOTP 和 DHCP 客户端一般保留 68 号 UDP 端口，用于接收来自 BOOTP 服务器或 DHCP 服务器的消息回复。

由于 DHCP 和 BOOTP 消息使用几乎相同的格式类型和数据包结构，并且一般使用众所周知的相同服务端口，因此 BOOTP 和 DHCP 中继代理程序通常会将 BOOTP 和 DHCP 消息以相同的消息类型对待处理，不做区分。

（3）作为配置服务的完整组成部分的 IP 地址分配。

BOOTP 和 DHCP 都在启动期间将 IP 地址分配给客户端，只是它们使用不同的分配方法。BOOTP 通常为每个客户端提供单个 IP 地址的固定分配，在 BOOTP 服务器数据库中永久保留该地址。DHCP 通常提供可用 IP 地址的动态、租用分配，在 DHCP 服务器数据库中暂时保留每个 DHCP 客户端地址。

3. DHCP 与 BOOTP 的区别

BOOTP 和 DHCP 的主机配置方式有明显的差别。首先，从引导设备而言，BOOTP 用来配置有限启动能力的无盘工作站；而 DHCP 主要用来配置频繁移动的拥有硬盘驱动和全部启动能力的联网电脑；从时间而言，动态 BOOTP 的 IP 地址租借时间默认为 30 天，而 DHCP 默认 IP 地址租借到期时间为 8 天且支持有限数目的客户端厂商扩展配置参数，支持更大、更易扩展的一套客户端配置参数，叫作选项；从配置而言，BOOTP 分成 2 阶段启动配置：一是客户端联系服务器取得 IP 地址和启动文件，二是客户端通过 TFTP 服务器传输启动镜像文件。DHCP 单阶段启动配置，客户端与服务器协商取得 IP 地址和其他的网络操作需要的详细初始配置。从配置生效而言，BOOTP 客户端不会从服务器那里重新绑定或刷新配置，除非系统重启；而 DHCP 不需要系统重启就可以从服务器处重新绑定或者刷新配置。相应的，客户端在预定的时间之后自动进入重新绑定状态来刷新租用地址分配。这个过程在后端进行，对用户来说是透明的。由于当前集中管理 IP 地址的需求较多，所以 DHCP 的应用更多。

7.1.4　DHCP 服务器的工作模式

DHCP 服务器有三种工作模式：

1. Manual Allocation

手动分配，网络管理员为某些少数特定的 Host 绑定固定 IP 地址，且地址不会过期，其特点：地址利用率低，管理员的工作量大。

2. Automatic Allocation

自动分配，其情形是一旦 DHCP 客户端第一次成功地从 DHCP 服务器端租用到 IP 地址之后，就永远使用这个地址。其特点：地址利用率较低。

3. Dynamic Allocation

动态分配，当 DHCP 第一次从 DHCP 服务器端租用到 IP 地址之后，并非永久地使用该地址，只要租约到期，客户端就得释放（release）这个 IP 地址，以给其他工作站使用。当然，客户端可以比其他主机更优先地更新（renew）租约，或是租用其他的 IP 地址。其特点：地址分配较灵活，地址利用率高。

在实际需要的情况中，第一种与第三种相结合的方式是最优化的管理方式。

7.1.5　DHCP 的安装与启动

1. DHCP 服务器的安装

DHCP 服务所需的软件包有下面三个：

dhcp-4.1.1-34.P1.el6.i686.rpm：DHCP 主程序包。

dhclient-4.1.1-34.P1.el6.i686.rpm：DHCP 客户端软件包。

dhcp-common-4.1.1-34.P1.el6.i686.rpm：客户端服务器端通用软件包。

在配置 DHCP 服务器之前，首先要确定 Linux 系统中已经安装了 DHCP 服务器，可使用下面命令查看：

```
[root@localhost ~]#rpm -qa |grep dhcp
dhcp-4.1.1-34.P1.el6.i686
dhcp-common-4.1.1-34.P1.el6.i686
```

结果显示，该系统已经安装了 DHCP 服务器软件包。如果没有安装，可直接用 Yum 源来安装，终端执行命令 yum install dhcp 即可。

2. DHCP 服务器的启动、关闭和重启

DHCP 的启动、关闭、重启，进入终端，使用 service 命令进行服务控制。DHCP 服务的进程名字为 dhcpd。

（1）启动 DHCP 服务：

```
[root@localhost ~]#service dhcpd start
或[root@localhost ~]#/etc/rc.d/init.d/dhcpd     start
```

（2）关闭 DHCP 服务：

```
[root@localhost ~]#service dhcpd stop
或[root@localhost ~]#/etc/rc.d/init.d/dhcpd     stop
```

（3）重启 DHCP 服务：

```
[root@localhost ~]#service dhcpd restart
```

或[root@localhost ~]#/etc/rc.d/init.d/dhcpd   restart

7.1.6 DHCP 配置文件介绍

在 RHEL6.4 中，DHCP 服务器的配置文件是/etc/dhcp/dhcpd.conf，但 Linux 系统安装后，默认情况下此文件不存在可用信息。但在系统中有一个该文件的模板，其存放的路径是/usr/share/doc/dhcp-4.1.1/dhcpd.conf.sample，可以使用"rpm -ql grep dhcp"来查询。将例子文件复制并重命名到/etc/dhcp/dhcpd.conf 即可。

还有两个重要文件是 DHCP 的可执行文件/usr/sbin/dhcpd 和设置租约时间的配置文件/var/lib/dhcp/dhcpd.leases。

主配置文件通常包括 3 个部分，即 parameters（参数）、declarations（声明）和 option（选项）。

dhcpd.conf 主配置文件格式如下：

```
#全局配置
参数或选项；              #全局生效
#局部配置
声明 {
    参数或选项；          #局部生效
    }
```

1. DHCP 配置文件中的参数

参数表明如何执行任务，以及是否要执行任务或将哪些网络配置选项发送给客户端，主要参数如表 7-1 所示。

表 7-1 DHCP 基本参数表

参数	解释
ddns-update-style	配置 DHCP-DNS 互动更新模式
default-lease-time	指定默认租赁时间的长度，单位是秒
max-lease-time	指定最大租赁时间长度，单位是秒
hardware	指定网卡接口类型和 MAC 地址
server-name	通知 DHCP 客户端服务器名称
get-lease-hostnames flag	检查客户端使用的 IP 地址
fixed-address ip	分配给客户端一个固定的地址
authritative	拒绝不正确的 IP 地址的要求

2. DHCP 配置文件中的声明

声明用来描述网络布局及提供客户的 IP 地址等，主要声明如表 7-2 所示。

表 7-2 DHCP 声明信息

声明项目	解释
shared-network	用来告知是否一些子网络分享相同网络
subnet	描述一个 IP 地址是否属于该子网

续表

声明项目	解释
range 起始 IP 终止 IP	提供动态分配 IP 的范围
host 主机名称	参考特别的主机
group	为一组参数提供声明
allow unknown-clients; deny unknown-client	是否动态分配 IP 给未知的使用者
allow bootp;deny bootp	是否响应激活查询
allow booting; deny booting	是否响应使用者查询
filename	开始启动文件的名称，应用于无盘工作站
next-server	设置服务器从引导文件中装入主机名，应用于无盘工作站

3. DHCP 配置文件中的 option（选项）

用来配置 DHCP 可选参数，全部用 option 关键字作为开始，主要内容见表 7-3。

表 7-3　option（选项）信息

选项	解释
subnet-mask	为客户端设定子网掩码
domain-name	为客户端指明 DNS 名字
domain-name-servers	为客户端指明 DNS 服务器 IP 地址
host-name	为客户端指定主机名称
routers	为客户端设定默认网关
broadcast-address	为客户端设定广播地址
ntp-server	为客户端设定网络时间服务器 IP 地址
time-offset	为客户端设定和格林威治时间的偏移时间，单位是秒

4. dhcp 声明语句

（1）shared-network 语句。

作用：告诉 DHCP 服务器哪些 IP 子网属于一个物理网络。

格式：

```
shared-network    name {
[参数];
[声明];
}
```

任何一个在共享物理网络的子网都必须声明在 shared-network 语句中。属于这个子网中的客户计算机启动的时候，将获得在 shared-network 语句中指定的参数，除非这些参数被 subnet 和 host 参数覆盖。用 shared-network 是一种暂时的办法，例如：企业使用一个 B 类网络 129.7，企业内部的部门甲被划到子网 129.7.3.0/24 中，这里的网络号码为 8 位，主机号也为 8 位。

但是如果部门甲很快地增长，超过了 254 台主机，而物理网络来不及增加子网，就要在这个物理网络中运行两个 8 位子网掩码的子网。而这两个子网还同时在一个物理网络中，

shared-network 可以做如下声明。

```
shared-network net1 {
subnet   129.7.3.0   netmask   255.255.255.0 {
range   129.7.3.1   129.7.3.254;
}
subnet   129.7.4.0 netmask   255.255.255.0 {
range   129.7.4.1   129.7.4.254;
}
```

这里的 net1 是网络共享名称。

（2）subnet 语句。

作用：定义作用域，指定子网。

格式：

```
subnet   subnet-number   netmask {
[参数];
[声明];
}
```

subnet 语句用于提供足够的信息来阐明一个 IP 地址是否属于该子网，能否动态地分配给用户，这些 IP 地址必须在 range 声明里指定。subnet number 可以是 IP 地址或能被解析到这个子网的域名。netmask 是子网的掩码。

（3）range 语句。

作用：指定动态 IP 地址范围。

格式：

```
range [dynamic-bootp] low-address [high-adress];
```

对于任何一个有动态分配的 IP 地址的 subnet 语句中，至少有一个 range 语句。用来标识要分配的 IP 地址的范围。

（4）host 语句。

作用：给一个特定客户计算机分配指定的 IP 地址。

格式：

```
host hostname {
[参数];
[声明];
}
```

（5）hardware 语句。

作用：指明物理硬件接口类型和硬件地址，一般为以太网卡。

格式：

```
hardware   hardware-type   hardware-adress;
```

硬件地址由 6 个 8 位的组构成，每组之间用 "：" 分割。例如：00:A0:D2:1A:BE:0E。

（6）fixed-address 语句。

作用：指定一个或者多个 IP 地址给固定的客户计算机，语句只能出现在 host 声明中。

格式：

```
fixed-adress   address   [, address……];
```

5. DHCP 的常用概念

（1）作用域：是一个网络中可分配 IP 地址的连续。

（2）超级作用域：是一组作用域的集合。是由一个物理子网中包含的多个 IP 子网组成的。我们可以理解为作用域是一个用户，而超级作用域就是这个用户的组。

（3）排除范围：是用来定义某 IP 或者某组 IP 不用于分配给 DHCP 客户。

（4）地址池：定义了 DHCP 作用域和排除范围后，剩下的可用地址构成了一个地址池。池中的地址可以分配给用户使用。

（5）租约：是 DHCP 服务器指定的时间长度，在此长度内客户机可以使用分配给它的地址，如果租约到期，客户机必须更新 IP 租约。

（6）保留地址：用户可以使用保留地址，保留地址提供了一个将动态地址和其 MAC 地址相关联的手段，用于保证此网卡长期使用某个 IP 地址。

（7）选项类型：是 DHCP 为工作站提供的其他参数，比如网关的 IP 地址、DNS 服务器等。

例 7-1：检查系统默认的 DHCP 主配置文件，并将例子文件复制为主配置文件。

```
[root@localhost ~]# vim /etc/dhcp/dhcpd.conf
# DHCP Server Configuration file.
#    see /usr/share/doc/dhcp*/dhcpd.conf.sample
#    see 'man 5 dhcpd.conf'
```

这里我们看到 DHCP 配置文件什么都没有，但是提示了让我们去上文所提示的地方找到 DHCP 配置的范例。我们复制这个范例并重命名。

```
[root@localhost ~]# cp /usr/share/doc/dhcp*/dhcpd.conf.sample /etc/dhcp/dhcpd.conf
cp：overwrite `/etc/dhcp/dhcpd.conf'? y
[root@localhost ~]# vi /etc/dhcp/dhcpd.conf
# dhcpd.conf
# Sample configuration file for ISC dhcpd
# option definitions common to all supported networks...
option domain-name "example.org";#这里是默认的域名
……
```

结果显示，DHCP 的主配置文件已经有内容了。

例 7-2：修改 DHCP 主配置文件，应用具体要求为：①IP 地址的使用范围是 211.85.203.101～211.85.203.200；②子网掩码是 255.255.255.0；③默认网关是 211.85.203.254；④DNS 域名服务器的地址是 211.85.203.22。

```
[root@localhost ~]# vim /etc/dhcp/dhcpd.conf    //编辑配置文件
option domain-name "qgzy.com";
option domain-name-servers server.qgzy.com;
default-lease-time 600;
max-lease-time 7200;
subnet 211.85.203.0 netmask 255.255.255.0 {
   range   211.85.203.101   211.85.203.200;
   option broadcast-address 211.85.203.255;
   option routers   211.85.203.254;
   option domain-name-servers   211.85.203.22;
}
```

例 7-3：修改 DHCP 主配置文件，将硬件地址为 00:02:A5:9C:25:97 的网卡绑定到 IP 地址 211.85.203.200。

```
host fantasia {
    hardware ethernet 00:02:A5:9C:25:97;
    fixed-address 211.85.203.200;
}
```

这样，该主机就有一个固定 IP 了。

7.2　配置与测试 DHCP 服务器

7.2.1　任务 7-1：配置 DHCP 服务器

1. 任务描述

由于公司业务发展需要，现在内网配置 DHCP 服务器，DHCP 服务器的 IP 地址为 192.168.1.253。为子网 A 内的客户机提供 DHCP 服务，具体网络参数要求如下：

（1）IP 地址段：192.168.1.101～192.168.1.200。

（2）子网掩码：255.255.255.0。

（3）WWW 服务器的保留地址为 192.168.1.2，其 MAC 地址为 3c:97:0e:52:dc:2b。

（4）网关地址：192.168.1.1。

（5）域名服务器：192.168.1.254。

（6）子网所属域的名称：qgzy.com。

（7）默认租约有效期：1 天。

（8）最大租约有效期：3 天。

2. 操作步骤

（1）为 DHCP 服务器设置 IP 地址 192.168.1.253。

```
[root@localhost ~]# cd /etc/sysconfig/network-scripts/
[root@localhost network-scripts]# vi ifcfg-eth0    //配置 eth0 网卡地址
DEVICE=eth0
TYPE=Ethernet
ONBOOT=yes
NM_CONTROLLED=yes
BOOTPROTO=none
IPADDR=192.168.1.253
NETMASK=255.255.255.0
NAME="System eth0"
GATEWAY=192.168.1.1
DNS1=192.168.1.254
```

（2）重启网络服务。

```
[root@localhost ~]# service network restart
```

（3）安装 DHCP 服务器软件包。

```
[root@localhost ~]# mount /dev/cdrom /mnt
mount：block device /dev/sr0 is write-protected，mounting read-only
```

```
[root@localhost ~]#cd /mnt/Packages
[root@localhost Packages]# rpm -ivh dhcp*
```

（4）复制配置模板。

```
[root@localhost ~]#cp /usr/share/doc/dhcp-4.1.1/dhcpd.conf.sample /etc/dhcp/dhcpd.conf
```

（5）修改配置文件。

```
[root@localhost dhcp]# vim dhcpd.conf
subnet 192.168.1.0 netmask 255.255.255.0 {
range 192.168.1.101 192.168.1.200;
   option domain-name-servers 192.168.1.254;
   option domain-name "qgzy.com";
   option routers 192.168.1.1;
   option broadcast-address 192.168.1.255;
   default-lease-time 86400;      //1 天
   max-lease-time 259200;         //3 天
}
host www {
   hardware ethernet 3c:97:0e:52:dc:2b;
   fixed-address 192.168.1.2;
}
```

（6）启动 DHCP 服务。

```
[root@localhost dhcp]# service dhcpd start
正在启动 dhcpd:                                            [确定]
```

7.2.2　任务 7–2：DHCP 客户端的操作

1. Linux 客户端

（1）Linux 客户端安装。

DHCP 客户端使用的软件包有以下两个：

dhclient-4.1.1-34.P1.el6.i686.rpm：客户端软件包。

dhcp-common-4.1.1-34.P1.el6.i686.rpm：客户端和服务器端都需要的通用软件包。

使用 RPM 命令进行逐一安装，这里对安装过程及命令就不再复述。我们仅简要地讲解 Linux 下 DHCP 客户端的配置。

（2）配置网卡。

编辑/etc/sysconfig/network-scripts，目录脚本文件 ifcfg-eth0 内容如下：

```
[root@localhost ~]# vi /etc/sysconfig/network-scripts/ifcfg-eth0
DEVICE="eth0"
ONBOOT="yes"
BOOTPROTO="dhcp"
```

（3）重新启动网络接口。

```
[root@localhost ~]#service network restart
```

（4）检测配置。

```
[root@localhost ~]#ifconfig          //查看得到的相关信息。
```

查看到该主机获得了 192.168.1.103 的地址信息。

2. Windows 客户端

（1）设置 Windows 客户端。

首先在 Windows 7 客户端逐一单击"开始"→"控制面板"→"网络和共享中心"→"本地连接"，打开"本地连接状态"对话框，如图 7-2 所示。单击"属性"按钮，打开"本地连接属性"对话框，如图 7-3 所示。在图 7-3 中双击"TCP/IPv4"，打开"TCP/IPv4 属性"对话框，选择"自动获得 IP 地址"和"自动获得 DNS 服务器地址"，如图 7-4 所示，单击"确定"按钮即可。

图 7-2　本地连接状态

图 7-3　本地连接属性

图 7-4　自动获取 IP

（2）查看 IP 地址获得情况。

在 Windows 的命令提示符中输入"ipconfig/release"释放当前 IP 地址。

输入"ipconfig/renew"更新 IP 地址。

输入"ipconfig /all"查看结果。

```
C：\Users\Administrator>ipconfig/all        //显示结果如下。
Windows IP 配置
DNS 后缀搜索列表  .......：qgzy.com
以太网适配器 本地连接：
    连接特定的 DNS 后缀 .......：qgzy.com
    描述...............：Realtek PCIe GBE Family Contr
    物理地址...........：3C-97-0E-52-DC-2B
    DHCP 已启用 ..........：是
    自动配置已启用........：是
    本地链接 IPv6 地址.......：fe80：：90d1：db79：70f0：eceb%12(
    IPv4 地址 ...........：192.168.1.2(首选)
    子网掩码 ...........：255.255.255.0
    获得租约的时间 .......：2015 年 8 月 21 日 17：35：58
    租约过期的时间 .......：2015 年 8 月 22 日 5：37：04
    默认网关...........：192.168.1.1
    DHCP 服务器 ..........：192.168.1.253
    DHCPv6 IAID..........：322737934
    DHCPv6 客户端 DUID  .......：00-01-00-01-18-4A-41-0F-20-16
    DNS 服务器 ..........：192.168.1.254
    TCPIP 上的 NetBIOS .......：已启用
```

至此，Linux 下的 DHCP 服务器配置与客户端测试完成。

7.3 DHCP 中继代理

7.3.1 DHCP 中继代理

DHCP 客户使用 IP 广播来寻找同一网段上的 DHCP 服务器。当服务器和客户端处在不同网段，即被路由器分割开来时，路由器不会转发这样的广播包。因此可能需要在每个网段上设置一个 DHCP 服务器，虽然 DHCP 只消耗很小的一部分资源，但多个 DHCP 服务器毕竟要带来管理上的不方便。DHCP 中继的使用使得一个 DHCP 服务器同时为多个网段服务成为可能。

下面看中继代理的工作原理。DHCP 中继代理服务器通过两个网络接口分别连在子网 1 和子网 2 上，子网 2 上有一台 DHCP 服务器。因此，子网 2 上的客户端可以直接从 DHCP 服务器得到 IP 地址等网络配置参数。但子网 1 没有 DHCP 服务器，为了从子网 2 上的 DHCP 服务器得到 IP 地址等参数，需要通过 DHCP 中继代理。具体过程如图 7-5 所示。

（1）子网 1 上的 DHCP 客户端使用默认的 UDP 67 端口在子网 1 上以 UDP 协议的数据报广播"DHCP discover"消息。

（2）中继代理从 UDP 67 号端口收到这个 UDP 数据包后，将检测 DHCP 消息报文中网关 IP 地址字段。如果该字段的 IP 地址是 0.0.0.0，中继代理会在其中填入自己的 IP 地址，然后将消息转发到子网 2 上的 DHCP 服务器。对于中继代理来说，DHCP 服务器的 IP 地址是已知的。因此，转发时使用的不是广播数据包。

（3）子网 2 上的 DHCP 服务器收到此消息时，它会根据网关 IP 地址字段确定从哪一个作用域分配 IP 地址和选项参数。

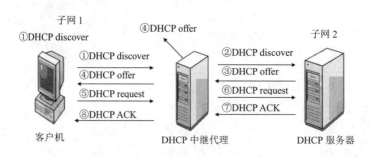

图 7-5　DHCP 中继代理工作过程

（4）然后 DHCP 服务器向中继代理回应"DHCP offer"消息报文，里面包含了它提供的 IP 地址和其他选项参数。

（5）中继代理将"DHCP offer"消息报文转发给 DHCP 客户端，此时中继代理仍然还不知道客户机的 IP 地址，所以使用的是广播数据包。

（6）最后，中继代理再转发客户机给 DHCP 服务器的"DHCP request"消息报文和 DHCP 服务器给客户机的"DHCP ACK"消息报文，完成 IP 地址租借过程。这两次转发的目的地址都是已知的，因此使用的都是单播数据包。

ISC DHCP 提供了 dhcrelay 命令用于实现 DHCP 中继代理。命令文件在/usr/sbin 目录中，安装主程序时，该文件已经安装。

7.3.2　任务 7-3：配置 DHCP 中继代理

1. 任务描述

如图 7-6 所示，使用一台 Server1 服务器连接子网 1、子网 2 个网段，另外子网 2 中有一台 Server2 为 DHCP 服务器。需要在 Server1 上配置 DHCP 中继代理，以使 Server2 能够给两个网段的客户机自动分配 IP 地址。其中 Server1 就是 Liunx 的 DHCP 中继服务器，需要网卡 2 块，地址如下：eth0：192.168.1.100；eth1：192.168.2.1。其中 Server2 也就是 DHCP 服务器需要网卡 1 块，地址如下：eth0：192.168.1.10。客户端使用 Windows 并设置 IP 地址自动分配。

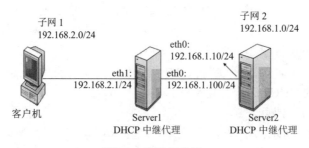

图 7-6　实验拓扑图

2. 操作步骤

（1）在 Server2 上修改 DHCP 服务器配置文件如下：

```
[root@localhost dhcp]# vi /etc/dhcp/dhcpd.conf
```

```
ddns-update-style    interim;
ignore client-updates;
subnet 192.168.1.0 netmask 255.255.255.0{
#子网 2 配置为 192.168.1.0 网段
    #--- default gateway
    option routers    192.168.1.100;#中继服务器的 IP 地址
    option subnet-mask 255.255.255.0;
    option nis-domain "domain.org";
    domain-name "domain.org";
    domain-name-servers 192.168.1.1;
    option time-offset-18000;
    range dynamic-bootp 192.168.1.128 192.168.1.254; #要分配的 A 网段 IP 地址池
    default-lease-time 21600
    max-lease-time 43200;
}


    #子网 1
    subnet 192.168.2.0 netmask 255.255.255.0{
    option routers    192.168.2.1;#子网 1 的网关地址
    option subnet-mask 255.255.255.0;
    option nis-domain "domain.org";
    domain-name "domain.org";
    domain-name-servers 192.168.2.1;
    option time-offset-18000;
    range dynamic-bootp 192.168.2.128 192.168.2.254;#要分配的 IP 地址池
    default-lease-time 21600
    max-lease-time 43200;
}
```

（2）配置完之后，启用 DHCP 服务。

```
[root@localhost ~] service dhcpd start
Starting dhcpd：                    [OK]
```

（3）配置 Server1 路由转发功能。

```
[root@localhost ~]vi /etc/sysctl.conf
    net.ipv4.ip_forward = 1#这里修改默认值 0 为 1
```

（4）更新 Server1 的联网功能。

```
[root@localhost ~]# sysctl -p
```

（5）配置 Server1 的中继服务功能。

```
[root@localhost sysconfig]# vi /etc/sysconfig/dhcrelay
INTERFACES="eth0 eth1"#修改为本机网卡名称
# DHCPv4 only
DHCPSERVERS="192.168.1.10"#修改为 DHCP 服务器地址
```

（6）在 Server1 开启中继服务。

```
[root@localhost sysconfig]# chkconfig --level 35 dhcrelay on
[root@localhost sysconfig]# service dhcrelay start
Starting dhcrelay:                    [OK]
```

至此，实验配置完成。

7.4 小节

本项目主要介绍了 DHCP 服务的应用环境、工作原理以及 Linux 下的安装与启动以及配置文件等内容。其中需要理解的重点有：DHCP（Dynamic Host Configuration Protocol）可以提供网络参数给客户端计算机，使其具有自动设定网络的功能；利用 DHCP 的统一管理，在同一网域当中就不会出现 IP 冲突的情况；同时 DHCP 可以利用绑定 MAC 的比对来提供 Static IP（或称为固定 IP），否则通常提供客户端 Dynamic IP（或称为动态 IP）。

DHCP 除了 Static IP 与 Dynamic IP 之外，还可以提供租用期的设定。在租用期限到期之前，客户端 DHCP 软件即会主动地要求更新（约 0.5~0.85 倍租约时间左右）；DHCP 可以提供的 MAC 比对、Dynamic IP 的 IP 范围以及租约期限等，都在 dhcpd.conf 这个主配置文件当中设置；一般情况下，使用者需要的话可以自己设置 dhcpd.leases 这个配置文件，不过，真正的租用期文件记录是在/var/lib/dhclient/dhclient-eth0.leases 里面。

7.5 习题与操作

一、选择题

1．DHCP 服务器不能提供给客户机（　　）配置。
 A．IP 地址   B．子网掩码 C．默认网关   D．主机名
2．DHCP 的租约文件默认保存在（　　）目录下。
 A．/etc/dhcpd   B．/var/log/dhcpd
 C．/var/lib/dhcp/   D．/var/lib/dhcpd/
3．DHCP 是动态主机配置协议的简称，其作用是可以使网络管理员通过一台服务器来管理一个网络系统，自动地为一个网络中的主机分配（　　）地址。
 A．网络   B．MAC   C．TCP   D．IP
4．为保证在启动服务器时自动启动 DHCP 进程，应对（　　）文件进行编辑。
 A．/etc/rc.d/rc.inet2   B．/etc/rc.d/rc.inet1
 C．/etc/dhcpd.conf   D．/etc/rc.d/rc.S
5．下列哪个参数用于定义 DHCP 服务地址池？（　　）。
 A．host   B．range   C．Ignore   D．subnet
6．DHCP 客户端在广播 IP 租约请求时使用的端口是（　　）。
 A．TCP 67   B．TCP 68 C．UDP 67   D．UDP 68
7．以下属于 DHCP 租约文件的是（　　）。
 A．/var/lib/dhcpd/dhcpd.leases B．/var/lib/dhcp/dhcpd.leases
 C．/ usr/lib/dhcpd/ dhcpd.leases D．/etc/lib/dhcp/ dhcpd.leases
8．DHCP 服务器默认启动脚本是（　　）。
 A．dhcpd   B．dhcp   C．dhclient   D．network

9. 以下不属于广播消息的有（   ）。

    A．DHCP discover   B．DHCP offers

    C．DHCP request   D．DHCP ACK

10. 配置完 DHCP 服务器，运行（   ）可以启动 DHCP 服务。

    A．service   dhcpd   start   B．/etc/rc.d/init.d/dhcp   start

    C．start   dhcpd   D．dhcpd   on

二、操作题

1．任务描述

在局域网中配置一台服务器实现 DHCP 功能，要求 IP 绑定一台客户机，供企业的总经理使用。

2．操作目的

（1）熟悉 DHCP 服务器的安装与启动。

（2）熟悉 DHCP 服务器的配置。

（3）学会 DHCP 客户端的配置与测试。

3．任务准备

一台安装 RHEL6.4 的主机。

8

架设 DNS 服务器

【项目导入】

某高校组建了校园网，为了使校园网中的计算机简单快捷地访问本地网络及 Internet 上的资源，需要在校园网中架设 DNS 服务器，用来提供域名服务。在完成该项目之前，首先应当确定网络中 DNS 服务器的部署环境，明确 DNS 服务器的各种角色及其作用。本项目将详细讲解在 Linux 操作平台下 DNS 服务器的安装及配置。

【知识目标】

☞ 理解 DNS 服务的作用
☞ 理解 DNS 服务的相关术语
☞ 掌握 DNS 服务的安装方法
☞ 掌握 DNS 服务相关配置文件的格式及作用
☞ 掌握 DNS 服务的测试方法

【能力目标】

☞ 掌握 DNS 服务器的主配置文件的修改方法
☞ 掌握 DNS 区域配置文件的编写方法
☞ 掌握 DNS 服务的启动及关闭
☞ 掌握 DNS 测试命令

8.1 DNS 介绍

DNS（Domain Name Service，域名服务）是 Internet/Intranet 的一项最基础也是最核心的服务，主要工作是域名解析，即网络访问中的域名与 IP 地址的相互转换，也就是把计算机名翻译成 IP 地址，这样我们就可以直接用易于联想记忆的计算机名来进行网络通信，而不用记忆那些纯数字的 IP 地址了。其实，在这种解决方案中使用了解析的概念和原理，单独通过主机名是无法建立连接的，只有通过解析的过程，在主机名和 IP 地址之间建立映射关系后，才可以通过主机名间接地通过 IP 地址建立网络连接。

早期的互联网规模非常小，每台主机利用自身的 hosts 文件进行域名解析，hosts 文件不仅包含了 IP 地址和主机名之间的映射，还包括主机名的别名，在没有域名服务器的情况下，系统中的所有网络程序都通过查询该文件来解析对应于某个主机名的 IP 地址，通常可以将常用的域名和 IP 地址映射加入到 hosts 文件中，实现快速方便的访问。hosts 文件的格式为：

IP 地址　　主机名　别名 ……

例如：

1.1.1.1　　myhost　myhost.com

其中，myhost 为主机名，myhost.com 为别名。在正常情况下，ping myhost 和 ping myhost.com 的操作均是成功的。

虽然通过在 hosts 文件中加入 IP 及主机名可以实现 IP 与主机间的映射，但 hosts 只是一个纯文本文件，结构比较简单，存储的容量较小，在网络规模较大的情况下并不适用。所以 hosts 文件更多是在单机或计算机数量较少的情况下使用，在更多的时候，域名解析工作还是要由 DNS 来完成。InterNIC 制定了一套称为域名系统的分层名字解析方案，当 DNS 用户提出 IP 地址查询请求后，可以由 DNS 服务器中的数据库提供所需的数据，完成域名和 IP 地址的相互转换。

组成 DNS 系统的核心是 DNS 服务器，它是回答域名服务查询的计算机，它为连接 Internet 的用户提供并管理 DNS 服务，维护 DNS 名字数据并处理 DNS 客户端主机名的查询。DNS 服务器保存了包含主机名和相应 IP 地址的数据库。

DNS 服务最早于 1983 年由 Paul Mockapetris 发明，原始的技术规范在第 882 号 Internet 标准草案（RFC 882）中发布，1987 年发布的第 1304 号和第 1305 号草案修正了 DNS 技术规范，并废除了之前的第 882 号和第 883 号草案，域名长度的限制是 63 个字符，其中不包括 www. 和 .com 或者其他的一级域名。

8.1.1　了解 DNS 服务

1. 认识域名空间

DNS 是一个层次分明的分散式名称对应系统，有点像计算机中的目录树结构，通常 Internet 主机域名的一般结构为：主机名. 三级域名. 二级域名. 顶级域名。以三级域名的 DNS 结构为例，如图 8-1 所示。在最顶端的是整个 DNS 系统的根，即根域名，用一个 "." 表示；其下分为好几个基本类别名称，如 com、org、edu 等；这些名称被称为一级域名或顶级域名；再下面是组织机构名称，如 sohu、sina 等；最下面的一层是主机名，如 www、mail、news 等。当初 Internet 从美国发起时并没有国家名称，但随着后来 Internet 的蓬勃发展，全世界都加入了 Internet，为了更好地区分彼此，DNS 中加进了诸如 cn、au、uk 等国家名称，所以一个完整 DNS 名称格式为 "主机名. n 级域名. n-1 级域名. 一级域名"（根域名是不需要写的），例如 www.sina.com，完整的名称对应的就是一个 IP 地址了。

目前 DNS 采用分布式的解析方案，Internet 管理委员会规定，域名空间的解析权都归根服务器所有，根服务器再将解析请求委派到下一级服务器，逐层委派，直到找到目标主机或查询超时。根服务器把以 .net、.com、.gov 等结尾的域名都进行了委派，这些被委派的域名称为顶级域名或一级域名，每个域名都有预设的用途，具体如表 8-1 所示。

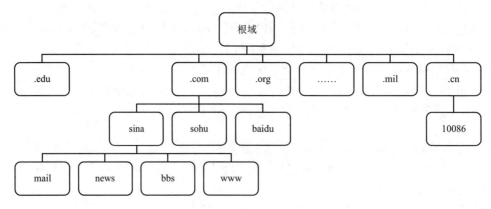

图 8-1　DNS 结构示意图

表 8-1　常见的一级域名示例

一级域名	描述	示例
.arpa	美国国防部高级研究计划局（ARPA），由 IANA 管理，负责 IPv4 版本中的域名的反向解析	用于表示 in-addr.arpa 域
.com	商业组织使用	营利性质的公司，例如百度
.edu	教育机构使用	学校、培训机构，例如：哈佛大学
.gov	政府机构使用	政府行政部门
.int	保留供国际组织使用，用于 IPv6 版本中 DNS 的反向解析	IP6.int
.mil	军事机构	军队使用
.net	供大规模 Internet 或电话服务的组织使用	InterINC、AT&T
.mobi	专用手机域名	http：//baidu.mobi/
.org	非营利单位使用	维基百科
.cn	代表中国	
.uk	代表英国	

2. DNS 服务器分类

根据 DNS 区域的不同，DNS 服务器的类型也不尽相同。域名服务器分为 4 种，分别为主域名服务器、辅助域名服务器、存根服务器、转发服务器。

（1）主域名服务器（master/primary）。

主域名服务器（master）也称为主服务器，负责所辖区域的域名服务信息，也是权威的信息来源。它从域管理员构造的本地磁盘文件中加载域信息，该文件（区域文件）包含着该服务器具有管理权的一部分域结构的最精确信息，主服务器是一种权威性服务器，因此它以绝对的权威去回答其他域的任何查询。主 DNS 服务器是主区域的集中更新源，只有主 DNS 服务器可以管理此 DNS 区域。配置主服务器需要一整套配置文件，包括主配置文件（/etc/name.conf）、正向域的区域文件（/var/named/named.localhost）、反向域的区域文件（/var/named/named.loopback）、引导文件、高速缓存文件（/var/named/named.ca）和回送文件（/var/named/named.local），其他类型的服务器配置都不需要这样一整套文件。

（2）辅助域名服务器（slave/secondary）。

辅助域名服务器（slave）可从主域名服务器中转移一整套区域信息。区域文件是从主服务器中转移出来后作为本地磁盘文件存储在辅助服务器中的，这种转移称为"区域文件转移"。在辅助域名服务器中有一个所有区域信息的完整复制，可以权威地回答对该域的查询请求，因此辅助域名服务器也称作权威性服务器。在 DNS 服务设计中，针对每一个区域，建议用户至少部署两台 DNS 服务器来进行域名的解析工作。其中一台作为主 DNS 服务器，而另一台作为辅助 DNS 服务器，主 DNS 服务器与辅助 DNS 服务器的内容是完全一致的，当主 DNS 的内容发生变化后，辅助 DNS 中的记录也会进行更新。

配置辅助域名服务器不需要生成本地区域文件，因为可以从主服务器中下载该区域文件，然而引导文件、主配置文件、高速缓存文件和回送文件是必须要有的。

（3）存根服务器（caching-only DNS server）。

存根服务器（hint）可运行域名服务器软件但是没有域名数据库系统，主要任务是提供本地网络的客户机需要的域名转换。每次进行域名查询时，它把从某个主域名服务器或辅助域名服务器中得到的回答存放在高速缓存中，而不是将这些资源记录存储在存根区域中，唯一例外的是返回的内容为 A 资源记录时，它会存储在存根区域中。存储在缓存中的资源记录按照每个资源记录中的生存时间（TTL）的值进行缓存；而存放在存根区域中的 SOA、NS 和 A 资源记录按照 SOA 记录中指定的过期间隔（该过期间隔是在创建存根区域期间创建的，从原始主要区域，即权威域名服务器的主要区域复制时更新）过期。以后查询相同的信息时就用缓存中的信息予以回答。存根服务器不是权威性服务器，因为它提供的所有信息都是间接信息。

（4）转发服务器（forward）。

转发服务器（forward）对应于一个转换程序，是一段要求域名服务器提供区域信息的程序，在 Linux 系统中，它是作为一个库程序来实现的，不是一个单独的客户程序。在转发服务器系统中，仅适用转发程序，并不运行域名服务器，这种系统是很容易配置的，最多只需要设置/etc/resolv.conf 文件，其他 3 个 BIND 配置选项都需要使用 named 服务软件。

8.1.2　DNS 中的术语

1. 域

域代表 Internet 的逻辑组织单元或实体。

2. 域名

域名是由一连串用点号分隔的名字组成的 Internet 上某一台计算机或计算机组的名称，用于在数据传输时标识计算机的电子方位（有时也指地理位置，地理上的域名，指代有行政自主权的一个地方区域）。

3. 主机

网络上的一台计算机。

4. 节点

网络中的一台主机。

5. 域名服务器

提供 DNS 服务的计算机，它可以实现域名与 IP 地址的相互转换。在域名服务器中保持并维护域名空间中的数据库程序，每个域名服务器含有一个域名空间子集的完整信息，并保存其他有关部分的信息。域名服务器拥有其控制范围的完整信息，控制的信息按区进行划分，区可以分布在不同的域名服务器上，以便为每个区提供服务。每个域名服务器都知道负责其他区的域名服务器。

6. 正向解析

把域名转换成与其对应的 IP 地址的过程。

7. 解析器

从域名服务器中提取 DNS 信息的程序。

8. 反向解析

将给出的 IP 地址转化为其对应的域名。

9. 域名空间

域名空间是标识一组主机并提供它们有关信息的树型结构的详细说明，树上的每一个节点都有它控制下的主机有关信息的数据库。查询命令在这个数据库中提取适当的信息，这些信息包括域名、IP 地址、邮件别名以及那些在 DNS 系统中能查到的内容。

10. DNS 区域

在 DNS 中区域（zone）分为正向查询区域和反向查询区域两大类。正向查询区域用于全称域名（Full Qualified Domain Name，FQDN）到 IP 地址的映射，当 DNS 客户端请求解析某个 FQDN 时，DNS 服务器在正向查询区域中进行查找，并返回给 DNS 客户端查找到的对应的 IP 地址。反向查询区域用于 IP 地址到 FQDN 的映射，当 DNS 客户端请求解析某个 IP 地址时，DNS 服务器在反向查询区域中进行查找，并返回给 DNS 客户端对应的 FQDN 信息。

8.1.3 DNS 查询模式

1. 递归查询

客户端和服务器之间属于递归查询，即当客户端向 DNS 服务器发送请求后，若 DNS 服务器本身不能解析，则会向另外的 DNS 服务器发出查询请求，将返回的查询结果转交给客户端，如图 8-2 所示。

2. 迭代查询

一般情况下，DNS 服务器之间属于迭代查询。如图 8-3 所示，若根域名服务器不能响应本地域名服务器的请求，则它会将顶级域名服务器的 IP 给本地域名服务器，以便其再向顶级域名服务器发出请求。以此类推直到查到所需数据为止。如果最后没有一台 DNS 服务器查到所需数据，则通知 DNS 客户机查询失败。

3. 反向查询

利用 IP 地址解析主机名称的过程。

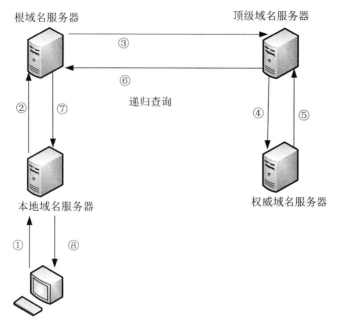

图 8-2　递归查询

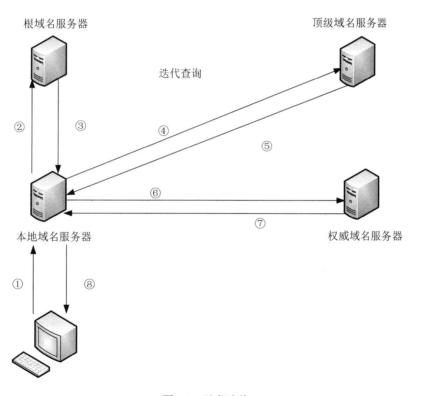

图 8-3　迭代查询

8.1.4 域名解析过程

域名系统分为客户端和服务器端，客户端向服务器端查询一个域名，而服务器端需要回答此域名对应的真正 IP 地址。首先在当地的 DNS 中查询数据库，如果在自己的数据库中没有，则会到该机器上所设的 DNS 服务器中查询，得到答案之后，将查到的名称及相对的 IP 地址记录保存在高速缓存区（Cache）中，当下一次还有一个客户端到此服务器上去查询相同的名称时，服务器就不用再到别的主机上寻找，可直接从缓存区中找到该条记录资料，传送给客户，加速客户端对名称的查询的速度。

DNS 查询的具体过程如图 8-4 所示，解释如下：

（1）DNS 客户端提出域名解析请求，并将该请求发送给本地的域名服务器。

（2）当本地的域名服务器收到请求后，就先查询本地的缓存，如果有该记录项，则本地域名服务器就直接把查询的结果返回。

（3）如果本地的缓存中没有该记录，则本地域名服务器就直接把请求发给根域名服务器，然后根域名服务器再返回给本地域名服务器一个所查询域（根的子域）的主域名服务器的地址。

（4）本地服务器再向上一步返回的域名服务器发送请求，然后接受请求的服务器查询自己的缓存，如果没有该记录，则返回相关的下级的域名服务器的地址。

（5）重复第（4）步，直到找到正确的记录。

（6）本地域名服务器把返回的结果保存到缓存，以备下一次使用，同时还将结果返回给客户端。

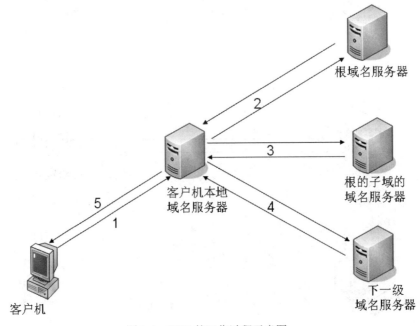

图 8-4　DNS 的工作过程示意图

8.2　安装 DNS 服务

BIND（Berkeley Internet Name Domain Service）是一款实现 DNS 服务器的开放源码文件，该软件由 Kevin Dunlap 为伯克利的 BSD UNIX4.3 操作系统编写。BIND 是目前应用最为广泛的 DNS 服务软件，也是迄今为止最流行的 DNS 服务软件，它已经被移植到大多数 UNIX/Linux 版本上，并且被作为许多供应商的 UNIX/Linux 标准配置封装在产品中。

BIND 在 Red Hat Enterprise Linux 系统中的守护进程为 named，可以通过服务管理工具来进行设置。

在 RHEL6.4 系统中已经包含了 BIND9，该版本有如下重要特性：

（1）支持 DNSSEC 和 TSIG，增强了安全性。

（2）支持 IPv6 域名解析。

（3）改进了 DNS 协议，包括 IXFR、DDNS、Notify 和 EDNS0，提高了性能。

（4）支持视图技术，可以针对不同的用户提供不同的解析数据。

（5）改进了软件结构，可移植性好。

8.2.1　BIND 文件安装

在 RHEL6.4 中，DNS 没有安装，需要管理员手工安装。

BIND 软件安装包位于/media/RHEL_6.4 i386 Disc 1/Packages，BIND 软件包为：

（1）bind-9.8.2-0.17.rc1.el6.i686：该包为 DNS 服务的主程序。服务器端必须安装该软件包，后面的数字为版本号。

（2）bind-libs-9.8.2-0.17.rc1.el6.i686：该包提供了为实现域名解析功能必备的库文件。

（3）bind-utils-9.8.2-0.17.rc1.el6.i686：该包为客户端工具，默认安装，用于搜索域名指令。

BIND 软件包的安装方法如下：

```
[root@localhost~]# yum install bind*
```

或

```
[root@localhost~]#rpm -ivh bind-9.8.2-0.17.rc1.el6.i686.rpm
[root@localhost~]#rpm -ivh bind-libs-9.8.2-0.17.rc1.el6.i686.rpm
[root@localhost~]#rpm -ivh bind-utils-9.8.2-0.17.rc1.el6.i686.rpm
```

DNS 服务安装完成后，在/etc 文件夹及/var/named 文件夹下产生 DNS 的配置文件，详细情况如表 8-2 所示。

表 8-2　DNS 部分配置文件

名称	含义	作用
/etc/named.conf	DNS 的全局配置文件	配置一般的 named 参数,指向该服务器使用的域数据库的信息源
/etc/named/named.rfc1912.zons	区域清单文件	用于声明 DNS 的区域文件
/etc/named/named.root.key	root 区域的 DNS 安全密钥	更新被发布 root 的 DNS 区域
/etc/named/named.iscdlv.key	BIND 的安全密钥	覆盖 DNS 区域内置的信任锚点

续表

名称	含义	作用
/etc/named/named.ca	根域服务器信息文件	指向根域服务器，用于服务器缓存的初始化
/etc/named/named.localhost	localhost 区域正向域名解析文件	用于将本地回送 IP 地址（127.0.0.1）转换为 localhost 名字
/etc/named/named.loopback	localhost 区域反向域名解析文件	用于将 localhost 名字转换为本地回送 IP 地址（127.0.0.1）
/etc/named/nametoip.conf	用户配置区域的正向解析文件	将主机名映射为 IP 地址的区域文件
/etc/named/iptoname.conf	用户配置区域的反向解析文件	将 IP 地址映射为主机名的区域文件

8.2.2　DNS 服务启动与停止

在 DNS 中的守护过程名为 named，可以通过"service 命令+进程名+具体操作"实现对 DNS 守护进程的控制。

1. 启动 DNS 服务

```
[root@locahost ~]# service name start
启动 named：            [确定]
```

2. 重新启动 DNS 服务

```
[root@localhost ~]# service named restart
停止 named：            [确定]
启动 named：            [确定]
```

3. 停止 DNS 服务

```
[root@localhost ~]#service named stop
停止 named：            [确定]
```

4. 查询 DNS 的工作状态

```
[root@localhost ~]#service named status
Rndc：neither /etc/rndc.conf nor /etc/rndc.key was found
named　已停
```

5. 重新加载 named 过程

```
[root@localhost~] #service named reload
重新载入 named：        [确定]
```

6. 强制重载 named 过程

```
[root@localhost~]#service named force - reload
重新载入 named：
停止 named：            [确定]
启动 named：            [确定]
```

7. 让 DNS 服务自动运行

```
[root@localhost ~]# /etc/   /init.d/named   start
[root@localhost ~]#/etc/   /init.d/named   stop
[root@localhost ~]#/etc/   /init.d/named   restart
```

8.2.3　BIND 配置文件介绍

1．认识全局配置文件/etc/named.conf

在 Linux 中，named.conf 是 DNS 的全局配置文件，在此文件中需要声明 DNS 服务监听的端口、工作目录等信息。

RHEL6.4 中默认的 DNS 全局配置文件/etc/named.conf 内容如下：

```
[root@localhost ~]# cat /etc/named.conf
options {
 listen-on port 53 { 127.0.0.1; };        #指定 BIND 指定的 DNS 查询请求的本机 IP 地址及端口
          listen-on-v6 port 53 {:: 1; };          #限于 IPv6
          directory        "/var/named";     #指定区域配置文件所在的路径
          dump-file        "/var/named/data/cache_dump.db";
          statistics-file "/var/named/data/named_stats.txt";
          memstatistics-file "/var/named/data/named_mem_stats.txt";
          allow-query        { localhost; };      #指定提交 DNS 查询请求的客户端
          recursion yes;
          dnssec-enable yes;
          dnssec-validation yes;
          dnssec-lookaside auto;
          /* Path to ISC DLV key */
          bindkeys-file "/etc/named.iscdlv.key";
          managed-keys-directory "/var/named/dynamic";
};
logging {
          channel default_debug {
                    file "data/named.run";
                    severity dynamic;
          };
};
zone "." IN {
          type hint;
          file "named.ca";
};
include "/etc/named.rfc1912.zones";  #指定主配置文件
include "/etc/named.root.key";
```

2．文件中的主要参数

（1）zone。

zone 用于声明一个区域，是主配置文件中常用且重要的部分，一般包括域名、服务器类型以及域信息源 3 个部分。其语法为：

```
zone "zone_name" IN{
    type 子语句;
    file 子语句;
    其他子语句;
};
```

区域声明中的 type 有 4 种，分别为 master（主域名服务器）、slave（辅助域名服务器）、hint（存根服务器）和 forward（转发服务器）。区域声明中的 file 后接文件路径，主要说明一个区域信息源的路径。

（2）options。

options 用于定义全局配置选项，其语法为：

```
options{
    配置子语句1；
    配置子语句2；
    ......
        }；
```

其配置子语句常用的主要有以下几类。

- listen-on port：表示 DNS 默认监听的地址范围，默认为 localhost，即只监听本机的 53 号端口。当服务器安装有多块网卡，有多个 IP 地址，可通过该配置命令指定所要监听的 IP 地址。对于只有一个地址的服务器，不必设置。

例 8-1：设置 DNS 服务器监听 192.168.1.2 IP 地址，端口使用标准的 53 号，则配置命令：

`listen-on　53 {192.168.1.2；}；`

- directory：该子语句后接目录路径，主要用于定义服务器区域配置文件的工作目录，例如/etc 等。

- allow-query{}与 allow-query{localhost；}功能相同。另外，还可以使用地址匹配符来表达允许的主机。例如，any 可以匹配所有的 IP 地址，none 不匹配任何 IP 地址，localhost 匹配本地主机使用的所有 IP 地址，localnets 匹配同本地主机相连的网络中的所有主机。

例 8-2：若允许 127.0.0.1 和 192.168.1.0/24 网段的主机查询该 DNS 服务器，则命令为：

`allow-query{127.0.0.1；192.168.1.0/24；}`

- dump-file：指定 DNS 数据镜像文件名及路径。
- statistics-file：指定静态文件的文件名及路径。
- memstatistics-file：指定内存统计文件名及路径。
- recursion yes：允许递归查询。
- dnssec-enable yes：允许 DNS 安全扩展。
- dnssec-validation yes：允许 DNS 安全扩展认证。
- dnssec-lookaside auto：后备 DNS 安全扩展。
- bindkeys-file "/ect/named.iscdlv.key"：设置保存 BIND 关键字的文件名及位置。
- forwarders：该子句后接 IP 地址或网络地址，用于定义转发区域，即将本 DNS 服务器上的信息转发到指定网络或主机中。当设置了转发器后，所有非本域的和在缓存中无法找到的域名查询，可由指定的 DNS 转发器来完成解析工作并做缓存。forward 用于指定转发方式，仅在 forwarders 转发器列表不为空时有效，其用法为："forward first|only；"。forward first 为默认方式，DNS 服务器会将用户的域名查询请求先转发给 forwarders 设置的转发器，由转发器来完成域名的解析。若设置为"forward only；"，则 DNS 服务器仅将用户的域名查询请求转发给转发器，若指定的转发器无法完成域名解析或无响应，DNS 服务器自身也不会试着对其进行域名解析。

例 8-3：某地区的域名服务器为 202.224.85.85 202.88.88.88，若要将其设置为 DNS 服务器的转发器，配置命令如下。

```
options{
        forwarders {202.224.85.85；202.88.88.88；}；
        forward  first ；
}；
```

（3）logging。

logging 用于定义 DNS 的日志，从而实现对 DNS 的更好管理，其格式如下：

```
logging{
        channel 存储通道名称{
                file 日志文件；
                severity 安全级别；}
}；
```

logging 中的安全级别有以下几种：

- critical：最严重的级别安全。
- error：错误级别。
- warning：警告级别。
- notice：一般中级别。
- info：普通级别。
- debug[level]：调试级别。
- dynamic：静态级别。

上述日志的安全级别中 critical 最高，dynamic 最低。

日志文件也分为两类，named.run 为调试日志，messgae 为正常消息日志。

（4）include。

include 用于将其他文件包括到 DNS 的配置文件中。

（5）ACL。

ACL 是 Accesss Control List 的缩写，即访问控制列表，是一个被命名的地址匹配列表。使用访问控制列表可以使配置简单而清晰，一次定义多处使用，不会使配置文件因为大量的 IP 地址而变得混乱。

ACL 语句的语法为：

```
acl acl_name{
address_match_list；
}；
```

BIND 默认预定义了 4 个名称的地址配置列表，分别如下：

- any：表示所有主机。
- localhost：表示本主机。
- localnets：表示本地网络上的所有主机。
- none：表示不匹配任何主机。

需要注意的是，ACL 语句是 named.conf 中的顶级语句，不能将其嵌入其他语句，要使用用户自己定义的访问控制列表，必须在使用之前进行定义。因为可以在 options 语句里使用访问控制列表，所以定义访问控制列表的 ACL 语句应该位于 options 语句之前。

另外，为了便于维护自定义的访问控制列表，可以将所有 ACL 的语句存放在单独的文件 /ect/named.conf.acls 中，然后在主配置文件/ect/named.conf 最后一行内容，即：

```
include "/ect/named.rfc1912.zones";
```

前面加入：

```
include "/ect/named.conf.acls";
```

意思是将 named.conf.acls 包括到 DNS 配置文件中。

定义了 ACL 之后，可以在如下的子句中使用。

- allow-query：指定哪台主机或网络可以查询本服务器，默认允许所有主机进行查询。
- allow-transfer：此指令的作用是指定哪个 IP 地址或者网段可以复制此 DNS 的区域信息，一般在主从服务器中使用。如不加此参数，则允许所有人复制主 DNS 区域信息。

例 8-4： 若只希望 IP 地址为 192.168.2.200/24 的从 DNS 服务器复制主 DNS 服务器的区域信息，则在主 DNS 服务器中的设置方法为：

```
allow-transfer{192.168.2.200/24; };
```

- allow-recursion：指定哪些主机可以进行递归查询。如果没有设定，默认允许所有主机进行递归查询。注意，禁止一台主机的递归查询，并不能阻止这台主机查询已经存在于服务器缓存中的数据。
- allow-update：指定哪些主机允许为主域名服务器提交动态 DNS 更新，默认为拒绝任何主机进行更新。
- blackhole：指定不接收来自哪些主机的查询请求和地址解析，默认值是 none。上面列出的一些配置语句既可以出现在全局配置 options 语句里，也可以出现在 zone 声明语句里，在两处同时出现时，zone 声明语句的配置将会覆盖全局配置 options 语句中的配置。

（6）VIEW。

VIEW 用于分割 DNS。在日常工作中经常需要变更工作室位置，有时会在公司（内网），有时会在家里（外网），在 DNS 中使用 VIEW 可以允许客户变换工作位置而不影响客户端的域名解析。在没有 VIEW 指令的情况下，整个 named.conf 中的内容默认为一个 VIEW。

VIEW 的访问顺序为：全局参数（例如 acl、options 等）→viewl（zone1、zone2、…zoneN）→view2→…→view n。

3. /etc/named.rfc1912.zones 文件介绍

在 RHEL6.4 中有一个区域清单文件，名为 named.rfc1912.zones，在该文件中定义了两个正向区域和两个反向区域，正向区域为 zone "localhost. Localdomain"和 zone "localhost"，反向区域为 zone ".0.0.0.0.0.0.0.0.0.0.0.0.0.0.0.0.0.0.0.0.0.0.0.0.0.0.0.0.0.0.0.0.ip6.arpa" 和 zone "1.0.0.127.in-addr.arpa"。这四个区域文件用来实现本地域名 localhost.localdomain 及 localhost 与 127.0.0.1（包括 IPv6 版本下的回送地址）间的映射。文件中参数的含义同/etc/named/named.conf 中的参数含义，此处不再进行说明。

文件的具体内容如下：

```
[root@localhost ~]# cat /etc/named.rfc1912.zones
zone "localhost.localdomain" IN {          #以下定义根域的区域声明
        type master;
        file "named.localhost";
```

```
        allow-update { none; };
    };
    zone "localhost" IN {                    #以下定义区域名称，正向查询区域
        type master;                         #服务器类型
        file "named.localhost";              #指定正向查询区域配置文件
        allow-update { none; };
    };
    zone "1.0.0.0.0.0.0.0.0.0.0.0.0.0.0.0.0.0.0.0.0.0.0.0.0.0.0.0.0.0.0.0.ip6.arpa" IN {
        type master;                         #服务器类型
        file "named.loopback";               #指定反向查询区域配置文件
        allow-update { none; };
    };
    zone "1.0.0.127.in-addr.arpa" IN {
        type master;
        file "named.loopback";               #指定反向查询区域配置文件
        allow-update { none; };
    };
    zone "0.in-addr.arpa" IN {
        type master;
        file "named.empty";
        allow-update { none; };
    };
```

4. 区域配置文件介绍

区域配置文件定义一个区的域名信息，通常也称为域名数据库文件。每个区域文件都是由若干个资源记录（Resource Records，RR）和区域文件指令所组成的。

（1）资源记录。

每个区域文件都是由 SOA 资源记录开始的，也包括 NS 资源记录。对于正向解析文件还包括 A 资源记录、MX 资源记录、CNAME 资源记录等；而对于反向解析文件包括 PTR 资源记录。资源记录有标准的格式，DNS 中的资源记录由以下字段组成，分别为 name、TTL、IN、type 及 tdata。

● name 字段。

资源记录引用的区域对象名称，可以是一台单独的计算机，也可以是整个域，其取值如表8-3 所示。

表 8-3　name 字段取值说明

name 字段取值	说明
.	代表根区域
@	默认域，可以在文件中使用$ORIGIN domain 来说明默认域
标准域名	是一个相对域名，也可以是一个以"."结束的域名
空	该记录适用于最后一个带有名字的域对象

● TTL。

TTL 的全称为 Time To Live，即生存周期，以秒为单位，定义该资源记录中的信息存放在高速缓存中的时间长度。通常该字段值为空，表示采用 SOA 中最小的 TTL 值。

● IN。

IN 是 DNS 文件中的一个关键字，用于将记录标识为一个 DNS 资源记录。

● type 字段。

type 字段用于标示被标示对象的资源类型，常见类型如表 8-4 所示。

表 8-4　type 字段说明

记录类型	功能说明
A（Address）	主机资源记录，建立域名到 IP 地址的映射
CNAME（Canonical NAME）	A 记录中主机的别名
HINFO（Host INF Ormstion）	主机描述信息
MX（Mail eXchanger）	邮件交换记录，用来指定交换或转发邮件信息的服务器
NS（Name Server）	标识一个域的服务器名称
PTR（domain name PoinTeR）	指针记录，实现反向查询，建立 IP 地址到域名的映射
SOA（Start Of Authority）	SOA 记录标识一个授权区域的开始，配置文件的第一个记录必须是 SOA 记录，SOA 记录后面的信息是用于控制这个域的，每个配置文件都必须有一个 SOA 记录，以标识服务器所管理的起始地方

● tdata 字段。

tdata 字段用于指定与资源记录有关的数据，具体内容如表 8-5 所示。

表 8-5　tdata 字段说明

记录类型	数据		说明
A	IP 地址		主机记录，对应于一个 IP 地址
CNAME	别名，是一个字符串		A 记录的别名
HINFO	硬件设备		硬件名称
	操作系统		操作系统名称
MX	最优值		邮件服务器的优先级别（用数字表示，值越小级别越高）
	邮件交换记录		邮件服务器的名称
NS	名称服务		域名服务器的名字
PTR	主机名，是一个字符串		主机的真实名字
SOA	主机名		本系统的主机名
	联系方式		管理员的邮件地址，由于@在文件中另有定义，所以此处的邮件地址形式为 a.b.c
	时间字段	serial	此域名信息文件的版本号，由最少 10 个数字组成，文件被修改一次，此值加一次 1，默认值为 0，一般这个值用当前的时间表示，截止到小时，例如 2015070711

记录类型	数据		说明
		refresh	辅助域名服务器更新数据库数据的时间间隔,默认单位为 D, 即以天为单位,默认值为 1 天
		retry	当辅助域名服务器更新数据失败时,再次进行数据更新的时间间隔,默认单位为 H,即以小时为单位,默认值为 1 小时
		expire	当辅助域名服务器无法从主机上更新数据时,原有数据失效的时间,默认单位为 W,即以周为单位,默认值为 1 周
		minimum	若资源记录未设置 TTL,则以此值为准,默认单位为 H,即以小时为单位,默认值为 3 小时

（2）区域指令。

在 DNS 的文件中,为简化操作还可以使用一些区域指令,具体指令如表 8-6 所示。

表 8-6　区域指令

区域指令	说明
$INCLUDE	用于简化区域文件结构,可以使用此指令读取一个外部文件并包括它
$GENERATE	用于简化区域文件结构,可以使用此指令创建一组名称资源、别名或指针类型的资源记录
$ORIGIN	此指令会在资源记录中使用,用于设置管理源
$TTL	此指令会在资源记录中使用,用于定义默认的 TTL 值

（3）正向区域文件介绍。

在 RHEL 6.4 中默认的正向区域文件名为/var/named/named.localhost,在该文件中只有最基础的信息,例如本地回送 IP 地址的记录等。具体内容如下:

```
[root@localhost ~]# cat /var/named/named.localhost
$TTL 1D
@       IN SOA     @ rname.invalid. (
                                0          ; serial
                                1D         ; refresh
                                1H         ; retry
                                1W         ; expire
                                3H )       ; minimum

        NS         @
        A          127.0.0.1
        AAAA       :: 1
```

文件"AAAA∷1"为 IPv6 模式下回送地址的 A 记录。

（4）反向区域文件介绍。

在 Linux 中默认的反向区域文件名为/var/named/named.loopback。与正向文件相同,在该文件中只有最基本的信息,例如本地回送 IP 地址的记录等。具体内容如下:

```
[root@localhost ~]# cat /var/named/named.loopback
$TTL 1D
@          IN SOA    @ rname.invalid. (
                                        0            ; serial
                                        1D           ; refresh
                                        1H           ; retry
                                        1W           ; expire
                                        3H )         ; minimum
            NS         @
            A          127.0.0.1
            AAAA       :: 1
            PTR        localhost.
```

8.2.4 配置 DNS 服务

配置 DNS 服务需要涉及 4 个文件，分别为/etc/named.conf、/etc/named.rfc1912.zones、/var/named/正向文件、/var/named/反向文件。若对 DNS 没有过多要求，反向文件可以省略。DNS 的守护过程首先会读取 named.conf 文件的内容，再从 named.rfc1912.zones 获取正向区域文件及反向区域文件的信息，最后读取正向文件及反向文件的内容，并对内容进行相应的处理。下面介绍主 DNS 服务器和辅助 DNS 服务器两种配置。

8.2.4.1 主 DNS 服务器配置

假如我们需要配置一台主 DNS 服务器，则其类型为 master，在配置 DNS 服务器时，主要修改全局配置文件，指明该服务器是 master。

1. 全局配置文件的配置

DNS 的全局配置文件为/etc/named/named.conf，常见修改如下所示。

● 将 options 中的 listen-on port 53 {localhost}改为 listen-on port 53 {any}，允许 DNS 监听所有机器的 53 号端口。在默认情况下，DNS 只会监听本机的 53 号端口，DNS 客户端无法使用 DNS 服务。

例 8-5：端口号示例如下。

listen-on port   53   {any；}

● 将 options 中的 allow -query {localhost}改为 allow -query {any}，允许 DNS 查询所有机器。在默认情况下，DNS 只会查询本机上的资源信息，当本机无法解析 DNS 请求时便会给出无法解析的错误信息。

例 8-6：查询请求示例如下。

allow-query {any；}

● 如果希望使用自己定义的区域列表文件，可以在文件的末尾加入"include 自定义的区域列表文件"，当然也可以在系统自带的区域列表文件中进行修改，加入自定义的正向区域名称及反向区域名称。

2. 修改区域清单文件

在默认情况下，DNS 的区域列表文件存放在/etc 文件夹下，名为 named.rfc1912.zones。在该文件中加入正向区域声明及反向区域声明。

例 8-7：正向区域声明举例如下。

```
zone "正向区域名称"IN{
    type master;
    file "正向区域文件";
    allow -update{none;};
};
```

正向区域名称可以自己定义，一般的表示形式为字符串；主 DNS 服务器的类型一定是 master。一般情况下是不允许动态更新的，所以 allow -update 的值为 none。

例 8-8：反向区域声明举例如下。

```
zone "反向区域名称" IN{
    type master;
    file "反向区域文件";
    allow -update{none;};
```

反向区域名称的结构不同于正向区域名称，在反向区域名称中要体现出目标 IP 所在的网络地址信息，具体形式为网络号的倒序加上.in-addr.arpa，例如目标 IP 地址为 192.168.0.100/24，其网络地址为 192.168.0.0/24，则此地址对应的反向区域名称为 0.168.192.in-addr. arpa。在主 DNS 服务器中的反向区域类型也必须为 master，一般情况下也是不能动态更新的。

3. 创建区域文件

DNS 系统的区域文件默认存放在/var/named 文件夹中。可根据需要自己创建区域文件，建议通过复制 named.localhost 及 named.loopback 来生成自定义的区域文件，文件结构可参考/var/named.localhost 及/var/named.loopback 文件。复制过程中注意加上参数-p，目的是带着源文件的属性一起复制；因为 DNS 的区域文件的所有者为 root，所属组要求必须为 named，但用户自己创建文件所有者及所属组为当前用户及所在的组，会因为 DNS 读写文件时权限不足而出错。

4. 修改区域文件

在正向区域文件中，声明 DNS 记录与 IP 地址之间的对应关系，需要修改如下内容：

（1）SOA 后面的参数。

此内容不是必须修改的。此处参数的含义是声明一个邮件地址，当 DNS 服务器出现异常时能及时收到相关信息的邮件，从而使管理员更加从容地应对 DNS 服务器出现的问题，可以根据需要设置为自己常用的 E-mail 地址。它是正常 E-mail 地址的变通，通常将@变为"."。

（2）serial。

此参数是 DNS 服务版本号，该数据是辅助域名服务器和主域名服务器进行时间同步的，前面介绍过，当 DNS 更新一次后，此参数会自动加 1。此参数要求长度≥10 位，为了便于记忆区分，建议此处使用"年月日时"来表示，例如 2015070711。

（3）refresh。

为更新时间。辅助 DNS 服务器根据此时间间隔周期性地检查主 DNS 服务器的序列号是否改变，如果改变则更新自己的数据库文件。

（4）retry。

为重试时间。当辅助 DNS 服务器没有能够从主 DNS 服务器更新数据库文件时，在定义的重试时间间隔后重新尝试。

（5）expire。

为过期时间。如果辅助 DNS 服务器在所定义的时间间隔内没有能够与主 DNS 服务器或一台 DNS 服务器取得联系，则该辅助 DNS 服务器上的数据库文件被认为是无效的，不再响应查询请求。

（6）NS。

该域的域名服务器，至少定义一个，默认为本机。建议修改为自己定义的服务器名字。例如 server.qgzy.com。

（7）资源记录。

默认只有本机与回送地址的对应关系，建议将记录信息改为自己的内容。对于正向区域文件，其格式为：

主机名　A　IP 地址

例如：

server　A　192.168.0.254

资源记录可以多条，允许一个主机名对应多个 IP 地址（负载均衡），或多个主机名对应一个 IP 地址。根据需要还可以在正向区域文件中加入邮件记录，用于标识服务器信息，邮件记录的格式为：

邮件服务器名称　　MX　　邮件优先级　　IP 地址

例如：

mail.qgzy.com　MX　10　192.168.0.254

（8）反向区域文件中的指针。

反向区域文件中的指针用 PTR 表示，反向记录格式为：

主机号　PTR　　邮件服务器名

例如，与

server　A　　192.168.0.254

对应的反向记录为：

254　　PTR　　server.

注意：反向记录中邮件服务器名后面"."不可省略。

对于 IPv6 格式的资源记录，若系统中不使用 IPv6 的地址，建议将其删除，以免其影响 DNS 服务器的正常工作。

5. 修改本地的名称转换文件

本地的名称转换文件为/etc/resolve.conf，需要在此文件中声明查询的服务器的 IP 地址及查询区域，格式为：

nameserver　DNS 服务器的 IP 地址
DNS1=192.168.0.254
search　搜索区域

6. 重新启动 DNS 服务

service　named　restart　　//重新启动服务

8.2.4.2　从 DNS 服务器的配置

从 DNS 服务器的配置不需要配置区域文件，当 DNS 服务重启后，它会从主 DNS 区域中复制区域文件到指定的位置，并保持与 DNS 服务器同步，配置方法如下。

1. 修改/etc/ named/ named.conf

在 named.conf 文件中添加：

```
include "/etc/slavenamed.zones";
```

其余内容与主 DNS 服务器配置内容一样，此处不再介绍。

2. 修改区域列表文件

在从 DNS 服务器中也需要使用区域列表文件，最好是和主 DNS 服务器使用同一个列表文件，在列表文件中加入从 DNS 的区域信息。从 DNS 的类型为 slave，在从 DNS 服务器中必须要指明从 DNS 服务器所对应的主 DNS 服务器的 IP 地址及从 DNS 服务器所对应的区域文件名称。

例 8-9：从 DNS 服务器的正向区域声明举例如下。

```
zone "正向区域名称" IN {
type slave;
master{主 DNS 服务器的 IP 地址;};
file "正向区域文件";
};
```

正向区域名称可以自己定义，一般的表示形式为字符串；从 DNS 服务器的类型一定是 slave，使用 master 指令来绑定主 DNS 服务器。

例 8-10：反向区域声明举例如下。

```
zone "反向区域名称" IN {
type slave;
    master{主 DNS 服务器的 IP 地址;};
    file "反向区域文件";
};
```

从 DNS 服务器的反向区域名称构成方法与主 DNS 服务器反向区域名称构成方法相同，但类型改为 slave，同样用 master 指定主 DNS 服务器。

注意：不论是主 DNS 服务器还是从 DNS 服务器的配置文件中语句都应以 ";" 结束；在 DNS 服务器没有启动前，从 DNS 服务器是没有区域文件的，只有主 DNS 服务器成功启动后，从 DNS 服务器才会从主 DNS 服务器处将区域文件复制到从 DNS 服务器的指定文件夹中。

3. 修改本地的名称转换文件

本地的名称转换文件为/etc/resolve.conf，需要在此文件中声明查询的服务器的 IP 地址及查询区域，格式为：

```
nameserver   DNS 服务器的 IP 地址
DNS1=192.168.0.254
search   搜索区域
```

4. 重新启动 DNS 服务

```
service   named   restart      //重新启动服务
```

8.3   测试 DNS

DNS 服务器配置完成后，需要对所配置内容进行测试，以保证 DNS 服务的正常运行。DNS 系统中提供了专门的测试工具，例如 named-checkconf、nslookup、host、dig 等，也可以使用 ping 命令进行测试。

1. named-checkconf 命令

named-checkconf 命令用于检查 named.conf 文件中语法，提高编译的正确性。其语法格式为：

```
named-checkconf    [options][-t directory]{filename}
```

常见选项如下：

-h：打印汇总信息后退出工具。

-t directory：用于指明配置文件的路径。

-v：输出该工具的版本。

-p：当配置文件中没有错误时用标准格式输出 named.conf 文件的内容。

-z：测试 named.conf 文件中的所有区域。

-j：如果有日志文件，在加载区域文件时读取日志文件。

在不加其他参数的情况下，如果配置正确，named-checkconf 不会显示任何信息；如果 named.conf 文件中有语法错误，则会显示错误的位置。

例 8-11：named-checkconf 检查错误示例。

```
[root@localhost~]#named-checkconf   /etc/name.conf
/etc/named.conf：9：missing';'before'file'
```

上面的信息说明在第 9 行有一个错误语句，错误的原因是缺少分号。

2. nslookup 工具的使用

nslookup 工具的功能是查询一台机器的 IP 地址和其对应的域名，其格式为：

```
nslookup    [IP 地址/域名]
```

如果在 nslookup 后面没有加上任何 IP 地址或域名称，则进入 nslookup 的查询功能。在 nslookup 的查询功能当中，可以通过输入其他参数来进行特殊查询。

常用选项如下：

set type=any：设置类型为任意。

set type=mx：设置类型为邮件。

set type=ns：设置类型为名称服务。

set type=cname：设置类型为别名。

注意：命令中的 type 处可以用 q 代替，例如 set q=any，q 的意思是 query（查询）。默认的类型为 ns，除 any 外一旦设置了查询类型，对于其他类型的数据将不予解析。例如邮件服务器的名称为 mail，当查询记录类型为 ns 时，查询将失败，结果如下所示：

```
[root@localhost ~]# nslookup
>set type =ns
>mail
>Server 192.168.1.10
>Address 192.168.1.10#53
*** can't find mail：No answer
```

为了提高查询的效率，建议将 type 的类型设置为 any，则所有类型都可以识别。退出 nslookup 可以使用 exit 命令或按 Ctrl+Z 组合键。命令 exit 用于正常退出 nslookup，Ctrl+Z 组合键将停止 nslookup 的执行，退回到 Shell 中。

3. host 命令

host 命令用来做简单的主机名的信息查询，在默认情况下，host 只在主机名和 IP 地址之间进行转换。下面是一些常见的 host 命令的使用方法。

（1）正向查询主机地址。

[root@localhost ~]# host qgzy.com

（2）反向查询 IP 地址对应的域名。

[root@localhost ~]# host 192.168.0.101

（3）列出整个 qgzy.com 域的信息。

[root@localhost ~]# host -l qgzy.com

4. dig 命令

dig（域信息搜索器）命令是一个灵活的命令行式的域名查询工具，常用于询问 DNS 域名服务器的工具，执行 DNS 搜索，显示从接受请求的域名服务器获取特定的信息。其灵活性高、易用、输出清楚，多数 DNS 管理员利用 dig 作为 DNS 问题的故障诊断。

格式：dig [@server]　[-b address]　[-c class]　[-f filename]　[-k filename]　[-n]　[-p port#] [-t type] [-x addr][-y name：key]　[name]　[type]　[class] [queryopt …]

常用选项如下：

-b address：配置所要查询地址的源 IP 地址。这必须是主机网络接口上的某一合法地址。

-c class：默认查询类由选项-c 重设。class 能够是任何合法类。

-f filename：批处理模式，通过从文档 filename 读取一系列搜索请求加以处理。文档包含许多查询，每行一个。文档中的每一项都应该以和使用命令行接口对 dig 查询相同的方法来组织。

-k filename：要签署由 dig 发送的 DNS 查询连同对它们使用事务签名（TSIG）的响应，用选项-k 指定 TSIG 密钥文档。

-n：默认情况下使用 IP6.ARPA 域和 RFC2874 定义的二进制标号搜索 IPv6 地址。

-p port#：假如需要查询一个非标准的端口号，则使用选项-p。port#是 dig 将要发送查询的端口号，而不是标准的 DNS 端口号 53。该选项可用于测试已在非标准端口号上配置成监听查询的域名服务器。

-t type：配置查询类型为 type。可以是 BIND9 中支持的任意有效查询类型，默认查询类型是 A 记录，除非使用-x 选项指示了一个逆向查询。通过指定 AXFR 的 type 能够请求一个区域传输。

-x addr：逆向查询能够通过-x 选项加以简化。

-y name:key：通过命令行中的-y 选项指定 TSIG 密钥，name 是 TSIG 密码的名称，key 是 64 位加密的实际密码，通常由 dnssec-keygen 生成。

dig 的经典用法为：dig @server　name　type

其中 server 为待查询 DNS 服务器的名称或 IP 地址。由主机提供服务器参数，dig 在查询服务器前先解析的名称，假如没有提供服务器参数，dig 将参考/etc/resolv.conf，然后查询列举在那里的域名服务器。name 指明要查询的资源记录的名称。type 显示所需的查询类型，例如 A、MX、SIG 等，假如不提供任何类型参数，dig 将对记录 A 进行查询。

例如：查询 intrawww.qgzy.com 别名信息。

[root@localhost ~]# dig intrawww.qgzy.com
; <<>> DiG 9.8.2rc1-RedHat-9.8.2-0.17.rc1.el6 <<>> intrawww.qgzy.com
;; global options：+cmd

```
;; Got answer：
;; ->>HEADER<<- opcode: QUERY，status: NOERROR，id: 9969
;; flags: qr aa rd ra; QUERY：1，ANSWER：2，AUTHORITY：1，ADDITIONAL：1
;; QUESTION SECTION：
;intrawww.qgzy.com.              IN       A
;; ANSWER SECTION：
intrawww.qgzy.com.       86400   IN       CNAME    www.qgzy.com.
www.qgzy.com.            86400   IN       A        192.168.0.102
;; AUTHORITY SECTION：
qgzy.com.                86400   IN       NS       qgzy.com.
;; ADDITIONAL SECTION：
qgzy.com.                86400   IN       A        192.168.0.254
;; Query time：0 msec
;; SERVER：192.168.0.254#53(192.168.0.254)
;; WHEN：Tue Aug  4 01：26：14 2015
;; MSG SIZE   rcvd：99
```

8.4 DNS 服务配置实例

8.4.1 任务 8-1：主 DNS 配置与测试

1. 任务描述

在某单位内部有一个局域网 192.168.0.0/24。该企业已经有自己的网站，员工希望通过域名来进行访问。要求在企业内部构建 DNS 服务器，为局域网中的计算机提供域名解析服务。DNS 服务器管理 qgzy.com 域的域名解析，DNS 服务器的域名为 dns.qgzy.com，IP 地址为 192.168.0.254，辅助 DNS 服务器的 IP 地址为 192.168.0.1。

2. 具体要求

（1）DNS 服务器的 IP 地址为 192.168.0.254/24，域名为 dns.qgzy.com；公司内部有 FTP 服务器、邮件服务器及 Web 服务器。

（2）FTP 服务器与邮件服务器的 IP 地址为 192.168.0.101/24，FTP 服务器的域名为 ftp.qgzy.com，邮件服务器的域名为 mail.qgzy.com。

（3）Web 服务器的 IP 地址为 192.168.0.102/24，域名为 www.qgzy.com，为 Web 服务器设置别名 intrawww。

3. 操作步骤

设各服务器的 IP 地址已经设置好，Yum 服务器已经配置好。

（1）安装 DNS 服务。

```
[root@localhost~]#yum  install  bind
```

（2）修改/etc/named.conf。

```
[root@localhost ~]#vim /etc/named.conf
options {
    listen-on port 53 {any;};
    …
```

```
        allow-query {any;};
…
}
…
include"/etc/named.rfc1912.zones";
include"/etc/named.zones";
```

（3）生成并修改/etc/named.zones 的文件。

```
[root@localhost ~]# cp   /etc/named.rfc1912.zones   /etc/named.zones   -p
[root@localhost ~]# vim /etc/named.zones
zone "qgzy.com" IN{
type mater;
file "zhengxiang.qgzy";
allow-update{none;};
};
zone "0.168.192.in-addr.arpa" in{
type master;
file "fanxiang.qgzy";
allow-update{none;};
};
```

（4）生成正向及反向配置文件。

```
[root@localhost ~]# cp   /var/named/named.localhost   /var/named/zhengxiang.qgzy -p
[root@localhost ~]# cp   /var/named/named.loopback   /var/named/fanxiang.qgzy -p
```

（5）修改正向配置文件。

```
[root@localhost 桌面]#vim /var/named/zhengxiang.qgzy
$ TTL 1D
@   IN   SOA    dns.qgzy.com. root.(
                            2015070710 ; serial
                            1D        ; refresh
                            1H        ; retry
                            1W        ; expire
                            3H )      ; minimum
    NS    dns.qgzy.com.
            IN   MX   10        mail.qgzy.com.
dns       IN   A    192.168.0.254
ftp       IN   A    192.168.0.101
mail      IN   A    192.168.0.101
www       IN   A    192.168.0.102
intrawww  CNAME    www
```

（6）修改反向配置文件。

```
[root@localhost 桌面]# vim /var/named/fanxiang.qgzy
$ TTl 1D
@   IN   SOA    dns.qgzy.com. root.(
                            2015070710 ; serial
                            1D        ; refresh
                            1H        ; retry
                            1W        ; expire
```

```
                           3H )       ; minimum
          NS    dns.qgzy.com.
          A     192.168.0.254
254       PTR   dns.
101       PTR   ftp.
101       PTR   mail.
102       PTR   www.
```

（7）修改 resolve.conf 文件。

```
[root@localhost ~]# cat /etc/resolv.conf
# Generated by NetworkManager
search server.qgzy.com
nameserver 192.168.0.254
```

（8）重启服务。

```
[root@localhost ~]# server named restart
停止 named：                      [确定]
启动 named：                      [确定]
```

4. 测试

（1）利用 nslookup 测试命令进行测试。

```
[root@localhost 桌面]#nslookup
>set type=any                       #设置类型为任意类型
> ftp.qgzy.com                      #测试 ftp 域名
Server：        192.168.0.254
Address：       192.168.0.254#53
Name：ftp.qgzy.com
Address：192.168.0.101
>mail.qgzy.com                      #测试 mail 域名
Server：        192.168.0.254
Address：       192.168.0.254#53
Name：   mail.qgzy.com
Address：192.168.0.101
>www.qgzy.com                       #测试 www 域名
Server：        192.168.0.254
Address：       192.168.0.254#53
Name：   www.qgzy.com
Address：   192.168.0.102
>intrawww.qgzy.com                  #测试 www 的别名
Server：        192.168.0.254
Address：       192.168.0.254#53
Intrawww.qgzy.com   canonical name  = www.qgzy.com
>dns.qgzy.com                       #测试 dns.qgzy.com
Server：        192.168.0.254
Address：       192.168.0.254#53
Name：dns.qgzy.com
Address：192.168.0.254
>192.168.0.254                      #测试 192.168.0.254
Server：        192.168.0.254
Address：       192.168.0.254#53
254.0.168.192.in-addr.arpa          name=dns.
```

```
>192.168.1.101                         #测试 192.168.0.101
Server:        192.168.0.254
Address:       192.168.0.254#53
101.0.168.192. in-addr.arpa        name=ftp.
101.0.168.192. in-addr.arpa        name=mail.
>192.168.0.102                         #测试 192.168.0.102
Server:        192.168.0.254
Address:       192.168.0.254#53
102.0.168.192.in-addr.arpa         name=www.
```

（2）利用 host 命令进行测试。

1）正向查询主机地址。

```
[root@localhost ~]# host dns.qgzy.com
dns.qgzy.com has address 192.168.0.254
```

2）反向查询 IP 地址对应的域名。

```
[root@localhost ~]# host 192.168.0.101
101.0.168.192.in-addr.arpa domain name pointer ftp.
101.0.168.192.in-addr.arpa domain name pointer mail.
```

3）列出整个 qgzy.com 域的信息。

```
[root@localhost ~]# host -l qgzy.com
qgzy.com name server dns.qgzy.com.
dns.qgzy.com has address 192.168.0.254
ftp.qgzy.com has address 192.168.0.101
mail.qgzy.com has address 192.168.0.101
server.qgzy.com has address 192.168.0.254
www.qgzy.com has address 192.168.0.102
```

5．客户端设置

DNS 客户端配置非常简单，只需将 DNS 服务器地址设置为 192.168.0.254 即可。

（1）Windows 客户端。

在 Windows 客户端修改 IP 地址及 DNS 服务器地址，打开 "Internet 协议版本（TCP/IPv4）属性"对话框，如图 8-5 所示，在对话框中输入首选 DNS 服务器的 IP 地址即可。

图 8-5　Windows 下 DNS 客户端设置

在 Windows 下，我们以 www 为例，在浏览器中输入www.qgzy.com，即可访问网页，测试结果如图 8-6 所示。

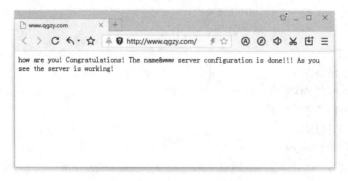

图 8-6　网页 DNS 测试

（2）Linux 客户端。

在 Linux 系统中可以通过修改/etc/resolv.conf 文件来设置 DNS 客户端，如下所示：

```
[root@localhost ~]# vi    /etc/resolv.conf
# Generated by NetworkManager
search dns.qgzy.com
nameserver 192.168.0.254
```

其中，nameserver 指明域名服务器的 IP 地址，可以设置多个 DNS 服务器，查询时按照文件中指定的顺序进行域名解析，只有当第一个 DNS 服务器没有响应时才向下面的 DNS 服务器发出域名解析请求。search 用于指明域名搜索顺序，当查询没有域名后缀的主机名时，将会自动附加由 search 指定的域名。

在 Linux 系统的图形界面下也可以利用网络配置工具进行设置，如图 8-7 所示。

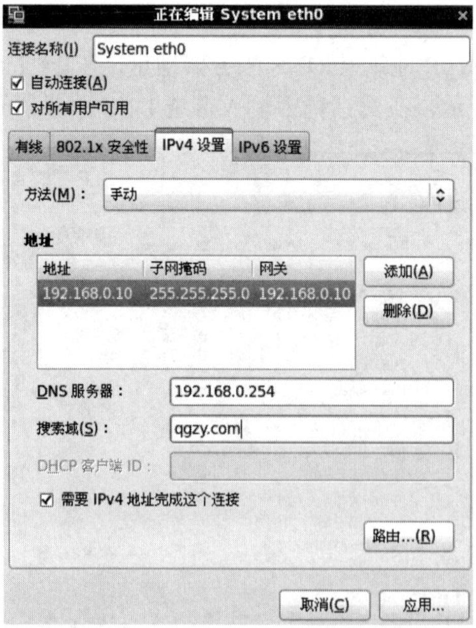

图 8-7　Linux 下 DNS 服务器设置

8.4.2　任务 8-2：从 DNS 配置与测试

1. 任务描述

为了提高 DNS 的可用性及安全性，创建主 DNS 服务器的辅助 DNS 服务器。设主 DNS 服务器的 IP 地址为 192.168.0.254/24，辅助 DNS 服务器的 IP 地址为 192.168.0.1/24。

2. 操作步骤

（1）修改/etc/named.conf。

在 named.conf 文件中添加：

```
include "/etc/slavenamed.zones";
```

其余修改方法同主 DNS 服务器。

（2）修改区域清单文件/etc/slavenamed.zones。

```
[root@localhost ~]#vi /etc/slavenamed.zones
zone   "qgzy.com"   IN {
    type slave;
    master {192.168.0.254;};
    file "slave/zhengxiangslave.qgzy";
};
zone   "0.168.192.in-addr.arpa"   IN {
    type slave;
    master {192.168.0.254;};
    file "slave/fanxiangslave.qgzy";
};
```

（3）修改/etc/resolve.conf。

修改方法同主 DNS 服务器。

（4）重启服务。

```
[root@localhost ~]# server named restart
停止 named：                    [确定]
启动 named：                    [确定]
```

DNS 服务器配置常见错误如下：

1）配置文件名写错。在这种情况下，运行 nslookup 命令不会出现命令提示符 ">"。

2）主机域名后面没有 "."。

3）/etc/resolv.conf 文件中的域名服务器的 IP 地址不正确。

4）回送地址的数据库文件有问题。同样 nslookup 命令不会出现提示符。

5）在/etc/named.conf 文件中 zone 区域声明中定义的文件名与/var/named/目录下的区域数据库文件名不一致。

8.5　小结

本项目主要介绍了 DNS 的结构、分类、工作原理、配置文件及配置方法。在 DNS 中有明确的层次结构，其区域类型有 4 种，分别为主域名服务器、辅助域名服务器、存根域名服务器和转发服务器，注意在/etc/named.conf 中出现的区域应该是存根区域，主服务器或辅助服务器出现在清单文件（/etc/named.rfc1912.zones）中，而不能出现在全局配置文件中。配置 DNS 服务器需要 4 个文件，分别为全局配置文件（/etc/named.conf）、区域清单文件（/etc/named.rfc1912.zones）、正向文件（/var/named/正向文件）和反向文件（/var/named/反向文件）。在 named.conf 文件中可以配置 DNS 服务的监听范围、日志及视图操作，在 named.rfc1912.zones 中配置查询区域，在正向文件中声明 A 记录、MX 记录等，在反向文件中声明与正向文件中对应的反向查询记录。DNS 服务配置好后可以使用 nslookup 及 named-checkcong 等工具进行测试。主 DNS 服务器使用 master 标识，辅助 DNS 服务器用 slave 标识，在辅助服务器中不需要指定正向区域文件及反向区域文件，它会自动从主 DNS 服务器中复制区域文件。

8.6 习题与操作

一、选择题

1. DNS 的作用是（　　）。
   A．域名解析　　　　　　　　　　B．将 IP 地址转换为域名
   C．将域名转换为 IP 地址　　　　D．寻找域名

2. （　　）是顶级域名。
   A．edu　　　　　　B．shou　　　　　　C．yahoo　　　　　　D．sina

3. DNS 服务器中（　　）在配置时需要整套配置文件，包括正向域的区域文件和反向域的区域文件、引导文件、高速缓存和回送文件。
   A．主域名服务器　　　　　　　　B．辅助域名服务器
   C．高速缓存服务器　　　　　　　D．转发服务器

4. （　　）中的区域是从主域名服务器中复制而来的。
   A．主域名服务器　　　　　　　　B．辅助域名服务器
   C．高速缓存服务器　　　　　　　D．转发服务器

5. （　　）不需要 BIND 软件。
   A．主域名服务器　　　　　　　　B．辅助域名服务器
   C．高速缓存服务器　　　　　　　D．转发服务器

6. 将域名转换为 IP 地址的过程称为（　　）。
   A．正向解析　　　　　　　　　　B．反向解析
   C．纵向解析　　　　　　　　　　D．横向解析

7. DNS 使用的端口是（　　）。
   A．52　　　　　　B．53　　　　　　C．83　　　　　　D．82

8. DNS 的守护进程是（　　）。
   A．name　　　　B．named　　　　C．bind　　　　D．binded

9. DNS 的主配置文件是（　　）。
   A．/etc/named.conf　　　　　　　B．/etc/named.zones
   C．/var/named.conf　　　　　　　D．/var/name.zones

10．DNS 资源记录中 A 表示（　　）。

　　A．IP 地址　　　　B．主机名　　　　C．域名　　　　　D．区域名称

二、操作题

1．任务描述

某企业有一个局域网，使用地址 172.16.1.0/24。现要求在企业内部搭建一台 DNS 服务器，为局域网中的计算机提供域名解析服务。DNS 服务器管理 qgzy.com 域的域名解析，DNS 服务器的域名为 dns.qgzy.com，IP 地址为 172.16.1.2。要求能解析以下域名：财务部（cw.qgzy.com，172.16.1.8）、销售部（sales.qgzy.com，172.16.1.88）、市场部（market.qgzy.com，172.16.1.168）、OA 系统（oa.qgzy.com，172.16.1.99）。

2．操作目的

（1）熟悉 DNS 服务器的安装方法。

（2）熟悉 DNS 配置文件格式。

（3）学会配置与测试 DNS。

3．任务准备

一台安装 RHEL6.4 的主机。

9

架设 Apache 服务器

【项目导入】

在互联网中，动态网站是最流行的 Web 服务器类型。在 Linux 平台下，搭建动态网站的服务器组合普遍采用最为实用的 LAMP，即 Linux、Apache、MySQL 以及 PHP 四个开源软件构建，取英文第一个字母的缩写命名。本项目介绍了如何安装和搭建 Web 服务器、如何使用 Web 程序设计语言 PHP 和数据库服务器 MySQL。

【知识目标】

☞认识 Apache
☞掌握 Apache 服务的安装与启动
☞掌握 Apache 服务的主配置文件格式及含义
☞掌握各种 Apache 服务器的配置
☞学会创建 Web 网站和虚拟主机
☞理解 MySQL 的语句格式及功能
☞理解 PHP 的语法格式及含义
☞Web 网站和虚拟主机

【能力目标】

☞掌握 Apache 配置文件的管理方法
☞熟悉 Linux 下 Apache 的使用与维护管理
☞熟悉 Apache 服务器的使用方法和常用命令
☞熟悉 MySQL 的使用
☞熟悉 PHP 使用

9.1　安装 Apache 服务器

9.1.1　WWW 服务简介

1. WWW 服务简介

WWW 是环球信息网的缩写（也可读作 Web、WWW、W3，英文全称为 World Wide Web），中文名称"万维网""环球网"等，常简称为 Web。分为 Web 客户端和 Web 服务器端。WWW 可以让 Web 客户端（常用浏览器）访问浏览 Web 服务器上的页面。WWW 是一个由许多互相链接的超文本组成的系统，通过互联网访问。在这个系统中，每个有用的事物，称为一样"资源"；并且由一个全局"统一资源标识符"（URI）标识；这些资源通过超文本传输协议（Hypertext Transfer Protocol）传送给用户，而后者通过点击链接来获得资源。

WWW 服务是目前应用最广的一种基本互联网服务，我们每天上网都要用到这种服务。通过 WWW 服务，只要用鼠标进行本地操作，就可以到达世界上的任何地方。由于 WWW 服务使用的是超文本链接（HTML），所以可以很方便地从一个信息页转换到另一个信息页。它不仅能查看文字，还可以欣赏图片、音乐、动画。最流行的 WWW 服务程序就是微软的 IE 浏览器。

WWW 拥有以下特点：

（1）以超文本方式组织网络多媒体信息。

（2）用户可以在世界范围内任意查找、检索、浏览及添加信息。

（3）提供生动直观、易于使用且统一的图形用户界面。

（4）服务器之间可以互相链接。

（5）可以访问图像、声音、影像和文本型信息。

2. 核心技术

核心技术包括：超文本传输协议（Hypertext Transfer Protocol，HTTP）以及超文本标记语言（Hypertext Markup Language，HTML）。其中，HTTP 是 WWW 服务使用的应用层协议，通过它实现 WWW 客户机与 WWW 服务器之间的通信；HTML 语言是 WWW 服务的信息组织形式，用于定义 WWW 服务器中存储的信息格式。

（1）HTTP 是 Hypertext Transfer Protocol 的缩写，即超文本传输协议。顾名思义，HTTP 提供了访问超文本信息的功能，是 WWW 浏览器和 WWW 服务器之间的应用层通信协议。HTTP 协议是用于分布式协作超文本信息系统的、通用的、面向对象的协议。通过扩展命令，它可用于类似的任务，如域名服务或分布式面向对象系统。WWW 使用 HTTP 协议传输各种超文本页面和数据。

HTTP 协议的流程包括四个步骤：

1）建立连接：客户端的浏览器向服务端发出建立连接的请求，服务端给出响应就可以建立连接了。

2）发送请求：客户端按照协议的要求通过连接向服务端发送自己的请求。

3）给出应答：服务端按照客户端的要求给出应答，把结果（HTML 文件）返回给客户端。

4）关闭连接：客户端接到应答后关闭连接。

HTTP 协议是基于 TCP/IP 之上的协议，它不仅保证正确传输超文本文档，而且能确定传输文档中的哪一部分，以及哪部分内容首先显示（如先显示文本而后显示多媒体文件）等。

（2）超文本标记语言（HTML）是标准通用标记语言下的一个应用，作用是定义超文本文档的结构和格式（如所显示网页的格式由 HTML 来决定）。

3．客户机和服务器

在两者之间交互的两个角色分别称为客户机 Client 和服务器 Server。

（1）客户机：在微观上，我们可以认为客户机是一个需要某些东西的程序，而服务器则是提供某些东西的程序。一个客户机可以向许多不同的服务器请求。一个服务器也可以向多个不同的客户机提供服务。在一般情况下，一个客户机启动与某个服务器的对话。服务器通常是等待客户机请求的一个自动程序。客户机通常是作为某个用户请求或类似于用户的某个程序提出的请求而运行的。协议是客户机请求服务器和服务器如何应答请求的各种业务逻辑规则。WWW 客户机又可称为浏览器。

通常的万维网上的客户机主要包括：IE，Firefox，Safari，Opera，Chrome 等。

在 Web 中，客户机的任务主要有以下三种：①帮助用户制作一个请求（通常在单击某个链接时启动）；②将用户的请求发送给某个服务器；③通过对直接图像适当解码，呈交 HTML 文档和传递各种文件给相应的"观察器"（Viewer），把请求所得的结果报告给用户。

在一般情况下 WWW 客户机不仅限于向 Web 服务器发出请求，还可以向其他服务器（例如 Gopher、FTP、news、mail）发出请求。宏观上一般我们可以认为，提出请求的机器为客户机而不仅仅是请求程序。

（2）服务器：服务器具有以下功能：①接受请求；②请求的合法性检查，包括安全性屏蔽；③针对请求获取并制作数据，包括 Java 脚本和程序、CGI 脚本和程序、为文件设置适当的 MIME 类型来对数据进行前期处理和后期处理；④审核信息的有效性；⑤把信息发送给提出请求的客户机等。

9.1.2　Apache 服务器简介

Apache HTTP Server（简称 Apache）是 Apache 软件基金会的一个开放源码的网页服务器，可以在大多数计算机操作系统中运行，由于其具有多平台性和安全性被广泛使用，是最流行的 Web 服务器端软件之一。它快速、可靠并且可通过简单的 API 扩展，将 Perl/Python 等解释器编译到服务器中。

Apache 服务器为我们的网络管理员提供了丰富的功能，其中包括目录索引、目录别名、内容协商、可配置的 HTTP 错误报告、CGI 程序的 SetUID 执行、子进程资源管理、服务器端图像映射、重写 URL、URL 拼写检查以及联机手册等。

Apache HTTP 服务器是一个模块化的服务器，源于 NCSAhttpd 服务器，经过多次修改，成为世界使用排名第一的 Web 服务器软件。它几乎可以跨平台运行在所有广泛使用的计算机操作系统上。

Apache 服务器软件拥有以下特性：

（1）支持最新的 HTTP/1.1 通信协议。

（2）拥有简单而强有力的基于文件的配置过程。

（3）支持通用网关接口。

（4）支持基于 IP 和基于域名的虚拟主机。

（5）支持多种方式的 HTTP 认证。

（6）集成 Perl 处理模块。

（7）集成代理服务器模块。

（8）支持实时监视服务器状态和定制服务器日志。

（9）支持服务器端包含指令（SSI）。

（10）支持安全 Socket 层（SSL）。

（11）提供用户会话过程的跟踪。

（12）支持 FastCGI。

（13）通过第三方模块可以支持 Java Servlets。

Apache 为 Web 服务器软件，与微软公司的 IIS 相比，具有快速、廉价、易维护、安全可靠等优势，并且开放源代码。

9.1.3　安装 Apache 服务器

Apache 相关软件：①httpd-2.2.15-26.el6.i686.rpm：Apache 服务的主程序包，服务器端必须安装该软件包；②httpd-tools-2.2.15-26.el6.i686.rpm：Apache 工具包。

1.　安装 Apache 服务器

Red Hat Enterprise Linux 6.4 系统在默认情况下不会将 Apache 服务装上，我们可以使用下列命令检查当前系统是否已经安装了 Apache 服务：

```
[root@localhost ~]#rpm -qa|grep httpd
[root@localhost ~]#
```

回到系统 Shell 接口，说明系统中没有安装 httpd 软件包。

这里我们通过 Yum 安装 httpd 软件包。步骤如下：

（1）挂载光盘。

```
[root@localhost ~]#mount /dev/cdrom    /mnt
```

（2）进入 repos.d 修改 Yum 服务配置文件。

```
[root@localhost yum.repos.d ]# vi rhel-source.repo
```

修改 Yum 的来源为如下：

```
[rhel-source]
name=Red Hat Enterprise Linux $releasever - $basearch - Source
baseurl=file：///mnt/Server
enabled=1
gpgcheck=0
gpgkey=file：///etc/pki/rpm-gpg/RPM-GPG-KEY-redhat-release
```

（3）安装相应的软件包。

```
[root@localhost yum.repos.d ]# yum install httpd
```

2.　关闭 SELinux 和 iptables

为了使网站能够正常访问，在这里需要关闭防火墙以及 SELinux，命令如下：

```
[root@localhost ~]#service iptables stop        //关闭防火墙
[root@localhost ~]#setenforce 0                 //临时性关闭 SELinux
```

3. 测试安装是否成功

[root@localhost ~]#service httpd start

当屏幕显示

Starting httpd：   [　OK　]

则成功开启。

9.1.4　Apache 服务器的启动与停止

1. 启动或重启 Apache 服务

使用 service 命令可以启动或者重启 Apache 服务。

[root@localhost ~]#service httpd start　　//启动 Apache 服务

[root@localhost ~]#service httpd restart　//重启 Apache 服务

2. 停止 Apache 服务

这里我们同样使用 service 命令停止 Apache 服务。

[root@localhost ~]#service httpd stop　//停止 Apache 服务

3. 自动加载 Apache 服务

在终端控制台中使用 ntsysv 命令调出图形化配置控制台，利用键盘的方向键选中 httpd，单击 OK 按钮即可（其他需要自动启动的服务也可以使用这种方式修改，如 MySQL、network 等），如图 9-1 所示。

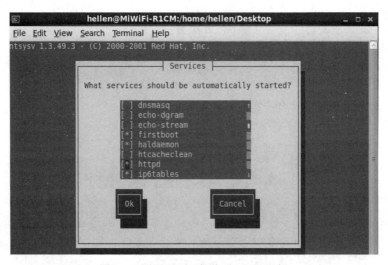

图 9-1　图形界面开机启动 httpd 服务

9.2　配置 Apache 服务器

9.2.1　Apache 配置基础

1. 与 Apache 服务器和 Web 站点相关的目录和文件

（1）/var/www：Apache 站点文件的目录。

（2）/var/www/html：存放 Web 站点的 Web 文件。

（3）/var/www/cgi-bin：CGI 程序文件。

（4）/var/www/html/manual：Apache Web 服务器手册。

（5）/etc/httpd/conf/httpd.conf：Apache Web 服务器配置文件目录。

（6）/usr/sbin：存放 Apache Web 服务器程序文件和应用程序的位置。

（7）/usr/doc/：放置 Apache Web 服务器文档。

（8）/var/log/http：放置 Apache 日志文件的位置。

2．httpd.conf 文件组成部分

httpd.conf 文件包含下面三个部分：

（1）全局环境设置：控制整个 Apache 服务器行为的部分（即全局环境变量）。

（2）主服务器配置：定义主要或者默认服务参数的指令，也为所有虚拟主机提供默认的设置参数。

（3）虚拟主机设置：虚拟主机的设置参数。

9.2.2　httpd.conf 文件的基本设置

1．设置相对根目录的路径

相对根目录是 Apache 存放配置文件和日志文件的地方，通常情况下相对根目录是"/etc/httpd"，它一般包含 conf 和 logs 子目录，此时可以采用"ServerRoot /etc/httpd"格式进行设置。

2．设置 Apache 监听的 IP 地址和端口号

Apache 默认会在本机所有可用 IP 地址上的 TCP 的 80 端口监听客户端的请求，可以使用 Listen 语句以便在某个指定地址和端口上监听请求。例如设置服务器只监听 192.168.0.1 的 80 端口，则可以在 httpd.conf 中进行相应的设置：Listen 192.168.0.1:80。如果需要更改端口号为 8080，也可以采用"Listen 192.168.0.1:8080"之类的设置，但是此时通过网页浏览器访问网站的时候也必须在域名地址后面添加相应的端口号，例如输入"http://192.168.0.1:8080"才能够进行访问。

3．设置网络管理员的电子邮件地址

当客户端计算机访问服务器发生错误的时候，服务器通常都会向客户端计算机返回错误提示页面，为了方便解决错误，在这个网页中通常包含有管理员的电子邮件地址，此时可以采用 ServerAdmin 语句来设置管理员的电子邮件地址，例如"ServerAdmin feinix@163.com"。

4．设置服务器主机名称

为了方便 Apache 识别服务器自身的信息，可以使用 ServerName 语句来设置服务器的主机名称。在 ServerName 语句中，如果服务器有域名则填写服务器的域名；如果没有域名，则填入服务器的 IP 地址。例如"ServerName 192.168.0.1:80"。

5．设置主目录的路径

Apache 服务器主目录默认路径为"/var/www/html"，可以将需要发布的网页放置在这个目录中，同时也可以把主目录的路径修改为别的目录便于用户管理和使用。例如需要将 Apache 服务器主目录路径设置为"/home/wk/www"，则可以在 httpd.conf 文件中进行相应修改：DocumentRoot "/home/wk/www"。

6. 设置默认文档

默认文档是指在网页浏览器中输入 Web 站点的 IP 地址或者域名显示出来的 Web 页面，也就是通常所说的主页。在缺省情况下，Apache 的默认文档名为 index.html，默认文档由 DirectoryIndex 语句进行定义，例如在 httpd.conf 中通过"DirectoryIndex index.html index.html.var"进行设置，此时可以将 DirectoryIndex 语句的默认文档名修改为其他文件。

如果想支持多种默认主页的文件命名，每个文件名之间必须用空格进行分隔，Apache 会根据文件名的先后顺序查找在 DirectoryIndex 语句中指定的文件名。即能找到第 1 个则优先调用第 1 个，否则再寻找并调用第 2 个，依次类推。例如添加 index.htm 和 index.php 文件作为默认文档，则可以相应修改 httpd.conf 文件为"DirectoryIndex index.html index.htm index.php index.html.var"。

7. 设置日志文件

日志文件对于用户查找系统故障或者分析 Web 服务器运行状况非常重要，有两项重要内容需要设置。

第一类属于错误日志。错误日志记录了 Apache 在启动和运行时发生的错误，所以当 Apache 出错的时候，应该首先检查这个日志文件。通常错误日志的文件名为 error_log，错误日志文件存放的位置和文件名可以通过 ErrorLog 参数进行设置。例如"ErrorLog logs/erroe_log"。如果日志文件存放路径不是以"/"开头，则表示该路径是相对于 ServerRoot 目录的相对路径。

第二类属于访问日志。访问日志记录了所有计算机以客户端身份访问主机的信息，通过分析访问日志可以知道客户机何时访问了网站的哪些文件等信息。通常访问日志的文件名为 access_log，访问日志文件的存放位置和文件名可以通过 CustomLog 参数进行设置，例如"CustomLog logs/access_log combined"。

在访问日志的配置项中，combined 指明日志使用的格式，在这个位置可以使用 common 或者 combined。其中 common 是指使用 Web 服务器普遍采用的普通标准格式，这种格式可以被许多日志分析程序所识别；combined 是指使用组合记录格式，和 common 相比，combined 的格式基本相同，只是多了引用页和浏览器识别信息而已。

8. 设置默认字符集

AddDefaultCharset 选项设置了服务器返回给客户端计算机的默认字符集，由于 Apache 服务器默认字符集为西欧（UTF-8），因此当客户端访问服务器的中文网页时会出现乱码现象。解决的办法是将语句"AddDefaultCharset UTF-8"改为"AddDefaultCharset GB2312"，然后重新启动 Apache 服务器，中文网页就可以正常显示了。

以上内容就是 Apache Web 服务器的 httpd 文件的基本设置。

9. Apache 虚拟主机配置

虚拟主机（Virtual Host）是在同一台机器搭建属于不同域名或者基于不同 IP 的多个网站服务的技术。可以为运行在同一物理机器上的各个网站指配不同的 IP 和端口，也可让多个网站拥有不同的域名。

（1）设置虚拟主机的名称。

```
Name VirtualHost    *:80
```

其中，*代表主机默认的 IP 地址，80 为监听的端口。

（2）定义虚拟主机。

在配置文件/etc/httpd/conf/httpd.conf 中搜索 VirtualHost example，找到如下代码就是虚拟主机的配置例子：

```
#
# VirtualHost example:
# Almost any Apache directive may go into a VirtualHost container.
# The first VirtualHost section is used for requests without a known
# server name.
#
#<VirtualHost *:80>
#    ServerAdmin webmaster@dummy-host.example.com
#    DocumentRoot /www/docs/dummy-host.example.com
#    ServerName dummy-host.example.com
#    ErrorLog logs/dummy-host.example.com-error_log
#    CustomLog logs/dummy-host.example.com-access_log common
#</VirtualHost>
```

虚拟主机的定义必须以<VirtualHost *:80>开头，以</VirtualHost>结尾；符号*的部分也可以是 IP 地址或域名；在虚拟主机中必须指定 ServerName 和 DocumentRoot 两个参数；其他参数若不设置，则使用整体环境配置或主要服务配置部分的默认值。

如果虚拟主机是基于域名实现的，则需要有 DNS 的支持，Name VirtualHost *:80 命令也必须有；如果配置的是基本端口或 IP 的虚拟主机，Name VirtualHost *:80 可以省略。

9.2.3　访问控制与认证

1．访问控制

Apache 服务器利用下列三个参数对指定目录进行访问控制：

Deny：定义拒绝访问列表。

Allow：定义允许访问列表。

Order：指定执行允许访问列表和拒绝访问列表的先后顺序。

其中 Deny 和 Allow 之后可以添加参数指定允许/拒绝的列表，采用以下形式：

All：所有用户。

域名：所有域内的用户。

IP 地址：可以指定完整或者部分 IP 地址来控制访问。

Order 只有两种形式：

Order：allow,deny：表示先允许后拒绝对访问列表的访问，默认情况下拒绝所有未被允许的用户访问。

Order：deny,allow：表示先拒绝再允许，默认情况下允许所有未被拒绝的用户访问。

2．认证

Apache 支持基本认证和摘要认证两种模式，目前常用的为基本认证，所以我们在本书中仅介绍常用的认证方式。认证使用户只有在输入用户名和密码的情况下才能登录网页，详见9.3.4 节内容，这里介绍认证的参数内容。

AuthName：指定认证的用户名。

AuthType Basic|Digest：认证的类型，基本以及摘要模式。

AuthUserFile：认证的用户文件名和保存路径。

AuthGroupFile：指定认证组别文件名和保存路径。

使用认证后参数还需要使用 Require 进行授权，指定哪些用户或者组群有权访问指定的网页文件目录。

Require：授权给指定用户或者组群。

Require valid-user：授权给认证用户中所有的有效用户。

3．认证用户文件

使用 htpasswd 命令可以创建认证用户文件，设置用户等（认证用户与系统用户不存在绝对联系）。

格式：htpasswd [参数] [用户密码文件][用户名]

功能：建立和更新存储用户名、密码的文本文件，用于对 http 用户的基本认证。

常用选项如下：

-c：创建 passwdfile。如果 passwdfile 已经存在，那么它会重新写入并删去原有内容。

-n：不更新 passwordfile，直接显示密码。

-m：使用 MD5 加密（默认）。

-d：使用 CRYPT 加密（默认）。

-p：使用普通文本格式的密码。

-s：使用 SHA 加密。

-b：命令行中一并输入用户名和密码而不是根据提示输入密码，可以看见明文，不需要交互。

-D：删除指定的用户。

例 9-1：设置 tom 为认证用户，认证用户文件为/var/www/tom。

```
[root@localhost ~]# htpasswd -c   /var/www/tom   tom
New password：
Re-type new password：
Adding password for user tom
```

此命令执行的顺序是，首先建立用户文件/var/www/tom，接着输入用户命令，最后将用户自己设定的口令存入创建的用户文件中去，这里即使打开用户文件也看不到明文，因为命令都使用了 MD5 格式进行加密。

4．实现访问控制和认证

Apache 服务器可以对目录进行访问控制和认证，并且可以使用以下两种方法实现。

第一种：编辑 httpd.conf 文件，直接设定目录的访问权限等参数。

第二种：在指定目录下创建.htaccess 文件，控制和访问权限存在于.htaccess 文件中。

另外 httpd.conf 文件的参数 AllowOverride 决定了.htaccess 是否起作用和该文件中的各种配置所起作用。AllowOverride 的参数有：

All：启用.htaccess 文件并使所有参数起作用。

None：不使用该文件。

AuthConfig：htaccess 文件中可包含认证的相关参数。

Limit：仅文件中包含有访问控制的参数起作用。

例 9-2：设置 httpd.conf 文件，使/var/www/htm/test 目录中所有网页文件只允许认证用户访问。

首先建立相应目录，接着创建/var/www/mypass 文件，同时创建多名认证用户；最后修改 httpd.conf 文件内容配置如下：

```
<Directory "/var/www/html/test">
AllowOverride None
AuthType Basic
AuthUserFile /var/www/mypass
Require User wangkai
Order allow，deny
Allow from all
</Directory>
```

（这里只列出思路，具体案例见 9.3.4 节。）

9.2.4　Apache 主服务器配置与测试

1. 创建测试页面

在/var/www/html 目录下创建一个 index.html 文件，内容如下：

```
[root@localhost http]# cat>/var/www/html/index.htm
<html>
<head>
<title>
This is public directory!
</title>
</head>
<body>
<h1>This is wangkai's home page.<br>Directory is /var/www/html
</body>
</html>
```

2. 测试 WWW 服务

重新启动 Apache 服务器，检查测试结果。

```
[helen@localhost http]# service httpd restart
```

打开 Firefox 浏览器，在地址栏中输入http://127.0.0.1，打开结果如图 9-2 所示。

图 9-2　Apache 服务结果

9.2.5　个人站点配置与测试

由于 Linux 是一个多用户操作系统，所以在一个 Linux 服务器上可以使用 Apache 搭建一个多人使用的 Apache 服务器。而针对每个用户若需要访问自己所在目录下的服务内容则需要进行如下配置：

1. 修改 httpd.conf

首先，找到<IfModule mod_userdir.c>节点，将 UserDir disabled 注释掉，然后设置 UserDir 目录为 public_html，相关代码如下：

```
<IfModule mod_userdir.c>
    #UserDir disabled   //注释掉此行
    UserDir public_html
</IfModule>
```

其次，找到<Directory /home/*/public_html>节点，修改其内容如下：

```
<Directory /home/*/public_html>
    <Limit GET POST OPTIONS>
        Order allow，deny
        Allow from all
    </Limit>
    <LimitExcept GET POST OPTIONS>
```

保存所修改的 httpd.conf 内容。并重启 Apache 服务。然后关闭 SELinux。

```
[helen@localhost ~]#service   httpd   restart
[helen@localhost ~]#setenforce 0
```

2. 建个人站点主页

先进入要使用的用户的个人文件夹（本例中为/hom/hellen/public_html），而后打开客户端在命令行输入：

```
[root@localhost public_html]#cat>index.html
<html>
<head>
<title>
This is hellen's web!
</title>
</head>
<body>
<h1> This is hellen's web。
</body>
</html>
```

3. 测试个人站点

打开 Windows 下的 Firefox 浏览器，在地址栏输入 192.168.31.223/~hellen，则出现如图 9-3 所示内容。

9.2.6　任务 9-1：配置基于 httpd 的 Web 服务器

1. 任务描述

使用 Apache 发布简单的网页，并在网络中访问测试。

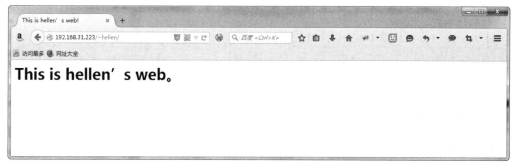

图 9-3　个人站点测试结果示意图

2．操作步骤

（1）创建该站点对应的主页文件。

[helen@localhost named]# echo how web>/var/www/html/index.html

文件的内容为：how web。

（2）启动 Apache 服务。

[helen @localhost named]# service httpd start

[helen @localhost named]# setenforce 0

[helen @localhost named]# iptables -F

（3）测试网页。

在 Windows 的 Firefox 中输入http://192.168.31.223，可见如图9-4所示页面。

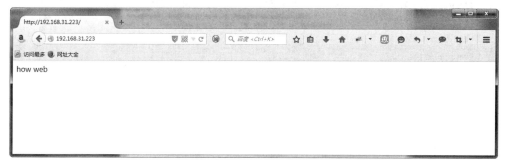

图 9-4　localhost 测试网页

9.3　虚拟主机

9.3.1　任务 9-2：基于 IP 地址的虚拟主机

在 Apache 中可以使用 IP 地址来区别多台主机，这被称为基于 IP 的虚拟主机。

1．任务描述

某主机仅有一张网卡，其 IP 地址为 192.168.1.150，要求设置两个虚拟主机，分别使用 192.168.1.150 和 192.168.1.153 两个 IP 地址。

2．操作步骤

（1）设置 IP 地址。

这里是设置两个设备名分别为 eth2:0 和 eth2:1。

```
[root@localhost named]# ifconfig eth2:0 192.168.1.150/24
[root@localhost named]# ifconfig eth2:1 192.168.1.153/24
```

（2）为每个 IP 地址设置存放主页的文件夹。

```
[root@localhost named]# mkdir /var/www/html/server
[root@localhost named]# mkdir /var/www/html/server1
```

（3）修改 httpd.conf 配置文件。

```
[root@localhost named]#vi + /etc/httpd/conf/httpd.conf      //使用"+"参数直接跳转到文件末尾
<VirtualHost 192.168.0.150:80>
     DocumentRoot /var/www/html/server
</VirtualHost>
<VirtualHost 192.168.0.153:80>
     DocumentRoot /var/www/html/server1
</VirtualHost>
```

（4）分别为各个 IP 建立主页。

```
[root@localhost named]# echo this ip is 192.168.1.150>/var/www/html/server/index.html
[root@localhost named]# echo this ip is 192.168.1.153>/var/www/html/server1/index.html
```

（5）测试虚拟站点。

```
[root@localhost named]#service    httpd    restart
```

针对第一个 IP 地址的网页显示如图 9-5 所示。

图 9-5　虚拟 IP 网页测试图一

针对第二个 IP 地址的网页显示如图 9-6 所示。

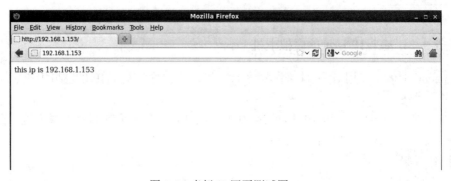

图 9-6　虚拟 IP 网页测试图二

至此，基于 IP 的虚拟主机的配置与测试已完成。

9.3.2　任务 9-3：基于端口的虚拟主机

1. 任务描述

在 Apache 中可以针对不同的端口设置不同的虚拟主机。系统中默认端口是 80，若要添加新的端口，需要修改节点 "Listen 端口号" 的内容。

2. 操作步骤

（1）设置不同端口的主页存放的位置。

```
[root@localhost html]# mkdir /var/www/html/port1
[root @localhost html]# mkdir /var/www/html/port2
```

（2）修改 httpd.conf 配置文件。

```
[root @localhost html]# vi + /etc/httpd/conf/httpd.conf
Listen 8000
Listen 8080
<VirtualHost *：8000>
    DocumentRoot /var/www/html/port1
</VirtualHost>
<VirtualHost *：8080>
    DocumentRoot /var/www/html/port2
</VirtualHost>
```

（3）为不同端口的虚拟主机设置主页。

```
[helen@localhost html]# echo this port is 8000 >/var/www/html/port1/index.html
[helen@localhost html]# echo this port is 8080 >/var/www/html/port2/index.html
```

（4）测试虚拟主机。

```
[helen@localhost html]# service    httpd    restart
```

在 Windows 端打开 Firefox 浏览器，测试结果分别如图 9-7 和图 9-8 所示。

图 9-7　虚拟端口测试图一

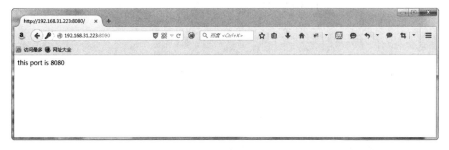

图 9-8　虚拟端口测试图二

9.3.3　任务 9-4：基于域名的虚拟主机

1. 任务描述

在 Apache 中可以使用域名来区分不同的主机，即可以实现基于域名的虚拟主机，这需要配置 DNS 服务。DNS 服务器能够解析 linuxidc.qgzy.com 和 linuxidc2.qgzy.com，配置基于名称的虚拟主机。

2. 操作步骤

（1）修改 DNS 主配置文件。

```
[helen@localhost www]#vi /etc/named.conf
options {
    listen-on port 53 { any; };
……
allow-query        { any; };
……
};
include "/etc/named.zones";
```

（2）编写/etc/named.zones 文件。

```
[helen@localhost www]# vi /etc/named.zones
zone "qgzy.com" IN {
    type master;
    file "zx.qgzy";
    allow-update { none; };
};
zone "31.168.192.in-addr.arpa" IN {
    type master;
    file "fx.qgzy";
    allow-update { none; };
```

（3）编写正向配置文件。

```
[helen@localhost www]# vi /var/named/zx.qgzy
$TTL 1D
@    IN SOA  www.qgzy.com. root. (
                        0     ; serial
                        1D    ; refresh
                        1H    ; retry
                        1W    ; expire
                        3H )  ; minimum
        NS      www.qgzy.com.
www     IN      A  192.168.31.233
linuxidc      CNAME      www
linuxidc2   CNAME        www
```

（4）编写反向配置文件。

```
[helen@localhost www]#vi /var/named/fx.qgzy
$TTL 1D
@    IN SOA   www.qgzy.com. root. (
```

```
                    0     ; serial
                    1D    ; refresh
                    1H    ; retry
                    1W    ; expire
                    3H )  ; minimum
        NS   www.qgzy.com.
233   PTR  www.qgzy.com.
```

（5）修改 httpd.conf。

首先打开 httpd.conf 文件：

```
[helen@localhost WWW]# vi /etc/httpd/conf/httpd.conf
```

添加如下内容：

```
NameVirtualHost 192.168.31.233
<VirtualHost linuxidc.qgzy.com>
DocumentRoot   /var/www/html/linuxidc
DirectoryIndex index.html
</VirtualHost>
<VirtualHost linuxidc2.qgzy.com>
DocumentRoot   /var/www/html/linuxidc2
DirectoryIndex index.html
</virtualHost>
```

（6）创建站点主页。

首先创建相应目录：

```
[helen@localhost www]# mkdir   /var/www/html/linuxidc
[helen@localhost www]# mkdir   /var/www/html/linuxidc2
```

接着创建相应主页：

```
[helen@localhost www]# echo "轻工职院 1" >/var/www/html/linuxidc/index.html
[helen@localhost www]# echo "轻工职院 2" >/var/www/html/linuxidc2/index.html
```

（7）重启服务。

```
[helen@localhost www]# service httpd restart
```

（8）测试。

在 Firefox 浏览器地址栏输入 linuxidc.qgzy.com，可看到如图 9-9 所示结果。

图 9-9　linuxidc.qgzy.com 测试页面

在 Firefox 浏览器地址栏输入 linuxidc2.qgzy.com，可看到如图 9-10 所示结果。

图 9-10　linuxidc2.qgzy.com 测试页面

9.3.4 任务 9-5：基于用户/密码的 Web 服务器

1. 任务描述

建立一个基于 Apache 服务器的网页，要求服务器通过访问的用户名和密码授权给 wangkai 用户并使他之外的所有人都不能访问该服务器。需要使用基于用户名/密码的认证配置。

2. 操作步骤

（1）修改 httpd.conf。

```
<Directory "/var/www/html">
    Options Indexes FollowSymLinks
    AllowOverride None
    AuthType Basic #这里既可以使用基本的密码验证也可以使用 MD5 加密等方式
    AuthName "please input the key"#提示请输入密码
    AuthUserFile /etc/httpd/mysecretpwd   #用户密码保存的位置
    Require User wangkai
#可以访问网站的用户名，多个用空格隔开
    Order allow，deny
    Allow from all
</Directory>
```

（2）设置密码文件。

```
[root@localhost Desktop]# htpasswd -c /etc/httpd/mysecretpwd wangkai
New password：        //访问网站的认证密码，可以和系统密码不同
Re-type new password：
Adding password for user wangkai
```

（3）重启服务。

```
[helen@localhost www]# service httpd restart
```

（4）测试访问 localhost 网页。

打开 Firefox 浏览器输入 192.168.31.233，显示如图 9-11 所示，要求输入用户名和认证密码。

图 9-11　弹出认证对话框

按要求输入用户名和密码后，进入所设置网页，如图 9-12 所示。

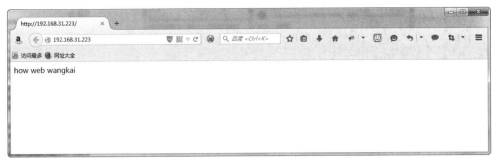

图 9-12　输入密码后登录图

9.4　数据库服务器 MySQL

9.4.1　数据库服务器 MySQL

1．MySQL 概述

MySQL 是一种开放源代码的关系型数据库管理系统（RDBMS），MySQL 数据库系统使用最常用的数据库管理语言——结构化查询语言（SQL）进行数据库管理。

由于 MySQL 是开放源代码的，因此任何人都可以在 General Public License 的许可下下载并根据个性化的需要对其进行修改。MySQL 因其速度、可靠性和适应性而备受关注。大多数人都认为在不需要事务化处理的情况下，MySQL 是管理内容最好的选择。

MySQL 这个名字，起源不是很明确。一个比较有影响的说法是，基本指南和大量的库和工具文件带有前缀"my"已经有 10 年以上的历史；另外一种说法是，MySQL AB 创始人之一的 Monty Widenius 的女儿叫 My，数据库由此得名。这两个到底是哪一个给出了 MySQL 这个名字至今依然是个迷，包括开发者在内也从未给出肯定的答案。

MySQL 的海豚标志的名字称作"sakila"，它是由 MySQL AB 的创始人从用户在"海豚命名"的竞赛中建议的大量名字中选出的。获胜的名字是由来自非洲斯威士兰的开源软件开发者 Ambrose Twebaze 提供。根据 Ambrose 所说，Sakila 来自一种叫 SiSwati 的斯威士兰方言，也是在 Ambrose 的家乡乌干达附近的坦桑尼亚的 Arusha 的一个小镇的名字。

MySQL，虽然功能未必很强大，但因为它具有开源、广泛传播的特点，很多人都了解这个数据库，当然它的历史也富有传奇性。

2．安装和启动 MySQL

由于本书是基于 RHEL 6.4 进行操作，所以可以直接使用 Yum 安装，修改 Yum 内容的方法由于前文已经列出，就不进行复述，下边仅对 MySQL 的安装进行介绍。

（1）查看是否安装。

```
yum list installed mysql*
```

（2）查看现有安装包。

```
yum list mysql*
```

（3）安装 MySQL 服务器端。

```
yum install mysql-dev
yum install mysql-server
```

（4）安装 MySQL 客户端。

```
yum install mysql
```

（5）配置字符集和存储方式。

```
[helen@localhost www]# vi /etc/my.cnf
在[mysqld]下添加
default-character-set=utf8
default-storage-engine=INNODB
```

9.4.2　MySQL 的基本操作

（1）在 RHEL 6.4 下安装后，root 密码为空，设置 MySQL 的 root 密码，用下面的命令来设置。

```
[helen@localhost www]# mysql -u root -p root //这里设置 root 密码为 root
```

（2）用 root 登录 MySQL，输入下面的命令，再输入密码，就可以 root 的身份登录到 MySQL。

```
[helen@localhost www]# mysql -u root -p
Enter password：    //输入 root
```

（3）出现如下字符则顺利登录 MySQL。

```
mysql>
```

（4）显示当前已经存在的数据库，输入"show databases;"。

```
mysql> show databases;
+--------------------+
| Database |
+--------------------+
| information_schema |
| mysql |
| performance_schema |
| test |
+--------------------+
4 rows in set (0.00 sec)
```

（5）创建一个新的数据库，输入"create database [name];"。

```
mysql> create database mytest;
Query OK，1 row affected (0.00 sec)
mysql> show databases;
+--------------------+
| Database |
+--------------------+
| information_schema |
| mysql |
| mytest |
| performance_schema |
| test |
+--------------------+
5 rows in set (0.00 sec)
```

（6）删除一个已经存在的数据库，输入"drop database [name];"。

```
mysql> drop database mytest;
Query OK，0 rows affected (0.00 sec)
```

再次查询数据：

```
mysql> show databases;
+--------------------+
| Database |
+--------------------+
| information_schema |
| mysql |
| performance_schema |
| test |
+--------------------+
4 rows in set (0.00 sec)
```

（7）创建一张表，输入"create table [name] [option...]"。

```
mysql> create table device
-> (
-> id int，
-> pn varchar(8)，
-> descript varchar(30)
-> );
Query OK，0 rows affected (0.01 sec)
```

（8）显示表的内容，输入"describe [table name];"。

```
mysql> describe device;
+----------+-------------+------+-----+---------+-------+
| Field | Type | Null | Key | Default | Extra |
+----------+-------------+------+-----+---------+-------+
| id | int(11) | YES | | NULL | |
| pn | varchar(8) | YES | | NULL | |
| descript | varchar(30) | YES | | NULL | |
+----------+-------------+------+-----+---------+-------+
3 rows in set (0.00 sec)
```

（9）向表里添加数据，输入"insert into [table_name] set option1=[value],option2=[value] ..."。

```
mysql> insert into device set id=1，pn="abcd"，descript="this is a good device";
Query OK，1 row affected (0.01 sec)
mysql> insert into device set id=2，pn="efgh"，descript="this is a good device";
Query OK，1 row affected (0.00 sec)
```

（10）查看表里面的内容，输入"select [col_name] from [table_name]"。

```
mysql> select * from device;
+------+------+----------------------+
| id | pn | descript |
+------+------+----------------------+
| 1 | abcd | this is a good device |
| 2 | efgh | this is a good device |
+------+------+----------------------+
```

2 rows in set (0.01 sec)

（11）选择性查询表里的内容，*是通配符，表示所有的，查询单项的时候，输入"select * from [table_name] where opiont=[value];"。

```
mysql> select * from device where id=2;
+------+------+----------------------+
| id | pn | descript |
+------+------+----------------------+
| 2 | efgh | this is a good device |
+------+------+----------------------+
1 row in set (0.00 sec)
```

（12）选择性查询表里的内容，输入"select [option]...[option] from [table_name] where [option]=[value];"。

```
mysql> select id，descript from device where id=2;
+------+----------------------+
| id | descript |
+------+----------------------+
| 2 | this is a good device |
+------+----------------------+
1 row in set (0.00 sec)
```

9.4.3　MySQL 数据库的备份与恢复

1．数据库的备份

备份命令：mysqldump。

命令格式如下：

```
[helen@localhost ~]# mysqldump -u root -p root > /root/linux.sql
```

首先，备份数据库是要以数据库管理员的身份备份；其次，备份目的地址是/root，备份的文件名是 linux.sql；最后，备份的位置和文件名根据自己的情况来定，文件名可以自己设置，同时，路径也可以自己进行设置。

2．数据库的恢复

首先我们还是要操作上面几个过程，比如添加数据库管理员（如果您没有添加过 MySQL 数据库管理员的话）、创建数据库等。

另外我们要把在/root 目录中的 linux.sql 文件备份，导入名为 linux 的数据库中，应该如下操作：

```
[helen@localhost ~]# mysql -u root -p linux < /root/linux.sql
Enter password：在这里输入密码。
```

9.5　Web 程序设计语言（PHP）

9.5.1　Web 程序设计语言（PHP）简介

PHP（PHP:Hypertext Preprocessor，超文本预处理器）是一种通用开源脚本语言。语法吸收了 C 语言、Java 和 Perl 的特点，利于学习，使用广泛，主要适用于 Web 开发领域。

PHP 最初定义为 Personal Home Page 的缩写，如今已经正式更名为"PHP:Hypertext Preprocessor"，注意不是 Hypertext Preprocessor 的缩写，这种将名称放到定义中的写法被称作递归缩写。PHP 于 1994 年由 Rasmus Lerdorf 创建，刚开始是 Rasmus Lerdorf 为了要维护个人网页而制作的一个简单的用 Perl 语言编写的程序。这些工具程序用来显示 Rasmus Lerdorf 的个人履历，以及统计网页流量。后来又用 C 语言重新编写，包括可以访问数据库。他将这些程序和一些表单通过直译器整合起来，称为 PHP/FI。PHP/FI 可以和数据库连接，产生简单的动态网页程序。

在 1995 年以 Personal Home Page Tools（PHP Tools）为名开始对外发表第一个版本，Lerdorf 写了一些介绍此程序的文档。并且发布了 PHP 1.0，在这个版本中，提供了访客留言本、访客计数器等简单的功能。以后越来越多的网站使用了 PHP，并且强烈要求增加一些特性。比如循环语句和数组变量等；在新的成员加入开发行列之后，Rasmus Lerdorf 在 1995 年 6 月 8 日将 PHP/FI 公开发布，希望可以透过社群来加速程序开发与寻找错误。这个发布的版本命名为 PHP 2，已经有 PHP 的一些雏型，像是类似 Perl 的变量命名方式、表单处理功能，以及嵌入到 HTML 中执行的能力。程序语法上也类似 Perl，有较多的限制，不过更简单、更有弹性。PHP/FI 加入了对 MySQL 的支持，从此建立了 PHP 在动态网页开发上的地位。到了 1996 年底，有 15000 个网站使用 PHP/FI。

任职于 Technion IIT 公司的两个以色列程序设计师 Zeev Suraski 和 Andi Gutmans，在 1997 年重写了 PHP 的剖析器，成为 PHP 3 的基础。而 PHP 也在这个时候改称为 PHP:Hypertext Preprocessor。经过几个月测试，开发团队在 1997 年 11 月发布了 PHP/FI 2。随后就开始 PHP 3 的开放测试，最后在 1998 年 6 月正式发布 PHP 3。Zeev Suraski 和 Andi Gutmans 在 PHP 3 发布后开始改写 PHP 的核心，这个在 1999 年发布的剖析器称为 Zend Engine，他们也在以色列的 Ramat Gan 成立了 Zend Technologies 来管理 PHP 的开发。

在 2000 年 5 月 22 日，以 Zend Engine 1.0 为基础的 PHP 4 正式发布，2004 年 7 月 13 日发布了 PHP 5，PHP 5 则使用了第二代的 Zend Engine。PHP 包含了许多新特色，像是强化的面向对象功能、引入 PDO（PHP Data Objects，一个存取数据库的延伸函数库）以及许多性能上的增强。此时声明了 PHP 4 不会继续更新，以鼓励用户转移到 PHP 5。

2008 年 PHP 5 成为 PHP 唯一的有再开发的 PHP 版本。将来的 PHP 5.3 将会加入 Late static binding 和一些其他的功能强化。PHP 6 的开发也正在进行中，主要的改进有移除 register_globals、magic quotes 和 Safe mode 的功能。

PHP 最新稳定版本：5.4.30（2013.6.26）。

PHP 最新发布的正式版本：5.5.14（2014.6.24）。

PHP 最新测试版本：5.6.0 RC2（2014.6.03）。

2013 年 6 月 20 日，PHP 开发团队自豪地宣布推出 PHP 5.5.0。此版本包含了大量的新功能和 bug 修复。需要开发者特别注意的一点是不再支持 Windows XP 和 Windows 2003 系统。

2014 年 10 月 16 日，PHP 开发团队宣布 PHP 5.6.2 可用。该版本是安全更新版本，修复了 cve-2014-3668，cve-2014-3669 和 cve-2014-3670 安全漏洞，同时 5.4.34 修复了 OpenSSL 相关的一个问题。官方建议用户升级到这个版本。

9.5.2　PHP 的基础——HTML 语言

万维网上的一个超媒体文档称为一个页面。作为一个组织或者个人在万维网上放置开始点的页面称为主页或首页，主页中通常包括有指向其他相关页面或其他节点的指针。所谓超链接，就是一种统一资源定位器（URL）指针，通过激活它，可使浏览器方便地获取新的网页。这也是 HTML 获得广泛应用的最重要的原因之一。在逻辑上将视为一个整体的一系列页面的有机集合称为网站（Website 或 Site）。超文本标记语言（HTML）是为"网页创建和其他可在网页浏览器中看到的信息"设计的一种标记语言。

网页的本质就是超文本标记语言，通过结合使用其他的 Web 技术（如：脚本语言、公共网关接口、组件等），可以创造出功能强大的网页。因而，超文本标记语言是万维网（Web）编程的基础，也就是说万维网是建立在超文本基础之上的。超文本标记语言之所以称为超文本标记语言，是因为文本中包含了所谓"超链接"点。

下面我们简要地介绍一下 HTML 语言的使用。

1. HTML 标签

HTML 标记通常被称为 HTML 标签（HTML tag）。

HTML 标签是由尖括号包围的关键词，比如<html>。

HTML 标签通常是成对出现的，比如和。

标签对中的第一个标签是开始标签，第二个标签是结束标签。

开始和结束标签也被称为开放标签和闭合标签。

2. 标签使用案例

```
<html>
<body>
<h1>My First Heading</h1>
<p>My first paragraph.</p>
</body>
</html>
```

解析如下：

（1）<html>与</html>之间的文本用于描述网页。

（2）<body>与</body>之间的文本是可见的页面内容。

（3）<h1>与</h1>之间的文本被显示为标题。

（4）<p>与</p> 之间的文本被显示为段落。

9.5.3　PHP 语法简介

1. PHP 脚本代码标记

PHP 脚本是文件中一对特殊标记所包括的内容，如 ASP 是"<%....%>"，PHP 则是"<?...?>"。然而为了适应 XML 标准以将 PHP 嵌入到 XML 或 XHTML 中，PHP 不建议使用短格式的" <?...?> "，而建议使用长格式标记" <?php...?> "。此外 PHP 代码块还支持<script language="php">...</script>的标记形式。

2. PHP 指令分隔符

PHP 的每条语句需要由分号";"隔开，但对于 PHP 结束标记"?>"来说，因其自动隐含一个分号，所以不需要追加分号。

所以，一个 PHP 脚本的格式可如下：

```
<?php
//注意最后一行可以没有分号
?>
```

3．PHP 的注释

（1）PHP 多行注释使用"/&"开头，"&/"结束。

（2）单行注释使用"#"或"//"。

（3）PHP 的输出，是在 PHP 中直接使用"echo()"或"print()"，比如：

```
<?php
    echo "a";
    echo (b);
    echo ("c");
    echo d;
    ?>
```

将输出为"abcd"，以上四种方式均能正常输出。

（4）PHP 变量可以不需要先定义，直接使用即可。对于变量的类型，在赋值时自动生成。PHP 中的各种变量均在变量名前加上"$"以示区别。

```
<?php
$a="123";
echo a;
echo $a;
?>
```

输入为"az123"。

4．PHP 中的单引号和双引号之别

```
<?php
    $a="123";
    echo "$a";
    echo '$a';
    ?>
```

输出为"123$a"，其中 echo"$a"输出了变量 a 的值，而 echo '$a'输出的是单引号中的字符串本身。

9.5.4　PHP 连接 MySQL 的方法

在 PHP 中连结 MySQL 通过 mysql_connect()函数完成。

语法为：mysql_connect(servername,username,password)；参数说明如表 9-1 所示。

表 9-1　PHP 连接 MySQL 参数

参数	描述
servername	可选。规定要连接的服务器。默认是 "localhost：3306"
username	可选。规定登录所使用的用户名。默认值是拥有服务器进程的用户的名称
password	可选。规定登录所用的密码。默认是""

297

在下面的例子中，我们在一个变量中（$con）存放了在脚本中供稍后使用的连接。如果连接失败，将执行"die"部分：

```php
<?php
$con = mysql_connect("localhost"，"123abc"，"abc123");
if (!$con)
        {
                die('Could not connect：'. mysql_error());
        }
// 其他业务逻辑
?>
```

9.5.5 任务 9-6：配置 LAMP 服务器

1. 任务描述

在 Red Hat Enterprise Linux 6.4 安装部署 Apache+MySQL+PHP（LAMP）并进行网页连接数据库的测试。

2. 操作步骤

（1）首先安装 Apache、PHP、MySQL、perl。

```
yum install httpd*
yum install php*
yum install mysql*
yum install perl*
```

（2）完成后再次重启 Apache、MySQL。

```
/etc/init.d/httpd restart
service mysql start
```

（3）将 LAMP 组件设置为自动启动。

```
chkconfig --levels 2345 httpd on
chkconfig --levels 2345 mysqld on
```

（4）设置 rootk 口令、创建表并设置内容。

1）设置 root 口令。

```
mysql>use mysql              //使用 MySQL 数据库
mysql>update user set password=password('root') where user='root'; //修改 root 记录的 password 字段
mysql>flush privileges;     //刷新 MySQL 的系统权限相关表
```

2）创建表并设置内容。

```
create database test;
use test;
create table login
(
uid char(20)，
dt int，
text char(50)
);
```

（5）创建测试页面。

1）创建测试页面。

[helen@localhost http]# gedit /var/www/html/ test.php

输入如下内容：

```php
<?php
$host = '192.168.31.223';
$user = 'root';
$passwd = 'root';
$db = 'test';
$conn = mysql_connect($host，$user，$passwd);
if (!$conn) {
    die('Could not connect：' . mysql_error());
}
echo "select data from MySQL<br \>";
mysql_select_db($db，$conn);

$select_sql = "select * from login";
$result = mysql_query($select_sql);
echo "<table border='1'><tr><th>uid</th><th>time</th><th>text</th></tr>";
while ($row = mysql_fetch_array($result)) {
    echo "<tr>";
    echo "<td>".$row['uid']."</td>";
    echo "<td>".$row['dt']."</td>";
    echo "<td>".$row['text']."</td>";
    echo "</tr>";
}
echo "</table><br \>";
echo "<form action='insert.php' method='post'>
    Name：<input type='text' name='uid' />
    text：<input type='text' name='text' />
    <input type='submit'></form>";
mysql_close($conn);
?>
```

2）接着在该目录下建立 insert.php 页面。

```php
<?php
$host = '192.168.31.223';
$user = 'root';
$passwd = 'root';
$db = 'test';
$conn = mysql_connect($host，$user，$passwd);
if (!$conn) {
    die('Could not connect：' . mysql_error());
}
mysql_select_db($db，$conn);
$dt = time();
$insert_sql = "insert into login(uid，dt，text) values('$_POST[uid]'，$dt，'$_POST[text]')";
echo "SQL：".$insert_sql."<br \>";
if (!mysql_query($insert_sql，$conn)) {
    die('Error：' . mysql_error());
}
```

```
echo "1 record added.<br \>";
mysql_close($conn);
?>
```

（6）查看 Apache 是否允许远程连接。

```
[helen@localhost http]# getsebool -a | grep httpd
```

找到 httpd_can_network_connect -->off，off 表示不允许远程连接。

（7）设置为允许远程连接。

```
[helen@localhost http]# setsebool httpd_can_network_connect 1
```

（8）测试。

打开 Firefox 浏览器，输入http://127.0.0.1/test.php，可看到如图 9-13 所示页面。

图 9-13　测试输入页面

在图 9-13 中输入如图 9-14 所示内容。

图 9-14　测试输入内容

在图 9-14 界面中，点击 Submit Query，跳转到提交页面 insert.php，如图 9-15 所示。

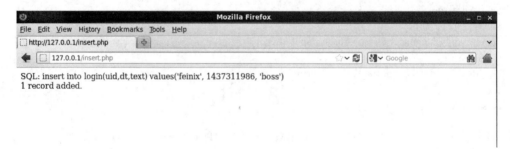

图 9-15　提交后跳转页面

之后再回到 test.php，可以看到如图 9-16 所示界面。

图 9-16　回到测试页面

可以发现，已经提交过的 feinix、boss 等数据已经被展示到了 test.php 页面上，实验成功。

9.6　小结

Apache 作为 Linux 下最为流行的 Web 服务器有着众多的优势，所以基于实用的目的，本项目主要讲解了在 Red Hat Linux 下 Apache 服务器的配置以及 MySQL 服务器的配置，并简单介绍了 HTML 语言以及 PHP 的基本语法，最后搭建了基于 Red Hat Linux 的 LAMP（Linux、Apache、MySQL、PHP）系统并进行了测试。

本项目前三小节主要介绍了 Apache 服务器在 Red Hat 环境下的基本配置内容以及不同的使用及配置方式；第 4 小节介绍了 Red Hat 环境下 MySQL 服务器的安装以及基本的使用方式并设置了 root 用户的密码；第 5 小节主要介绍了 PHP 语言的基本语法，并为 Red Hat 环境下的 Apache 服务器添加了相应组件，进行了测试，最后搭建并测试了 LAMP 环境。

9.7　习题与操作

一、选择题

1．用于保存 Apache 密码的文件是（　　）。
A．/usr/lib　　　　　　　　　　B．/usr/bin/htpasswd
C．/usr/bin　　　　　　　　　　D．/usr/sbin

2．下面语句的结果是（　　）。
Order allow deny
Allow from all
A．允许所有访问　　　　　　　　B．拒绝所有访问
C．允许部分访问　　　　　　　　D．拒绝部分访问

3．创建用户的 Apache 密码时使用（　　）命令。
A．htpasswd　　B．passwd　　C．password　　D．htpassword

4．在 Apache 中监听端口使用（　　）指令。
A．Listen　　B．look　　C．listening　　D．lookup

5．http 协议默认使用的端口是（　　）。
A．80　　B．8080　　C．25　　D．20

6. MySQL 数据库是（　　）数据库。

    A．关系型　　　　　B．联系型　　　　　C．理解型　　　　　D．NOSQL 型

7. MySQL 中选择表 tea 所有列的语句是哪个？（　　）。

    A．select from tea　　　　　　　　　B．select * from tea

    C．select table from tea　　　　　　D．select * from table tea

8. PHP 的基本开始符号是（　　）。

    A．!　　　　　　　　B．?　　　　　　　　C．*　　　　　　　　D．<

9. PHP 的单行注释符号是（　　）。

    A．*　　　　　　　　B．#　　　　　　　　C．//　　　　　　　　D．/

10. PHP 中使用 MySQL 的链接语句是（　　）。

    A．conection=mysql.jdbc;

    B．conn=jdbc

    C．conn=mysql_conect;

    D．$conn = mysql_connect($host,$user,$passwd);

二、简答题

1. 什么是 Apache 的虚拟主机？

2. 如何在 Apache 中改变默认的端口，以及如何侦听其中的指令工作？

三、操作题

1．任务描述

现因公司发展需要开发一个微信客户端，需要在 Linux 下配置一台 Apache 和 MySQL 5.5 以及支持 PHP 的服务器，但微信服务需要一个公网 URL 以供开发。而公司希望团队内部在不增加公司开支的基础上，内部解决公网 URL 问题，要求技术支持小组给出一个在 Linux 平台的解决方案（提示：使用公网映射工具 ngrok）。

2．操作目的

（1）熟悉 Apache 服务器的搭建。

（2）学会安装配置 MySQL 和 PHP。

3．任务准备

一台安装 RHEL 6.4 的主机。

10

架设电子邮件服务器

【项目导入】

　　某高校组建了校园网，校园网中的计算机需要通过邮件进行公文发送及工作交流，使用专业的企业邮件系统需要大量的资金投入，这对高校来说难以承受。可以利用 Linux 中的 Postfix 软件搭建 E-mail 服务器，实现学校邮件交流的需要，同时通过对邮件服务器的配置和管理，确保邮件收发双方安全、可靠地通信。本项目将详细讲解在 Linux 操作平台下邮件服务器的搭建及配置。

【知识目标】

　☞ 了解电子邮件的应用
　☞ 理解电子邮件的工作原理
　☞ 理解 Postfix 的相关配置文件的作用
　☞ 理解 Dovecot 的作用
　☞ 掌握邮件服务器和客户端的配置方法

【能力目标】

　☞ 掌握 Postfix 的安装和配置方法
　☞ 掌握 DNS 邮件记录的添加方法
　☞ 掌握 Dovecot 的安装和设置方法
　☞ 掌握 Postfix 的测试方法
　☞ 掌握 Foxmail 的设置和使用

10.1　电子邮件服务概述

　　电子邮件（Electronic Mail，E-mail），Internet 最基本也是最重要的服务之一，在经历了漫长的发展之后，目前已经演变成更为复杂丰富的系统，在大到 Internet，小到一个局域网内，都有着极其广泛的应用，不仅可以传输纯文本信息，而且可以传输带格式的文本、图像、声音等各种复杂的信息，完成各种各样的任务，极大地满足了大量存在的通信需求，同时用户还可以得到大量免费的新闻、专题邮件，并实现轻松的信息搜索。电子邮件的存在极大地方便了人与人之间的沟通与交流，促进了社会的发展。

与现实生活中的邮件传递类似，每个人都必须有一个唯一的电子邮件地址。电子邮件地址的标准格式是 user@server.com，user 代表用户邮箱账号，即"用户标识符@域名"，对同一个邮件服务器来说，这个账号（用户标识符）必须是唯一的，"@"代表分割符，server.com 是用户邮箱的邮件接收服务器域名，也就是邮件必须要交付到的邮件目的地的域名以标志其所在位置。

与常用的网络通信方式不同，电子邮件系统采用缓冲池（spooling）技术处理传递延迟。用户发送邮件时，邮件服务器将完整的邮件信息存放到缓冲区队列中，系统后台进程会在适当的时候将队列中的邮件发送出去。RFC822 定义了电子邮件的标准格式，它将一封电子邮件分成头部和正文两部分。邮件的头部包含了发送方、接收方、发送日期、邮件主题等内容，而正文通常是要发送的信息。

10.1.1 电子邮件系统组成

电子邮件服务是基于 C/S 模式的，对一个完整的电子邮件系统而言，电子邮件从发送到接收的工作过程一般由四个模块组成，分别是 MUA、MTA、MDA 和 MRA。这四个模块完成了邮件传输、邮件分发、邮件存储等功能，以确保邮件能够发送到 Internet 中的任意地方。目前先进的邮件服务器会包括：短信邮件、防毒反垃圾模块、地址簿功能、用户组群功能、代收POP3 等。

1. MUA（Mail User Agent，邮件用户代理）

即通常所说的邮件客户端，它是用户与电子邮件系统的接口，为用户提供一个友好的界面，接受用户输入的各种指令，帮助用户阅读、撰写以及管理邮件，将用户的邮件发送至 MTA 或者通过 POP3、IMAP 协议将邮件从 MTA 取到本机。常见的 MUA 有 Windows 平台下的 Outlook、Foxmail 以及 Linux 平台下的 Kmail、Thunderbird 等。

2. MTA（Mail Transport Agent，邮件传输代理）

邮件传输过程中经过的一系列中转服务器的统称。电子邮件的传输主要依靠 MTA 来完成。MTA 根据电子邮件的地址找出相应的邮件服务器，将信件在服务器之间传输并将收到的邮件进行缓冲或者选择送往下一个 MTA 主机。对于一封邮件，若其目的主机是本机，则 MTA 负责将邮件直接发送到本机邮箱或交给邮件投递代理进行投递；若其目的主机是远程邮件服务器，则 MTA 必须使用 SMTP 协议与远程主机通信。常见 MTA 软件有基于 Windows 平台的Exchange 和基于 Linux 平台的 Sendmail、Qmail、Postfix。

3. MDA（Mail Delivery Agent，邮件投递代理）

MDA 主要的功能就是将 MTA 接收的信件依照信件的流向（送到哪里）将该信件放置到本机账户下的邮件文件中（收件箱），并且还具有邮件过滤（Filtering）等其他相关功能。常见的 MDA 有 Procmail。

4. MRA（Mail Retrieval Agent，邮件收取代理）

从 MDA 写入的数据获取邮件信息，MUA 利用 POP3 或 IMAP 协议，接收端的用户可以在任何时间、地址利用电子邮件应用程序从自己的邮箱中读取邮件，并对自己的邮件进行管理。

一次完整的邮件发送接收过程如图 10-1 所示。

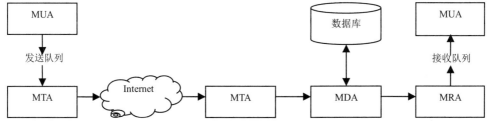

图 10-1　邮件传输过程

一封邮件的传输过程是这样的：当用户要发送邮件时必须利用 MUA（邮件用户代理）进行邮件的发送；但 MUA 并不能直接将信件发送到邮件地址指定的服务器上，而必须首先去寻找一个 MTA（邮件传输代理），把信件提交给它；MTA 收到信件后，首先将邮件保存在自身的缓冲队列中，然后根据信件的目标地址，去查询应对这个目标地址负责的 MTA 服务器，并且通过网络将信件传输给它；这样信件在 MTA 服务器之间接力，直到发送到目的地址的服务器上；目的服务器接收到邮件之后，邮件投递代理（MDA）从传输代理那里取得信件，送至最终用户的邮箱，将其存储在本地缓存，直到电子邮件的接收者查看自己的电子邮箱。

10.1.2　邮件中继

上面讲了整个邮件系统的工作过程，实际上在邮件服务器接收到邮件之后，会根据邮件的目的地址判断该邮件是发送至本域还是外部，根据目的地的不同再分别进行不同的操作，常见的处理方法有以下两种：

1. 本地邮件发送

如果邮件服务器检测到邮件是发往本地邮箱时，比如，white@colour.com 发送邮件到 black@colour.com，邮件服务器会直接将邮件发送到邮箱中，因为二者同属于 colour.com 域。

2. 邮件中继

中继是指要求服务器向其他服务器传递邮件的一个请求，主要是为了解决邮件外发退信问题。一个服务器处理的邮件只有两类，一类是外发邮件，一类是接收邮件，前者是本域用户通过服务器要向外部转发的邮件，后者是发给本域用户的。

一个服务器不应该处理过路邮件，就是既不是自己的用户发送的，也不是发给自己的用户的，而是一个外部用户发给另一个外部用户的。这一行为称为第三方中继。如果不需要经过验证就可以中继邮件到组织外，称为 OPEN RELAY（开放中继），"第三方中继"和"开放中继"是要禁止的，但中继是不能关闭的。这里需要了解几个概念。

（1）中继。

将用户邮件通过邮件转发服务器投递到收件人邮件服务器。

（2）OPEN RELAY。

不受限制地组织外中继，即无验证的用户也可提交中继请求。

（3）第三方中继。

由服务器提交的 OPEN RELAY 不是从客户端直接提交的。比如用户的域是 A.com，通过服务器 B（属于 B.com 域）中转到 C.com 域。这时在服务器 B 上看到的是连接请求来源于 A 域的服务器（不是客户），而邮件既不是服务器 B 所在域用户提交的，也不是发 B 域的，这就属于第三方中继，也是垃圾邮件的根本。如果用户通过直接连接你的服务器发送邮件，这是无法阻止的，比如群发邮件。但如果关闭了 OPEN RELAY，那么它只能发信到你的组织内用户，无法将邮件中继出组织。

　　3．邮件认证机制

　　如果关闭了 OPEN RELAY，那么必须是该组织成员通过验证后才可以提交中继请求。也就是说，用户要发送邮件到组织外，一定要经过验证。这时，邮件中继不能关闭，否则邮件系统只能在内部使用。邮件认证机制要求用户在发送邮件时必须提交账号和密码，在邮件服务器验证该用户是该域合法用户后，才允许转发邮件。

10.1.3　邮件协议

　　在电子邮件系统中有三个常见的协议和一个通用的标准，这三个协议分别是 SMTP 协议、POP3 协议和 ICMP 协议、通用的标准是 MIME 标准。

　　1．SMTP 协议（Simple Mail Transfer Protocol）

　　SMTP（简单邮件传输协议）是在 Internet 上传输电子邮件的标准协议。它是一组用于由源地址到目的地址传送邮件的规则，由它来控制信件的中转方式。它规定了 MTA 之间传输电子邮件的标准交换格式和邮件在链路层上的传输机制。SMTP 协议属于 TCP/IP 协议族，但事实上它独立于传输子系统和机制，仅需要一个可靠的数据流通道，就能跨越网络传输邮件，即 SMTP 邮件中继（SMTP Mail Relaying），这也是 SMTP 协议非常重要的特点之一。使用 SMTP，可实现相同网络上处理机之间的邮件传输，也可通过中继器或网关实现某处理机与其他网络之间的邮件传输。跟大多数应用层协议一样，SMTP 也存在两个端：在发信人的邮件服务器上执行的客户端和在收信人的邮件服务器上执行的服务器端。SMTP 的客户端和服务器端同时运行在每个邮件服务器上。当一个邮件服务器在向其他邮件服务器发送邮件消息时，它是作为 SMTP 客户在运行。SMTP 不仅可以工作在 TCP 上，也可以工作在 NCP、NITS 等协议上。在 TCP 上，它默认使用端口 25 进行通信，同时要为一个给定的域名决定一个 SMTP 服务器，需要使用 MX（Mail eXchange）DNS。早期的 SMTP 协议是一个相对简单的基于文本的协议，仅能用来传输基本的文本信息，不支持扩展信息的传送。随着诸如 MIME 之类的标准被开发来编码二进制文件以使其通过 SMTP 来传输。今天，大多数 SMTP 服务器都支持 8 位 MIME 扩展，它使二进制文件的传输变得几乎和纯文本一样简单。

　　2．POP3 协议（Post Office Protocol 3）

　　SMTP 规定了如何向另一台机器发送用户邮件，是一个"推"的协议，它不允许根据需要从远程服务器上"拉"来消息，也就是说只能主动发送邮件，不能主动接收邮件。虽然当计算机是拥有很多用户的大型机和小型机时，该协议已经足够了，但大多数的 Internet 用户是 PC，机器不可能全天开机，也可能没有永久的 IP 地址。为了解决这些问题，POP 协议诞生了，协议主要用于支持使用客户端远程管理服务器上的电子邮件。第一代 POP 描述了一个基本的、试验性的 POP 实现。后几经修改，最后于 1996 年发表的 RFC1939-POP3（Post Protocol Version 3）是目前常用的标准。它是 Internet 上传输电子邮件的第一个标准协议，也是一个离线协议。它提供信息存储功能，负责为用户保存收到的电子邮件，并且能从邮件服务器上下载取回这些邮件。一旦邮件发送到客户机上，邮件服务器上的邮件将会被删除。目前的 POP3 邮件服务器大都可以"只下载邮件，服务器端并不删除"，也就是改进的 POP3 协议。POP3 并不支持对服务器上邮件进行扩展操作，此过程由更高级的 IMAP4 完成。

POP3 协议使用 TCP 协议，默认端口号 110。用户激活一个 POP3 客户，该客户创建一个TCP 连接，连接到具有邮箱的 POP3 服务器，用户首先用 ASCII 码明文发送用户名和密码以鉴别回话。发送的命令包括 3 个或 4 个字符，每个命令都可以带有参数，多个参数用空格分开，每个参数的长度必须在 40 个字符之内。POP3 协议的响应与其他协议（例如 FTP 和 SMTP）不同，服务器会发送一个标准的肯定响应（+OK）或一个标准的否定响应（-ERR）。若响应的第一个字符是"+"，表示一个成功响应；若是一个"-"，表示失败。客户端必须向服务器提供正确的用户 ID 和密码，服务器才能进入事务处理阶段，此时用户可以读取邮件及邮件的相关信息或给邮件做标识。一般情况下，服务器在这段时间内的操作会锁住邮箱，最后当客户端发出一个终止会话命令时，服务器才会进入更新状态，清除收到的邮件，释放相关资源。

3. IMAP 协议（Internet Mail Access Protocol，Internet 邮件访问协议）

尽管 POP3 实现起来非常简便而且也被邮件客户端软件所广泛支持，但它也存在缺陷，通常邮件从邮件服务器端下载后，在服务器端的邮件就会被删除。这就会影响使用不同计算机的用户，他们邮箱中的邮件被分别保存在位于不同地方的几台不同的计算机上。为解决这一问题，斯坦福大学 1986 年开发了 Internet 报文访问协议 IMAP（Internet Message Access Protocol），该协议标准文档是 RFC3051，采用客户端/服务器命令模式，该协议默认工作在TCP 的 143 端口。IMAP4 与 POP3 不同的是，允许用户从多个地点访问邮箱而不会出现邮件被分割在不同计算机上的情况，用户还可以通过浏览信件头来决定是否收取、删除和检索邮件的特定部分，在服务器上创建或更改文件夹或邮箱。IMAP4 的这些特性非常适合在不同的计算机或终端之间操作邮件的用户（例如你可以在手机、PAD、PC 上的邮件代理程序操作同一个邮箱），以及那些同时使用多个邮箱的用户。同时二者的区别还在于连接的过程中，POP3 是将信件保存在服务器上，如果用户需要阅读邮件，所有内容都会被立即下载到用户的计算机上，可以理解为邮件推送（pushmail）。在 IMAP 中，只要用户界面是活动的和下载信息内容是需要的，客户端就会一直连接在服务器上。对于有很多或者很大邮件的用户来说，使用 IMAP4 模式可以获得更快的响应时间。POP3 协议假定邮箱当前的连接是唯一的连接。相反, IMAP4 协议允许多个用户访问邮箱的同时提供一种机制让客户能够感知当前其他连接到这个邮箱的用户所做的操作。

IMAP 提供了三种模式：

（1）在线方式：邮件保留在 E-mail 服务器端，客户端可以对其进行管理。其使用方式与WebMail 类似。

（2）离线方式：邮件保留在 E-mail 服务器端，客户端可以对其进行管理，这与 POP 协议一样。

（3）分离方式：邮件的一部分在 E-amil 服务器端，一部分在客户端。这与一些成熟的组件包（例如 Lotus Notes/Domino）应用的方式类似。

4. MIME 标准（Multipurpose Internet Mail Extensions，多用途互联网邮件扩展类型）

RFC822 设想邮件消息是由文本行构成，没有对图形、图像、声音、结构化文本格式做出说明，对数据压缩、传输、存储效率等没有考虑。MIME 标准的基本思想是继续使用 RFC822

定义的消息格式，但给消息体增加结构和定义，为非 ASCII 消息编码扩展电子邮件标准，使其能够支持：非 ASCII 字符文本、非文本格式附件（二进制、声音、图像等），由多部分（multiple parts）组成的消息体，包含非 ASCII 字符的头信息（Header information）。MIME 规定了用于表示各种各样的数据类型的符号化方法。MIME 将客户端发送的多媒体数据的类型告诉浏览器，说明该多媒体数据的 MIME 类型，从而让浏览器知道接收到的信息哪些是 MP3 文件，哪些是 JPEG 文件等。服务器将 MIME 标志符放入传送的数据中来告诉浏览器使用哪种插件读取相关文件。使用 MIME 标准可以发送 8 位字符消息、HTML 或者二进制数据，例如 GIF 文件，具体做法如下：

（1）包含 MIME 版本的题头，将消息标识为 MIME 类型。

（2）使用 Content-Type 题头来标识文档类型。

（3）如果消息的内容里包含有非 7 位的 ASCII 字符，应该将消息的正文进行编码，将设置的内容传输给题头，以指定用于数据编码的方法。

（4）按照约定，任何常规的 MIME 类型应该以 X 开头。

10.1.4　邮件的格式

常见的邮件格式为"账户@邮件服务器名"，例如 jojo@sohu.com。RFC822 中定义了电子邮件的标准格式：电子邮件完全由一行一行的文本组成，每一行以回车符（CR）和换行符（LF）结束；每一行的内容由 US-ASCII 字符组成，一封电子邮件由邮件头（header）、邮件体（body）组成，以空行分割，邮件头是必需的，因为允许存在无内容的邮件，所以邮件体是可选的。

邮件头有规范的格式，以使得 MTA、MDA 和 MUA 能对它进行分析。邮件头中主要包括邮件投递和邮件解析过程中需要用到的各种参数，RFC822 为邮件定义了 20 多个标准字段属性，包括 Date、Form、To、CC 等一些必须的字段和非必要的字段。另外，在邮件的传输过程中，MUA 和 MTA 还会在邮件头中加入一些路径信息，生成至少一个 Received 字段，这些字段合在一起构成了一封邮件完整的邮件头部分。邮件头的一些关键字段的含义如表 10-1 所示。邮件体中则是邮件的实际内容，可以是任意形式的文本内容，例如纯文本的，或者 HTML 格式的，或者两者兼而有之的格式，也可以是空内容。

表 10-1　邮件头关键字段

字段标志	字段含义
From	标识原始邮件的作者
To	标识原始邮件的主要接收者
Subject	标识邮件的主题
Reply-To	标识发件人希望的回复地址
Content-type	标识邮件内容的类型，例如纯文本、HTML 格式还是多媒体格式（如图片等）
Content-transfer-encoding	标识邮件在传输过程中所使用的编码，一般有 Base64、8bit 和 Quoted-Printable
Message-ID	唯一地标识一个信件，传输时被包含进日志文件，退信时也参考它
Received	用来标识将邮件从最初发送者到目的地进行中间转发的 SMTP 服务器。每台服务器都会在邮件头中增加一个 Received 字段，并添加关于自己的详细信息

10.1.5　邮件服务与 DNS 的关系

电子邮件（E-mail）服务器与 DNS 系统是密切相关的，如果要发电子邮件，就得通过邮件服务器将信件送出去。邮件传输过程中，需要利用 IP 地址，但是 IP 地址难以记忆，因此要有域名与 IP 地址的对应，这就是 DNS 系统，在收发电子邮件的过程中需要 DNS 对邮件服务器进行域名解析。

DNS 系统提供了主要邮件服务器的 MX 记录。MX 是 Mail eXchanger 的缩写，它可以让 Internet 上的信件马上找到邮件主机的位置。此外由于 MX 后面可以接数字，因此一个域名或一台主机可以有多个 MX 记录，这样就起到冗余功能。MX 记录的最大优点就是类似路由器的功能，称之为邮件路由。当有了 MX 记录之后，由于 DNS 的设置，所以当传输邮件时，可以根据 DNS 的 MX 记录直接将邮件传输到设置有 MX 记录的邮件服务器，无需询问邮件传输到哪里。这个功能可以让邮件快速正确地传输到目的地。

通常来说，当发出一封电子邮件时，邮件服务器会向 DNS 服务器查找邮件服务器对应的 IP 地址与 MX 记录，然后这封信会被送到优先级最高的 MX 主机上处理，如果没有找到 MX 记录，那么在查询到 IP 地址之后，信件才会慢慢送达该邮件服务器。在邮件到达之前，该主机则根据"@"前面的账户名将信件传输到各用户的邮件目录下。

例 10-1：DNS 中有关邮件部分的设置内容如下。

```
qgzy.com    IN      MX      10      mail1.qgzy.com
qgzy.com    IN      MX      20      mail2.qgzy.com
qgzy.com    IN      A               192.168.0.101
smtp        CNAME           192.168.0.101
pop3        CNAME           192.168.0.101
```

当用户 helen 需要给 David@qgzy.com 发送邮件时，邮件会被送到优先级最高的邮件服务器，即 mail1.qgzy.com，如果 mail1.qgzy.com 不能正确响应此封邮件时，邮件将被发送到优先级低的邮件服务器，即 mail2.qgzy.com，若此服务器也不能正常响应这封邮件，邮件会被送到 A 记录对应的主机，即 IP 地址为 192.168.0.101 对应的主机，也就是 qgzy.com 自己。

10.2　电子邮件服务器

10.2.1　常见邮件软件介绍

在 Linux 下常见的邮件传输代理有三种，分别为：Sendmail、Qmail 和 Postfix。在本节中将重点介绍 Postfix 的安装及使用方法。

1. Sendmail

Sendmail 是使用最广泛的 MTA 程序之一，由 Eric Allman 于 1979 年在 Berkeley 大学时所写。Sendmail 的流行来源于其通用性，它的很多标准特性现在已经成为邮件系统的标准配置，例如虚拟域、转发、用户别名、邮件列表及伪装等。然而 Sendmail 也存在一些明显的不足，由于当初 Internet 刚刚起步，使用环境非常简单，黑客也相对较少，因此 Sendmail 的设计对安全性考虑得很少，在大多数的系统中都是以 root 权限运行，而且程序设计本身 bug 较多，很容易被黑客利用，对系统安全造成严重影响；此外由于早期用户数量和邮件数量都相对要小，

Sendmail 的系统结构在设计上如果要适合较大的负载，需要进行复杂的调整；另外 Sendmail 的配置保存在单一的文件中，并且使用例如自定义的宏和正则表达式，使得配置文件冗长、不易理解。

Sendmail 使用了 m4 宏预处理器，通过使用宏代替简化配置过程。但是 m4 是一个强大的宏处理过滤器，它的复杂性完全不亚于 sendmail.cf。为了保证 Sendmail 的安全，Eric Allman 在配置文件权限、执行角色权限和受信应用控制等方面做了大量工作，但由于 Sendmail 的先天设计缺陷，改版后仍存在安全问题。

2. Postfix

Postfix 是最近出现的另一款优秀的 MTA 软件，是在 IBM 资助下由 Wietse Venema 负责开发的一个自由软件，其目的是为用户提供除 Sendmail 之外的邮件服务器选择。Postfix 遵循开放源代码许可，用户可以自由分享和二次开发该软件。Postfix 集成了很多 MTA 的优秀设计理念，例如 Sendmail 的丰富功能、Qmail 的快速队列、Maildir 的存储结构和独立的模块设计，力图做到快速、易于管理，提供尽可能的安全性，同时尽量做到和 Sendmail 邮件服务器保持兼容。

Postfix 同样采用模块化设计，只需要一个真实用户来运行所有的模块。Postfix 在系统安全方面考虑很多，它的所有模块都可以以较低的权限运行，彼此分离，不需要 setuid 程序。即使被入侵者破坏了某一个 Postfix 模块，也不能完全控制邮件服务器。这是 Postfix 在安全性方面的优点之一。Postfix 另一个优点在于配置上的简便性，它既不使用一个庞大复杂的配置文件，也不使用多个小的配置文件。

Postfix 的配置主要使用 main.cf 和 master.cf 两个文本文件，使用中心化的配置文件和容易理解的配置指令。Postfix 和 Sendmail 的兼容性非常好，甚至可以直接使用 Sendmail 的配置文件，为从 Sendmail 向 Postfix 过渡提供了便利。

3. Qmail

Qmail 是另外一个 MTA 程序，它的主要特点是安全、可靠和高效，以替代安全性和性能都不是很好的 Sendmail。Qmail 设置简单、速度很快，历经长久考验，至今未发现任何安全漏洞，被公认为是最安全的 MTA。

Qmail 采用标准 UNIX 模块化设计方案重建整个系统结构。它由若干个模块化的小程序组成，并由若干个独立账户执行，每项功能都由一个独立的程序运行，每个独立程序由一个独立账户运行，而且不需要任何 Shell 支持。Qmail 可以使用虚拟邮件用户收发信件，避免了系统用户的越权隐患。Qmail 完全没有使用特权用户账户，只使用多个普通低级账户（无命令 Shell）将邮件处理过程分为多个进程分别执行，避免直接以 root 用户身份运行后台程序，Qmail 的 SMTP 会话具有实时过滤技术和 SASL 认证机制，实时检测发信主机 IP 及过滤邮件内容，查杀病毒，极大程度保护邮箱安全，降低垃圾邮件。Qmail 使用先进、快速的信息队列及子目录循环来存储邮件信息，采用 Maildir 目录结构以及管道投递机制，使 Qmail 具有极强的抗邮件风暴、抗 DDos 攻击的能力，同时模块化的设计使 Qmail 可以方便地与各种杀毒软件、过滤系统、识别系统紧密结合、协同工作，同时提供详细的信息传送日志，供管理员分析。

4. Dovecot

Dovecot 是一个开源的 IMAP 和 POP3 邮件服务器，支持 Linux/UNIX 系统。POP/IMAP 是 MUA 从邮件服务器中读取邮件时使用的协议。其中，POP3 是从邮件服务器中下载邮件保存起来，IMAP4 则是将邮件留在服务器端直接对邮件进行管理、操作。而 Dovecot 是一个比较新的软件，由 Timo Sirainen 开发，最初发布于 2002 年 7 月。作者将安全性考虑在第一，所以 Dovecot 在安全性方面比较出众。另外，Dovecot 支持多种认证方式，所以在功能方面也比较符合一般的应用。

10.2.2　Postfix 邮件处理过程

10.2.2.1　Postfix 对不同邮件的处理

1. Postfix 的邮件队列

Postfix 有 4 种不同的邮件队列，并且由队列管理进程统一进行管理。

（1）maildrop：本地邮件放置在 maildrop 中，同时也被拷贝到 incoming 中。

（2）incoming：放置正在到达或队列管理进程尚未发现的邮件。

（3）active：放置队列管理进程已经打开并正准备投递的邮件，该队列有长度的限制。

（4）deferred：放置不能被投递的邮件。

2. 对邮件风暴的处理

初始化时 Postfix 同时只接受两个并发的连接请求。当邮件投递成功后，可以同时接受的并发连接的数目就会缓慢增长至一个可以配置的值。当然，如果这时系统的消耗已到达系统不能承受的负载就会停止增长。还有一种情况是，如果 Postfix 在处理邮件过程中遇到了问题，则该值会开始降低。

3. 对无法投递邮件的处理

对于第一次不能成功投递的邮件，Postfix 会给该邮件贴上一个延时邮票。不能投递的次数越多，延时越长。当然，经过一定次数的尝试之后，Postfix 会放弃对该邮件的投递，返回一个错误信息给该邮件的发件人。

4. 对不可到达的目的地邮件的处理

Postfix 会在内存中保存一个有长度限制的当前不可到达的地址列表。这样就避免了对那些目的地为当前不可到达地址的邮件的投递尝试，从而大大提高了系统的性能。

10.2.2.2　Postfix 接收/发送邮件的过程

1. Postfix 中的投递代理

（1）本地投递代理 local：系统中可以运行多个 local 进程，但是对同一个用户的并发投递的进程数目是有限制的。可以配置 local 将邮件投递到用户的宿主目录，也可以通过配置 local 将邮件发送给一个外部的命令，例如常用的本地投递代理 procmail。

（2）进程投递代理 IMAP：进程根据收件人地址查询一个 SMTP 服务器列表，按照顺序连接每一个 SMTP 服务器，根据性能对该表进行排序，在系统负载太大时，可以有数个并发的 SMTP 进程同时运行。

（3）pipe：用于 UUCP 协议的投递代理。

2. 投递邮件的过程

当新邮件到达 incoming 队列后便开始进行邮件投递，Postfix 投递邮件时的处理过程如下：

（1）邮件队列管理进程是整个 Postfix 邮件系统的核心，它联系 local、SMTP、pipe 等投递代理，将包含有队列文件的路径信息、邮件发件人地址、邮件收件人地址和投递请求发送给投递代理。

（2）队列管理进程维护着一个 deferred 队列，那些无法投递的邮件被投递到该队列中。

（3）除此之外，队列管理进程还维护着一个 active 队列，如果负载太大导致内存溢出，将限制该队列中的邮件数目。

（4）邮件队列管理程序还负责将 relocated 表中列出的邮件返回给发件人，包含无效的收件人地址。

3．接收邮件的过程

当 Postfix 接收到一封新邮件时，新邮件首选在 incoming 队列处停留，然后针对不同的情况进行不同的处理。

（1）对于来自于本地的邮件。

Postfix 进程将来自本地的邮件放在 maildrop 队列中，然后 pickup 进程对 maildrop 中的邮件进行完整性检测。maildrop 目录的权限必须设置为某一用户不能删除其他用户的邮件，即增加 Sticky 权限。

（2）对于来自于网络的邮件。

smtpd 进程负责接收来自于网络的邮件，并且进行安全性检查。smtpd 的行为由 UCE（Unsolicited Commercial Email）控制。

（3）由 Postfix 进程产生的邮件。

由 bounce 后台程序产生，目的是将不可投递的信息返回给发件人。

（4）由 Postfix 自己产生的邮件。

提示 postmaster（也即 Postfix 管理员）Postfix 运行过程中出现的问题（例如 SMTP 协议问题，违反 UCE 规则的记录等）。

10.2.3　Postfix 配置介绍

在 Red Hat Enterprise Linux 6.4 中带有 Postfix 的安装程序，可以使用"yum install postfix"方式进行安装。

```
[root@www ~]#yum install postfix          //安装 Postfix
[root@www ~]#rpm -qa|grep postfix         //查询 Postfix 是否安装
postfix-2.6.6-2.2.el6_1.i686
```

1．Postfix 的配置文件

Postfix 的配置文件默认存放在/etc/postfix 目录中，主要的配置文件及作用如表 10-2 所示。

表 10-2　Postfix 的主要配置文件

文件	功能
master.cf	master 进程的配置文件，规定了 Postfix 每个程序的运行参数
main.cf	Postfix 的主配置文件，几乎规范了所有的设置参数，文件内容修改后，需重启 Postfix 服务
access	限制某些域使用此服务器转发邮件，需要在/etc/postfix/main.cf 中启动后才能生效
aliases	用于设置邮件账户的别名
transport	设置邮件的代理方式，分为本地投递代理和虚拟代理
virtual	用于本地和非本地接收者或接收域的重定向操作
postfix-script	包装了一些 Postfix 命令，以便用户在 Linux 环境中安全地执行这些 Postfix 命令

2. Postfix 的常见命令

（1）postconf 命令。

作用：显示 Postfix 系统的配置信息或当前的配置参数，也可以使用此命令修改配置参数值。

常见选项如下：

-a：列出可用的 SASL 服务器插件类型。smtp_sasl_type 参数通过指定下面的值来决定 SASL 的类型：

- Cyrus：使用此选项需要 Cyrus SASL 支持。
- Dovecot：服务器插件使用 Dovecot 认证服务器，需要 SASL 支持。

-b：显示投递状态的开始信息，用 $name 表达式代替真实的值。模板文件可以在命令行中指定，也可以在 main.cf 文件中用 bounce_template_file 参数指定。

-d：列出所有命令参数。

-e，-#：修改 main.cf 文件。

-h：只显示参数值，没有标签及其他信息。

-l：显示所支持的锁定邮箱的方法。其中：

- flock：内核级别的锁定方法，只用于锁定本地文件。
- fcntl：内核级别的锁定方法，用于锁定本地文件及远程文件。
- dotlock：应用级别的锁定方法，通过创建"文件名.lock"来锁定文件。

-m：显示所支持的查询表类型的名称。

-n：显示配置的参数。

-t：显示投递状态信息的模板。

例 10-2：查看邮件的版本号。

```
[root@localhost ~]#postconf    mail_version
mail_version = 2.6.6
```

例 10-3：查看域名信息。

```
[root@localhost ~]#postconf    mydomain
mydomain=qgzy.com
```

（2）postfix 命令。

作用：Postfix 的控制程序，通过此命令可实现 Postfix 邮件系统的启动、停止等操作。

常见选项如下：

check：检查邮件系统中的错误信息，如路径、依赖关系或权限等。

start：启动 Postfix 程序，check 动作也会被执行。

stop：停止 Postfix 程序。

abort：立即停止邮件程序及相关进程。

flush：尝试投递延迟队列中的每一封邮件。

reload：重新加载配置文件。

status：显示 Postfix 系统的状态。

set-permissions：设置与 Postfix 相关文件和目录的所有权及普通权限。

upgrade-configuration：更新 main.cf 文件及 master.cf 文件。

例 10-4： 检查 Postfix 配置。

[root@localhost~]#postfix check
postfix：fatal：/etc/postfix/main.cf，line 58：missing '=' after attribute name："..."

该命令将会列出 Postfix 系统在配置文件中发现的错误或者它所需要的目录权限，本例显示，在第 58 行出现一个错误：在...配置后面缺失 "="。需要重新编写。

例 10-5： 查看 Postfix 系统的运行状态。

[root@localhost~]#postfix status
postfix/postfix- script：the postfix mail system is running：PID：1441

当对配置文件做出改变时，需要 Postfix 重新加载使修改生效，可通过 Postfix 的 reload 命令实现。

例 10-6： 重新加载 Postfix。

[root@localhost~]#postfix reload
postfix/postfix-script：refreshing the postfix mail system

（3）postalias 命令。

作用：用于设置 Postfix 的别名数据库，通过此命令可将/etc/aliases 转换成/etc/aliases.db。

常见选项如下：

-c：读取 main.cf 配置文件的路径。

-i：增量模式。从标准输入读取全部内容，不修改已存在的数据库。

-N：查询关键字中可以包括空字符。

-n：查询关键字中不能包含空字符。

-o：当处理非 root 用户输入的文件时不释放 root 权限。

-p：当创建新文件时不继承文件的读取权限，新建的文件使用默认权限（00644）。

-r：更新表时会更新存在的全部内容。

-s：检索所有的数据库元素，每行以 key:value 的形式输出所有元素。

-v：启用日志记录功能。

例 10-7： 将/etc/aliases 转换为/etc/aliases.db。

[root@localhost~]#postalias hash：/etc/aliases

上例中的 hash 是一种数据库格式。

（4）postcat 命令。

作用：用于查看队列中信件的内容。

主要选项如下：

-o：打印队列文件中每条记录的偏移。

-v：启用日志记录功能。

例 10-8： 查看/var/spool/mail/deferred/mailfile 的内容。

[root@localhost~]#postcat   /var/spool/mail/deferred/mailfile

（5）postqueue 命令。

作用：用于控制 Postfix 队列。

常用选项如下：

-f：刷新队列，尝试投递队列中所有的邮件。

-i：立即投递指定队列 ID 中的延期邮件。

-p：生成 Sendmail 风格的队列列表。

-v：启动日志记录功能。

例 10-9：打印邮件队列列表。

```
[root@localhost~]#postqueue -p
Mail queue is empty
```

上面结果说明在邮件队列中没有问题邮件。

（6）newailases 命令。

作用：用于更新 alias 数据库。

主要选项如下：

-v：打印第一个被投递邮件的报告。

-t：提取信息头中的收信人。

-q：尝试投递所有队列中的邮件。

-R：限制被退回邮件的尺寸。

例 10-10：更新 alias 数据库的信息。

```
[root@localhost~]#newliases
```

3．Main.cf 文件介绍

main.cf 是 Postfix 的全局配置文件，此文件中只包含了部分主要参数，绝大多数都有默认值。在默认情况下，Postfix 使用的是系统账户，即/etc/passwd 文件中包含的账户，关于 Postfix 更详细的信息可在命令提示符下输入命令"man 5 postconf"查看详细配置说明，main.cf 中参数的配置方式为"参数=参数值"。配置语法有两个要点：不用引号，可以使用"$"来引用参数。

（1）本地路径信息设置。

● queue_directory：用于设置存放邮件队列的目录，默认为/var/spool/postfix。

● command_directory：用于设置 Postfix 系统中存放命令的目录，默认为/usr/sbin。

● daemon_directory：用于设置 Postfix daemon 程序所在的目录，此目录的所有者必须是 root，默认为/usr/libexec/postfix。

● data_directory：用于设置本地缓存文件所在的目录，目录的所有者必须为邮件系统账户。

（2）队列和进程所有权的设置。

● mail_owner：用于设置邮件队列和 Postfix daemon 程序的所有者。

● default_privs：指定本地投递代理投递外部文件时使用的默认账户，默认为 nobody，此用户不能为特权用户或 Postfix 的所有者。

（3）Internet 主机和域名设置。

myhostname：用于设置邮件系统的网络主机名，默认使用完整域名。

例 10-11：设置邮件系统网络主机名。

```
myhostname = mail.qgzy.com
```

● mydomain：用于设置邮件系统的本地域名，此处可以设置多个域名。

（4）发送邮件设置。

● myorigin：用于指定该服务器使用哪个域名来外发邮件，默认值为$myhostname 和 $mydomain。

（5）接收邮件设置。

- inet_interfaces：用于指定接收邮件的网络接口地址，默认参数为 localhost，其他可选参数有 all、$myhostname 和 localhost。
- inet_protocols：用于设置所支持的 IP 类型，默认值为 all，即默认情况下支持 IPv4 及 IPv6。
- proxy_interfaces：用于设置代理方式下邮件系统的接口地址，直接以 IP 地址的形式给出即可，扩展地址列表用 inet_interfaces 参数设置。
- mydestination：用于指定该服务器使用哪个域名来接收邮件，默认值为$myhostname、localhost.$mydomain。根据需要在该参数中可添加$mydomain、www.$mydomain、ftp.$mydomain 等域名，例如：mydestination=$myhostname localhost.$mydomain www.$mydomain ftp.$mydomain

（6）拒绝本地未知用户邮件设置。

- local_recipient_maps：用于设置查询的用户名及地址表。此参数默认情况下是有定义的，即 SMTP 服务器在默认情况下拒绝接收来自本地匿名用户的邮件。
- unknown_local_recipient_reject_code：用于设置当接收域或$mydestination 或${proxy, inet}_interfaces 中值相匹配时的 SMTP 服务器响应代码，默认值为 550。

例 10-12：设置邮件服务器用于查询的用户名及地址表。

```
local_recipient_maps=proxy: UNIX: passwd.byname $alias_maps
```

（7）信任和中继设置。

- mynetworks：用于设置 SMTP 客户端的信任列表，信任列表中的客户可以通过 Postfix 系统进行邮件的转发。
- mynetworks_stype：用于设定邮件系统内部子网的限制情况，有 3 个选项：subnet、class、host。subnet 为默认选项，表示 Postfix 信任 SMTP 客户范围为本机所在子网；class 表示 Postfix 信任 SMTP 客户范围为本机 IP 地址类型相同的网络；host 表示 Postfix 信任 SMTP 客户范围只有本机自己。
- relay_domains：用于设置邮件转发的目的地。在默认情况下，对于信任的客户端（IP 地址与$mynetworks 设定值相匹配）可以转发邮件到任意目标；对于不信任的客户端只能向与$relay_domains 或子域中相匹配的目标地址转发邮件。Postfix 的 SMTP 服务器默认会接收来自$inet_interfaces、$proxy_interfaces、$mydestination、$virtual_alias_domains、$virtual_mailbox_domains 标识域或地址转发来的邮件。

例 10-13：若信任的 SMTP 客户范围为本机及 192.168.0.0/24 网段，则设置内容如下。

```
mynetworks=192.168.0.0/24, 127.0.0.0/8
```

例 10-14：若信任范围为本机所在网段，设置内容如下。

```
mynetworks_style=subnet
```

例 10-15：若设置转发域为$mydestination，则设置方法如下。

```
relay_domains=$mydestination
```

（8）Internet 或内部网。

- relayhost：用于设置发送邮件的默认主机。

例 10-16：设置默认中继主机。

```
relayhost=$mydomain
```

（9）拒绝未知的中继用户。

- relay_recipient_maps：用于设置查询表，只接收与$relay_domains 中值相匹配的地址发来的邮件。

（10）输入速率控制。

- in_flow_delay：用于控制邮件输入流，默认是开启的，单位为秒，当邮件到达的速率超过了邮件投递的速率，Postfix 进程暂停 in_flow_delay 指定的时间后再继续接收新邮件。

例 10-17：设置输入流延迟为 2 秒。

```
in_flow_delay=2s
```

（11）投递邮件。

- home_mailbox：用于指定与用户家目录相关的邮箱路径，默认用户存放在 /var/spool/mail/用户名或/var/mail/用户名。注意路径必须以绝对路径形式给出。
- mail_spool_directory：用于指定 UNIX 风格的邮箱路径。
- mailbox_command：指定用于投递邮箱的扩展命令。
- local_destination_recipient_limit：用于设置目标收件人的数量，默认值为 300.
- local_destination_concurrency_limit：用于设置本地目标的并发限制。

例 10-18：设置邮箱路径。

```
home_mailbox=mailbox
```

例 10-19：设置 UNIX 风格的邮箱路径。

```
mail_spool_directory=/var/mail
```

例 10-20：设置投递邮箱扩展命令。

```
maibox_commond=/some/weher/procmail
```

例 10-21：头部检查。

```
header_checks= regexp: etc/postfix/header_checks
```

（12）垃圾邮件控制。

- header_checks：用于检查操作表中每一条逻辑信息的头部是否合法。

（13）别名数据库。

- alias_maps：用于指定本地投递代理的别名数据库。默认设置如下：

```
alias_maps=hash:/etc/aliases
```

- alias_database：用于指定用 newaliases 或 sendmail-bi 命令创建的别名数据库。默认设置如下：

```
alias_database=hash:/etc/aliases
```

10.2.4　常见应用举例

在 Postfix 邮件系统中除/etc/postfix/main.cf 比较重要外，还有几个常用的用于邮件发送/接收的控制文件，例如/etc/postfix/access、/etc/postfix/aliases 等。

1. 使用邮件过滤机制

利用/etc/postfix/access 文件可以实现对邮件的过滤控制。/etc/postfix/access 文件的语法如下：在文件中支持主机名和地址模式，允许操作用 OK 或 All-numerical 表示；拒绝操作用 REJECT 表示。

例 10-22：允许地址为 192.168.0.101/24 及 qgzy.com 域中所有用户转发邮件，但不允许 192.168.0.0/24 网段内其他计算机转发邮件，设置如下：

```
#首先设置 main.cf 文件，允许 SMTP 客户端查询/etc/postfix/access 文件
[root@localhost ~]#vim etc/postfix/main.cf
smtp_client_restrictctions =smtp_client_access hash：/etc/postfix/access
[root@localhost ~]#vim /etc/postfix/access
192.168.0 REJECT
192.168.0.101 OK
 qgzy.com OK
[root@localhost ~]#service postfix restart
```

2．设置邮件别名

在系统中有很多虚拟用户，例如 bin、daemon、adm 等，这些用户用于执行系统中的特定程序，是不允许直接登录系统的，当这些虚拟用户执行程序时出现异常需要向程序的执行者发送邮件，但是系统的使用者是无法直接使用虚拟用户接收这些邮件的。常用的解决方法是在别名系统中为每个用户创建一个别名，在默认情况下，这些别名用户就是系统的管理员 root。邮件系统的管理进程为 postmaster。用于管理邮件账户别名的文件位于/etc 下，文件名为 aliases，文件的部分内容如下：

```
# General redirections for pseudo accounts.
bin:        root
daemon:     root
adm:        root
lp:         root
sync:       root
shutdown:       root
……
support:        postmaster
```

"："前面的是虚拟账户或系统账户，"："后面的是该账户对应的别名。一个账户可以有多个别名与其对应，别名之间用","隔开。注意 aliases 文件内容发生变化后，需要执行 newaliases 命令，改动过的内容才会生效。

例 10-23：设置寄给实体账户 user 的邮件除 user 本人外 admin 用户也可以收到。

```
[root@localhost ~]#vim /etc/aliases
```

文件加入下面内容：

```
  user:     user，admin
```

存盘退出：

```
[root@localhost ~]#newaliases
```

3．邮件的转发

通过在/etc/aliases 中加入多个别名可以实现邮件的转发，但 aliases 文件只有 root 用户才有权修改。如果普通用户希望自己的邮件也可以转发给其他用户，可以利用.forward 文件实现。该文件默认不存在，需要自己创建。

例 10-24：设用户 user 希望将发给自己的邮件转发给 admin、jojo@qgzy.com 及 lucy@ qgzy.com。

```
  [user@localhost ~]$ vi .forward    //创建并修改权限
  user
```

```
    admin
    jojo@qgzy.com
    lucy@qgzy.com
```

存盘退出。注意该文件一个账户占一行。

```
[user@localhost ~]$ chmod 644 .forward    //修改权限
```

注意：.forward 文件及所在的目录除所有者外不允许同组成员及其他用户拥有这些权限。

4. 限制邮件大小

Postfix 默认可接收的邮件大小为 10MB，在实际应用中，可以根据需要对用户的邮件及邮箱做出限制，在此处设置邮件大小包含邮件正文及附件。

例 10-25：将用户邮件限制为 5MB。

```
[root@ localhost ~]# vim /etc/postfix/main.cf
message_size_limit=5MB
[root@ localhost ~]#service postfix restart
```

5. 备份邮件

在接收邮件时可以通过修改/etc/aliases 实现邮件备份，在发送邮件时同样可以通过修改 main.cf 文件实现邮件的备份。操作方法如下：

```
[root@ localhost ~]#vim /etc/postfix/main.cf
always_bcc=sendback@qgzy.com
[root@ localhost ~]#service postfix restart
```

通过上面的操作，可以实现将所有通过本服务器寄出的邮件都被复制到 sendback@qgzy.com。

6. 允许 MUA 从 MTA 接收邮件

邮件的传递过程中，经常会经历不同的 MTA，此时要想正常收到邮件需要用到 Dovecot 工具。Dovecot 的作用是将邮件投递到目标邮件服务器。Dovecot 为 MUA 提供了一种访问服务器上存储邮件的方法，但是 Dovecot 并不负责从其他邮件服务器接收邮件。Dovecot 只是将已经存储在邮件服务器上的邮件通过 MUA 显示出来。邮件是如何存放的，以及存放在哪里由 MTA 决定，Dovecot 必须根据 MTA 的配置来进行相应的配置。所以安装 Dovecot 之前，必须保证 MTA 正常工作。

（1）Dovecot 工具的安装（设系统中已经配置好了 Yum 服务）。

```
[root@ localhost ~]#yum install dovecot
```

（2）修改 Dovecot 的配置文件。

```
[root@ localhost ~]#vim /etc/dovecot/dovecot.conf
protocols = pop3 imap                              #支持的邮件协议
disable_plaintext_auth = no                        #禁用明文密码
mail_location = mbox：~/main：INBOX=/var/spool/mail/% u  #用户邮件存储格式及位置
```

存盘退出。

（3）启动 Dovecot 服务。

```
[root@localhost~]#service dovecot restart
```

10.2.5　发送/接收邮件

发送/接收邮件有许多方法，在 Windows 下可以利用 Outlook、Foxmail 等 MUA 程序进行收发，在 Linux 中可以利用 mail 命令、telnet 等多种不同方法进行邮件发送与接收。

1. mail 命令

格式：mail[-iInv][-s subject][-c cc -addr][-b bcc -addr][user1][user2…]

功能：Linux 下 mail 不仅是一个命令，还是一个电子邮件程序，利用该命令不仅可以快速查询接收邮件，而且可以利用该命令编写脚本文件，完成一些日常工作。

常用选项如下：

i：interrupt，忽略 tty 中断信号。

I：interactive，强迫设为互动模式。

v：verbose，列出信息。

s：邮件标题。

c cc：邮件地址。

b bcc：抄送地址。

邮件保存地址为/var/spool/mail/用户名文件中。在 Linux 中输入命令"mail"，即可显示邮件，此时命令提示符为"&"，输入命令即可进行相关操作。

（1）unread：标记未读邮件。

（2）h|headers：显示当前邮件列表。

（3）l|list：显示当前支持的命令列表。

（4）? |help：显示命令参数用法。

（5）d：删除邮件。

（6）f|from：显示当前邮件简易信息。

（7）f|from num：指针移动到某一封邮件。

（8）z：显示刚进入收件箱时的后面 20 封邮件列表。

（9）more|p|page：阅读当前邮件内容。阅读时，按空格键翻页，按回车键下移一行。

（10）n|next|{ }num：阅读某一封邮件内容。

（11）top：显示当前邮件的邮件头。

（12）file|folder：显示邮件所在的文件及邮件总数等信息。

（13）x：退出 mail 命令，并不保存之前的操作。

（14）q：退出 mail 命令，保存之前的操作。

（15）cd：改变当前所在文件夹的位置。

（16）写信时，连按两次 Ctrl+C 组合键中断操作，不发送信件。

（17）读信时，按一次 Ctrl+C 组合键，退出阅读状态。

2. 直接使用 mail 命令发送/接收邮件

（1）可以直接使用 mail 命令发送邮件。

语法：mail -s 邮件主题 用户名@地址

例 10-26：向 will@qgzy.com 发送主题为 welcome 的邮件，内容为"Hello everyone！"。

```
[root@localhost~]#mail -s "welcome"  will@qgzy.com
Hello everyone！            #邮件正文
Ctrl +D                    #邮件编写完成，并退出
```

如果希望将邮件同时发送给多人，可在邮件主题后面加上多个邮件地址，邮件地址之间用空格隔开。

（2）使用管道进行邮件发送。

语法：echo "邮件内容"|mail -s 邮件主题 接收人

例 10-27：向 will@qgzy.com 发送主题为 wellcome 的邮件，内容为"glad to see you!"。

[root@localhost~]#echo "glad to see you"|mail -s "welcome" will@qgzy.com

（3）使用文件进行邮件发送。

语法：mail -s 邮件主题 收件人 < 文件名

例 10-28：将 log.txt 的内容以邮件形式发送给 will@qgzy.com，主题为 welcome。

[root@localhost~]#mail -s "welcome" will@qgzy.com < log.txt

在此种方式下，若希望将邮件同时发送给多人，可以在收件人前加上-c 并添加多个收件人。形同例 10.26 中的邮件在发送给 will 的同时发送给 lucy，写法如下：

[root@localhost~]#mail -s "welcome" -c will@qgzy.com　lucy@qgzy.com<log.txt

上述三种邮件发送方式中，第（1）（2）种方式是在 Shell 中直接输入，所以不能输入中文（即使能输入中文，接收方收到的邮件也会显示乱码）；第（3）种方式，由于邮件系统直接读取文件内容，可以在 Windows 中将文件写好，再在 Linux 中进行邮件的发送，这样对方就可以接收到中文邮件了，但是邮件的标题必须使用英文。

3. 使用 telnet 命令发送/接收邮件

使用 telnet 命令可以直接通过 SMTP 或者 POP3 来收发邮件，邮件的相关信息需要完全输入命令来处理，使用较困难。此方法可以指定邮件发送与接收的服务器，但需要系统中已经安装好 telnet 客户端。设系统中已存在用户 Will 和 Julia，Will 的邮箱为 will@mail.qgzy.com，Julia 的邮箱为 julia@163.com，SMTP 服务器为 mail.qgzy.com。现 Will 使用 telnet 命令给 Julia 发送邮件，方法如下：

```
[root@localhost~]#telnet　mail.qgzy.com 25
helo mail.qgzy.com                    //宣告客户端地址
mail from：will@mail.qgzy.com         //告知发件人
Rcpt to：julia@163.com                //告知收件人
Subject：this is a test ！！！          //标题（可无）
Data
This is test mail……                  //邮件正文
.                                     //"."表示邮件内容编辑完成
quit
```

4. 使用 Foxmail 客户端工具发送/接收邮件

（1）Foxmail 的配置。

在 Windows 中接收/发送邮件的应用程序很多，较常见的有 Outlook、Foxmail 等，这里以 Foxmail 为例，说明在 Windows 中发送/接收邮件的方法。Foxmail 的工作窗口如图 10-2 所示。

（2）在 Foxmail 主界面添加用户，如图 10-3 所示。

（3）要想成功使用 Foxmail 发送或接收邮件，需要在 Foxmail 中设置好 SMTP 服务器及 POP3 服务器。设 SMTP 服务器为 mail.qgzy.com，POP3 服务器为 mail.qgzy.com，如图 10-4 所示。

图 10-2　Foxmail 工作界面

图 10-3　添加用户

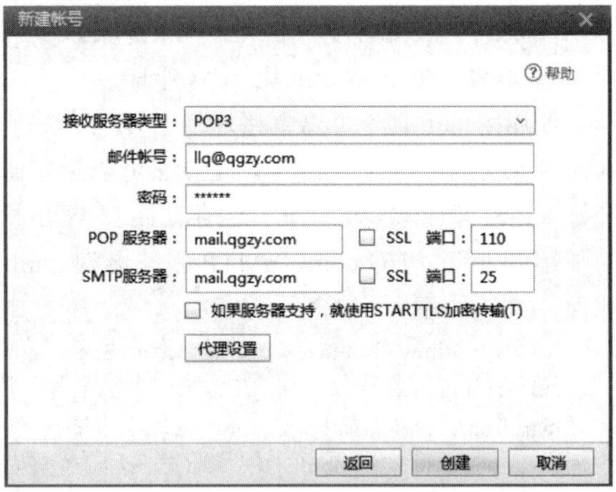

图 10-4　邮件服务器的设置

（4）使用 Foxmail 写邮件。单击"写邮件"按钮，填入收件人等与邮件相关的信息，如图 10-5 所示。

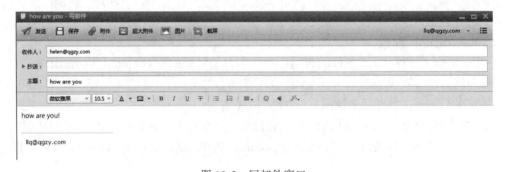

图 10-5　写邮件窗口

（5）接收邮件。单击"收取"按钮接收相应邮件，如图 10-6 所示。

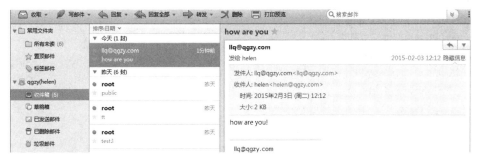

图 10-6　接收邮件窗口

10.3　邮件服务器的搭建与测试

10.3.1　任务描述

设某公司需要搭建一个企业内部的邮件服务器，具体要求如下：
（1）邮件系统建立在 RHEL6.4 之上。
（2）邮件系统使用 Postfix 搭建。
（3）邮件系统的域名为 mail.qgzy.com 或 qgzy.com。
（4）邮件账户为 llq、jojo、lucy、helen，lucy 和 helen 是 jojo 的别名。
（5）发送给 jojo 的邮件会被转发到 lucy 和 helen。
（6）邮件系统与 DNS 系统共用一台主机，IP 地址为 192.168.1.101/24。

10.3.2　任务 10–1：配置 DNS 系统

1．配置服务器的 IP 地址

IP 地址的配置方法可以用 ifconfig 进行临时指定，也可以在/etc/sysconfig/network 文件中进行设置。由于是给服务器设置 IP 地址，故此地址不宜频繁变动，所以本例中使用/etc/sysconfig/network 文件修改进行 IP 地址及主机名配置，将服务器的 IP 地址设置为静态 IP 地址。

（1）修改主机名。

```
[root@localhost~]# vi /etc/sysconfig/network
hostname=mail.qgzy.com
```

（2）修改 IP 地址及子网掩码。

```
[root@localhost~]#vi /etc/sysconfig/network-scripts/ifcfg-eh0
ipaddr=192.168.1.101
netmask=255.255.255.0
```

（3）重新启动网络服务。

```
[root@localhost~]#service network restart
```

2．创建邮件账户

```
[root@localhost~]# useradd jojo
[root@localhost~]# passwd jojo
[root@localhost~]# useradd lucy
[root@localhost~]# passwd lucy
```

```
[root@localhost~]# useradd helen
[root@localhost~]# passwd Helen
[root@localhost~]# useradd llq
[root@localhost~]# passwd llq
```

3. 配置 DNS 服务器

（1）检查 DNS 服务是否安装（若未安装，可用 Yum 进行安装）。

```
[root@localhost~]# rpm    -qa | grep bind
bind -9.8.2-0.17.rc1.el6.i686
```

从上面的结果可以看出，系统中已经安装了 DNS 软件包。下面就可以配置 DNS 服务器了。

安装 DNS 服务：

```
[root@localhost~]#yum install bind
```

（2）配置 name.conf 文件。

将此文件中的 listen-on port 53 及 allow-query 的监听范围改为 any，并将自定义的区域范围文件包括到 name.conf 文件中。修改的文件内容如下：

```
[root@localhost~]# vim /etc/named.conf
options{
listen-on port 53 {any；};                          //指明监听端口
directory          "/var/named";
dump-file          "/var/named/data/cache_dump.db";
statistics-file         "/var/named/data/named_stats.txt";
memstatistics-file   "/var/named/data/named_mem_stats.txt";
allow-query          {any；};
recursion yes；
...
include "/etc/named.rfc1912.zones";
include "/etc/named.zones";                          //指定区域配置文件
```

（3）生成 named.zones 文件。

named.zones 文件是自定义文件，默认是不存在的，文件内容及格式要参考 named.rfc1912. zones 文件，在 named.zones 文件中可以定义自己需要的域名。

```
[root@localhost~]# cp /etc/ named.rfc1912.zones   /etc/named.zones   -p
```

上面命令中的-p 表示复制文件时要带着文件属性一起复制。

（4）修改 named.zones 文件。

```
[root@localhost~]# vim /etc/named.zones
zone "qgzy.com" IN{
type master；                        //指定服务器类型
file "zx.qgzy";                       //指定正向区域文件
allow-update{ none；};
};
zone "1.168.192.in-addr.arpa" IN{
type master
file "fx.qgzy"                        //指定反向区域文件
allow-update{ none；};
};
```

在 named.zones 文件中定义了区域 qgzy.com 的正向文件 zx.qgzy 及反向文件 fx.qgzy。注意，在"{}"间所有内容都要以";"结尾。

（5）生成正向区域文件。

```
[root@localhost~]# cp /var/named/named.localhost /var/named/zx.qgzy -p
```

named.localhost 是系统中默认的正向区域文件，自定义的正向文件结构可以参考该文件。

（6）修改正向配置文件。

```
[root@localhost~]# vim /vat/named/zx.qgzy
$TTL 1D
@        IN   SOA   server.qgzy.com.   root.(
                                  2015070711        ;serial
                                  1D                ;refresh
                                  1H                ;retry
                                  1W                ;expire
                                  3H)               ;minimum
         NS                                server.qgzy.com.
         IN      MX      10           mail.qgzy.com.
         server  IN      A            192.168.1.101
         mail    IN      A            192.168.1.101
```

serial 前面的数字是生成 DNS 服务器的日期，准确到小时；邮件服务器的域名为 qgzy.com 或 mail.qgzy.com。

（7）生成反向区域文件。

```
[root@localhost~]# cp /var/named/named.loopback   /var/named/fx.qgzy -p
```

操作方法与正向文件的生成方法类似。

（8）修改反向配置文件。

```
[root@localhost ~]# vim /var/named/fx.qgzy
&TTL 1D
@        IN SOA server.qgzy.com. root. (
                                  2015070711        ;serial
                                  1D                ;refresh
                                  1H                ;retry
                                  1W                ;expire
                                  3H)               ;minimum
         NS              server.qgzy.com.
         101     PTR           server.qgzy.com.
         101     PTR           mail.qgzy.com.
```

（9）启动 DNS 服务。

```
[root@localhost ~]# service named restart
停止 named：                                    [确定]
启动 named：                                    [确定]
```

（10）修改 resolv.conf 文件。

```
[root@localhost ~]#vi /etc/resolv.conf
DNS=192.168.1.101
search qgzy.com
```

在文件中声明名称服务器的 IP 地址及搜索区域。

（11）测试 DNS。

```
[root@localhost ~]# nslookup
> mail.qgzy.com
    Server:     192.168.1.101
    Address:    192.168.1.101#53
    Name:       mail.qgzy.com
    Address:  192.168.1.101
    > 192.168.1.101
    Server:     192.168.1.101
    Address:    192.168.1.101#53
    101.1.168.192.in-addr.arpa    name = server.qgzy.com.
    101.1.168.192.in-addr.arpa    name = mail.qgzy.com.
```

从上面的结果可以看出，DNS 服务器搭建成功，可以正确进行邮件系统的正/反向域名解析。

10.3.3　任务 10-2：配置邮件系统

1. 检查 Postfix 软件包

```
[root@localhost ~]# rpm    -qa    | grep postfix
postfix-2.6.6-2.2.el6_1.i686
```

从上面的结果可以看出，系统中已经安装了 Postfix 软件包。

2. 修改 main.cf 文件

此文件是 Postfix 的主配置文件，功能较多，此处只列出修改过的内容：

```
[root@localhost ~]# vim /etc/postfix/main.cf
alias_maps = hash: /etc/aliases               //邮件别名
inet_interfaces = all                         //监听所有端口
myorigin = $ myhostname                        //外发邮件时的邮件服务器完整域名
myorigin = $ mydomain                          //外发邮件时的邮件服务器所在域的域名
mydestination =$myhostname，localhost.$mydomain，localhost，$mydomain //允许投递到的域名
myhostname = mail.qgzy.com                    //邮件服务器的主机名
mydomain = qgzy.com                           //邮件服务器的域名
mail_spool_directory = /var/spool/mail        //存放邮件的地址
```

3. 重启 Postfix 服务

```
[root@localhost ~]# service postfix restart
关闭  postfix：                               [确定]
启动  postfix：                               [确定]
```

4. 安装 Dovecot 软件包

```
[root@localhost ~]#yum install devecot
```

Dovecot 软件包在默认情况下是没有安装的，该软件提供 POP3 和 IMAP 服务，可实现客户端用户使用 MUA 工具接收/发送邮件。

5. 修改 Dovecot 的配置文件

```
[root@localhost ~]#vim /etc/dovecot/dovecot.conf
protocols = imap pop3   lmtp                //支持的邮件协议
```

6. 修改/etc/dovecot/conf.d/10-mail.conf

```
[root@localhost ~]#vim /etc/dovecot/conf.d/10-mail.conf
mail_location=mbox：~/mail：INBOX=/var/spool/mail/%u    //用户邮件存储的格式及位置，后面的
```

/var/mail/%u 是存放用户邮件的真实位置。

7. 启动 Dovecot 服务

```
[root@localhost ~]#service dovecot restart
停止 dovecot imap：　　　　[失败]
正在启动 dovecot imap：　　　[确定]
```

8. 设置邮件别名并使别名系统生效

```
[root@localhost ~]#vim /etc/aliases
jojo:　　　jojo，lucy，helen
[root@localhost ~]#newaliases
```

10.3.4　任务 10-3：用命令及 Foxmail 测试

1. 以用户 jojo 向用户 lucy 发送邮件

```
[root@localhost ~]#su - jojo
[jojo@localhost~]$ mail lucy@qgzy.com
Subject：how are you          //邮件的标题
Hello! I am jojo.             //邮件的内容
EOT                          //Ctrl+D 用于结束邮件的书写
```

下面是用户 lucy 接收并阅读邮件的操作：

```
[root@localhost ~]#su -lucy
[lucy@localhost~]$ mail          //用来收邮件
Heirloom Mail version 12.4 7/29/08.   Type ? for help.
"/var/spool/mail/lucy"：1 message 1 new
>N  1 jojo@qgzy.com          Fri Nov 13 13：46　18/542    "how are you"
& 1                                          //邮件编号
Message  1：
From jojo@qgzy.com   Fri Nov 13 13：46：54 2015
Return-Path：<jojo@qgzy.com>
X-Original-To：lucy@qgzy.com
Delivered-To：lucy@qgzy.com
Date：Fri，13 Nov 2015 13：46：54 +0800
To：lucy@qgzy.com
Subject：how are you
User-Agent：Heirloom mailx 12.4 7/29/08
Content-Type：text/plain; charset=us-ascii
From：jojo@qgzy.com
Status：R

hello!I am jojo.

& quit
```

从上面的结果可以看出，用户 jojo 成功地向用户 lucy 发送了主题为 how are you 的邮件，用户 lucy 成功地接收并阅读了该邮件。

2. 以用户 root 身份向用户 jojo 发送邮件

```
[root@localhost lucy]# mail jojo@qgzy.com
Subject：Hi
```

I am root!How are you!
EOT

（1）以用户 jojo 身份接收邮件。

[root@localhost ~]#su - jojo
[jojo@localhost ~]$mail
Heirloom Mail version 12.4 7/29/08.　Type ? for help.
"/var/spool/mail/jojo"：1 message 1 new
>N　1 root　　　　　　　Fri Nov 13 13：56　18/544　"Hi"
& 1
Message　1：
From root@qgzy.com　Fri Nov 13 13：56：54 2015
Return-Path：<root@qgzy.com>
X-Original-To：jojo@qgzy.com
Delivered-To：jojo@qgzy.com
Date：Fri，13 Nov 2015 13：56：54 +0800
To：jojo@qgzy.com
Subject：Hi
User-Agent：Heirloom mailx 12.4 7/29/08
Content-Type：text/plain; charset=us-ascii
From：root@qgzy.com (root)
Status：R

I am root!How are you!

& quit
 [jojo@localhost ~]$

（2）以用户 lucy 身份接收邮件。

[root@localhost ~]#su -lucy
[lucy@localhost ~]$ mail
Heirloom Mail version 12.4 7/29/08.　Type ? for help.
"/var/spool/mail/lucy"：2 messages 1 new
　　1 jojo@qgzy.com　　　　Fri Nov 13 13：46　19/553　　"how are you"
>N　2 root　　　　　　　Fri Nov 13 13：56　18/544　"Hi"
& 2
Message　2：
From root@qgzy.com　Fri Nov 13 13：56：54 2015
Return-Path：<root@qgzy.com>
X-Original-To：jojo@qgzy.com
Delivered-To：jojo@qgzy.com
Date：Fri，13 Nov 2015 13：56：54 +0800
To：jojo@qgzy.com
Subject：Hi
User-Agent：Heirloom mailx 12.4 7/29/08
Content-Type：text/plain; charset=us-ascii
From：root@qgzy.com (root)
Status：R

I am root!How are you!

& quit

  [lucy@localhost ~]$

（3）以用户 helen 身份接收邮件。

[helen@localhost ~]$ mail

Heirloom Mail version 12.4 7/29/08.　　Type ? for help.

"/var/spool/mail/helen"：9 messages 2 new

```
     1 root                 Mon Feb  2 16：16   21/646    "kk"
     2 root                 Mon Feb  2 16：17   20/612    "dd"
     3 sunny@qgzy.com        Mon Feb  2 16：29   20/624    "test"
     4 root                 Mon Feb  2 16：31   20/625    "test3"
     5 root                 Mon Feb  2 21：46   20/596    "tt"
     6 root                 Mon Feb  2 23：11   20/626    "public"
     7 llq@qgzy.com          Tue Feb  3 12：11   45/1616   "how are you"
>N   8 root                 Fri Nov 13 13：54   18/546    "message"
 N   9 root                 Fri Nov 13 13：56   18/544    "Hi"
```

& 9

Message　9：

From root@qgzy.com　Fri Nov 13 13：56：54 2015

Return-Path：<root@qgzy.com>

X-Original-To：jojo@qgzy.com

Delivered-To：jojo@qgzy.com

Date：Fri，13 Nov 2015 13：56：54 +0800

To：jojo@qgzy.com

Subject：Hi

User-Agent：Heirloom mailx 12.4 7/29/08

Content-Type：text/plain; charset=us-ascii

From：root@qgzy.com (root)

Status：R

I am root!How are you!

& quit

Held 9 messages in /var/spool/mail/helen

从上面的结果可以看出，管理员 root 发给用户 jojo 的主题为 Hi 的邮件被成功地发送到 jojo、lucy、helen 用户的邮箱。

3. 在 Foxmail 客户端收发邮件

（1）在用户主目录下创建 INBOX 子目录。

[llq@localhost ~]$ mkdir -p /home/llq/mail/.imap/INBOX

[jojo@localhost　~]$ mkdir -p /home/jojo/mail/.imap/INBOX

[lucy@localhost　~]$ mkdir -p /home/lucy/mail/.imap/INBOX

[helen@localhost　~]$ mkdir -p /home/helen/mail/.imap/INBOX

（2）添加用户到 Foxmail。

参考 10.2.5 节的用户添加步骤，将用户 llq、jojo、helen、lucy 添加到 Foxmail 用户列表，结果如图 10-7 所示。

图 10-7　用户添加界面

（3）发送邮件。

下面以 llq 和 jojo 用户为例说明邮件的收发过程。在 Foxmail 主界面选择用户，然后单击"写邮件"按钮，打开图 10-8，开始编辑邮件。然后单击"发送"按钮。

图 10-8　写邮件

（4）接收邮件。

选中要接收邮件的用户 jojo，然后单击"收取"按钮，再选择信件就会显示信件内容，如图 10-9 所示。

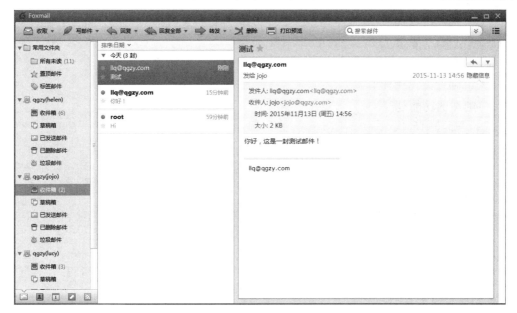

图 10-9　接收邮件

从上面的结果可以看到，邮件服务器搭建成功，不仅可以在服务器上通过命令收发邮件，而且能转发到别名邮箱，还可以在邮件客户端以图形界面形式实现邮件的收发及别名邮箱的转发，任务完成。

10.4　小结

本项目主要介绍了电子邮件的定义、邮件系统的工作原理、常见的邮件协议、邮件的格式等理论知识及常用的邮件系统软件，重点介绍了 Postfix 邮件系统的配置及使用方法。在邮件系统中最常见的概念有 MUA、MTA、MDA、MRA 等，MUA 为邮件用户代理，MTA 为邮件传输代理，MDA 为邮件投递代理，MRA 为邮件收取代理，这 4 种代理通过邮件协议（例如 POP 协议及 SMTP 或 IMAP 协议）帮助用户实现邮件的投递及接收。邮件系统的实现与 DNS 是密不可分的，需要在 DNS 服务器中给出相应的 MX 记录及相关域名。本项目给出了一个完整的邮件系统的构建与测试案例。

10.5　习题与操作

一、选择题

1. 电子邮件由（　　）4 个模块组成。
   A．MUA、MFA、MPA、MDA　　　　B．MUA、MDA、MRA、MTA
   C．MUA、MPA、MRA、MTA　　　　D．MUA、MRA、MDA、MGA
2. MTA 的功能是（　　）。
   A．邮件用户代理　　　　　　　　　B．邮件传输代理

    C．邮件接收代理   D．邮件投递代理

3．MUA 的功能是（　　）。
    A．邮件用户代理   B．邮件传输协议
    C．邮件接收代理   D．邮件投递代理

4．MDA 的功能是（　　）。
    A．邮件用户代理   B．邮件传输协议
    C．邮件接收代理   D．邮件投递代理

5．用于发送邮件的协议是（　　）。
    A．SMTP   B．POP3   C．IMAP   D．MIME

6．用于接收邮件的协议是（　　）。
    A．SMTP   B．POP3   C．SNMP   D．OSPF

7．SMTP 协议使用的端口是（　　）。
    A．110   B．25   C．143   D．153

8．邮件的格式是（　　）。
    A．账户@邮件服务器名   B．账户@DNS 服务器名
    C．主机名@邮件服务器名   D．账户@FTP 的 IP 地址

9．下面（　　）不是在 Linux 下常见的邮件服务系统。
    A．Sendmail   B．Qmail   C．Postfix   D．Foxmail

10．在 Postfix 中不能被投递的邮件放在（　　）中。
    A．maildrop   B．incoming   C．active   D．deferred

二、操作题

1．任务描述

某公司拥有自己搭建的 mail 服务器，为内网用户提供 E-mail 服务。该服务器已决定采用 Linux 平台下的 Postfix 和 Dovecot 软件。要求 DNS 服务器管理 qgzy.com 域的域名解析，DNS 服务器的域名为 server.qgzy.com，IP 地址为 192.168.1.10/24；mail 邮件服务器的域名为 mail.qgzy.com。该系统要求能利用本公司内部的 DNS 服务器进行解析，完成邮件正常发送。

2．操作目的

（1）熟悉 DNS 和邮件服务器的安装和配置。

（2）学会邮件服务的测试。

（3）学会使用邮件客户端收发邮件。

3．任务准备

一台安装 RHEL6.4 的主机。

11

架设 FTP 服务器

【项目导入】

FTP（File Transfer Protocol，文件传输协议）在 Internet 中有着广泛的应用，早在 Internet 发展初期就与 Web 服务、E-mail 服务一起被列为 Internet 的三大应用。利用 FTP 可以方便地实现软件、文件等资源的共享。本项目将详细讲解在 Linux 操作平台下 FTP 服务器的搭建及配置。

【知识目标】

☞理解 FTP 服务的工作原理
☞理解 FTP 的工作模式
☞掌握 FTP 服务器配置文件格式及参数含义

【能力目标】

☞掌握 Vsftpd 的安装方法
☞学会配置 Vsftpd 的主要参数
☞掌握 FTP 服务器的搭建方法

11.1 FTP 服务

11.1.1 FTP 介绍

虽然用户可采用多种方式来传送文件，但是 FTP 凭借其简单高效的特性，仍然是跨平台直接传送文件的主要方式。与大多数的 Internet 服务一样，FTP 服务器也采用客户机/服务器模式，如图 11-1 所示。用户利用 FTP 客户机程序连接到远程主机上的 FTP 服务器程序。然后向服务器程序发送命令，服务器程序执行用户发出的命令，并将执行结果返回给客户机。

在此过程中，FTP 服务器和 FTP 客户机之间建立两个连接：控制连接和数据连接。控制连接用于发布 FTP 命令信息，使用 21 端口；数据连接用于控制数据的上传和下载，使用 20 端口。通常 FTP 服务器的守护进程总是监听 21 端口，等待控制连接的建立请求。控制连接建立之后 FTP 服务器通过一定的方式验证用户的身份之后才会建立数据连接。

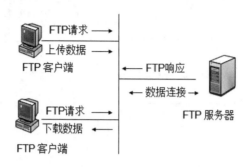

图 11-1　FTP 服务器的工作模式

11.1.2　FTP 服务的传输模式

FTP 服务有两种传输模式，分别为主动模式（Active FTP）和被动模式（Passive FTP）。

1. 主动模式（Active FTP）

在主动传输模式下，FTP 客户端随机开启一个大于 1024 的端口 N（比如 1031）向服务器的 21 号端口发起连接，然后开放 N+1 号端口（1032）进行监听，并向服务器发出 PORT 1032 命令。服务器接收到命令后，会用其本地的 FTP 数据端口（通常是 20）来连接客户端指定的端口 1032，进行数据传输，如图 11-2 所示。

2. 被动模式（Passive FTP）

在被动传输模式下，FTP 客户端随机开启一个大于 1024 的端口 N（比如 1031）向服务器的 21 号端口发起连接，同时会开启 N+1 号端口（1032），然后向服务器发送 PASV 命令，通知服务器自己处于被动模式。服务器收到命令后，会开放一个大于 1024 的端口 P（1521）进行监听，然后用 PORT P 命令通知客户端，自己的数据端口是 1521。客户端收到命令后，会通过 1032 号端口连接服务器的端口 1521，然后在两个端口之间进行数据传输，如图 11-3 所示。

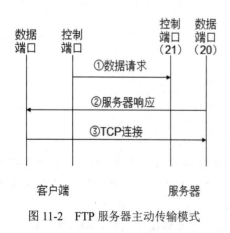

图 11-2　FTP 服务器主动传输模式

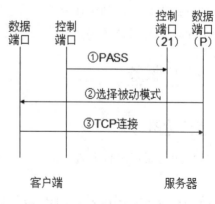

图 11-3　FTP 服务器被动传输模式

11.1.3　常用 FTP 服务器软件介绍

目前常用的 FTP 服务器软件有四种：Vsftpd、Pureftpd、Wu-ftpd、Proftpd。它们都是基于 GPL 协议开发的，功能也基本相似，在此仅介绍 Vsftpd。

1．Vsftpd

Vsftpd 是 Red Hat Enterprise Linux 6 内置的 FTP 服务器软件，它的使用方法最简单，安全性也很高（vs 就是 very secure 的缩写，非常安全），其用户数量最多。

Vsftpd 的特点：

（1）它是一个安全、高速、稳定的 FTP 服务器。

（2）它可以做基于多个 IP 的虚拟 FTP 主机服务器。

（3）匿名服务设置十分方便。

（4）匿名 FTP 的根目录不需要任何特殊的目录结构、系统程序或其他系统文件。

（5）不执行任何外部程序，从而减少了安全隐患。

（6）支持虚拟用户，并且每个虚拟用户可能具有独立的属性配置。

（7）可以设置从 inetd 中启动或者独立的 FTP 服务器两种运行方式。

（8）支持两种认证方式（PAP 或 xinetd/tcp_wrappers）。

（9）支持带宽限制。

2．Pureftpd

Pureftpd 也是 Linux 下一款很著名的 FTP 服务器软件，在 SuSE、Debian 中内置。Pureftpd 服务器使用非常简单，使初学者也可以在 5 分钟内搭建一个 FTP 服务器。

3．Wu-ftpd

Wu-ftpd 是最老牌的 FTP 服务器软件，也曾经是 Internet 上最流行的 FTP 守护程序。它功能强大、能够架构多种类型的 FTP 服务，不过它发布得较早，程序组织比较乱，安全性不太好。

4．Proftpd

虽然 Wu-ftpd 有着极佳的性能，同时也是一套很好的软件，然而它曾经有过不少的安全漏洞。Proftpd 的研发者自己就曾花了很多的时间发掘 Wu-ftpd 的漏洞并试图加以改进增加功能，然而十分遗憾的是，他们很快就发现 Wu-ftpd 显然是需要全部重新改写的 FTP 服务器。为了追求一个安全且易于设定的 FTP 服务器，他们开始编写 Proftpd。事实上也确实如此，Proftpd 很容易配置，在多数情况下速度也比较快，而且干净的源代码导致缓冲溢出的错误也比较少。

11.2　FTP 服务器的安装与配置

11.2.1　安装 FTP 服务器

1．安装 Vsftpd 服务器

默认情况下 Vsftpd 服务器是不会被安装的，需要管理员手工安装。在 RHEL6.4 中内置的 Vsftpd 软件包为 vsftpd-2.2.2-11.el6.i686.rpm，可通过 Yum 或 RPM 安装。

```
[root@loacalhost ~]# yum install vsftpd
```

2. 启动、停止、重启服务

（1）启动 FTP 服务。

```
[root@localhost ~]#service vsftpd start
为 vsftpd 启动 vsftpd:                [确定]
```

（2）重新启动 FTP 服务。

```
[root@localhost ~]# service vsftpd restart
停止 vsftpd:                          [确定]
启动 vsftpd:                          [确定]
```

（3）停止 FTP 服务。

```
[root@localhost ~]#service vsftpd stop
停止 vsftpd:                          [确定]
```

11.2.2 Vsftpd 的配置文件

1. Vsftpd 的配置文件

表 11-1 列出了与 Vsftpd 服务器相关的文件和目录，其中 vsftpd.conf 是 FTP 服务器的主配置文件。Vsftpd 守护进程运行时首先从 vsftpd.conf 文件获取配置文件的信息，然后配合 ftpusers 和 user_list 文件决定可访问的用户。

表 11-1　Vsftpd 配置文件

配置文件或路径	说明
/etc/vsftpd/vsftpd.conf	Vsftpd 服务器的主配置文件
/etc/vsftpd/ftpusers	禁止使用 Vsftpd 服务的用户列表
/etc/vsftpd/user_list	禁止或允许使用 Vsftpd 服务的用户列表
/etc/pam.d/vsftpd	PAM 认证文件，用来标识虚拟用户
/usr/sbin/vsftpd	Vsftpd 的主程序
/var/ftp	默认匿名用户登录的主目录
/var/ftp/pub	匿名用户的下载目录

2. Vsftpd 支持的账户类型

（1）匿名账户：在登录 FTP 服务器时不需要输入密码就可以访问 FTP 服务器，匿名账户名称为 anonymous 或 ftp，匿名账户的登录目录为/var/ftp/pub。

（2）本地实体账户：具有本地权限的账户，登录 FTP 服务器时需要输入用户名、密码，登录目录为自己的主目录。

（3）虚拟账户：虚拟账户只具有从远程登录 FTP 服务器的权限，只能访问为其提供的 FTP 服务，密码和用户名都由用户密码库指定，PAM 认证。虚拟账户不能在本地登录。

3. 主配置文件

vsftpd.conf 是 FTP 服务器的主配置文件，决定了 Vsftpd 服务器的主要功能，其格式有如下规则：

（1）语法形式为"参数名=参数值"。

（2）配置语句中除了参数值以外，所有的选项都不区分大小写。

（3）可使用"#"表示该行为注释信息。

vsftpd.conf 文件中可定义多个配置参数，表 11-2 列出最常用的部分配置参数。

表 11-2　vsftpd.conf 的主要配置参数

参数名	说明
anonymous_enable	指定是否允许匿名登录，默认为 YES
local_enable	指定是否允许本地用户登录，默认为 YES
write_enable	指定是否开放写权限，默认为 YES
dirmessage_enable	指定是否能浏览目录内的信息
userlist_enable	指定是否启用 user_list 文件
idle_session_timeout	指定用户会话空闲多少时间（以秒为单位）后自动断开
data_connection_timeout	指定数据连接空闲多少时间（以秒为单位）后自动断开
ascii_upload_enable	指定是否允许使用 ASCII 格式上传文件
ascii_download_enable	指定是否允许使用 ASCII 格式下载文件
xferlog_enable	指定是否启用日志功能
listen	指定 vsftpd 服务器的运行方式，默认为 YES 以独立方式运行
tcp_wrapper	指定是否启用防火墙

11.2.3　配置 Vsftpd 服务器

1. 设置匿名用户的权限

根据 Vsftpd 服务器的默认设置，匿名用户可下载/var/ftp/目录中的所有文件，但是不能上传文件。vsftpd.conf 文件中"write_enable=YES"设置语句存在的前提下，取消以下命令行前的"#"符号可增加匿名用户的上传权限。

```
anon_upload_enable=YES          //允许匿名用户上传
anon_mkdir_write_enable=YES     //允许匿名用户创建目录
```

同时还需要修改上传目录的权限，增加其他用户的写权限，否则仍然无法上传文件和创建目录。

例 11-1：配置一个 FTP 服务器，要求只允许匿名用户登录。匿名用户可在其默认目录/var/ftp 下的 pub 目录中新建目录、上传和下载文件。

（1）编辑 vsftpd.conf 文件。

```
[root@localhost vsftpd]# vi  vsftpd.conf    //使配置文件中包含下面内容
anonymous_enable=YES                        //允许匿名用户登录
local_enable=NO                             //不允许普通用户登录
write_enable=YES                            //具有写权限
anon_upload_enable=YES                      //允许匿名用户具有上传权限
anon_mkdir_write_enable=YES                 //允许匿名用户具有建立子目录的权限
anon_other_write_enable=YES                 //允许匿名用户更改或删除文件
anon_world_readable_only=NO                 //开放匿名用户的浏览权限
connect_form_port_20=YES                    //连接时打开 20 号端口
tcp_wrappers=YES                            //开启防火墙功能
```

```
listen=YES                                          //Vsftpd 以独立方式启动
```

（2）修改/var/ftp/pub 目录的权限，允许其他用户写入文件。

```
[root@localhost vsftpd]# cd /var/ftp
 [root@localhost ftp]# ls -l
总用量 4
drwxr-xr-x. 2 root root 4096 3 月    2 2012 pub
[root@localhost ftp]# chmod 777 pub
[root@localhost ftp]# ls -l
总用量 4
drwxrwxrwx. 2 root root 4096 3 月    2 2012 pub
```

（3）重新启动 Vsftpd 服务。

```
[root@localhost ftp]# service   vsftpd   restart
关闭 vsftpd：                                             [失败]
为 vsftpd 启动 vsftpd：                                   [确定]
```

2．限制本地用户

Vsftpd 服务器提供多种方法限制某些本地用户登录服务器。

（1）直接编辑 ftpusers 文件，将禁止登录的用户名写入 ftpusers 文件。

（2）直接编辑 user_list 文件，将禁止登录的用户名写入 user_list 文件，此时 vsftpd.conf 文件应设置"userlist_enable = YES"和"userlist_deny = YES"语句，则 user_list 文件中指定的用户不能访问 FTP 服务器。

（3）直接编辑 user_list 文件，将允许登录的用户名写入 user_list 文件，此时 vsftpd.conf 文件中若设置"userlist_enable = YES"和"userlist_deny = NO"语句，则只允许 user_list 文件中指定的用户访问 FTP 服务器。如果某个用户同时出现在 user_list 和 ftpusers 文件中，那么该用户将不被允许登录，因为 Vsftpd 总是先执行 user_list 文件，再执行 ftpusers 文件。

例 11-2：配置用户专用的 Vsftpd 服务器。要求只允许除 helen 以外的本地用户登录。

（1）编辑 vsftpd.conf 文件，使其包含以下内容：

```
anonymous_enable=NO                 //不允许匿名用户登录
local_enable=YES                    //允许本地用户登录
write_enable=YES                    //允许写操作
connect_from_port_20=YES            //启用端口 20 进行数据连接
userlist_enable=YES                 //启用 user_list 文件
userlist_deny=YES                   //拒绝 user_list 文件中的用户访问 FTP 服务器
userlist_file=/etc/vsftpd/user_list //user_list 路径
listen=YES                          //FTP 服务器以独立方式运行
tcp_wrappers=YES                    //开启防火墙功能
```

（2）编辑 user_list 文件，使其包含 helen。

（3）重新启动 Vsftpd 服务。

3．禁止切换到其他目录

根据 Vsftpd 服务器的默认配置，本地用户可切换到其主目录以外的其他目录进行浏览，并在权限许可的范围内进行上传和下载。这样的默认设置不太安全，通过设置 chroot 相关参数，可禁止用户切换到其主目录以外的其他目录。

（1）设置所有的本地用户都不能切换到主目录以外的目录。

在 vsftpd.conf 文件中添加"chroot_local_user= YES"配置语句。

（2）设置指定的用户不可切换到主目录以外的目录。

1）编辑 vsftpd.conf 文件，取消以下配置语句前面的"#"符号，指定只有/etc/vsftpd/chroot_list 文件中的用户才不能切换到主目录以外的目录。并且查看 vsftpd.conf 文件中是否存在"chroot_local_user=YES"配置语句。如果存在要么注释掉，要么将其修改为"chroot_local_user=NO"。

```
chroot_list_enable= YES
chroot_list_file=/etc/vsftpd/chroot_list
```

2）在/etc/vsftpd 目录下创建 chroot_list 文件，其文件格式与 user_list 相同，每个用户占一行。

例 11-3：配置 FTP 服务器，禁止 helen、jerry 用户切换到主目录以外的目录。

（1）修改 vsftpd.conf 文件。

```
anonymous_enable=NO           //不允许匿名用户登录
local_enable=YES              //允许本地用户登录
write_enable=YES              //本地用户具有写权限
connect_from_port_20=YES
chroot_local_user=NO          //本地用户可以切换目录
chroot_list_enable=YES        //启用指定用户列表
chroot_list_file=/etc/vsftpd/chroot_list    //指定禁止切换目录的用户列表文件
listen=YES
tcp_wrappers=YES
```

（2）创建并编辑 chroot_list 文件，使其包括 helen、jerry。

（3）重新启动 Vsftpd 服务。

4．设置欢迎信息

编辑 Vsftpd 文件可设置用户连接到 Vsftpd 服务器后出现的欢迎信息。

（1）ftpd_banner 参数。

vsftpd.conf 文件中设置服务器欢迎信息的 ftpd_banner 参数默认为注释行，如下所示：

```
#ftpd_banner=welcome to tsinghua's FTP service
```

如果去掉"#"，则用户连接到 Vsftpd 服务器后将显示"welcome to tsinghua's FTP service"信息，当然可修改为其他内容。

（2）banner_file 参数。

当欢迎信息比较长时，还可利用 banner_file 参数直接调用某个文件的内容作为欢迎信息。

例如，当在 vsftpd.conf 文件中加入"banner_file=/etc/vsftpd/vsftpd_banner_file"配置语句，然后在/etc/vsftpd 目录下新建 vsftpd_banner_file 文件。用户连接到 Vsftpd 服务器后将显示/vsftpd_banner_file 文件的内容。

5．限制文件传输速度及客户端的连接数量

编辑 vsftpd.conf 文件可设置不同类型用户传输文件时的最大速度，单位为字节/秒。

（1）anon_max_rate 参数。

向 vsftpd.conf 文件添加"anon_max_rate=30000"配置语句，那么匿名用户能使用的最大传输速度约为 20KB/s。

（2）local_max_rate 参数。

向 vsftpd.conf 文件添加"anon_max_rate=80000"配置语句，那么匿名用户能使用的最大传输速度约为 80KB/s。

（3）max_clients 参数。

向 vsftpd.conf 文件添加"max_clients=200"配置语句，那么 FTP 服务器的并发连接数为 200，若此值为 0，说明不受限制。

（4）max_per_ip 参数。

向 vsftpd.conf 文件添加"max_per_ip=4"配置语句，那么单个 IP 地址最多的并发连接数为 4。

11.2.4 FTP 命令

1. FTP 命令格式

格式：ftp　[主机名/IP 地址] [端口号]　或 ftp 用户名@主机名/IP

功能：启动 ftp 命令行工具，如果指定 FTP 服务器的域名或 IP 地址，则建立与 FTP 服务器的连接。否则需要在 ftp 提示符后，输入"open 主机名/IP 地址"格式的命令才能建立与指定 FTP 服务器的连接。

与 FTP 服务器建立连接后，用户需要输入用户名和口令，验证成功后才能对服务器进行操作。系统中默认的匿名账户为 anonymous（也称为匿名 FTP），系统为匿名账户专门提供两个目录：pub 目录和 incoming 目录。pub 目录用于存放供下载的文件；incoming 目录需要自己创建，目录中存放上传到该站点的文件。

2. FTP 命令提示符中常用的命令

在 FTP 的客户端提供了丰富的命令，用于对 FTP 服务器进行操作，例如上传、下载等，此处只列举出部分常用的命令。

（1）ls 命令。

格式：ls　[目录]　[本地文件]

功能：列出 FTP 服务器的当前目录。

如果指定了目录作为参数，那么 ls 就列出该目录的内容。如果给出一个本地文件的名字，那么这个目录列表就被放入本地主机上这个指定的文件中。

（2）cd 命令。

格式：cd [目录]

功能：用于在 FTP 会话期间改变在 FTP 服务器上的目录。

（3）lcd 命令。

格式：lcd　[目录]

功能：用于改变本地目录，使用户能指定查找或选择本地文件的位置。

（4）get 命令。

格式：get　文件名

功能：从 FTP 服务器上下载一个指定的文件。

（5）mget 命令。

格式：mget 文件名列表

功能：一次下载多个远程文件。mget 命令使用空格分隔的或带通配符的文件名列表来指定要下载的文件，对其中的每个文件都要求用户确认是否下载。

（6）put 命令。

格式：put　文件名

功能：用于上传文件。

（7）mput 命令。

格式：mput　文件名列表

功能：一次上传多个本地文件。mput 命令使用空格分隔的或带通配符的文件名列表来指定要上传的文件，对其中的每个文件都要求用户确认是否上传。

（8）open 命令。

格式：open　主机名/IP

功能：连接远程 FTP 站点。

（9）close、disconnect 和 bye 命令。

功能：终止与远程主机的会话。区别在于 close 和 disconnect 命令关闭与远程主机的连接后用户仍留在本地计算机的 FTP 程序中。而 bye 命令关闭与远程主机的连接后退出用户机上的 FTP 程序。

（10）mkdir 命令。

格式：mkdir　目录名

功能：在 FTP 服务器上新建目录。

（11）rmdir 命令。

格式：rmdir　目录名

功能：删除 FTP 服务器的指定空目录。

（12）rename 命令。

格式：rename　新文件名　源文件名

功能：更改 FTP 服务器上指定文件的文件名。

11.3　FTP 服务器搭建实例

11.3.1　任务 11-1：匿名及实体账户服务器配置与测试

1. 任务描述

设某公司内部有一台 FTP 服务器，本地实体账户可以上传下载资源，匿名账户只能下载。FTP 客户端登录的用户不能改变登录的目录位置。设实体账户为 tina，FTP 服务器的 IP 地址为 192.168.1.101/24；客户端的 IP 地址为 192.168.1.11/24。其中 IP 地址已经配置好，此处不再详述。

2. 操作步骤

（1）安装 FTP 服务软件包。

在 RHEL6.4 中默认情况下是没有安装 Vsftp 服务软件包的。

```
[root@localhost ~]#yum install *vsftp*
```

（2）启动 FTP 服务。

```
[root@localhost ~ ]#service vsftpd start
为 vsftpd 启动 vsftpd:                         [确定]
```

（3）创建实体用户。

```
[root@localhost ~]#useradd tina
[root@localhost ~]#passwd tina          //密码设为 111111
```

（4）在 FTP 服务器的默认下载目录中创建文件 message.txt。

```
[root@localhost 桌面]#echo how are you >/var/ftp/pub/message.txt
```

（5）修改配置文件。

```
[root@localhost 桌面]#vim /etc/vsftpd/vsftpd.conf
```

修改内容如下：

```
anonymous_enable=YES
local_enable=YES
write_enable=YES
local_umask=022
ftpd_banner=Welcom to anonymous FTP server!
chroot_list_enable=YES
chroot_list_file=/etc/vsftpd/chroot_list
```

（6）创建/etc/vsftpd/chroot_list 文件。

由于该文件默认情况是不存在的，所以需要自己创建。文件中出现的用户不允许切换登录的目录，一个用户占一行，本处只添加一个用户 tina。

```
[root@localhost ]#vi   /etc/vsftpd/chroot_list
```

内容如下：

```
tina
```

（7）重启 FTP 服务。

```
[root@localhost 桌面 ]#service vsftpd start
为 vsftpd 启动 vsftpd：                     [确定]
```

（8）关闭防火墙及 SELinux。

```
[root@localhost 桌面]# iptables   -F                              #关闭防火墙
[root@localhost 桌面]#setenforece  0                             #关闭 SELinux
```

3. 在客户端中进行测试（以 Windows 为例）

（1）测试匿名账户的权限。

在 IE 地址栏中输入 "ftp://192.168.1.101"，结果如图 11-4 所示。双击 pub 图标可看到 FTP 上的 txtmessage.txt，如图 11-5 所示。

图 11-4   IE 浏览器打开 FTP 服务器

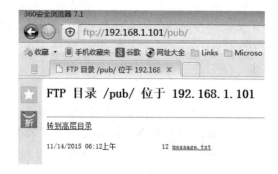

图 11-5   message.txt 文件

说明：在 IE 地址栏中输入 FTP 命令后，若没有用户名则默认使用匿名访问。下载文件时可直接拖动目标文件到本地目录中。

（2）测试实体账户 tina 的权限。

在 IE 地址栏中输入"ftp://tina@192.168.1.101"，结果如图 11-6 所示，输入 tina 的密码后，出现如图 11-7 所示窗口，服务器没有列出其完整目录，即该用户只能工作在此目录，不能切换到其他目录。tina 用户可上传/下载 FTP 服务器上的资源，下载方法同匿名用户的下载方法，上传时只需要将文件拖到 FTP 服务器即可，如图 11-8 所示。

图 11-6　密码输入框

图 11-7　tina 文件夹内容

图 11-8　FTP 服务器的资源管理器窗口

操作完成。

11.3.2　任务 11-2：虚拟账户登录 FTP 实验

1. 任务描述

设某公司内部有一台安装好 Linux 系统的主机，要求创建 FTP 服务器，管理员 manager 可上传/下载/删除文件，传输速率为 1Mb/s。员工 jojo 可上传/下载文件，但不能删除文件，传输速率为 500kb/s。用户 lucy 只能下载文件，不能上传文件，传输速率为 300kb/s。设 FTP 服务器的 IP 地址为 192.168.1.101/24，客户端的 IP 地址为 192.168.1.11/24。由于实体账户不但可以在 FTP 客户端登录，也可以在系统中直接登录，权限过大，会给系统带来不安全的隐患。而匿名账户只能从远程的 FTP 客户端登录，受限制较多，权限又太少，操作不灵活。所以在此任务中使用虚拟账户。虚拟账户不能在本地登录，但可以在远程 FTP 客户端登录，可以对虚拟账户进行灵活的权限设置。

2. 操作步骤

（1）建立虚拟用户密码库文件。

```
[root@localhost ~]# vim    /etc/vsftpd/vftpuser.txt
```

奇数行是用户名，偶数行是密码，不能有空格，内容如下：

```
manager
111111
jojo
111111
lucy
111111
```

（2）创建的密码库文件生成 Vsftpd 认证文件。

需要使用 db4-utils 工具，此包在 RHEL6.4 中默认已经安装好，查看结果如下：

```
[root@localhost 桌面]# rpm - qa | grep db4-utils
db4-utils-4.7.25-17.el6.i686
```

（3）创建 PAM 配置文件。

```
[root@localhost ~]#db_load   -T   -t   hash -f /etc/vsftpd/vftpuser.txt   /etc/vsftpd/vftpuser.db
```

其中，-T 和-t 为 db_load 命令的固有参数。hash 表示用 hash 算法对认证文件进行密码加密，-f 为 hash 的固有参数。/etc/vsftpd/vftpuser.txt 为记录用户名密码的文本文件，/etc/vsftpd/vftpuser.db 为生成的认证数据库文件。

（4）修改认证模块文件。

注释掉原有内容，在文件的最后面加上两行，内容如下：

```
[root@localhost ~ ]# vim /etc/pam.d/vsftpd
# %PAM - 1.0
# session     optional     pam_keyinit.so    force revoke
# auth        required     pam_listfile.so item = user sense = deny file = /etc/vsftpd /ftpusers onerr = succeed
# auth        required     pam_shells.so
# auth        include      password-auth
# account     include      password-auth
# session     required     pam_loginuid.so
# session     include      password-auth
auth          required     /lib/security/pam_userdb.so      db = /etc/vsftpd/vftpuser
account       required     /lib/security/pam_userdb.so      db = /etc/vsftpd/vftpuser
```

（5）建立一个本地用户供虚拟用户使用并设置权限。

```
[root@localhost ~ ]# useradd - d /home/vftpuser - s /sbin/nologin vftpuser
```

（6）设置虚拟用户主目录的访问权限。

```
[root@localhost ~ ]# chmod 700 /home/vftpuser
```

（7）为虚拟用户创建主目录。

```
[root@localhost ~ ]# mkdir /home/vftpuser/manager
```

```
[root@localhost ~ ]# mkdir /home/vftpuser/jojo
[root@localhost ~ ]# mkdir /home/vftpuser/lucy
```

（8）修改虚拟用户主目录权限。

```
[root@localhost ~]# chmod 700 /home/vftpuser/manager/
[root@localhost ~]# chown vftpuser.vftpuser /home/vftpuser/manager/
[root@localhost ~]# chmod 700 /home/vftpuser/jojo/
[root@localhost ~]# chown vftpuser.vftpuser /home/vftpuser/jojo/
[root@localhost ~]# chmod 700 /home/vftpuser/lucy/
[root@localhost ~]# chown vftpuser.vftpuser /home/vftpuser/lucy/
```

（9）修改 FTP 的配置文件。

```
[ root@localhost ~]# vim /etc/vsftpd/vsftpd.conf
```

修改内容如下：

```
pam_service_name=vsftpd
userlist_enable=YES
tcp_wrappers=YES
guest_enable =YES
guset_username = vsftpuser
user_config_dir = /etc/vsftpd_user_conf
```

其中，"guest_enable = YES"的作用为允许以 guest 方式访问 FTP 服务器。"guset_username =vftpuser"的作用是访问 FTP 服务器时将数据库中的虚拟用户转换为 vftpuser 账户。"user_config_dir = /etc/vsftpd_user_conf"作用是指出虚拟用户权限的配置目录。若希望所有虚拟用户都使用同一个目录，可以使用"local_root=path"参数进行指定，此处每个用户都使用自己的文件夹。

（10）建立虚拟用户权限目录。

```
[root@localhost 桌面 ]# mkdir /etc/vsftpd_user_conf
```

（11）建立虚拟用户权限配置文件。

在/etc/vsftpd_user_conf 目录下为每个用户建立权限配置文件，注意文件名必须与虚拟用户名称一致，"="两侧不能有空格。

（12）虚拟用户 manager 的配置文件如下。

```
[ root@localhost 桌面 ]# vim /etc/vsftpd_user_conf/manager
local_root=/home/vftpuser/manager      //虚拟用户主目录
anon_world_readable_only=NO        //允许浏览
anon_upload_enable=YES          //允许上传
anon_mkdir_write_enable=YES       //允许写入
anon_other_write_enable=YES        //允许修改文件名和删除文件
local_max_rate=1M        //下载速率为 1Mb/s
```

（13）虚拟用户 jojo 的配置文件如下。

```
[ root@localhost 桌面 ]# vim /etc/vsftpd_user_conf/jojo
local_root = /home/vftpuser/jojo
anon_world_readable_only = NO
anon_upload_enable = YES
anon_mkdir_write_enable = YES
local_max_rate = 500K
```

（14）虚拟用户 lucy 的配置文件如下。

```
[ root@localhost 桌面 ]# vim /etc/vsftpd_user_conf/lucy
local_root = /home/vftpuser/lucy
anon_world_readable_only =YES    //不允许浏览目录
local_max_rate = 300k
```

其中，"local_root=/home/vftpuser/username"的作用是指定虚拟用户的目录；"anon_mkdir_write_enable=YES"表示用户具有建立目录的权限，不能删除目录；参数"anon_other_write_enable=YES"表示用户具有文件改名和删除文件的权限；参数"anon_upload_enable = YES"表示用户可以上传文件；参数"anon_world_readable_only = NO"表示用户可以浏览 FTP 目录和下载文件，若此参数为 YES，则在客户端用 ls 命令访问 FTP 服务器时会出现"226 Transfer done （but failed to open directory）"提示，这是因为/home/vftpuser 目录不允许任意访问，但不妨碍用户上传/下载文件，若希望去掉此提示，可将参数值设置为 NO。

（15）关闭防火墙及 SELinux。

```
[root@ localhost 桌面] # iptables - F
[root@ localhost 桌面] # setenforce 0
```

（16）重启服务。

```
[root@ localhost 桌面] # service vsftpd restart
关闭  vsftpd：                                          [失败]
为 vsftpd 启动 vsftpd：                                  [确定]
```

3. 测试（使用 FTP 命令行方式完成）

在 Windows 中以命令行的方式对 FTP 服务器进行访问，打开 cmd 命令提示符环境，输入 ftp://192.168.1.101 后按回车键，在提示符下输入虚拟用户名及密码即可。

（1）测试 manager 的权限，结果如图 11-9 所示。

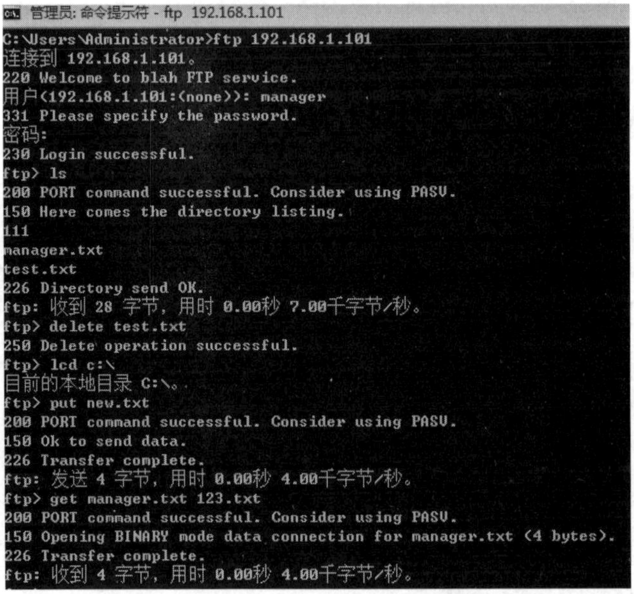

图 11-9　虚拟用户 manager 的权限测试结果

从图 11-9 中可以看出，虚拟用户 manager 可上传、下载文件，并可浏览目录和删除文件。

（2）测试 jojo 的权限，结果如图 11-10 所示。

图 11-10　虚拟用户 jojo 的权限测试结果

从图 11-10 中可以看出，虚拟用户 jojo 可以上传或下载文件，也可浏览目录，但不能删除文件。

（3）测试 lucy 的权限，结果如图 11-11 所示。

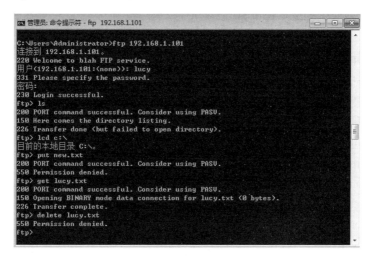

图 11-11　虚拟用户 lucy 的权限测试结果

从图 11-11 中可以看出，虚拟用户 lucy 可以下载文件，但不能上传文件、浏览目录和删除文件。

提示：启用虚拟用户后，本地用户将默认不能作为 FTP 登入账户，匿名用户不会受到影响。若需要控制虚拟用户对 FTP 服务器的访问，可以在主配置文件/etc/vsftpd/vsftpd.conf 中添加记录：

userlist_enable = YES

或：

userlist_deny = YES

并将被允许/禁用的用户名写入/etc/vsftpd/user_list 文件。

11.4　小结

本项目主要介绍了 FTP 服务器的搭建。对 FTP 服务器的主动传输模式和被动传输模式进行了介绍，同时也对相关的 FTP 软件进行了介绍。在 Linux 命令行界面下，FTP 的上传和下载需要用到一些常用的命令，例如 ls、cd、get、open、put 等命令。在搭建 FTP 服务器中，主要内容是对 vsftpd.conf 文件进行修改。FTP 服务是 Internet 上的一项非常重要的服务，可通过匿名用户访问、实体账户访问或虚拟账户访问，其中实体账户可以在系统中直接登录，权限不易控制；匿名账户权限过小，操作不灵活；建议使用虚拟账户，既控制了安全风险，又满足了灵活性的要求。

11.5　习题与操作

一、选择题

1．FTP 服务会使用（　　）端口进行通信。
A．21、20　　　　　B．23、24　　　　　C．21、23　　　　　D．20、23

2．FTP 服务器的主配置文件名是（　　）。
A．/etc/vsftpd/vsftpd.conf　　　　　B．/etc/vsftpd.conf
C．/etc/ftp/ftpd.conf　　　　　D．/etc/ftp/ftp.conf

3．FTP 服务中的匿名账户是（　　）。
A．ftp　　　　　B．root　　　　　C．administrator　　　　　D．admin

4．Vsftpd 服务器匿名时可以从哪个目录下载文件？
A．/var/ftp　　　B．/etc/vsftpd　　　C．/etc/ftp　　　D．/var/vsftp

5．某个 Vsftpd 服务器配置文件的部分内容如下所示，哪个说法正确？
Anonymous_enale=No
Local_enable=YES
Userlist_enable=YES
Userlist_deny=NO
Userlist_file=/etc/vsftpd/user_list

A．此 Vsftpd 服务器不仅为 RHEL6.4 的用户提供服务，也为匿名用户提供服务

B．/etc/vsftpd/user_list 文件中指定的用户不可访问 Vsftpf 服务器

C．只有/etc/vsftpd/user_list 文件中指定的用户才能访问 Vsftpd 服务器

D．所有的 RHEL6.4 用户可上传文件，而匿名用户只能下载文件

6．暂时退出 ftp 命令回到 Shell 中时应输入以下哪个命令？（　　）。

A．exit　　　　　　B．Close　　　　　C．!　　　　　　　D．quit

7．一次可以下载多个文件用（　　）命令。

A．mget　　　　　B．get　　　　　　C．put　　　　　　D．mput

8．下面（　　）不是 FTP 用户的类别。

A．real　　　　　B．anonymous　　　C．guest　　　　　D．users

9．修改文件 vsftpd.conf 的（　　）可以实现 Vsftpd 服务独立启动。

A．listen=YES　　B．listen=NO　　　C．boot=standalone　D．#listen=YES

10．将用户加入（　　）文件中可能会阻止用户访问 FTP 服务器。

A．vsftpd/ftpusers　　　　　　　B．vsftpd/user_list

C．ftpd/ftpusers　　　　　　　　D．ftpd/userlist

二、操作题

1．任务描述

某公司要求搭建一台 FTP 服务器，为企业局域网中的计算机提供文件传送服务，设计在 Linux 系统下利用 Vsftpd 搭建 FTP 服务器。要求：

（1）FTP 服务器 IP 地址为 172.16.1.1/24，管理员为 manager。

（2）禁止匿名用户登录，提供客户身份验证，采用 PAM 认证。

（3）限定每个 IP 最大 6 个连接，每位客户最大下载速度 60kb/s。

（4）限定用户只能在用户主目录下，不能更改自己的目录。

（5）提供日志功能。

2．操作目的

（1）熟悉 FTP 服务器的安装与启动。

（2）熟悉 FTP 服务器的配置。

（3）学会访问 FTP 服务器。

3．任务准备

一台安装 RHEL6.4 的主机。

12

网络安全

【项目导入】

某高校部署有 Samba、Web、FTP、E-mail 等服务器为校园网用户及 Internet 用户提供服务。为保证服务器及校园网的安全，需要选择既稳定又易于管理的 Linux 系统作为防火墙，为校园网安全保驾护航。

【知识目标】

☞ 了解网络安全常见的威胁
☞ 理解 SELinux 的概念
☞ 理解 iptables 的工作原理
☞ 掌握 iptables 的基础结构
☞ 掌握 iptables 的语法规则
☞ 了解 TCP-wrappers 的工作原理

【能力目标】

☞ 掌握 SELinux 的设置方法
☞ 掌握 iptables 的设置规则
☞ 掌握 iptables 的应用

12.1　计算机网络安全基础知识

12.1.1　网络安全的含义

1. 网络安全的定义

网络安全从本质上讲就是网络上的信息安全，其涉及的领域相当广泛。这是因为在目前的公用通信网络中存在着各种各样的安全漏洞和威胁。从广义来说，凡是涉及网络上信息的保密性、完整性、可用性、真实性和可控性的相关技术和理论，都是网络安全所要研究的领域。网络安全通用的定义是：网络安全是指保护网络系统中的软件、硬件及信息资源，不因偶然或恶意的原因而遭到破坏、篡改和泄漏，保证网络系统的正常运行及网络服务不中断。网络安全的主要研究内容包括网络安全整体解决方案的设计与分析以及网络安全产品的研发等。

2. 网络安全的特征

（1）保密性：信息不泄露给非授权用户、实体或过程，或不泄露供其利用的特性。

（2）完整性：数据未经授权不能进行改变的特性。即信息在存储或传输过程中保持不被修改、不被破坏和不会丢失的特性。

（3）可用性：可被授权实体访问并按需求使用的特性。即当需要时应能存取所需的信息。网络环境下拒绝服务、破坏网络和有关系统的正常运行等都属于对可用性攻击。

（4）可控性：对信息的传播及内容具有控制能力。

3. 影响网络安全的主要因素

（1）操作系统漏洞。

网络操作系统是计算机网络应用的基石，主要功能为实现网络间的协同工作，对网络系统资源进行统一管理，控制网络用户对系统的存取。操作系统中的程序很容易受到黑客的攻击，例如黑客可以利用专门的溢出程序入侵系统。

（2）应用软件漏洞。

应用软件存在漏洞也会给网络系统带来巨大的安全隐患。由于管理人员或编程人员的疏漏，黑客经常利用浏览器或数据库中存在的 bug 对系统进行攻击，较典型的攻击方式有 SQL 注入、木马攻击等。以 SQL 注入为例，黑客在网页中执行特定代码，致使系统溢出，从而获得数据库系统的用户账户及密码，再用获取的账户及密码登录系统并对系统内部数据进行删除或篡改，致使网络服务无法正常工作。

（3）TCP/IP 漏洞。

TCP/IP 协议是由著名的广域网络 ARPANET 所采用的协议发展而来。作为互联网络底层的 TCP/IP 协议，协议本身在设计上没有考虑安全问题，其设计目标就是为信息和资源共享提供一个互联的平台，其设计对象是一个良好的互相信任的环境。在当前复杂的网络环境下，TCP/IP 协议本身暴露出很多漏洞，给网络黑客提供了可乘之机，例如拒绝服务攻击（DDoS）就是利用 TCP/IP 协议存在的缺陷，在特定情况下拒绝其他用户对系统和信息的合法访问，致使网络服务访问失败。

（4）电子邮件漏洞。

利用电子邮件攻击操作系统也是很常见的一种攻击方式，例如"邮件炸弹"就是攻击者重复地发送同一邮件到同一个或者多个电子邮箱，这样就占用系统上很高的通信线路带宽，同时使目的系统硬盘空间减少，用户邮箱爆满，以至于用户无法正常接收邮件。

（5）系统密码漏洞。

黑客入侵系统前使用最多的手段是系统密码扫描，使用工具对密码进行暴力破解或通过其他方式获得用户密码后入侵系统并对系统进行攻击。

（6）管理上的漏洞。

系统管理必须要有很强的安全意识，尤其是对权限、端口的控制，最好不要将权限开放太大；注意密码的有效性及复杂性；及时更新杀毒软件和升级补丁；不随意浏览陌生站点或下载陌生软件；尽量远程管理服务器；不在服务器上使用 U 盘、光盘等存储介质，若必须使用，使用前一定要先杀毒；树立网络安全意识，建立健全各项管理制度，防止出现空洞和管理上的漏洞。

12.1.2 Linux 网络系统可能受到的攻击和安全防范策略

Linux 操作系统是一种公开源码的操作系统，因此比较容易受到来自底层的攻击，系统管理员一定要有安全防范意识，对系统采取一定的安全措施，这样才能提高 Linux 系统的安全性。对于系统管理员来讲特别是要搞清楚对 Linux 网络系统可能的攻击方法，并采取必要的措施保护自己的系统。

1. Linux 网络系统可能受到的攻击

主要有 4 种攻击类型："拒绝服务"攻击、"口令破解"攻击、"欺骗用户"攻击、和"扫描程序和网络监听"攻击。

（1）"拒绝服务"攻击：是指黑客采取具有破坏性的方法阻塞目标网络的资源，使网络服务器无法正常地为用户提供服务。例如黑客可以利用伪造的源地址或受控的其他地方的多台计算机同时向目标计算机发出大量、连续的 TCP/IP 请求，从而使目标服务器系统瘫痪。

（2）"口令破解"攻击：口令安全是保卫系统安全的第一道防线。"口令破解"攻击的目的是破解用户口令，从而可以取得已经加密的信息资源。例如，黑客可以利用一台高速计算机，配合一个字典库，尝试各种口令组合，直到最终找到能够进入系统的口令，打开网络资源。

（3）"欺骗用户"攻击：是指网络黑客伪装成网络公司或计算机服务商的工程技术人员，向用户发出呼叫，并在适当的时候要求用户输入口令。这是用户最难对付的一种攻击方式，一旦用户口令失密，黑客就可以利用该用户的账号进入系统。

（4）"扫描程序和网络监听"攻击：许多网络入侵是从扫描开始的，利用扫描工具黑客能找出目标主机上各种各样的漏洞，并利用其对系统实施攻击。

网络监听也是黑客常用的一种方法。当成功地登录一台网络上的主机，并取得了这台主机的超级用户控制权之后，黑客就可以利用网络监听收集敏感数据或者认证信息，以便日后夺取网络中其他主机的控制权。

2. Linux 网络安全防范策略

纵观网络的发展历史，可以看出，对网络的攻击可能来自非法用户，也可能来自合法用户。因此作为 Linux 网络系统的管理员，既要时刻警惕来自外部的黑客攻击，又要加强对内部网络用户的管理和教育，具体可以采用以下的安全策略。

（1）仔细设置每个内部用户的权限。

为了保护 Linux 网络系统的资源，在给内部网络用户开设账号时，要仔细设置每个内部用户的权限，一般应遵循"最小权限"原则，也就是仅给每个用户授予完成他们特定任务所必需的服务器访问权限。这样做会大大加重系统管理员的管理工作量，但为了整个网络系统的安全还是应该坚持这个原则。

（2）确保用户口令文件/etc/shadow 的安全。

对于网络系统而言，口令是比较容易出问题的地方，作为系统管理员应告诉用户在设置口令时要使用安全口令（在口令序列中使用非字母、非数字等特殊字符）并适当增加口令的长度（大于 6 个字符）。系统管理员要保护好/etc/passwd 和/etc/shadow 这两个文件的安全，不让无关的人员获得这两个文件，这样黑客利用 John 等程序对/etc/passwd 和/etc/shadow 文件进行字典攻击获取用户口令的企图就无法进行。系统管理员要定期用 John 等程序对本系统的/etc/passwd 和/etc/shadow 文件进行模拟字典攻击，一旦发现有不安全的用户口令，要强制用户立即修改。

（3）加强对系统运行的监控和记录。

Linux 网络系统管理员应对整个网络系统的运行状况进行监控和记录，这样通过分析记录数据，可以发现可疑的网络活动，并采取措施预先阻止今后可能发生的入侵行为。如果进攻行为已经实施，则可以利用记录数据跟踪和识别侵入系统的黑客。

（4）合理划分子网和设置防火墙。

如果内部网络要进入 Internet，必须在内部网络与外部网络的接口处设置防火墙，以确保内部网络中的数据安全。对于内部网络本身，为了便于管理，应合理分配 IP 地址资源，将内部网络划分为多个子网，这样做也可以阻止或延缓黑客对整个内部网络的入侵。

（5）定期对 Linux 网络进行安全检查。

Linux 网络系统的运转是动态变化的，因此对它的安全管理也是变化的，没有固定的模式。作为 Linux 网络系统的管理员，在为系统设置了安全防范策略后，应定期对系统进行安全检查，并尝试对自己管理的服务器进行攻击，如果发现安全机制中的漏洞应立即采取措施补救，不给黑客以可乘之机。

（6）制定适当的数据备份计划确保系统万无一失。

没有一种操作系统的运转是百分之百可靠的，也没有一种安全策略是万无一失的，因此作为 Linux 系统管理员，必须为系统制定适当的数据备份计划，充分利用磁带机、光盘刻录机、双机热备份等技术手段为系统保存数据备份，使系统一旦遭到破坏或黑客攻击而发生瘫痪时，能迅速恢复工作，把损失减少到最小。

12.2　SELinux 的使用方法

12.2.1　SELinux 简介

SELinux 是 Security-Enhanced Linux 的简称，是美国国家安全局 NSA（The National Security Agency）和 SCC（Secure Computing Corporation）合作开发的基于 Linux 或 UNIX 的一个扩展的强制安全访问控制模块，2000 年以 GNU GPL 的形式进行发布。SELinux 并不是一个 Linux 发行版本，它是一种基于域类型模型（domain-type）的强制访问控制（MAC）安全系统，类似于常说的补丁，由 NSA 编写并设计成内核模块包含到 Linux 的内核中。

1. DAC

DAC（Discretionary Access Control，自主访问控制）是一种传统的 UNIX/Linux 访问控制方式，系统通过控制文件的读（r）、写（w）、执行（x）权限和文件归属者，如文件所有者（owner）、文件所属（group）、其他人（other）等形式来控制文件属性，权限划分较粗糙，不易实现对文件权限的精确管理。在 DAC 中 root 的权限最大，可以操作系统中的所有文件，若使用不当会对系统造成巨大损失。

2. MAC

MAC（Mandatory Access Control，强制存取控制）将依据条件决定是否有存取权限。可以规范个别细致的项目进行存取控制，提供完整的彻底化规范限制。可以对文件、目录、网络、套接字等进行规范，所有动作必须先得到 DAC 授权，然后得到 MAC 授权才可以存取。

SELinux 提供了比传统的 UNIX 权限更好的访问控制。标准的 Linux/UNIX 安全模型是任意的访问控制（即 DAC），任何程序对其资源享有完全的控制权。假设某个用户通过程序把含有潜在重要信息的文件放到/tmp 目录下，那么在 DAC 情况下这个操作是被允许的，其他程序无权干涉该程序的操作。显然，这种做法给系统带来了很大的安全隐患。而影响较大的操作需要得到 MAC 的允许，否则操作将失败。这就是 MAC 和 DAC 本质的区别。目前 SELinux 已经被集成到 2.6 版的 Linux 核心之中，像 DHCP、http、Samba、named 等服务都会受到 SELinux 的限制。

3. 对象

在 SELinux 里，所有可被读取的目标均为对象。

4. 主体

在 SELinux 里，把进程理解为主体。

5. 角色

SELinux 提供了一种基于角色的访问控制（RBAC）。SELinux 的 RBAC 特性是依靠类型强制建立的，角色是通过基于进程安全上下文中的角色标识符来限制进程可以转变的类型。SELinux 中的角色和用户构成了 RBAC 特性的基础，它和用户一起为 Linux 用户及其允许的程序提供了一种绑定基于类型的访问控制。SELinux 中的 RBAC 通过定义域类型和用户之间的关系对类型强制做了更多的限制，以控制 Linux 用户的特权和访问许可。RBAC 没有允许访问权，在 SELinux 中所有的允许访问权都是由类型强制提供的。SELinux 中的角色可以限制用户的访问，对于任何进程，同一时间只有一个角色是活动的。

6. 类型强制（TE）

所有操作系统访问控制都是以关联客体和主体的某种类型的访问控制属性为基础的。在 SELinux 中，访问控制属性叫作安全上下文，所有客体（文件、进程间通信通道、套接字、网络主机等）和主体（进程）都有与其关联的安全上下文。一个安全上下文由用户、角色和类型标识符这 3 个部分组成。

7. 安全上下文

安全上下文是一个简单的、一致的访问控制属性。在 SELinux 中，类型标识符是安全上下文的主要组成部分。由于历史原因，一个进程的类型通常被称为一个域（domain），通常认为域、域类型、主体类型和进程类型都是同义的。

在安全上下文中的用户和角色标识符用于控制类型和用户标识符的联合体，这样就会将 Linux 用户账户关联起来，然而对于客体，用户和角色标识符几乎很少使用，为了规范管理，客体的角色常常是 object_r，客体的用户常常是创建客体进程的用户标识符。SELinux 对很多命令都做了修改，在命令的后面加上参数-Z，就可以看到客体和主体的安全上下文。

8. 安全策略

SELinux 目前有 3 个安全策略：targeted、strict 和 MLS。每个安全策略的功能、用途和定位均不同。

（1）targeted：用来保护常见的网络服务，此策略在默认的情况下 Red Hat Enterprise Linux 会自动安装。

（2）strict：用来提供符合 RBAC 机制的安全性能。

（3）MLS：用来提供符合 MLS 机制的安全性。MLS 全名是 Multi-Level Security（多层

次安全），在此结构下是以对象的机密等级来决定进程对该目标的读取权限的。

12.2.2　SELinux 的工作流程

SELinux 为系统中的每一个用户、应用、进程和文件定义访问权利，然后把这些实体之间的交互定义成安全策略，再用安全策略来控制各种操作是否允许。初始时，这些策略是根据 RHEL6.4 安装时的选项来确定的。

如图 12-1 所示，当进程等访问者向系统提出对文件等访问对象的访问请求时，位于内核的策略增强服务器收到了这个请求，就到访问向量缓存（Access Vector Cache，AVC）中查找是否有有关请求的策略。如果有，就按照该策略来决定是否允许访问；如果没有，就继续要求安全增强服务器到访问策略矩阵中查找是否有有关该请求的策略。如果有允许访问的策略，就允许访问，否则，将禁止访问，并把"avc denied"类型的日志写到/var/log/messages 文件中。

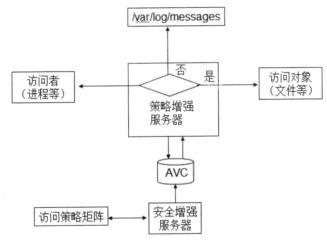

图 12-1　SELinux 工作流程图

图 12-1 所示的是强制启用 SELinux 后的工作流程。实际上，在 RHEL 6.4 中，有关是否使用 SELinux 有 3 种选择。第一种是强制使用（enforcing），此时违反访问许可的访问将被禁止。第二种是随意（permissive），此时 SELinux 还是起作用的，即使违反了访问许可，还是可以继续访问，只是会留下日志，这种模式在开发阶段比较有用。第三种是禁用（disabled），此时 SELinux 将不起作用。

SELinux 为系统管理提供了加强系统安全的手段，利用它可以细化 Linux 的安全设置，并根据需要使用严格的或宽松的安全策略。

12.2.3　安全上下文格式

RHEL 中的每一个对象都会存储其安全上下文，并将其作为 SELinux 判断进程能否读取的依据。其安全上下文的格式如下：

USER：ROLE：TYPE：[LEVEL：[CATEGORY]

1．USER

USER 用来记录用户登录系统后所属的 SELinux 身份。USER 通常以_u 为后缀，常见的如下：

（1）system_u：系统用户类型的使用者。

（2）user_u：真实用户类型的使用者。

（3）root：超级用户的使用者。

注意：targeted 安全策略对 USER 字段无效。

2．ROLE

通常以_r 为后缀。

注意：targeted 安全策略对 ROLE 字段无效。

3．TYPE

通常以_t 为后缀，是 SELinux 安全上下文中最常用的也是最重要的字段。常见的 TYPE
字段如下。

（1）unconfigured：未设置类型。

（2）default_t：默认类型。

（3）mnt_t：代表挂载点的类型，/mnt 中的文件属于这个类型。

（4）boot_t：作为开机文件的类型，/boot 中的文件属于这个类型。

（5）bin_t：作为二进制执行文件类型，/bin 中的多数文件属于这个文件类型。

（6）sbin_t：作为系统管理类型的文件，/sbin 中的文件属于这个类型。

（7）device_t：代表设备文件，/dev 下的文件属于这个类型。

（8）lib_t：链接库类型。

（9）tty_device：代表终端或控制台设置。

（10）su_exec_t：具备 SU 功能的执行文件。

（11）java_exec_t：Java 相关的执行文件。

（12）public_content_t：公共内容类型的文件。

（13）shadow_t：代表存储密码文件的类型。

（14）httpd_t：代表 HTTP 文件的类型。

注意：targeted 安全策略只对 TYPE 字段有效。

4．LEVEL

上下文的级别，此字段与 MLS、MCS 有关。

5．CATEGORY

上下文的分类，在 SELinux 中有明确的定义。

12.2.4　SELinux 的配置

1．/etc/selinux/config 文件

SELinux 的配置文件存放在/etc/selinux 文件夹下，主要有四个文件 config、restorecond.conf、
restorecond_user.conf、semanage.conf 和一个目录 targeted。其中比较重要的是 config 文件和
targeted 目录，config 文件是 SELinux 的主配置文件，targeted 目录是 SELinux 比较重要的安全
上下文、模块及策略配置目录。下面主要对 config 文件和 targeted 目录进行说明。

config 文件主要用于配置 SELinux 的工作模式。SELinux 的工作模式有三种，分别是
enforcing、permissive、disabled，其中 enforcing 为系统的默认工作模式。

（1）enforcing：强制模式，此时系统处于 SELinux 的保护之下。

（2）permissive：宽容模式，代表 SELinux 处于运作状态，不过仅会有警告信息并不会实际限制 domain/type 的存取，这种模式通常用来调试系统。

（3）disabled：禁用 SELinux，此时 SELinux 处于停止状态。

config 文件的内容如下：

```
[root@localhost selinux]# cat config
# This file controls the state of SELinux on the system.
# SELINUX= can take one of these three values：
#       enforcing - SELinux security policy is enforced.
#       permissive - SELinux prints warnings instead of enforcing.
#       disabled - No SELinux policy is loaded.
SELINUX=enforcing
# SELINUXTYPE= can take one of these two values：
#       targeted - Targeted processes are protected，
#       mls - Multi Level Security protection.
SELINUXTYPE=targeted
```

它包含了两项设置，一项是 SELINUX，可以是 enforcing、permissive、disabled 三个值。另一个选项是 SELINUXTYPE，它可以是 targeted、strict 和 mls 三个值。targeted 表示只针对特定的守护进程进行保护，默认包括 dhcpd、httpd 在内的 9 个守护进程，用户也可以自己选择进程。strict 表示针对所有的守护进程进行保护。mls 用来提供符合 mls 机制的安全性。注意此文件的修改在重新启动系统后才会生效。

2．/etc/selinux/targeted/contexts/default_context

/etc/selinux/targeted/contexts/default_context 用于保存 SELinux 中默认的上下文，文件内容如下：

```
[root@localhost ~]# cat /etc/selinux/targeted/contexts/default_contexts
system_r: crond_t: s0              system_r: system_cronjob_t: s0
system_r: local_login_t: s0        user_r: user_t: s0
system_r: remote_login_t: s0       user_r: user_t: s0
system_r: sshd_t: s0               user_r: user_t: s0
system_r: sulogin_t: s0            sysadm_r: sysadm_t: s0
system_r: xdm_t: s0                user_r: user_t: s0
```

3．/etc/selinux/targeted/contexts/default_type

/etc/selinux/targeted/contexts/default_type 用于保存 SELinux 中默认的上下文类型，文件内容如下：

```
[root@localhost ~]# cat /etc/selinux/targeted/contexts/default_type
auditadm_r: auditadm_t
secadm_r: secadm_t
sysadm_r: sysadm_t
guest_r: guest_t
xguest_r: xguest_t
staff_r: staff_t
unconfined_r: unconfined_t
user_r: user_t
```

4. SELinux 管理命令

（1）setenforce 命令。

格式：setenforce　[enforcing |permissive|1|0]

功能：设置 SELinux 模式，修改后立即生效。

例 12-1：将 SELinux 的模式设置为 enforce 模式。

[root@localhost ~]# setenforce enforcing

或：

[root@localhost ~]# setenforce　1

（2）getenforce 命令。

格式：getenforce

功能：查看当前 SELinux 运行模式。

例 12-2：查看系统当前 SELinux 运行模式。

[root@localhost ~]# getenforce

Enforcing

（3）sestatus 命令。

格式：sestatus

功能：查看 SELinux 的运行状态。

例 12-3：查看系统当前 SELinux 的运行状态。

```
[root@localhost ~]# sestatus
SELinux status:              enabled
SELinuxfs mount:             /selinux
Current mode:                enforcing
Mode from config file:       enforcing
Policy version:              24
Policy from config file:     targeted
```

5. chcon 命令

格式：chcon [OPTIONS…]　CONTEXT　FILES

或：

chcon [OPTIONS…]　--reference=PEF_FILES　FILES

功能：修改对象的安全上下文。

说明：

（1）CONTEXT FILES：要设置的安全上下文。

（2）FILES：对象（文件）。

（3）reference：参照的对象。

（4）PEF_FILES：参照文件上下文。

（5）FILES：应用参照文件上下文为该对象的上下文。

OPTIONS 如下：

-f：强制执行。

-R：递归地修改对象的安全上下文。

-r ROLE：修改安全上下文角色的配置。

-t TYPE：修改安全上下文类型的配置。

-u USER：修改安全上下文用户的配置。

-v：显示冗长的信息。

例 12-4：设有一个文件夹/test，将其字段设置为 root_t 类型。

```
[root@localhost /]# ls -Z |grep test
drwxr-xr-x. root    root    unconfined_u：object_r：default_t：s0 test
[root@localhost /]# chcon -t root_t test
[root@localhost /]# ls -Z |grep test
drwxr-xr-x. root    root    unconfined_u：object_r：root_t：s0   test
```

12.2.5　任务 12-1：SELinux 应用示例

1. 任务描述

在 httpd 的主目录中创建一个允许 httpd 进程访问的文件，然后再将其文件类型改成其他域管理的文件类型，查看 SELinux 是如何阻止 httpd 进程对其他域管理的文件类型的文件进行访问的。

2. 操作步骤

（1）运行 sestatus 命令来确认 Linux 中 SELinux 是运行的，它运行在 enforcing 模式下，该模式可以简单理解为 SELinux 的完全运行模式，它可以进行强制访问控制，且确保采用了目标策略。

```
[root@localhost ~]# sestatus
SELinux status:           enabled
SELinuxfs mount:          /selinux
Current mode:             enforcing
Mode from config file:    enforcing
Policy version:           24
Policy from config file:  targeted
```

运行结果表明 SELinux 运行在 enforcing 模式下，且采用了目标策略。

（2）采用 Linux 中的 root 用户权限，使用如下命令在 httpd 的主目录中创建一个新的文件：

```
[root@localhost ~]# cd /var/www/html
[root@localhost html]# touch index.html
[root@localhost html]# echo "hello，world" >index.html
```

（3）运行如下命令来查看该文件的 SELinux 上下文信息：

```
 [root@localhost html]# ls -Z
-rw-r--r--. root root unconfined_u：object_r：httpd_sys_content_t：s0 index.html
```

从结果可以看到：在默认情况下，Linux 用户是非限制的，因此刚创建的 index.html 文件的 SELinux 上下文中的类型标记为 unconfined_u。RBAC 访问控制机制是用于进程的，不是用于文件的。并且，角色对于文件来说也没有什么太大的含义，因此上述结果中的 object_r 角色也仅仅是一个用于文件的通用角色。在/proc 目录下，与进程相关的文件可以采用 system_r 角色。另外，结果中的 httpd_sys_content_t 类型允许 httpd 进程访问该文件。

（4）以 Linux 的 root 用户身份，运行 httpd 进程：

```
[root@localhost ~]# service httpd start
```

正在启动 httpd：

（5）切换到一个 Linux 用户具有权限的目录下，执行 wget 命令并下载文件。

```
[root@localhost tmp]# wget http：//192.168.0.254/index.html
--2015-07-16 19：03：34--  http：//192.168.0.254/index.html
正在连接 192.168.0.254：80... 已连接。
已发出 HTTP 请求，正在等待回应... 200 OK
长度：12 [text/html]
正在保存至："index.html"
100%[========================================>] 12          --.-K/s   in 0s
2015-07-16 19：03：34 (1.17 MB/s) - 已保存 "index.html" [12/12])
```

（6）使用 chcon 命令来对文件的类型进行重新标识。不过，这样的标识不是永久性的修改，一旦系统重启，该标识就会改变回去。以 root 用户的身份，运行 chcon 命令来将 index.html 文件的类型改为由 Samba 进程使用的文件；然后运行 "ls -z /var/www/html/index.html" 命令来查看改变的结果。

```
[root@localhost tmp]# chcon -t samba_share_t  /var/www/html/index.html
[root@localhost tmp]# ls -Z /var/www/html/index.html
-rw-r--r--. root root unconfined_u：object_r：samba_share_t：s0 /var/www/html/index.html
```

（7）在传统的 Linux 中 httpd 进程可以访问 index.html 文件，下面需要尝试一下在 SELinux 中，该进程是否能够成功访问 index.html 文件。再次运行 wget 命令进行文件下载工作，发现命令运行失败，文件没有权限下载。

```
[root@localhost tmp]# wget  http：//192.168.0.254/index.html
--2015-07-16 19：10：14--  http：//192.168.0.254/index.html
正在连接 192.168.0.254：80... 已连接。
已发出 HTTP 请求，正在等待回应... 403 Forbidden
2015-07-16 19：10：14 错误 403：Forbidden。
```

可以看出，虽然传统的 Linux 的 DAC 机制允许 httpd 进程访问 index.html 文件，然而 SELinux 的 MAC 机制却拒绝该访问操作。原因在于：该文件的类型（samba_share_t）httpd 进程不能访问，因此 SELinux 拒绝了该操作。

12.3 Linux 防火墙

防火墙指设置在不同网络（如可信任的企业内部网和不可信任的公共网）或网络安全域之间的一系列部件的组合，是不同网络或网络安全域之间信息的唯一出入口，能根据企业的安全策略控制（允许、拒绝、监测）出入网络的信息流，且本身具有较强的抗攻击能力。防火墙是提供信息安全服务、实现网络和信息安全的基础设施。

12.3.1 防火墙的任务

防火墙在实施安全的过程中是非常重要的。一个防火墙策略要符合四个目标，而每个目标通常都不是一个单独的设备或软件来实现的。大多数情况下防火墙的组件放在一起使用以满足内部网络安全的需求。防火墙要能满足以下四个目标：

1. 实现一个内部网络的安全策略

防火墙的主要意图是强制执行内部网络的安全策略，例如内部网络的安全策略需要对 mail

服务器的 SMTP 流量做限制，那么就要在防火墙上强制执行这些策略。

2. 创建一个阻塞点

防火墙在一个公司的私有网络和分网间建立一个检查点，要求所有的流量都要经过这个检查点。一旦检查点被建立，防火墙就可以监视、过滤和检查所有进出的流量。网络安全中称这个为阻塞点。通过强制所有进出的流量都通过这些检查点，管理员可以集中在较少的地方来实现安全目的。

3. 记录 Internet 活动

防火墙还能强制记录日志，并且提供警报功能。通过在防火墙上实现日志服务，管理员可以监视所有从外部网访问内部网的数据包。良好的日志功能是网络管理的有效工具之一。

4. 限制网络暴露

防火墙在内部网络周围创建了一个保护边界，并且对公网隐藏了内部网络系统的信息，增加了保密性。当远程节点侦测内部网络时，它们仅仅能看到防火墙，远程设备将不会知道内部网络的情况。防火墙提高了认证功能并对网络加密，限制网络信息的暴露。通过对进入数据的检查和控制，限制从外部发动的攻击。

12.3.2　防火墙的分类

按防火墙对数据包的获取方式进行分类，主要可以分为代理（Proxy）型防火墙和包过滤（Packet Filter）型防火墙两大类。

1. 代理（Proxy）型防火墙

代理型防火墙可以过滤连接到代理的某一类型协议（例如 HTTP）的所有请求信息，然后代表内部计算机去请求外部网络的服务，这相当于代理服务器。在外部网络看来，所有的请求都是由代理服务器发出的，这样就很好地隐藏了内部网络。代理型防火墙的工作流程如图 12-2 所示。

图 12-2　代理型防火墙的工作流程

从图 12-2 中可以看出，位于内部网络中的计算机访问外部网络时，其发送的数据包首先要经过安装防火墙的代理服务器，当确认数据的安全有效性后，代理服务器再将客户端发出的数据包转发到外部网络。外部网络中的服务器根据代理发来的请求做出应答，并将应答发送给代理服务器，代理服务器检查数据包的合法性后，根据内部标识再将数据包转发给内部网络的客户端，从而完成一次数据交互。

代理型防火墙的优点如下：

（1）管理员可以很容易地控制应用程序和协议对外部网络的访问。

（2）一些代理服务器可以在本地缓存中保存内部网络经常要访问的内容，这样就不用每次都去外部网站请求相应的内容，可以节省网络带宽，提高响应速度。

（3）代理服务器可以严密地监控和记录网络活动，允许对网络的使用施加更严格的控制措施。

代理型防火墙也有一些缺点，具体表现在以下两个方面：

（1）代理经常是和某一类服务相关的，例如 HTTP、Telnet 等，很多代理服务器只能运行 TCP 协议的代理服务。

（2）由于代理是代表内部的用户去请求外部网络服务，而不是在内部和外部服务器之间建立直接的连接，所以代理服务器很容易成为网络连接的瓶颈。

2. 包过滤（Packet Filter）型防火墙

包过滤防火墙可以读取每一个经过的数据包并处理数据包的包头信息，可以根据管理员设置的访问策略来过滤数据包。Linux 核心内置的 Netfilter 子系统提供了包过滤功能。

包过滤型防火墙的优点如下：

（1）可以通过工具 iptables 制定规则。

（2）客户端不需要任何设置，数据包的过滤行为是在网络层进行，而不在应用层进行。

（3）因为数据包不是通过代理进行传递的，而是直接在客户端和服务器之间建立连接，所以速度很快。

包过滤型防火墙的缺点如下：

（1）无法像代理那样对数据包的内容进行过滤。

（2）在网络层进行过滤，无法处理应用层数据包。

（3）复杂的网络结构若在网络中采用了 IP 伪装、本地子网划分和 DMZ 等技术，会增加定制包过滤规则的难度。

12.3.3 iptables 的工作原理和基础结构

1. iptables 的工作原理

iptables 分为两部分，一部分称为核心空间，另一部分称为用户空间。在核心空间，iptables 从底层实现了数据包过滤的各种功能，例如 NAT、状态检测以及高级的数据包策略匹配等；在用户空间，iptables 为用户提供了控制核心空间工作状态的命令集。不管数据包的地址在何处，当一个包进来的时候，也就是从以太网卡进入防火墙，Netfilter 会对包进行处理，当包匹配了某个表的一条规则时，会触发一个目标或动作来对数据包进行具体的处理。如果被匹配的规则的动作是 ACCEPT，则余下的规则不再进行匹配而直接将数据包导向目的地；如果该规则的动作是 DROP，则该数据包被阻止，并且不向源主机发送任何回应信息；如果该规则的动作是 QUEUE，则该数据包被传递到用户空间；如果该规则的动作是 REJECT，则该数据包被丢弃，并且向源主机发送一个错误信息。每条链都有一个默认的策略，可以是 ACCEPT、DROP、REJECT 或者 QUEUE。

2. 基础结构

Linux 内核利用 iptables 工具来过滤数据包，用来决定接收哪些数据包、允许哪些数据包同时阻止其他数据包。iptables 中有 3 种类型的表，分别是 filter、nat 和 mangle，每个表里包含若干个链，每条链里包含若干条规则。Linux 系统收到的或者送出的数据包至少要经过一个表。一个数据包也可能经过每个表里的多个规则，这些规则的结构和目标可以很不相同，但都可以对进入或者送出本机的数据包的特定 IP 地址或 IP 地址集合进行控制。注意，iptables 处理数据包的流程如图 12-3 所示。

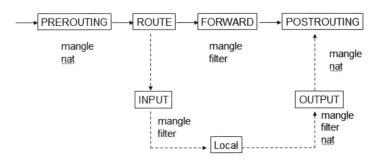

图 12-3　iptables 处理数据包的流程

（1）filter 表用来过滤和处理数据包。

该表是默认的。该表内置了 3 条链。

● INPUT：应用于目标地址是本机的那些数据包。

● OUTPUT：从本机发送出去的数据包的处理，通常放行所有数据包。

● FORWARD：源 IP 地址和目的 IP 地址都不是本机的，要穿过防火墙的数据包，进行转发处理。

（2）nat 表用于地址转换。

可以做目的地址转换 DNAT 和源地址转换 SNAT，可以做一对一、一对多、多对一转换。该表有 PREROUTING、POSTROUTING 和 OUTPUT 这 3 条规则链。

● PREROUTING：进行目的 IP 地址转换，对应 DNAT 操作。

● OUTPUT：对应本地产生的数据包。

● POSTROUTING：进行源 IP 地址转换，对应 SNAT 操作。

（3）mangle 用于对数据包的一些传输特性进行修改。

在 mangle 表中允许的操作是 TOS、TTL 等。TOS 操作用来设置或改变数据包的服务类型域，常用来设置网络上的数据包如何被路由等策略；TTL 操作用来改变数据包的生存时间域，单独的计算机是否使用不同的 TTL，以此作为判断连接是否被共享的标志。mangle 表在实际中使用较少，该表内置了 5 条链。

● INPUT：修改传输到本机的数据包。

● OUTPUT：对于本机产生的数据包，在传出之前进行修改。

● FORWARD：修改经本机传输的网络数据包。

● PREROUTING：在路由选择之前修改网络数据包。

● POSTROUTING：在路由选择之后修改网络数据包。

12.3.4　iptables 的状态机制

状态机制是 iptables 中较为特殊的一部分，这也是 iptables 和比较老的 ipchains 的比较大的区别之一。运行状态机制（连接跟踪）的防火墙称为带有状态机制的防火墙，比非状态防火墙要安全。在 iptables 上共有 4 种连接状态和 2 种虚拟状态，连接状态分别为 NEW、ESTABLISHED、RELATED、INVALID，虚拟状态为 SNAT 和 DNAT。这 6 种状态对于 TCP、UDP、ICMP 这 3 种协议均有效。

（1）NEW：说明这个包是第一个包，也就是说 conntrack 模块看到的某个连接的第一个包，它即将被匹配。

（2）ESTABLISHED：必须是两个方向上的数据传输，而且匹配这个连接的包。处于 ESTABLISHED 状态的连接是非常容易理解的，只要发送并连接到应答包，连接状态就是 ESTABLISHED。一个连接要从 NEW 变为 ESTABLISHED，只需要接到应答包即可，不管这个包是发往防火墙，还是要由防火墙转发。例如 ICMP 的错误和重定向等信息包是作为用户所发出的信息的应答，那么此状态就被标识为 ESTABLISHED。

（3）RELATED：当一个连接和某个已处于 ESTABLISHED 状态的连接有关系时，就被认为是 RELATED。换句话说，一个连接要想是 RELATED，首先要有一个 ESTABLISHED 的连接，这个 ESTABLISHED 连接再产生一个主连接之外的连接就是 RELATED，当然前提是 conntrack 模块要能理解 RELATED。以 FTP 为例，FTP-data 连接就是和 FTP-control 有关联的，如果没有在 iptables 的策略中配置 RELATED 状态，FTP-data 的连接就无法正确建立。注意，大部分协议都依赖这个机制，这些协议非常复杂，它们把连接信息放在数据包里，并且要求这些信息能被正确理解。

（4）INVALID：说明数据包不能被识别属于哪个连接或没有任何状态。产生这种情况有几个原因，例如内存溢出，收到不知属于哪个连接的 ICMP 错误信息。一般情况下，INVALID 状态的所有数据都会被 DROP 掉，因为防火墙认为这种状态的信息不安全。

（5）SNAT：虚拟状态，用来做源网络地址转换。

（6）DNAT：虚拟状态，用来做目的网络地址转换。

12.3.5 iptables 的语法规则

1. iptables 的语法

iptables 的语法为：

```
iptables  [- t table]  command  [rule-matcher]  [-j target]
```

其中：

（1）[table]：指定表名。有 3 种表，分别为 mangle、filter 和 nat。一般不用指定表名，默认是 filter 表。如果使用其他表，例如 mangle 表或 nat 表，则一定要注明。mangle 表几乎用不到，所以此处用到最多的就是 filter 表和 nat 表。

（2）[rule-match]：为规则匹配器。指定包的来源 IP 地址、网络接口、端口和协议类型等。

（3）[target]：为目标动作。当数据包符合匹配条件时要执行的操作。例如 ACCEPT（接受）、DROP（丢弃）或 JUMP（跳至表内的其他链）。

（4）command：为操作命令。用于指定 iptables 对所提交的规则要执行什么样的操作。

2. iptables 中的常用命令

（1）命令-A 或--append：用于在指定链的末尾添加一条新规则。

例 12-5：在 INPUT 链末尾添加一条允许规则。

```
[root@localhost ~]# iptables -A INPUT -j ACCEPT
```

（2）命令-D 或--delete：用于删除规则。有两种方法：一种是以编号来表示被删除的规则，另一种是以整条的规则来匹配策略。

例 12-6：删除链中编号为 7 的规则。

[root@localhost ~]# iptables -D INPUT 7

例 12-7：删除 filter 表 INPUT 链中内容为 "-s 192.168.0.1 -j ACCEPT" 的规则（不管其位置在哪里）。

[root@localhost ~]# iptables -D INPUT -s 192.168.0.1 -j ACCEPT

（3）命令-R 或--replace：用于替换相应位置的策略。注意，如果源或目的地址是以名字而不是以 IP 地址表示，且解析出的 IP 地址多于一个，则该命令失效。

例 12-8：将原来 filter 表 INPUT 链中编号为 3 的规则内容替换为 "-j ACCEPT"。

[root@localhost ~]# iptables -R INPUT 3 -j ACCEPT

（4）命令-I 或--insert：用于在指定位置插入策略。

例 12-9：在 filter 表的 INPUT 链里插入一条规则 "- p tcp - s 172.17.1.100 - j ACCEPT"（插入成第 3 条）。

[root@localhost ~]# iptables -I INPUT 3 -p tcp -s 172.17.1.100 -j ACCEPT

（5）命令-L 或--list：用于显示当前系统中正在运行的策略。

例 12-10：列出 filter 表中的规则。

```
[root@localhost ~]# iptables -L
Chain INPUT (policy ACCEPT)
Target(操作)   prot（协议）  opt（选项）source（源地址）      destination（目的地址）
ACCEPT     all --  anywhere        anywhere            state RELATED，ESTABLISHED
ACCEPT     icmp --  anywhere       anywhere
ACCEPT     tcp  --  172.17.1.100   anywhere
……
Chain FORWARD (policy ACCEPT)
target    prot opt source         destination
REJECT    all --  anywhere        anywhere     reject-with icmp-host-prohibited
Chain OUTPUT (policy ACCEPT)
target    prot opt source         destination
```

例 12-11：列出 nat 表中的规则。

[root@localhost ~]# iptables -t nat -L

（6）命令-F 或--flush：用于清除所选链的配置规则，注意此参数只是将内存中的规则清除，在没有保存前并不影响硬盘上的配置文件，换而言之，执行-F 操作后重新启动机器，系统中有可能仍然有规则（具体要看配置文件的内容）。

例 12-12：清除 filter 表中的规则。

```
[root@localhost ~]# iptables -F
[root@localhost ~]# iptables -L
Chain INPUT (policy ACCEPT)
target    prot opt source         destination
Chain FORWARD (policy ACCEPT)
target    prot opt source         destination
Chain OUTPUT (policy ACCEPT)
target    prot opt source         destination
```

例 12-13：清除 nat 表中的规则。

[root@localhost ~]# iptables -t nat -F

（7）命令-X 或--delete-chain：用于删除指定的用户自定义的链。注意删除该链前，要求该链必须为空，否则删除链操作失败。

例 12-14：删除用户自定义的链。

```
[root@localhost ~]# iptables -N private        //创建用户自定义链
[root@localhost ~]# iptables -X private         //删除用户自定义链
```

3．iptables 规则的常见选项

iptables 命令格式中的规则部分由很多选项构成，主要指定一些 IP 数据包的特征，例如，上一层的协议名称、源 IP 地址、目的 IP 地址、进出的网络接口名称等。

常见选项如下：

（1）-p，--protocol<协议类型>：用于指定规则所使用的协议。此处可用的协议有 TCP、UDP、ICMP 和 all。

（2）-s，--source <IP 地址/掩码>：用于指定源 IP 地址或子网。

（3）-d，--destination<IP 地址/掩码>：用于指定目的 IP 地址或子网。

（4）-i，--interface<网络接口>：用于指定数据包进入的网络接口名称。

（5）-o，--out-interface<网络接口>：用于指定数据包出去的网络接口名称。

（6）-f，--fragment：在碎片管理中，规则只询问第二及以后的碎片。由于无法判断这种包的源端口或目标端口（或者是 ICMP 类型），这类包将不能匹配任何指定对它们进行匹配的规则。

注意：上述选项可以进行组合，每一种选项后面的参数前面可以加 "!"，表示取反。

例 12-15：禁止 172.16.1.0/24 网段的主机 Ping 本机。

```
[root@localhost ~]# iptables -I INPUT -s 172.16.1.0/24 -p icmp -j DROP
```

例 12-16：允许从 eth0 接口进入，从 eth1 接口流出的 TCP 数据流通过。

```
[root@localhost ~]# iptables -A FORWARD -i eth0 -o eth1 -p tcp -j ACCEPT
```

例 12-17：丢弃所有目标是 10.10.10.1 的数据包。

```
[root@localhost ~]# iptables -A FORWARD -d 10.10.10.1 -j DROP
```

例 12-18：接收所有的数据包。

```
[root@localhost ~]# iptables -I INPUT -j ACCEPT
```

例 12-19：只允许 IP 地址为 172.17.1.100 的主机进行 SSH 登录。

```
[root@localhost ~]# iptables -I INPUT -s 172.17.1.100 -p tcp --dport 22 -j ACCEPT
```

4．iptables 的协议子选项

对于-p 选项来说，确定了协议名称后，还可以有进一步的子选项，以指定更细的数据包特征。常见的子选项如下所示。

（1）-p tcp --sport<port>：指定 TCP 数据包的源端口。

（2）-p tcp --dport<port>：指定 TCP 数据包的目的端口。

（3）-p tcp --syn：具有 SYN 标志的 TCP 数据包，该数据包要发起一个新的 TCP 连接。表示只匹配那些 SYN 标记被设置为 ACK、FIN 和 RST 的包。

（4）-p udp --sport<port>：指定 UDP 数据包的源端口。

（5）-p udp --dport<port>：指定 UDP 数据包的目标端口。

（6）-p icmp --icmp-type <type>：指定 ICMP 类型，可以是一个数值型的 ICMP 类型，也可以是命令，如 echo-reply、echo-request 等。

上述选项中，port 可以是单个端口，也可以是 port1:port2 表示的端口范围。每一个选项后的参数可以加 "!"，表示取反。

例 12-20：允许 TCP 协议 21 到 25 端口的服务通过防火墙。

```
[root@localhost ~]# iptables -A FORWARD -p tcp --dport 21:25 -j ACCEPT
```

例 12-21：禁止向本机发送 echo 包。

```
[root@localhost ~]# iptables -I INPUT -p icmp ! --icmp-type echo-request -j ACCEPT
```

例 12-22：允许 Telnet 服务。

```
[root@localhost ~]# iptables -I INPUT -p tcp --dport telnet -j ACCEPT
[root@localhost ~]# iptables -I OUTPUT -p tcp --sport 23 -j ACCEPT
```

5. -m 选项

（1）-m multiport：匹配一组源端口或目标端口，最多可以指定 15 个端口，只能和-p tcp 或者-p udp 连着使用。

- -m multiport --sport<port，port，…>：指定数据包的多个源端口，也可以以 port1:port2 的形式指定一个端口范围。

- -m multiport --dport<port，port，…>：指定数据包的多个目的端口，也可以以 port1:port2 的形式指定一个端口范围。

- -m multiport --ports<port，port，…>：指定数据包的多个端口，也可以以 port1:port2 的形式指定一个端口范围。

（2）-m state --state<state>：指定满足某一种状态的数据包，state 可以是 INVALID、ESTABLISHED、NEW 和 RELATED 等，也可以是它们的组合，用 "," 分隔。

（3）-m mac --mac-source <address>：指定数据包的源 MAC 地址，address 是 xx:xx:xx:xx:xx:xx 形式的 48 位数。注意它只对来自以太网设备并进入 PREROUTING、FORWARD 和 INPUT 链的包有效。

例 12-23：允许收发电子邮件、上网浏览网页。

```
[root@localhost ~]# iptables -A FORWARD -i eth0 -p tcp -m multiport --dports 25，80，53，110 -j ACCEPT
[root@localhost ~]# iptables -A FORWARD -i eth0 -p udp --dport 53 -j ACCEPT
```

例 12-24：数据包状态为 RELATED 的 TCP 包允许通过防火墙。

```
[root@localhost ~]# iptables -A FORWARD -p tcp -m state --state RELATED -j ACCEPT
```

例 12-25：数据包状态为 RELATED 的 TCP、UDP 或 ICMP 包允许通过防火墙。

```
[root@localhost ~]# iptables -A FORWARD -p all -m state --state RELATED -j ACCEPT
```

例 12-26：拒绝所有非法连接。

```
[root@localhost ~]# iptables -A INPUT -m state --state INVALID -j DROP
[root@localhost ~]# iptables -A OUTPUT -m state --state INVALID -j DROP
[root@localhost ~]# iptables -A FORWARD -m state --state INVALID -j DROP
```

6. limit 匹配扩展

用于限制速率，它和 LOG 目标结合使用可以限制登录数。

（1）--limit rate：最大平均匹配速率，单位可以是/second、/minute、/hour 或/day，默认是 3/hour。

（2）--limit -burst number：待匹配包初始个数的最大值，每来一个包数值加 1，直到前面指定的极限数，默认值为 5。

例 12-27：限制碎片数量，每秒 100 个。

```
[root@localhost ~]# iptables -A FORWARD -f -m limit --limit 100/s --limit-burst 100 -j ACCEPT
```

例 12-28：设置 ICMP 包过滤，允许每秒 1 个包，包数的上限是 10 个。

```
[root@localhost ~]# iptables -A FORWARD -p icmp -m limit --limit 1/s --limit-burst 100 -j ACCEPT
```

7. SNAT 匹配扩展

只适用于 nat 表的 POSTROUTING 链，它将会修改包的源地址（此连接以后所有的包都会被影响），停止对规则的检查。

常用选项如下：

（1）--to -source <ipaddr> [-<ipaddr>][：port-port]：可以指定一个单一的新的 IP 地址或一个 IP 地址范围，也可以附加一个端口范围（只能在指定-p tcp 或者-p udp 的规则里），如果未指定端口范围，源端口中 512 以下的端口会被映射成小于 512 的端口；512 到 1023 之间的端口会被映射为小于 1024 的端口；其他端口会被映射为大于 1024 的端口。

（2）--to -destiontion <ipaddr> [-<ipaddr>][：port-port]：可以指定一个单一的新的 IP 地址或一个 IP 地址范围，也可以附加一个端口范围（只能在指定-p tcp 或者-p udp 的规则里）。如果未指定端口范围，目标端口不会被修改。

例 12-29：将内部网络的 172.17.1.0/24 网段的地址翻译成 202.99.1.100。

```
[root@localhost ~]# iptables -t nat -A POSTROUTING -s 172.17.1.0 -j SNAT --to-source 202.99.1.100
```

--to -source 的几种使用方法如下。

- 单独的地址：例如 202.99.1.100。
- 连续的地址：用 "-" 分隔，例如 172.17.1.1.1-172.17.1.1.100。
- 设置端口：如果使用 TCP 或 UDP 协议，可以指定源端口的范围，例如 172.17.1.1：1024-1060，这样包的源端口就被限制在 1024～1060。

注意：为了完成转发功能，还应将系统内核的 IP 转发功能打开，使 Linux 变成路由器。有下面两种方法：

方法一：修改内核变量，但系统重启后会失效。

```
[root@localhost ~]# echo 1 >/proc/sys/net/ipv4/ip_forward
```

方法二：修改/etc/sysctl.conf。

```
[root@localhost ~]# vi /etc/sysctl.conf        //修改内核参数配置文件
net.ipv4.ip_forward =1                         //将其值修改成 1
[root@localhost ~]# sysctl -p                  //使参数值生效
```

8. iptables 服务管理

例 12-30：启动 iptables。

```
[root@localhost ~]#service    iptables start
```

例 12-31：停止 iptables。

```
[root@localhost ~]#service    iptables stop
```

例 12-32：保存 iptables 的配置。

```
[root@localhost ~]#service    iptables save
```

12.3.6　任务 12–2：保护服务器子网的防火墙规则

1. 任务描述

图 12-4 为网络防火墙的拓扑图，Linux 主机安装了 3 张网卡。其中，eth0 的 IP 地址是

192.168.0.1，它通过一台网关设备与 Internet 连接；eth1 的 IP 地址是 10.10.1.1，它与子网 10.10.1.0/24 连接；eth2 的 IP 地址是 10.10.2.1，它连接的子网是 10.10.2.0/24。

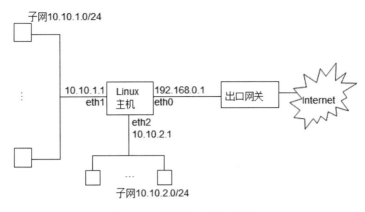

图 12-4　网络防火墙拓扑图

现假设 10.10.1.0/24 子网里运行的是为外界提供网络服务的服务器，而 10.10.2.0/24 子网里的计算机是用户上网用的客户机。

（1）服务器采用默认端口为外界提供了 SSH、SMTP、DNS 和 HTTP 服务，其他服务是拒绝外界访问的。

（2）发现外界一台 IP 地址为 11.22.33.44 的计算机对服务器子网有攻击行为，防火墙要阻挡这些数据。

（3）发现服务器子网发往 IP 地址为 55.66.77.88 主机的数据流量特别大，出现了异常，防火墙要限制其流量。

（4）允许来自网卡 eth2 的数据包转发到服务器子网，但数据包的目的端口为 1～1024、2049 或 32768，允许源地址为 10.10.2.2 和 10.10.2.3 的数据包通过。

（5）拒绝其他不匹配的数据包。

2．操作步骤

（1）在 RHEL6.4 默认安装时，已经安装了 iptables 软件包。可执行下面命令查看。

```
[root@localhost ~]# rpm -qa|grep iptables
iptables-1.4.7-9.el6.i686
iptables-ipv6-1.4.7-9.el6.i686
```

若没有安装，执行下面命令安装即可。

```
[root@localhost ~]# rpm   -ivh   /mnt/Packages/iptables-1.4.7-9.el6.i686.rpm
```

（2）设置从 Internet 访问服务器子网的规则。

```
[root@localhost ~]# iptables -A FORWARD -i eth0 -o eth1 -p tcp -m multiport --dport 22，25，80 -j ACCEPT
[root@localhost ~]# iptables -A FORWARD -i eth0 -o eth1 -p udp --dport 53 -j ACCEPT
[root@localhost ~]# iptables -A FORWARD -i eth0 -o eth1 -j DROP   //丢弃其他数据包
```

（3）设置从 eth2 网卡所连接的内网用户到服务器子网的规则。

```
[root@localhost ~]# iptables -A FORWARD -i eth2 -o eth1 -p tcp -m multiport --dport 1：1024，2049，32768 -j ACCEPT
[root@localhost ~]# iptables -A FORWARD -i eth2 -o eth1 -s 10.10.2.2 -j ACCEPT
[root@localhost ~]# iptables -A FORWARD -i eth2 -o eth1 -s 10.10.2.3 -j ACCEPT
```

```
[root@localhost ~]# iptables -A FORWARD -i eth2 -o eth1 -j DROP
```

（4）开启主机数据包转发功能。

```
[root@localhost ~]# vi /etc/sysctl.conf
net.ipv4.ip_forward =1
[root@localhost ~]# sysctl -p
```

（5）保存 iptables 规则。

```
[root@localhost ~]# service iptables save
iptables：将防火墙规则保存到 /etc/sysconfig/iptables：          [确定]
```

（6）查看并启用 iptables。

```
[root@localhost ~]# service iptables status
表格：filter
Chain INPUT (policy ACCEPT)
num   target      prot opt source              destination
Chain FORWARD (policy ACCEPT)
num   target      prot opt   source     destination
1     ACCEPT      tcp  --    0.0.0.0/0  0.0.0.0/0       multiport dports 22，25，80
2     ACCEPT      udp  --    0.0.0.0/0  0.0.0.0/0       udp dpt：53
3     DROP        all  --    0.0.0.0/0  0.0.0.0/0
4     ACCEPT      tcp  --    0.0.0.0/0  0.0.0.0/0       multiport dports 1：1024，2049，32768
5     ACCEPT      all  --    10.10.2.2  0.0.0.0/0
6     ACCEPT      all  --    10.10.2.3  0.0.0.0/0
7     DROP        all  --    0.0.0.0/0  0.0.0.0/0
Chain OUTPUT (policy ACCEPT)
num   target      prot opt source              destination
 [root@localhost ~]# service iptables start
```

至此，保护服务器子网的防火墙规则已经配置完成。

12.4   TCP_wrappers 的使用方法

数据包进入主机之前通过的第一道程序就是 iptables，第二道程序就是 TCP_Wrappers。TCP_Wrappers 类似 TCP 包的检验程序，也可以将它视为传输层的防火墙。

12.4.1   TCP_wrappers 介绍

TCP_wrappers 中的 TCP 原意为 Transmission Control Protocol，即 TCP 协议，wrappers 是包装的意思，TCP_wrappers 合在一起的意思是在 TCP 协议基础上加一层包装。该包装提供一层安全检测机制，外来连接请求首先通过这个安全检测，获得安全认证后才可被系统服务接受，主要用于控制对部分系统服务的访问，防止主机名和主机地址欺骗。TCP_wrappers 和 xinted 进程关系较紧密。一般而言，受 xinted 进程管理的服务都可以对其进行 TCP_wrappers 的设置。

12.4.2   TCP_wrappers 的工作原理

与 TCP_wrappers 有关的文件有两个，分别为/etc/hosts.allow 和/etc/hosts.deny。一般情况下/etc/hosts.allow 文件中设置的服务是允许被访问的，而/etc/hosts.deny 文件中设置的服务是拒绝访问的。

当有请求从远程到达本机时首先检查/etc/hosts.allow 文件。

（1）如果有匹配的记录，跳过/etc/hosts.deny 文件，此时默认的访问规则以/etc/hosts.allow 文件中设置的为准。

（2）如果没有匹配的记录，就去匹配/etc/hosts.deny 文件，此时默认的访问规则以/etc/hosts.deny 文件中设置的为准。

（3）如果在这两个文件中都没有匹配到，默认是允许访问的。

12.4.3　文件内容说明

1．文件格式

服务进程列表：客户列表：操作：操作……

（1）服务进程列表可以只包括一个服务进程名称，也可以有多个服务进程名称，各服务进程名称之间用“,”隔开，例如：vsftp,sshd。

（2）客户列表可以用名称表示，也可以用 IP 地址表示，可以包含一个客户，也可以包含多个客户，各客户间用“,”分隔，例如：some.host.name,some.domain。

（3）操作符主要包含 3 个参数，分别为 ALLOW、DENY 和 EXCEPT。其中，ALLOW的意思是允许操作；DENY 的意思是拒绝操作；EXCEPT 的意思是除了×××，EXCEPT 后面的内容将会被排除在规则之外。注意上述 3 个操作均为大写。

2．文件中所支持的通配符

（1）ALL：代表所有主机。

（2）LOCAL：代表本地主机，即主机名中没有“.”。

（3）UNKNOWN：代表所有未知的用户和主机。

（4）KNOWN：代表已知的用户和主机。

（5）PARANOID：代表所有主机名与地址不符的主机。

例 12-33：允许.friendly.domain 中的所有主机访问服务器，其他主机不能访问该服务器。

```
[root@localhost etc]#vi   hosts.allow
ALL: .frendly.domain: ALLOW
ALL: ALL: DENY
```

例 12-34：拒绝 bad.domain 域中的所有主机访问服务器，其他主机允许访问服务器。

```
[root@localhost etc]# vi hosts.allow
ALL: .bad.domain: DENY
ALL: ALL: ALLOW
```

例 12-35：拒绝所有未知主机访问服务器。

```
[root@localhost etc]# vi hosts.deny
ALL: UNKNOWN
```

例 12-36：拒绝所有主机访问服务器。

```
[root@localhost etc]# vi hosts.deny
ALL: ALL
```

例 12-37：允许本地主机及除 client.qgzy.com 外的 qgzy.com 域的其他主机访问服务器。

```
[root@localhost etc]# vi hosts.allow
ALL: LOCAL
```

ALL：.qgzy.com EXCEPT client.qgzy.com

例 12-38：允许本地主机及 my.domain 域内的主机访问 SSHD 服务。

[root@localhost etc]# vi hosts.allow
sshd： LOCAL,.my.domain

12.4.4 任务 12–3：FTP 服务器的访问控制

1. 任务描述

设某公司有一台 FTP 服务器，只允许 192.168.0.10 主机访问 FTP 服务器，其他主机不能访问。

2. 操作步骤

（1）在/etc/vsftpd/vsftpd.conf 配置文件中添加 "tcp_wrappers=YES" 选项，使得 FTP 服务受 TCP_wrappers 的访问控制。

[root@localhost ~]# vi /etc/vsftpd/vsftpd.conf   //查看配置文件，并添加下面的选项
tcp_wrappers=YES
[root@localhost ~]# service vsftpd restart   //重启服务
关闭 vsftpd：   [确定]
为 vsftpd 启动 vsftpd：   [确定]

（2）设置 hosts.allow 文件。

[root@localhost etc]# vi hosts.allow
vsftpd： 192.168.0.10： ALLOW
vsftpd： ALL： DENY

（3）客户端测试。

客户端主机 IP 地址为 192.168.0.10 时，访问 FTP 服务器的界面如图 12-5 所示，可以匿名登录。而其他客户端，如 IP 地址为 192.168.0.100 的主机不能连接 FTP 服务器，如图 12-6 所示。

图 12-5 成功连接服务器

C:\Users\Administrator>ftp 192.168.0.254
连接到 192.168.0.254。
421 Service not available.
远程主机关闭连接。

图 12-6 连接服务器失败

至此，可以看出 TCP_wrappers 起作用了。系统是先读取 hosts.allow，然后再读取 hosts.deny。如果不小心删除了 hosts.allow，所有用户都不能登录，而删除了 hosts.deny，所有用户都将不受限制了。

12.4.5　任务 12-4：内部 Web 站点的安全发布

1．任务描述

设有一个内部 Web 站点服务器，IP 地址服务器已经做好，为 Web 站点提供的域名为 www.qgzy.com 和 news.qgzy.com。www.qgzy.com 对应的站点目录为/web/www，news.qgzy.com 对应的站点目录为/web/news。具体要求如下：

（1）系统必须受到 iptables 及 SELinux 的保护。

（2）www.qgzy.com 及 news.qgzy.com 均可以被内部网络中的用户访问。

（3）拒绝 192.168.2.0/24 网络的计算机访问这两个站点。

（4）拒绝 192.168.2.1/24 用户对 Web 服务器进行 SSH 登录。

（5）对不管来自哪里的 ICMP 包都进行限制，允许每秒通过 1 个包，该限制触发的条件是 10 个包。

（6）对不管来自哪里的包都进行限制，允许每秒通过 10 个 IP 碎片，该限制触发的条件是 100 个 IP 碎片。

（7）拒绝接收已损坏的 TCP 包。

2．操作步骤

（1）为两个站点建立对应目录及主页。

```
[root@localhost ~]# mkdir -p /www/www
[root@localhost ~]# mkdir -p /www/news
[root@localhost ~]# echo this is www page>/www/www/index.html
[root@localhost ~]# echo this is news page>/www/news/index.html
```

（2）在 httpd.conf 中配置虚拟主机。

```
[root@localhost html]# vi   /etc/httpd/conf/httpd.conf
NameVirtualHost *: 80    //配置虚拟主机
<VirtualHost *: 80>
    DocumentRoot /www/www
    ServerName www.qgzy.com
</VirtualHost>
<VirtualHost *: 80>
    DocumentRoot /www/news
    ServerName news.qgzy.com
</VirtualHost>
```

（3）重新启动 httpd 服务。

```
[root@localhost html]# service httpd restart
停止 httpd:                                              [确定]
正在启动 httpd:                                          [确定]
```

（4）修改站点对应文件夹的上下文。

由于 SELinux 及 iptables 默认是开启的，第一步完成后，站点的内容并不能正常浏览，这是因为 Web 站点的发布受到了 SELinux 的限制，此处需要修改站点对应文件夹的上下文。

```
[root@localhost html]# chcon -R -t httpd_sys_content_t /www
[root@localhost html]# ls -Z /www
drwxr-xr-x. root root unconfined_u: object_r: httpd_sys_content_t: s0 news
```

```
drwxr-xr-x. root root unconfined_u：object_r：httpd_sys_content_t：s0 www
```

完成上述操作后，两个站点应该可以正常浏览了。

（5）拒绝某个 IP 地址或网段对 Web 服务器的访问。

可以使用 iptables 实现，也可以通过 Apache 自身的功能实现，此处通过 iptables 对 192.168.2.0/24 进行限制。

```
[root@localhost ~]# iptables -A INPUT -p tcp -s 192.168.2.0/24 -d 192.168.0.254 --dport 80 -j DROP
```

（6）拒绝某个 IP 地址或网段对 Web 站点的 SSH 登录。

可以通过 iptables 或 TCP_wrappers 实现，此处对两种方法均作说明，在实际应用中，选择其中一种方法就可以了。

方法一：通过 iptables 实现对 IP 地址 192.168.2.1/24 进行限制。

```
[root@localhost ~]# iptables -A INPUT -p tcp -s 192.168.2.1 -d 192.168.0.254 --dport 22 -j DROP
```

方法二：使用 TCP_wrappers 实现对 192.168.2.1/24 的限制。

```
[root@localhost ~]# vi /etc/hosts.deny
sshd：192.168.2.1
```

（7）限制 ICMP 包的数量。

允许每秒通过 1 个包，该限制触发的条件是 10 个包。出于安全考虑，需要对 ICMP 包数量进行控制，以防怀有恶意的主机不断 Ping Web 服务器，从而影响 Web 服务器的性能。

```
[root@localhost ~]# iptables -A INPUT -p icmp -d 192.168.0.254 -m limit --limit 1/s --limit-burst 10 -j ACCEPT
```

（8）限制 IP 碎片的数量。

允许每秒通过 10 个 IP 碎片，该限制触发的条件是 100 个碎片，此操作仍然是出于对系统安全的考虑。

```
[root@localhost ~]# iptables -A INPUT -d 192.168.0.254 -f -m limit --limit 10/s --limit-burst 100 -j ACCEPT
```

（9）拒绝接收损坏的 TCP 包。

```
[root@localhost ~]# iptables -A INPUT -d 192.168.0.254 -p tcp ! --syn -m state --state NEW -j DROP
```

（10）保存 iptables 规则。

```
[root@localhost ~]# service iptables save
iptables：将防火墙规则保存到 /etc/sysconfig/iptables：      [确定]
```

至此，既实现了服务器对客户提供服务，又通过安全系统的设置保证了服务器的安全。

12.5　小结

本项目介绍了 Linux 中自带的安全系统 SELinux、iptables 和 TCP_wrappers，这 3 个系统都可以对 Linux 系统的安全产生影响。SELinux 与系统的结合更紧密些，所有文件或文件夹都被预设好了安全上下文，权限被限制到最低，可通过 chcon 命令修改 SELinux 的安全上下文；iptables 是 Linux 中自带的防火墙系统，应用很广泛，主要用于控制进出系统的各种数据流，实现对进出数据的过滤，例如允许或拒绝某个地址对服务器的访问等；TCP_wrappers 的实现主要依靠/etc/hosts.allow 和/etc/hosts.deny 两个文件完成对系统安全方面的控制，通过 TCP_wrappers 可以控制系统中绝大多数服务，实现起来也比较容易，只需要在 hosts.allow 或 hosts.deny 文件中加入指定的服务、IP 地址等信息就可以实现对服务的允许或拒绝。上述 3 个安全系统在默认情况下全是开启的，TCP_wrappers 及 SELinux 中的安全上下文和布尔值被修改（需要使用-P 参数）后立即生效，不受系统重启的影响（SELinux 的工作模式需要保存到文件中），而 iptables 需要用 service iptables save 命令存盘，否则对 iptables 的设置在重启系统后会丢失。

12.6　习题与操作

一、选择题

1. 网络安全是指保护系统中的（　　）免受偶然或恶意的破坏、篡改和泄漏，保证网络系统的正常运行、网络服务不中断。
　　A. 软件　　　　　　B. 硬件　　　　　　C. 软件和硬件　　　　　　D. 操作系统

2. SELinux 有 3 种工作模式，分别为（　　）。
　　A. enforcing、permissive、disabled　　　　B. read、write、excute
　　C. enforcing、write、read　　　　　　　　D. suid、quid、permissive

3. 查看 SELinux 工作模式的命令是（　　）。
　　A. getenforce　　　B. setenforce　　　C. setsebool　　　　D. getsebool

4. 当 SELinux 的工作模式处理 disable 时，安全上下文设置是否有效？（　　）。
　　A. 无效　　　　　　　　　　　　B. 有效
　　C. 不确定　　　　　　　　　　　D. 有的设置有效有的设置无效

5. 在 iptables 中需要限制所有客户端访问防火墙自身的 Web 服务，应如何设置（　　）。
　　A. iptables -A FORWARD -p tcp --dport 80 -j DROP
　　B. iptables -A INPUT -p tcp --dport 80 -j DROP
　　C. iptables -A OUTPUT -p tcp --dport 80 -j DROP
　　D. iptables -A POSTROUTING -p tcp --dport 80 -j DROP

6. 在 iptables 的状态匹配中，哪个不属于 state 的状态（　　）。
　　A. NEW　　　　　　　　　　　　B. ESTABLISHED
　　C. RELATED　　　　　　　　　　D. SYN

7. iptables 规则表是具有某一类相似用途的防火墙规则，按照不同处理时机区分到不同的规则链以后，被归置到不同"表"中，其中 nat 表的作用是（　　）。
　　A. 确定是否对该数据包进行状态跟踪
　　B. 为数据包设置标记
　　C. 修改数据包中的源、目的 IP 地址或端口
　　D. 确定是否放行该数据包（过滤）

8. 在使用 iptables 进行防火墙规则设置时，下面的命令实现的功能是（　　）。
[root@localhost ~]#iptables -t filter -A INPUT -p tcp -j ACCEPT
　　A. 添加一条 INPUT 链的默认规则
　　B. 插入一条 INPUT 链的默认规则
　　C. 删除一条 INPUT 链的默认规则

  D. 列出默认规则

9. TCP_wrappers 使用（ ）文件完成对系统的安全控制。

  A. hosts.allow   B. hosts.deny

  C. hosts.allow 及 hosts.dent   D. hosts

10. TCP_wrappers 实现安全控制时先检查（ ）文件。

  A. hosts.allow   B. host.deny

  C. 两个文件都不检查   D. 两个文件同时检查

二、操作题

1. 任务描述

  某高校组建校园网，安装了一台 Linux 服务器向校园网内部用户提供 FTP、WWW 服务；向互联网用户提供 WWW 服务。现在通过配置 iptables 防火墙实现对服务器的保护及访问控制。具体描述如下：

  （1）配置 FTP、WWW 服务。

  （2）拒绝 Internet 计算机访问 FTP 服务。

  （3）允许内网计算机用户访问 FTP、WWW 服务并进行 SSH 登录。

  （4）对不管来自哪里的 ICMP 包都进行限制，允许每秒通过 10 个包，该限制触发的条件是 100 个包。

  （5）对不管来自哪里的包都进行限制，允许每秒通过 10 个 IP 碎片，该限制触发的条件是 100 个 IP 碎片。

  （6）拒绝接收已损坏的 TCP 包。

2. 操作目的

  （1）熟悉服务器的搭建。

  （2）熟悉 iptables 的语法规则。

  （3）学会设置 iptables 规则。

3. 任务准备

  一台安装 RHEL6.4 的主机。

附录 A 习题参考答案与提示

项目一

一、选择题

1. C 2. C 3. C 4. C 5. A 6. A 7. D 8. B 9. C 10. D

二、操作题

参考任务 1-1。

项目二

一、选择题

1. C 2. D 3. C 4. B 5. A 6. A 7. B 8. C 9. B 10. C

二、操作题

建立 crontab 配置文件，内容如下：

50	16	*	*	*	rm	-rf	/abc/*	
0	8-18/1	*	*	*	tail	-5	/xyz/x1	>>/backup/bak01.txt
50	17	*	*	1	tar	-zcvf	backup.tar.gz	/data
55	17	*	*	*	umount	/dev/hdc		

项目三

一、选择题

1. A 2. A 3. B 4. A 5. C 6. B 7. A 8. C 9. A 10. B

二、操作题

参考任务 3-2。

项目四

一、选择题

1. A 2. A 3. A 4. B 5. A 6. B 7. C 8. B 9. A 10. D

二、操作题

RAID5 的创建参考任务 4-2。crontab 文件的编写内容参考如下：

| 00 | 18 | * | * | 5 | tar | -cvzf | /dev/md0/back.tar.gz /etc |

项目五

一、选择题

1. A 2. C 3. B 4. A 5. A 6. C 7. A 8. A 9. A 10. B

二、操作题

操作步骤参考任务 5-3 和任务 5-4。

项目六

一、选择题

1．B　2．B　3．A　4．A　5．A　6．C　7．B　8．C　9．C　10．D
11．C　12．A　13．C　14．D　15．B　16．C

二、操作题

操作步骤参考任务 6-3。

项目七

一、选择题

1．D　2．C　3．D　4．B　5．B　6．C　7．B　8．A　9．B　10．A

二、操作题

操作步骤参考任务 7-1。

项目八

一、选择题

1．A　2．A　3．A　4．B　　5．D　6．A　7．B　8．B　9．A　10．B

二、操作题

操作步骤参考任务 8-1。

项目九

一、选择题

1．B　2．A　3．A　4．A　　5．A　6．A　7．B　8．B　9．BC　10．D

二、简答题

1．什么是 Apache 的虚拟主机？

参考答案：虚拟主机部分包含的信息包括站点名称、文档根路径、目录索引、服务器管理员邮箱、错误日志文件路径等。同时也可以随意为域添加所需要的指令，但是要运行一个站点，至少要配置两个参数：服务器名称和文档根目录。在 Linux 机器上，通常我们在 httpd.conf 文件的末尾来设定我们的虚拟主机部分的相关配置。

2．如何在 Apache 中改变默认的端口，以及如何侦听其中的指令工作？

参考答案：在 httpd.conf 文件中有一个指令 Listen 可以让我们改变默认的 Apache 端口。在 Listen 指令的帮助下我们可以在不同的端口还有不同的接口进行 Apache 侦听。假设有多个 IP 注册到了你的 Linux 机器，并且想要 Apache 在一个特殊的以太网端口或接口接收 http 请求，即使是这种要求也可以用 Listen 指令做到。为了改变 Apache 的默认端口，请打开 Apache 主配置文件 httpd.conf。

三、操作题

参考步骤：第一步，首先按照 9.6 节配置 LAMP 服务。

第二步设置如下：

（1）下载 ngrok ngrok - secure introspectable tunnels to localhost。

（2）注册 ngrok 得到 your auth token，后面的自定义域名必须要有这个 token。

（3）打开 cmd cd 到 ngrok.exe 所在的目录，执行 ngrok 80 就可以给你本机的 127.0.0.1:80 分配一个外网可以访问的域名，例如http://qgzy.ngrok.com//。也就是外网访问 http://qyzy.ngrok.com 就是访问你本机的 127.0.0.1:80，当然如果你执行 ngrok 8080 那就是分配一个域名访问 127.0.0.1:8080。

（4）上面分配的域名是临时的，可能下次开电脑这个域名就变化了，我们需要一个固定的域名映射到本机的 80 端口。所以先登录，执行 ngrok -authtoken XUsFLvG4hgb8ukjvML& YBXX 80，这里填写的是你注册时给你的 token。然后执行 ngrok -subdomain myapp 80，这样后续你通过 http://myapp.ngrok.com 就可以一直访问到本机的 127.0.0.1:80 了。当然如果想访问的是 8080 端口，那就把上面的 80 改成 8080。

（5）不要关闭 cmd 窗口，关闭后提供的域名就访问不了了。如果要查看 ngrok 给你做的中转 http 信息，访问http://localhost:4040/。

（6）具体到微信的开发，一定要注意由于是 ngrok 做的中转，出于安全考虑通不过微信的默认语句 "libxml_disable_entity_loader(true);"，所以注释掉它，等正式部署到服务器再取消注释。

项目十

一、选择题

1．B　2．B　3．A　4．D　5．A　6．B　7．B　8．A　9．D　10．D

二、操作题

步骤参考任务 10-1。

项目十一

一、选择题

1．A　2．A　3．A　4．A　5．C　6．B　7．A　8．D　9．A　10．A

二、操作题

步骤参考任务 11-1。

项目十二

一、选择题

1．D　2．A　3．A　4．A　5．B　6．D　7．C　8．A　9．C　10．A

二、操作题

步骤参考任务 12-4。

附录 B 参考文献

[1] 林天峰，谭志彬. Linux 服务器架设指南（第 2 版）[M]. 北京：清华大学出版社，2014.

[2] 赵凯. Linux 网络服务与管理[M]. 北京：清华大学出版社，2013.

[3] 谢蓉. Linux 基础及应用[M]. 北京：中国铁道出版社，2008.

[4] 谢蓉. Linux 基础及应用习题解析与实验指导[M]. 北京：中国铁道出版社，2008.

[5] 刘兵，吴煜煌. Linux 使用教程[M]. 北京：中国水利水电出版社，2004.

[6] 邹承俊. Linux 操作系统的应用与管理项目化教程[M]. 北京：中国水利水电出版社，2013.

[7] http://vbird.dic.ksu.edu.tw/linux_basic/linux_basic.php